计算机绘图

肖 扬 刘洪斌 主编

机 械 工 业 出 版 社

本书全面、系统地介绍了AutoCAD 2016软件的相关内容以及利用它来进行工程图绘制的方法。全书分为17章，从最基础的AutoCAD 2016安装和使用方法开始介绍，循序渐进地详细讲解了AutoCAD 2016的软件设置、基本绘图、图形的显示控制、精确高效绘图、图形修改、尺寸标注、文字与表格、图块及其属性、辅助工具和命令的使用、二维图形参数化设计、轴测图的绘制、三维造型与渲染、图形的输入/输出、AutoCAD 2016的新功能、使用AutoCAD进行机件的表达以及常见工程图的绘制等内容。本书为便于学习配有大量实例和练习，以便掌握和使用。

本书适合作为高等院校的学校教材，也可作为工程设计人员、CAD爱好者的自学用书。

图书在版编目（CIP）数据

计算机绘图/肖扬，刘洪斌主编. —北京：机械工业出版社，2017.7

ISBN 978-7-111-56981-7

Ⅰ.①计… Ⅱ.①肖… ②刘… Ⅲ.①AutoCAD软件-高等学校-教材 Ⅳ.①TP391.72

中国版本图书馆CIP数据核字（2017）第182573号

机械工业出版社（北京市百万庄大街22号 邮政编码100037）
策划编辑：侯宪国 责任编辑：侯宪国
责任校对：杜雨霏 封面设计：张 静
责任印制：张 博
三河市国英印务有限公司印刷
2017年9月第1版第1次印刷
184mm×260mm · 17.25印张 · 417千字
0001—3000册
标准书号：ISBN 978-7-111-56981-7
定价：45.00元

前　言

AutoCAD 绘图软件是美国 Autodesk 公司于 1982 年开发的在计算机上运行的交互式通用计算机辅助设计绘图软件。它由于具有操作方便、功能强大、体系结构开放、二次开发方法方便多样、能适应各种软硬件平台等优点而得到广泛的应用，已经成为当今世界上最为流行的计算机设计绘图软件，其广泛应用在机械、建筑、化工、电子、服装设计、家庭装修、广告设计等不同的领域。

AutoCAD 具有良好的用户界面，操作简单方便。它的多文档设计环境和功能区的设置，让使用者在操作软件时与使用 Windows 应用程序和 Office 办公软件的使用感觉一致。AutoCAD 自推出以来，经历了初级阶段、发展阶段、高级发展阶段、完善阶段和进一步完善阶段，每年更新软件版本一次。本书介绍的版本是 AutoCAD 2016。随着软件的不断升级，功能也不断增强。在 AutoCAD 2016 版中，扩展了以前版本的优势和特点，在用户界面、性能、操作、用户定制、协同设计、图形管理、产品数据管理等方面得到进一步增强，并且定制了符合我国国家标准的样板图、字体和标注样式等，使得该软件在国内的使用更加方便。

本教材共分 17 章，主要介绍了计算机绘图的基本知识，AutoCAD 2016 绘图软件的安装、运行，绘图环境的设置，绘图工具的使用，图形的绘制与修改，尺寸、文字和表格的绘制，参数化绘图，三维造型、轴测图的绘制，各种工程图的绘制、打印输出以及使用 AutoCAD 的一些方法和技巧来提高绘图效率等内容。

本人从事 CAD/CG 方面的教学科研工作多年，使用 AutoCAD 软件进行教学科研工作也已经超过 30 年，因此积累了大量的经验，并且将这些经验用于本书的编写。本书由肖扬、刘洪斌担任主编，周已、何进担任副主编，参加编写的还有金凡尧、张婷婷、王易。

在此书完成之际，我要衷心地感谢我的研究生导师陈其明先生，是先生引领我进入了计算机图形学、计算机辅助设计这一研究领域，同时先生对科学的探索精神以及高尚的人格更是学生的楷模。此外，我还要感谢给予我帮助的合作者和机械工业出版社的编辑们，感谢他们为本书编写付出的辛劳。

由于本人水平有限，书中难免会有不足和疏漏之处，衷心希望读者批评指正。

编　者

目　录

第1章 计算机绘图概述

计算机绘图（Computer Aided Graphics，简称 CAG）是计算机辅助设计（Computer Aided Design，简称 CAD）的重要组成部分之一。CAD 是指利用计算机系统进行工程或产品设计的全过程，其中包括资料检索、市场分析、方案构思、计算分析、工程制图、检验测试和编制文件等设计环节。CAD 技术是计算机科学、数学、机械设计等科学和技术高度综合和融合而产生的现代科技，是信息革命和信息科学在工程和产品设计制造中的典型应用之一。由于这项技术的应用，大大地提高了设计过程的质量和效率，促进了工业和产品制造业的飞速发展。

1.1 计算机绘图的发展史

CAD 技术开始于 20 世纪 50 年代，首先应用于造船、汽车、飞机制造等技术要求较高的行业。而在 CAD 中，研究、开发最早的就是计算机绘图技术。

1958 年，MIT 的研究者最早实现了计算机绘图。当时他们把一台数控铣床进行改装，在床身导轨的位置放置图纸，在铣刀的位置换上笔，然后驱动机床用笔在纸上绘出了图形。这被认为是世界上最早的计算机绘图。早期的计算机绘图主要是被动式绘图（亦称静态绘图），即人们根据提供的绘图软件用高级语言编程，然后将程序输入计算机进行编译、链接，并输出目标程序引导绘图机绘出图形。在整个绘图过程中人们无法对所绘图形进行预览和修改。

从 20 世纪 70 年代开始，随着计算机硬件和软件技术的发展，人机对话式的交互图形系统（亦称动态绘图）的逐步应用推动了图形输入与输出设备的更新和发展。尤其是 20 世纪 80 年代中后期，随着大规模和超大规模集成电路技术的发展，计算机硬件质量的提高和成本的大幅降低以及软件开发研究的飞速发展，使得计算机绘图进入大规模的工程实用阶段。

目前，CAD 正由单一的 CAD 向 CAD/CAE（计算机辅助工程分析）/CAM（计算机辅助制造）一体化方向发展，计算机绘图也已由传统的二维图形软件向三维实体造型软件方向发展，并随着互联网的发展向网络化和智能制造的方向发展。不少商业性的三维实体造型系统，已能通过实体造型的方法在屏幕上直接构造明暗与色彩逼真的立体图像，并在实体造型的基础上生成各种 CAD 文件，如机械图样、有限元分析模型、加工工艺过程模型等，最后生成数控加工代码，控制数控机床的加工，从而实现产品的无纸化设计与制造。

为了增强在市场中的竞争力，计算机绘图最终将替代传统的手工制图。因此，利用计算机绘图是每个工程技术人员必须具备的重要技能之一。

1.2 计算机绘图系统及其工作过程

计算机绘图系统一般由硬件系统和软件系统两部分组成。计算机绘图系统的硬件一般可由图形输入设备、图形信息处理模块和图形输出设备三部分组成。

1. 图形输入设备

图形输入设备是操作者将所要绘制的图形信息和其他信息输入计算机系统中的设备。依据运行的绘图软件和经济条件，常用的图形输入设备有鼠标、键盘、数字化仪、图形输入板、扫描仪等。

2. 图形信息处理模块

图形信息处理模块是在绘图软件的控制下，计算机将输入的数据或图形进行处理的设备。它包括一套典型的计算机系统所具有的硬件设备模块，如 CPU、内存、主板、总线、输入/输出设备等。

3. 图形输出设备

通过图形输出设备将计算机处理的信息转化为相应的视频信号或机械运动，从而显示或绘制出所需的图形。如显示器、打印机、绘图机等。最新的图形输出设备不仅可以输出平面图形，还可以输出三维立体物体，如现在的 3D 打印机。图 1-1 所示为一套典型的计算机绘图系统。

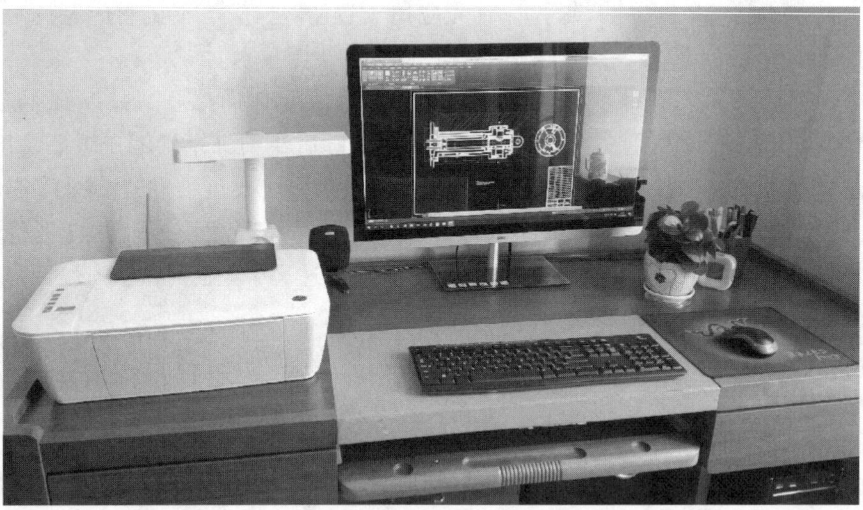

图 1-1 计算机绘图系统

计算机绘图系统的软件包括系统软件、支撑软件和应用软件。系统软件主要用于计算机硬件系统的管理、维护、控制、运行，以及计算机程序的编译、装载和运行。它包括操作系统和编译系统，是计算机系统工作的核心软件。支撑软件是计算机绘图系统的核心部分，是为满足计算机绘图的核心工作需要而开发的通用软件系统，主要包括各种不同类型和版本的 CAD 软件，如 AutoCAD、Pro/E、UG、Solidworks 等。应用软件是在系统软件、支撑软件的基础上开发的专用应用软件，由用户通过二次开发来完成工作。

1.3 计算机绘图的优点与应用

计算机绘图的优点在于：

1）绘图的速度快、精度高。

2）减少绘图劳动量，使设计人员能集中精力致力于创造性设计。

3）减少直接设计费用。

4）易于保存、携带、检索和调用，便于企业的内部管理及对外交流。

5）易于修改设计，缩短产品更新换代的周期。

6）易于建立标准图及标准设计库。

7）易于广泛推广应用标准图及标准设计。

由于以上这些优点，使得计算机绘图系统作为计算机辅助设计系统的最基本和最重要的功能之一，在现代的工程设计、制造、管理等领域得到了非常广泛的应用。最早的时候，由于计算机软硬件价格昂贵和维护成本高，计算机绘图系统只能应用于飞机、轮船、汽车设计制造等大型企业以及一些国防军工企业，如波音公司、福特公司、诺斯罗普公司等。但是随着半导体集成电路技术的发展和软件技术的发展，计算机绘图系统和计算机绘图技术迅速得到普及和应用，现在已经成为现代工业设计生产过程中的一个标配环节和新常态。主要的应用领域如下：

1）产品的计算机辅助设计、计算机辅助制造与计算机辅助分析。

2）动画制作与广告、艺术设计、系统模拟。

3）勘探、测量等地理信息的表示。

4）事务管理与办公自动化。

5）科学计算可视化。

6）计算机辅助教学。

第2章 计算机绘图相关的国家标准简介

国家标准是国家制定的各行各业的行为操作规范的基础性依据。因此，企业或个人在进行 CAD 设计绘图时，必须严格按照相关国家标准里所制定的规范执行。

2.1 CAD 文件管理

CAD 文件是指计算机辅助设计过程中所产生的所有文件，即实现产品或项目所必需的全部设计文件和 CAD 图等。它的作用是规定产品或工程设计的组成、形式、结构、尺寸、原理、技术性能以及制造、施工、安装、调试、验收、使用、维修、储存和运输的必要信息。

CAD 文件按照其表达信息的形式，一般可以分为图样、简图、文字以及表格 CAD 文件四类。

CAD 文件在进行编制的过程中应严格遵守现行的最新标准和相关规定，即 CAD 文件的基本格式、编号原则和编制规则应按照 GB/T 17825. 2 ~ GB/T 17825. 4 的有关规定；CAD 文件的基本程序、更改规则、签署规则以及标准化审查则应按照 GB/T 17825. 5 ~ GB/T 17825. 8 的有关规定；产品或工程项目的成套设计文件允许采用 CAD 和常规设计联合编制，其成套性、完整性应符合 GB/T 17825. 8—1999 的有关规定，且编制同一套图有关设计文件的编制方法和使用的符（代）号应当一致。

2.1.1 基本格式（GB/T 17825. 2—1999）

1. 图幅与图框

在使用计算机绘制 CAD 图样时，其图幅及格式也应当符合《技术制图　图纸幅面和格式》（GB/T 14689—2008）的有关规定。其基本幅面及图框尺寸见表 2-1；图框格式如图 2-1 所示，必要时，可根据需要在图框中分别配置对中符号、方向符号、剪切符号以及图框分区和米制参考分度，其形式尺寸与格式详见 GB/T 14689—2008 的相关规定。

表 2-1　基本幅面及图框尺寸　（单位：mm）

幅面代号	A0	A1	A2	A3	A4
$B\times L$	841×1189	594×841	420×594	297×420	210×297
e	20		10		
c	10			5	
a	25				

2. 标题栏

每张 CAD 图都必须绘制标题栏，其位置一般在图纸的右下角，其格式如图 2-2 所示。标题栏中的文字方向为看图的方向。

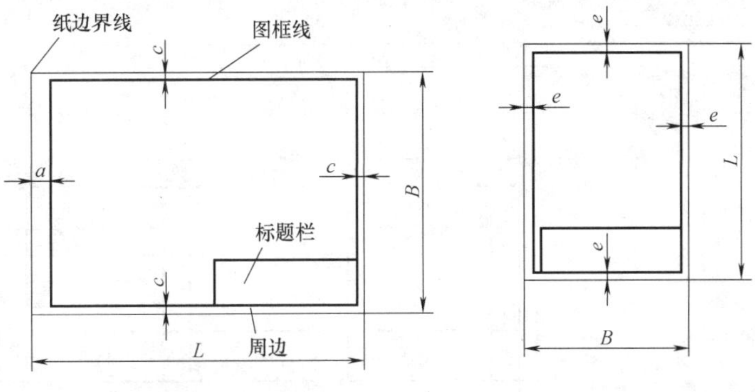

a) 图纸预留装订边　　　　b) 图纸不留装订边

图 2-1　图框格式

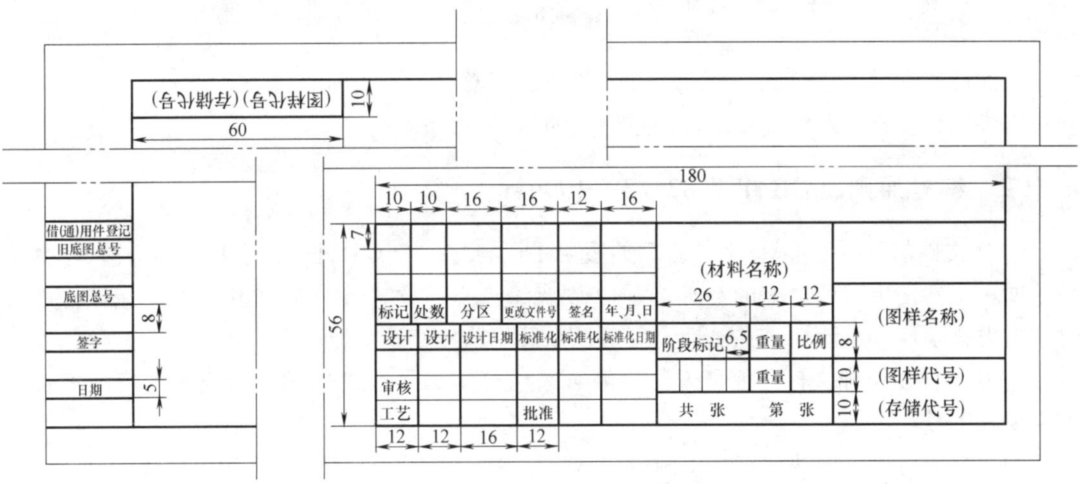

图 2-2　标题栏的格式

3. 明细栏

装配图中一般应有明细栏，并应配置在标题栏的上方，其格式如图 2-3 所示。明细栏应按由下而上的顺序填写，其行数应根据装配体的零件数目而定；当由下而上延伸图面位置不够用时，可紧靠在标题栏的左侧自下而上延续。当标题栏上方不便配置明细栏时也可采用 A4 幅面的明细表。

4. 代号栏与附加栏

代号栏设置在图框的左上角，其图样代号及存储代号应与标题栏中的图样代号及存储代号相一致，其文字书写方向应与标题栏中的文字书写方向成 180°。存储代号则应按 GB/T 17825. 10—1999 的相关规定编制。

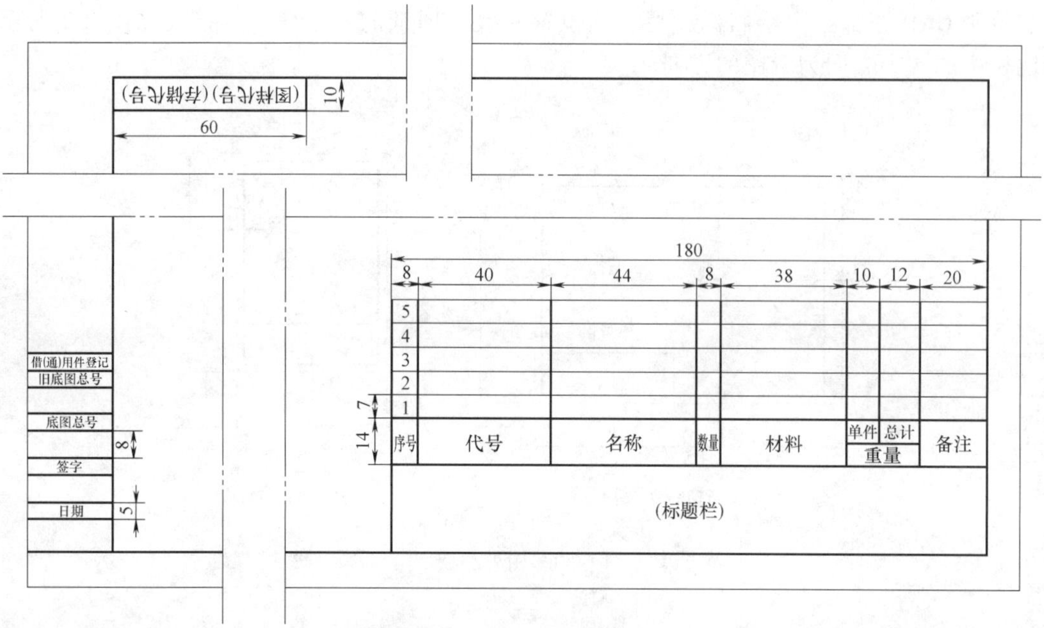

图 2-3　明细栏的格式

附加栏通常由“借（通）用件登记”“旧底图总号”“底图总号”“签字”“日期”等项目组成。其位置一般配置在图框的左侧，如图 2-2 所示。

2.1.2　编号原则（GB/T 17825.3—1999）

CAD 文件的编号是 CAD 文件管理的重要手段，每一个 CAD 图样或设计文件均应单独编号；同一文件使用两种以上的存储介质（硬盘、光盘、软盘等）时，其代号应相同。编号时应考虑科学性、系统性、唯一性、可延性以及规范性等基本原则。

CAD 图样及设计文件的编号方法一般可采用分类编号或隶属编号，或按各行业有关标准或要求编号。

编号一般可以采用的字符有：阿拉伯数字、拉丁字母（O、I 除外）、短横线（-）、圆点（.）和斜线（/）。

1. 分类编号

分类编号是按对象（产品、零部件、工程项目）、功能、形状等的相似性进行编号，其代号的基本部分由分类号和特征号两部分组成，并以圆点或短横线分隔（圆点在下，短横线居中），即

分类号	-	特征号

其中特征号可由五位数字组成，从左至右分别表示级、类、型、种、项，即

级	类	型	种	项

确定特征号时，应将需要编号的 CAD 图及设计文件分别按其特征、结构或用途分为十级（0~9），每级分十类（0~9），以此类推得型、种、项。必要时，还可以在分类编号的首

部加识别号（如单位代号等），在尾部加尾注号（如登记顺序号、文件简号等），即

分类号　单位代号 - 特征号　登记顺序号　文件简号

注意：以上各字框为强调说明而加，且各字符间也无空格。

2. 隶属编号

隶属编号是按产品项目或工程项目的隶属关系进行编号，该编号法有全隶属编号和部分隶属编号两种形式。

（1）全隶属编号　全隶属编号的代号由产品代号或工程代号和隶属号（如部件序号专业序号等）两部分组成，并以圆点或短横线分隔，必要时可加尾注号（如改进尾注号、技术条件尾注号、文件简号等），即

产品代号-隶属号　改进尾注号　技术条件尾注号

编号中产品代号或工程代号一般由拉丁字母和数字组成；隶属号由数字组成，其级数与位数应按产品结构或工程项目的复杂程度而定；尾注号由字母组成。如改进尾注号和设计文件尾注号同时出现时，所用字母应有区别，且改进尾注号在前，设计文件尾注号在后，两者之间空一字间隔或用短横线分隔。

（2）部分隶属编号　部分隶属编号的代号由产品代号或工程代号、隶属号（如部件序号、专业序号等）和识别号（如分部件或零件的流水号、卷册号等）组成，即

产品代号-隶属号　识别号

识别号为流水号时，可在其首部或尾部以带“0”或不带“0”区别零件和部件。

2.1.3　编制规则（GB/T 17825. 4—1999）

该标准规定了绘制 CAD 图及编制设计文件（含文字文件和表格文件）的一般要求。

编制 CAD 文件时，应正确反映该产品或工程项目的有关要求，并正确地贯彻有关国家标准的规定。必要时，允许 CAD 文件与常规设计的图样和设计文件同时存在。

绘制 CAD 图所采用的比例、图线、投影法、样图画法及尺寸标注均应符合国家标准《技术制图》和《机械制图》中的有关规定；CAD 图中的技术要求应尽量置于标题栏的上方或左方，并根据图幅的大小按表 2-2 中提供的参数选择字号。

文字文件如技术条件、技术说明、使用说明等的编制应符合有关国家标准和规定的要求。一般采用五号宋体，且各行的间距不得小于 2mm；表格文件如明细栏、汇总表等应采用五号宋体填写。

表 2-2　“技术要求”的推荐字号

图幅 字号/mm 字体	A0	A1	A2	A3	A4
汉字	7	7	5	5	5
字母与数字	5	5	3. 5	3. 5	3. 5

上述设计文件中需要采用分数时，其分数线用“/”表示。

2.1.4　更改规则（GB/T 17825. 6—1999）

经过签字或批准以后的 CAD 文件的更改，必须遵守 GB/T 17825. 6—1999 的有关规定。

1. CAD 文件的更改程序

CAD 文件的更改一般应按下列程序进行：

1）CAD 文件需要更改时，应由负责该项目的设计人员填写更改通知单，并经有关部门按技术责任制规定签署和有关领导审批后，才能对 CAD 文件进行更改。

2）CAD 操作人员按更改通知单的更改要求更改 CAD 文件，经更改通知单的编制人员复核后，在 CAD 文件更改记录栏中分别填入“更改标记”“数量”“签名”“日期”等。

3）在其他相关 CAD 文件的相应更改栏中及时填写更改信息。

4）打印或复制出更改后的文件，供有关部门使用。

2. CAD 文件的更改方法

CAD 文件的更改，可根据需要分别采用带更改标记、不带更改标记和文字说明三种更改方法。

（1）带更改标记　在 CAD 文件上直接删去被更改的部分，在相应位置输入新内容；在靠近更改部位处画圆，圆内填写相应的更改标记，再用细实线自该圆引至更改部位；增设更改层（一般用第 15 层），在已更改部分的下方输入更改前的原数据，并关闭此层（该层信息将既不显示，也不被绘制）。带更改标记的删改如图 2-4 所示。

采用划改时，可将新数据及更改标注写在原数据附近，如图 2-5 所示。

（2）不带更改标记　在 CAD 文件上直接删去被更改的部分，在相应位置输入新内容；增设更改层（一般用第 15 层），在已更改部分的下方输入带指引线（均为细实线）的圆及更改前的原数据，圆内填写更改标记，并关闭此层。不带更改标记的删改如图 2-6 所示。

（3）文字说明　在更改 CAD 文件时，也可根据更改的复杂程度和具体情况，在更改的相关部位采用文字说明的办法进行更改。

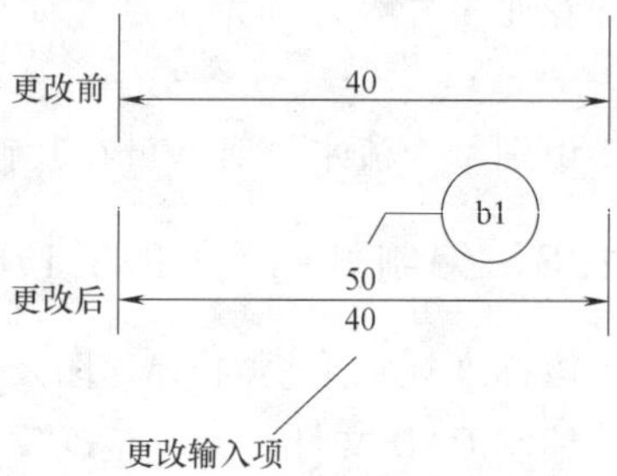

图 2-4　带更改标记的删改

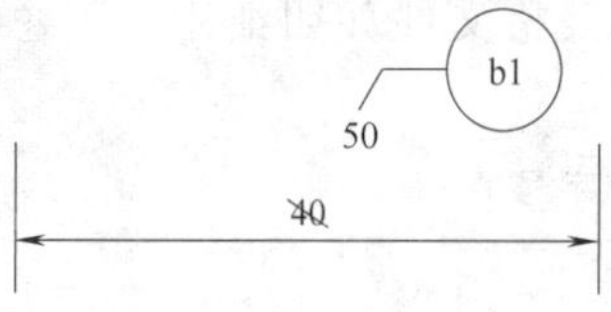

图 2-5　带更改标记的删改

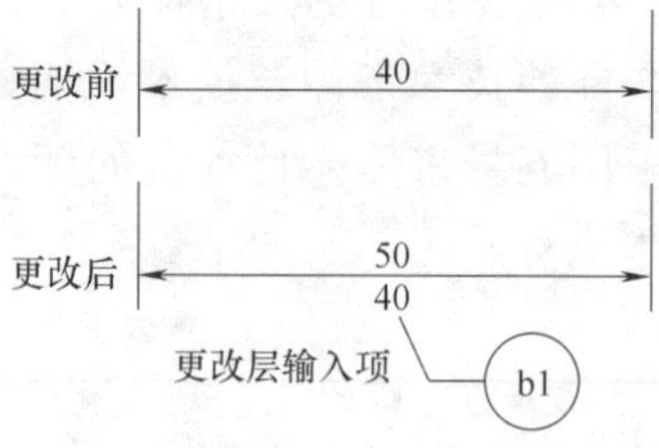

图 2-6　不带更改标记的删改

3. 更改后的文件名

经过更改后的 CAD 文件，其文件名可根据需要在原文件名后增加“更改 1”“更改 2”等，以示区别。

2.1.5　签署规则（GB/T 17825.7—1999）

签署是技术文件中的一项重要内容，也是严格生产管理的基本手段之一。CAD 文件中的签署必须完整、清晰，且一般一人只能签署一项。签署者的姓名不允许省略，日期也应完整签署年、月、日。签署采取分级负责的原则，签署者应当承担签署的技术责任。

设计者根据签署完整、修改后的原图（经审核、认可后作为原稿的图）更改 CAD 文件、编制设计文件底图（根据原图制成的可供复制的图）。底图经各级签署或由设计者（或 CAD 操作人员）按原图将签署者的姓名直接录入，并经确认后按规定归档。

1. 签署的方法

CAD 文件的签署一般应按照标题栏中的要求进行，并可采用下列两种签署方法：

（1）手工签署　纸质 CAD 文件一般应按照有关规定和要求采用手工形式进行签署。

（2）光笔或数字化仪签署　电子 CAD 文件应在确保安全的情况下，采用光笔或数字化仪进行签署。在没有光笔或数字化仪的情况下，应在签署单的签名栏中设置口令进行授权签署。

2. 签署单及其填写

签署单是相应 CAD 设计文件签署的凭证，每份 CAD 文件附一份签署单，并应同基准 CAD 文件一起保存。签署单的尺寸与格式如图 2-7 所示。

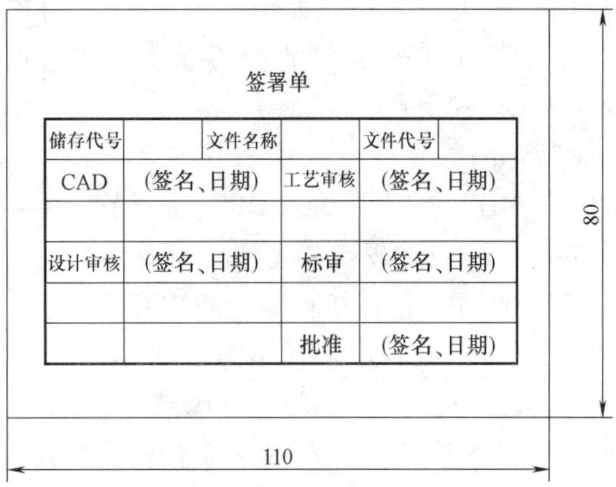

签署单
储存代号
文件名称
文件代号
CAD
(签名、日期)
工艺审核
(签名、日期)
设计审核
(签名、日期)
标审
(签名、日期)
批准
(签名、日期)
80
110

图 2-7　签署单的尺寸与格式

签署单的填写要求如下：

储存代号栏：按照 GB/T 17825.10—1999 的规定和要求，填写软盘的代号。

名称栏：填写该盘中相应 CAD 文件的名称。

代号栏：填写与相关 CAD 文件名称相对应的代号。

签名日期栏：按有关规定和要求填写签署人的姓名和签署日期。

2.1.6　标准化审查（GB/T 17825.8—1999）

对 CAD 图及设计文件进行标准化审查，是评价设计质量的重要依据之一。在 CAD 的初步设计、技术设计、工作图的各阶段中，都必须进行标准化审查。标准化审查的依据是现行标准及有关技术法规。

1. 标准化审查的程序

CAD 图及设计文件绘制完毕，并经设计、审核、工艺会签后，送交标准化审查；标准化审查应在原图上进行，并将审查意见及 CAD 文件返还设计部门；CAD 人员根据“标准化审查记录单”进行修改后，再送标准化审查人员复审并签字。

标准化审查人员对编制粗糙、字体不规范、签署不完整、产品的 CAD 图及设计文件不成套、所用的软件及数据库未经标准化审查等情况有权拒绝审查；对违反有关标准规定而坚持不修改的 CAD 图及设计文件有权拒绝签字。

2. 标准化审查办法

在审查过程中，一般在需要修改的部分打上标记或指明部位，并将审查意见简要地填入

“标准化审查记录单”中。

2.1.7 储存与维护（GB/T 17825.10—1999）

CAD 图及设计文件在设计过程中都必须存放在磁盘或磁带及光盘等储存介质中，且一个存储介质中一般不允许同时存放两种以上的 CAD 文件。储存介质应分类编号，并在存储介质上编制所存 CAD 文件的索引文件。索引文件上应列出存储代号、项目名称和序号、CAD 文件号、CAD 文件名称、设计人员、备注等目次，其基本格式如图 2-8 所示。其中，存储代号由单位代号、产品代号、存储类别代号、存储介质代号、CAD 文件数量及介质数量六项组成，即

单位代号	产品代号	存储类别代号	存储介质代号	CAD 文件数量	介质数量

其中存储类别代号应按规定指明所存放内容的生产阶段，如用“S”表示试制，用“A”表示小批量生产，用“B”表示正式生产。

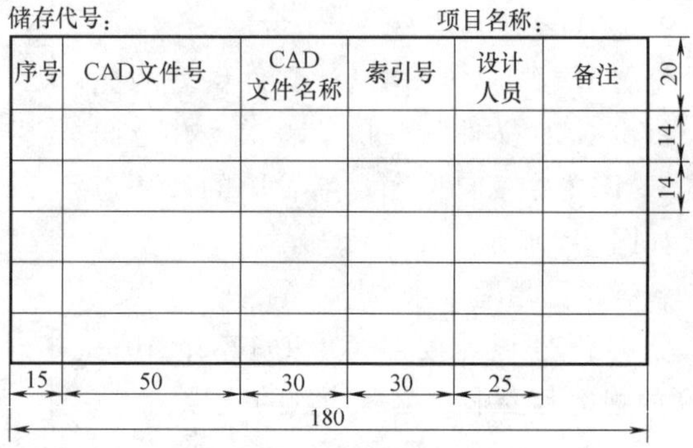

图 2-8　索引文件的格式

存储介质代号则分别采用“FD”“MT”“MD”“HD”和“OD”表示软盘、磁带、磁盘、硬盘和光盘。

CAD 文件数量是指存储介质中存放 CAD 文件的个数，用阿拉伯数字表示，如 01，02，…，12，13，…，90，…。

介质数量应指明该产品所需存储介质的总数和本介质位于总数中的张数，如 1/1 表示共 1 张第 1 张，2/3 表示共 3 张第 2 张等。

索引文件上的序号是指存储介质中所存放 CAD 文件的顺序号。

CAD 文件号是指存储介质中所存放 CAD 文件的编号，如图号或设计文件号等。

CAD 文件名称是指存储介质中所存放 CAD 文件的名称，如图样名称或设计文件名称等。

备注是指与索引文件中有关且应该说明的内容。如使用环境和使用环境的版本等。

索引文件的索引号由单位代号、产品或工程代号、存储类别代号和顺序号四项内容组成，即

单位代号	产品或工程代号	存储类别代号	顺序号

其中顺序号是指存储介质中 CAD 文件的流水号。

CAD 图及设计文件在设计过程中必须定时备份，建议最少每 4h（半天）或 8h（一天）备份一次，并至少备份一份。备份好的存储介质一般应存放在环境温度为 14～24℃、相对湿度为 45%～60%，且远离磁场、热源、酸碱及有害气体的场所。其存储介质上的明显部位应贴有标签，标签的格式如图 2-9 所示。

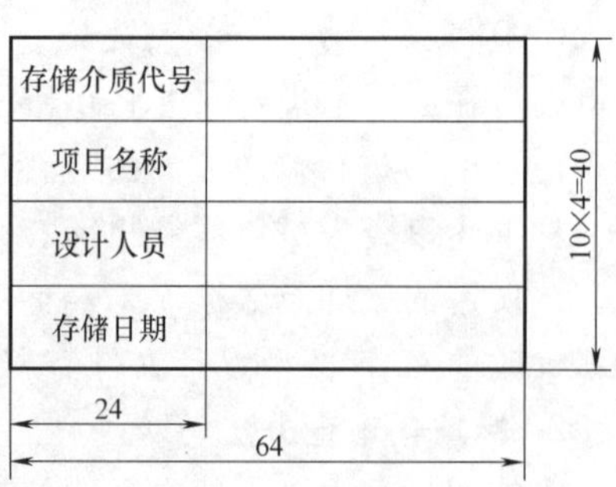

图 2-9　标签的格式

磁盘、磁带、光盘中的 CAD 文件归档时一般不需

加密，如需加密则应将密钥同时归档；必要时也可与纸质存储介质的 CAD 文件同时提交归档。

2.2　相关国家标准简介

本节将介绍的国家标准包括：GB/T 18229—2000《CAD 工程制图规则》、GB/T 14665—2012《机械工程 CAD 制图规则》、GB/T 18686—2012《技术制图 CAD 系统用图线的表示》、GB/T 18617—2002《技术产品文件 CAD 图层的组织和命名》等。

上述标准主要用于在计算机及其外围设备中进行显示、绘制、打印的各类工程图样及有关技术文件。

2.2.1　图线要求

图线是构成工程图样中图形的基本单元。国家标准对图线的名称、型式、画法等均作了统一规定，详见 GB/T 17450—1998。

所有线型的宽度（即线型的粗细）应按图样的类型和尺寸大小在下列数系中选择：0.13mm、0.18mm、0.25mm、0.35mm、0.5mm、0.7mm、1mm、1.4mm、2mm。

机电 CAD 图样中，粗、细线型的宽度比率一般采用 2∶1，其组别详见表 2-3，其中应优先采用第四组。

表 2-3　图线宽度组别

组别	1	2	3	4	5	一般用途
线宽/mm	2.0	1.4	1.0	0.7	0.5	粗实线、粗点画线
	1.0	0.7	0.5	0.35	0.25	细实线、波浪线、双折线、虚线、细点画线、双点画线

房屋建筑 CAD 图样中，粗线、中粗线和细线的宽度比率为 4∶2∶1，且在不影响出图质量的情况下，需要时可以采用 0.13mm 的线宽。

在同一图样中，同类图线的宽度应一致。

绘图过程中，应注意各类图线尽量相交在线段上，特别是在各类图线的接触、连接或转弯处，更应注意尽可能地在线段上相连；绘制轴线或对称中心线时，其两端超出图形的长度应控制在 2~5mm，如图 2-10a 所示。此外，绘制圆时，还应画出圆心符号。该符号采用细实线绘制，其长短控制在 12*d* 左右（*d* 为细实线宽度），如图 2-10b 所示。

绘图过程中，若有两种以上的图线重合时，应遵守以下优先顺序：

1）可见轮廓线和棱线（粗实线）。
2）不可见轮廓线和棱线（虚线）。
3）剖切平面轨迹（细点画线）。
4）轴线和对称中心线（细点画线）。
5）假想轮廓线（双点画线）。
6）尺寸界线和分界线（细实线）。

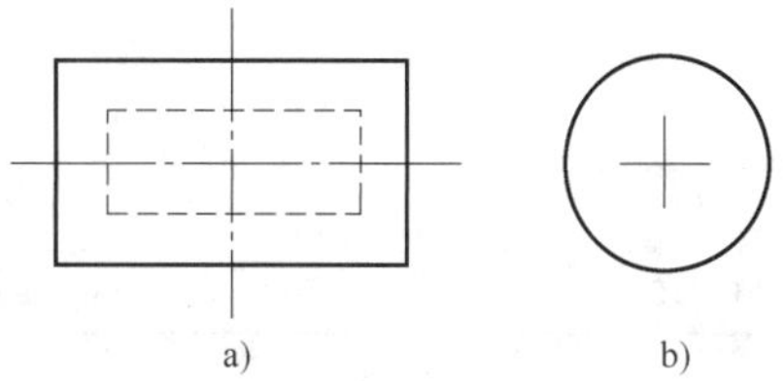

图 2-10　图线的作图要求

例如，当不可见轮廓线和对称中心线重合时，应画出虚线而不画点画线。

2.2.2 图层要求

图层是 CAD 制图特有的概念，也是与其手工制图的重要区别之一。传统的手工制图是将所有的图样信息（如各种线型、尺寸、剖面符号、各种加工要求及文字信息等）集中在一张空白图纸上。而 CAD 制图所采用的电子图纸，则可假设由无数个透明的图层叠合而成，并将工程图样上的各种信息分别存放在所定义的图层中（各图层均设定了独立的线型和颜色等），这样既便于绘图，又便于图形的组织管理。

AutoCAD 系统提供了名为“0”的初始图层（零层），其线型为“实线”，颜色为“白色”（底色为黑色）。在绘制工程图样以前，必须首先定义好用户所需的各个图层。

机电工程 CAD 图样的图层标识号（层号）、线型及屏幕上的颜色见表 2-4。

表 2-4 图层设定

图层标识号	显示颜色	线型或实体	图例
01	绿色	粗实线，剖切线的粗剖切线	
02	白色	细实线 波浪线 折断线	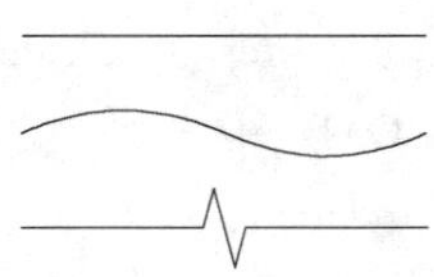
03	自定义（区别于细线的颜色）	粗虚线	
04	黄色	细虚线	
05	红色	细点画线，剖切面的剖切线	
06	棕色	粗点画线	
07	粉红	细双点画线	
08	自定义（避开粗线颜色）	尺寸线，符号细实线	
09		参考圆（含引出线和终端）	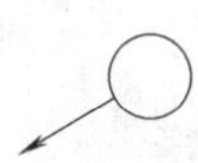
10		剖面符号	
11		文本（细）	ABC
12		尺寸值和公差值	153±0.1
13	自定义（区别于粗线颜色）	文本（粗）	abc
14，15，16		用户选择	

注意，实体（AutoCAD 中文版中称为对象）是客观存在并可以独立处理的元素，是绘图软件绘制工程图中能够处理的最基本元素。实体分为几何实体和非几何实体两种。几何实体表示物理形状，如弧、圆、线、点、样条等；非几何实体表示注释和说明等其他非几何信

息，如技术要求等。

2.2.3　字体要求

工程图样中的字体包括汉字、数字和字母三种形式。字体的号数即字体高度（用 h 表示）的公称尺寸，其尺寸系列为：1.8mm、2.5mm、3.5mm、5mm、7mm、10mm、14mm、20mm。

字体的宽度一般 $h\sqrt{2}$，如 5 号字体的字宽为 3.5mm。字体的笔画宽度分粗、细两种（A 型和 B 型字体），其中 A 型字体的笔画宽度为字高的 1/14，B 型字体的笔画宽度为字高的 1/10。

CAD 图样中的字体应符合国家标准。其中，数字与字母一般应以斜体（字头向右倾斜，与水平基准线成 75°）输出，且小数点应占一个字位，并位于中间靠下处；汉字则一般采用正体，并使用国家正式公布和推行的简化字；标点符号除省略号和破折号为两个字位外，其余均为一个符号一个字位；汉字的高度应不小于 2.5mm，数字与字母的高度应不小于 1.8mm。

字体大小与图纸幅面之间的选用关系见表 2-5。

表 2-5　字体大小与图纸幅面之间的选用关系　（单位：mm）

字体 h \ 图幅		A0	A1	A2	A3	A4
标题栏	单位名称	5		5		
	图样名称	5		5		
	图样代号	5		5		
	产品名称	5		5		
	材料名称	5		5		
	其他	3.5		3.5		
明细栏	序号、代号、名称等	3.5		3.5		
技术要求	标题	7		5		
	条款及内容（汉字、数学）	5		3.5		
标注	汉字	5		3.5		
	数学	5		3.5		
公差	尺寸上、下极限偏差值	3.5		2.5		
	几何公差	3.5		3.5		
序号		7		5		

字体的最小字距、行距以及基准线或间隔线与书写字体之间的最小距离见表 2-6。

表 2-6　字体的最小字距、行距及基准线与字体间的最小距离　（单位：mm）

字体	最小距离	
汉字	字距	1.5
	行距	2
	基准线或间隔线与汉字的间距	1
字母与数字	字符	0.5
	词距	1.5
	行距	1
	基准线或间隔线与字母、数字的间距	1

注：当汉字与字母、数字混合使用时，按照汉字的规范使用。

2.2.4 尺寸线终端要求

在 CAD 制图中，常用的尺寸线终端可采用图 2-11 所示的 6 种终端形式，其中后两种终端形式常见于房屋建筑的 CAD 图样。图中箭头长度约为图样中粗实线宽度的 4 倍，若采用第四组图线宽度时，箭头长度约为 3mm；斜线及建筑标记与尺寸线成 45°。在同一张图样中，一般只能采用一种尺寸线的终端形式。

当采用箭头位置不够时，允许用圆点或斜线代替箭头，如图 2-12 所示。

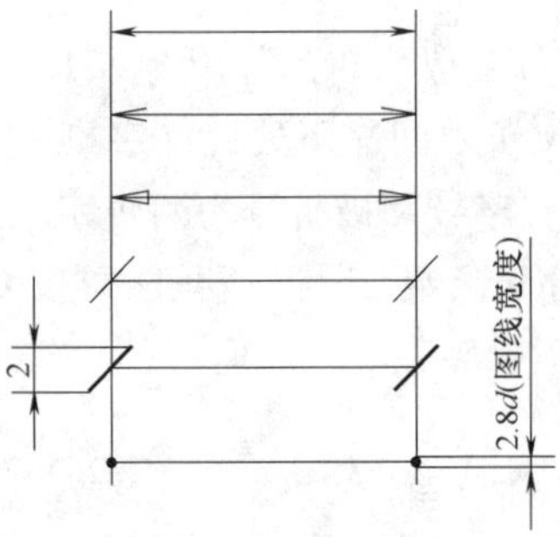

图 2-11　常用尺寸线终端形式

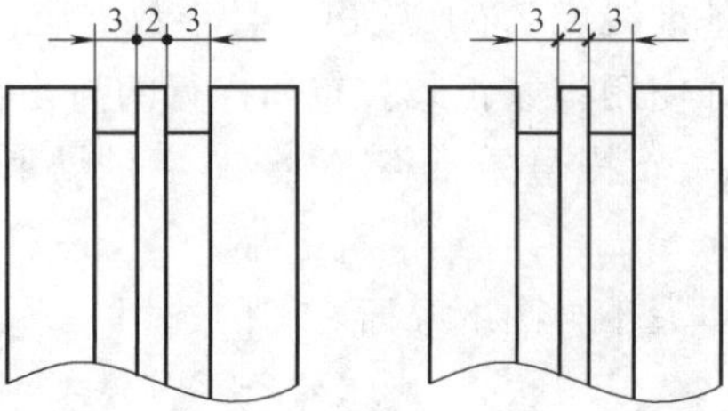

图 2-12　小尺寸的尺寸线终端

思考与练习题

1. 根据 CAD 国家标准，在 A3 图纸上作图时，应该如何选择字体的大小和图线粗、细线型的线宽？

2. 在绘图过程中，如果图线发生重合，各种图线的优先顺序如何？

3. 国家标准中对粗实线、虚线、细点画线以及尺寸线等常见绘图对象的层名和颜色是怎么规定的？

4. 在绘制机械图时，CAD 国家标准中对尺寸线终端的形式有哪些规定？其选用的顺序是什么？

第3章 AutoCAD2016中文版简介

3

AutoCAD 是美国 Autodesk 公司推出的一款功能强大的通用计算机辅助设计与绘图软件，应用范围涉及汽车、机械、航空航天、造船、通用机械、数控加工、医疗、玩具和电子等诸多领域，它主要用于产品的设计与分析。到目前为止，AutoCAD 已成为工业上使用最为广泛的计算机设计绘图软件之一，已经成为事实上的工业设计制图标准。

AutoCAD 绘图软件自 1982 年正式推出以来，已多次更新版本，现在每年更新一次。每版的更新都会修正前版的错误并增加新的功能。随着版本的更新，功能也越发强大。本书将以 AutoCAD2016（中文版）为基础，介绍有关计算机绘图的相关知识和操作。

3.1 AutoCAD2016 中文版的运行

3.1.1 软件的安装、运行与退出

1. AutoCAD2016 软件安装的要求

操作系统：推荐使用 Windows 7、Windows Vista、Windows8 或 Windows10 系统。

说明：要安装 AutoCAD，用户必须具有管理员权限或由系统管理员授予更高权限。

CPU 类型：Intel Pentium 4 或 AMD 64 以上的处理器。

内存：512MB 以上。

显卡：最低 1024×768 VGA 真彩色。

硬盘：安装占用空间 3GB。

2. AutoCAD2016 软件的安装过程

对于单机中文版的 AutoCAD2016，在各种操作系统中的安装过程基本相同，下面仅以 Windows10 为例说明其安装过程。

步骤 1：将 AutoCAD2016 的安装光盘放入计算机光驱中（如果已将系统安装文件复制到硬盘上，可直接双击系统安装目录下的“setup. exe”文件）。

步骤 2：系统显示“安装初始化”界面。等待数秒后，系统弹出图 3-1 所示的 AutoCAD2016 安装界面，单击“安装”按钮。

步骤 3：系统弹出 AutoCAD2016 安装界面 2，在“国家或地区：”下拉列表中选择“China”选项，然后选中“我接受”单选项，单击对话框中的“下一步”按钮，如图 3-2 所示。

步骤 4：系统弹出 AutoCAD2016 安装界面 3，选择相应的产品类型，并将序列号和产品密钥输入对应的文本框中，然后单击“下一步”按钮，如图 3-3 所示。

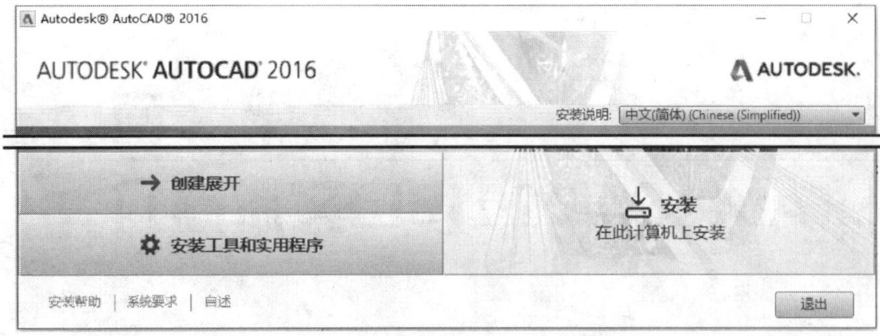

图 3-1　AutoCAD2016 安装界面

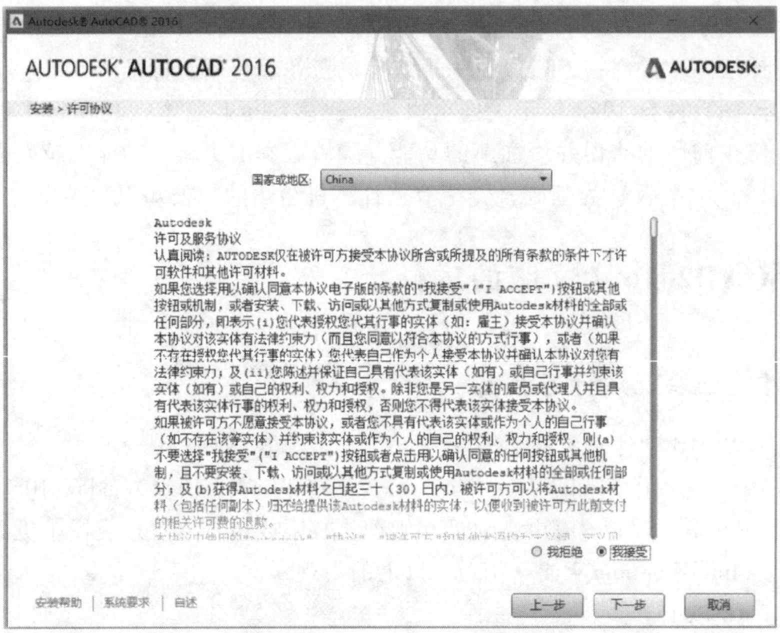

图 3-2　AutoCAD2016 安装界面 2

步骤 5：系统弹出 AutoCAD2016 安装界面 4，采用系统默认的安装配置，单击对话框中的“安装”按钮，此时系统显示“安装进度”界面，如图 3-4 所示。

步骤 6：系统继续安装 AutoCAD2016 软件，经过几分钟后，AutoCAD2016 软件安装完成，系统弹出“安装完成”界面，单击该对话框中的“完成”按钮。

步骤 7：启动中文版 AutoCAD2016。在 AutoCAD 安装完成以后，系统将在 Windows 的“开始”菜单中创建一个菜单项，并在桌面上创建一个快捷图标。当第一次启动 AutoCAD2016 时，系统要求进行初始设置，具体操作如下：

双击桌面上的 AutoCAD2016 软件快捷方式启动软件，或者从开始菜单中启动软件。在等待一段时间后系统将弹出“Autodesk 许可”界面，此时在该界面中单击“激活”按钮，随即系统便弹出“Autodesk 许可-激活选项”界面，选择该界面中的“我具有 Autodesk 提供的激活码”单选项，然后单击“下一步”按钮，此时系统弹出“Autodesk 许可-激活选项”界面。

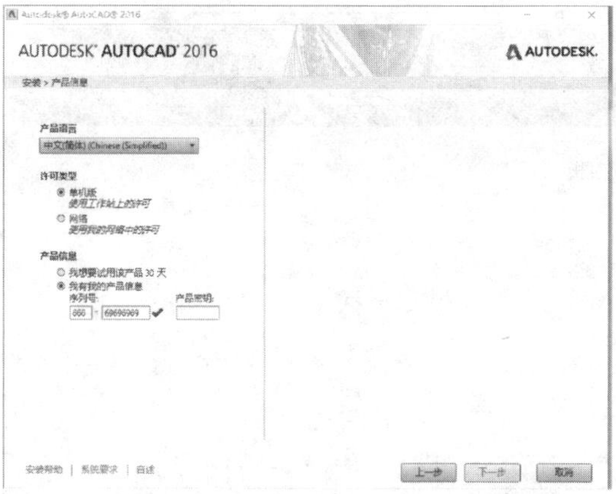

图 3-3　AutoCAD2016 安装界面 3

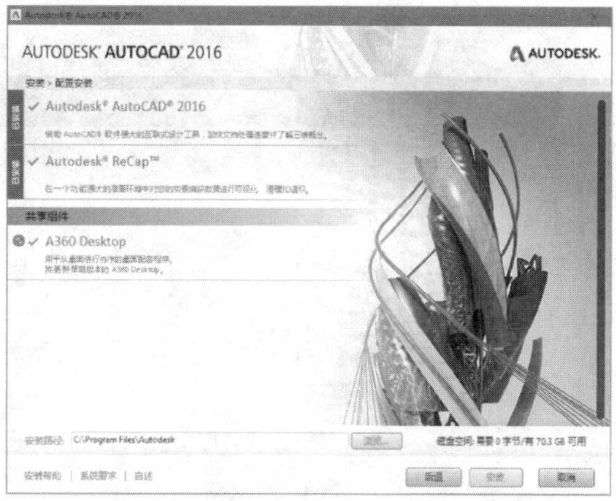

图 3-4　AutoCAD2016 安装界面 4

步骤 8：按要求输入激活码，激活中文版 AutoCAD2016。

3. AutoCAD2016 的启动与退出

（1）启动 AutoCAD2016 的方法

1）通过桌面上的 AutoCAD2016 快捷方式直接启动。

2）双击现有的 AutoCAD 图形文件。

3）从“开始”菜单中，依次选择下拉菜单“所有程序”“Autodesk”，选择“AutoCAD2016”选项，启动 AutoCAD2016。

（2）退出 AutoCAD2016 的方法

1）在 AutoCAD 主标题栏中，单击“关闭” × 按钮。

2）从“文件”下拉菜单中，选择“退出”命令。

3）在命令行中输入命令“EXIT”或“QUIT”，然后按<Enter>键或者空格键。

在退出 AutoCAD2016 时，如果用户此时没有对打开的图样的更改操作进行最终的保存，系统将提示是否将更改保存到当前的图形中，单击“是”按钮，将退出 AutoCAD2016 并保存更改；单击“否”按钮，将退出 AutoCAD2016 但不保存更改；单击“取消”按钮，将不退出 AutoCAD2016。

3.1.2　用户界面

中文版的 AutoCAD2016 的工作界面如图 3-5 所示，该工作界面中包括标题栏、下拉菜单栏、快速访问工具栏、功能区、命令行和绘图区等几个部分。

1. 快速访问工具栏

AutoCAD2016 具有快捷访问工具栏的功能，其位置如图 3-5 所示。通过快速访问工具栏能够进行一些 AutoCAD2016 的基础操作，一般默认有“新建”“打开”“保存”“另存为”“打印”及“放弃”等命令。

用户也可以为快速访问工具栏添加命令按钮。在快速访问工具栏上单击右键，在系统弹出如图 3-6 所示的快捷菜单中选择“自定义快速访问工具栏”选项，系统将弹出“自定义用户界面”对话框，如图 3-7 所示。在该对话框的“命令”列表框中找到要添加的命令后将其拖到“快速访问”工具栏，即可为该工具栏添加对应的命令按钮。

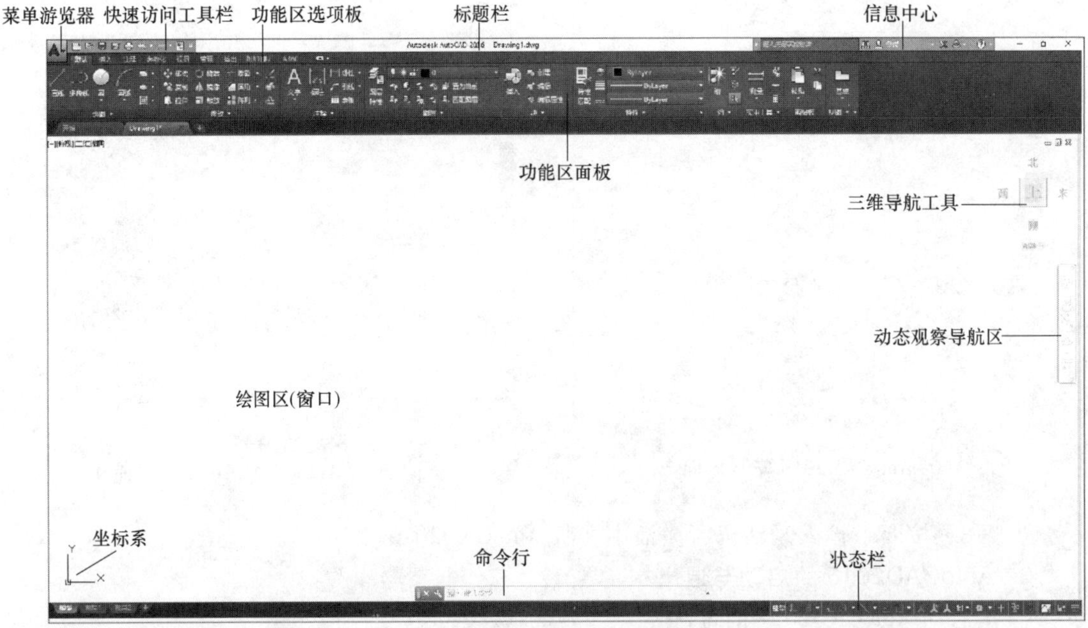

图 3-5　中文版 AutoCAD2016 的工作界面

2. 标题栏

AutoCAD2016 的标题栏位于工作界面的最上方，其功能是显示 AutoCAD2016 的程序图标以及当前操作文件的名称。还可以通过单击标题栏最右侧按钮，实现 AutoCAD2016 窗口的最大化、最小化和退出操作。

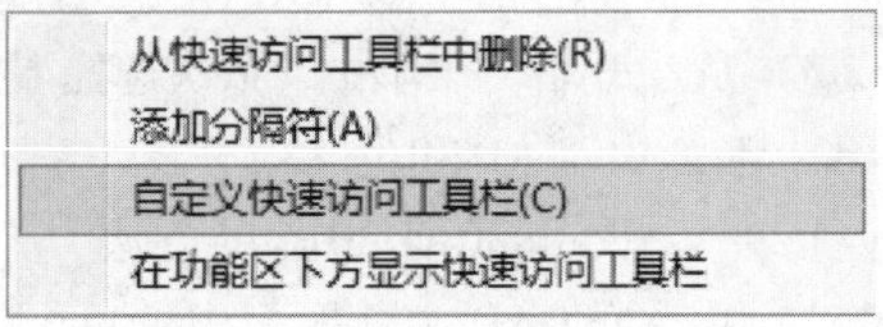

图 3-6　快捷菜单

3. 信息中心

信息中心位于标题栏的右侧，如图 3-8 所示。信息中心提供了一种便捷的方法，可以在“帮助”系统中搜索主题、登录到 Autodesk 360、打开 Autodesk Exchange 或保持连接，并显示“帮助”菜单的选项。它还可以显示产品通告、更新和通知。

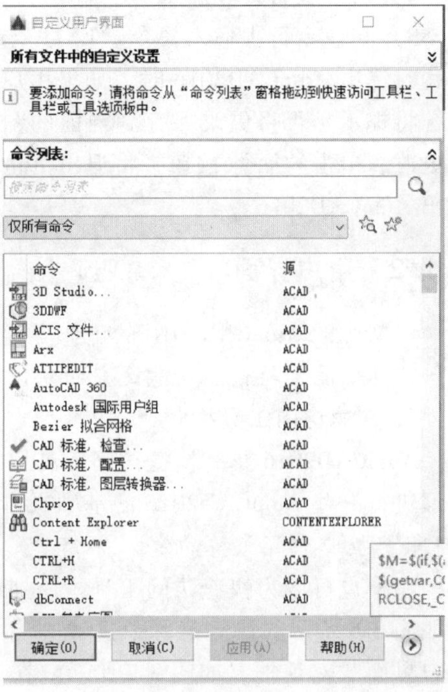

图 3-7　“自定义用户界面”对话框

4. 功能区选项板与功能区面板

功能区选项板是一种特殊的选项卡，位于绘图窗口的上方，用于显示与基于任务的工作空间关联的按钮和控件。在 AutoCAD2016 的初始状态下有 9 个功能选项卡：“默认”“插入”“注释”“参数化”“视图”“管理”“输出”“附加模块”以及“A360”。每个选项卡都包含了若干个面板，每个面板又包含了多个命令按钮，如图 3-9 所示。

有的面板中没有足够空间显示所有按钮，用户在使用时可以单击下方的三角按钮，展开折叠

图 3-8　信息中心

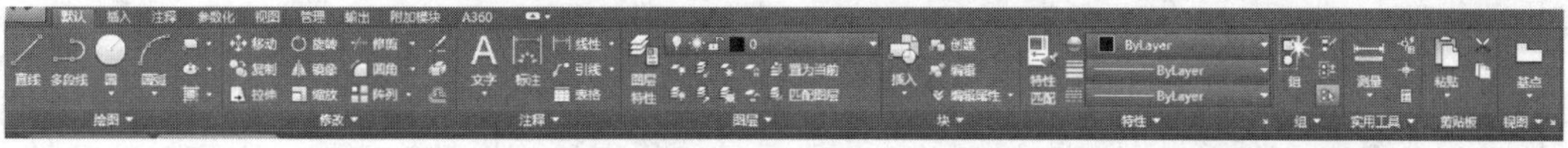

图 3-9　功能区选项板和功能区面板

区域，显示其他相关的命令按钮。如果某个按钮后面还有三角按钮，则表明该按钮下面还有其他的按钮。

此外，单击面板选项卡右侧的按钮，系统将弹出图 3-10 所示的快捷菜单。分别单击该快捷菜单中的“最小化为选项卡”“最小化为面板标题”和“最小化为面板按钮”命令，选项卡将分别做出如图 3-11、图 3-12 以及图 3-13 所示的变化。

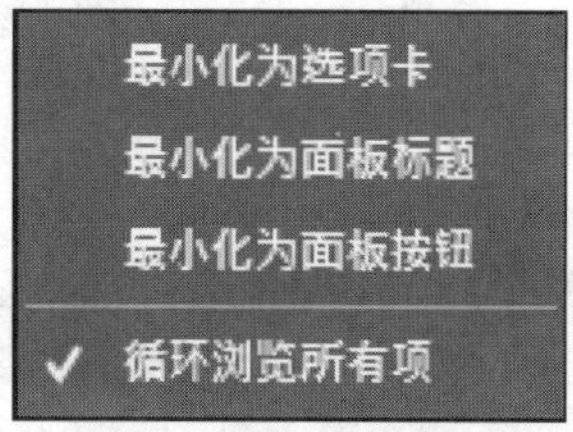

图 3-10　快捷菜单

图 3-11　最小化为选项卡

图 3-12　最小化为面板标题

图 3-13　最小化为面板按钮

若选择“循环浏览所有项”命令，连续单击按钮，将在图 3-11、图 3-12 以及图 3-13 之间所显示的样式之间切换。

功能区是 AutoCAD 在 2010 版以后增加的界面。其风格与 Windows 7 和 Office2007 及以后版本的界面类似。这种界面的设计是考虑了人机操作以后设计的一种优化的界面，使用起来很方便。

5. 绘图区

绘图区是用户绘图的工作区域，占据了屏幕的绝大部分空间，用户绘制的任何内容都将显示在这个区域中。可以根据需要关闭一些工具栏或缩小界面中的其他窗口，以增大绘图区。如果图纸比较大，用户可以按住鼠标中键平移图纸或者转动滚轮来放大缩小图纸。

绘图区中除了显示当前的绘图结果外，还可显示当前坐标系的图标。该图标可表示坐标系的类型、坐标原点及 *X* 轴、*Y* 轴和 *Z* 轴方向。在绘图区域下部有一系列选项卡的标签，这些标签可引导用户查看图形的布局视图。在 AutoCAD 绘图区中，平面的坐标系是这样规定的：绘图区的左下角为原点，*X* 轴的正方向为从原点向右；*Y* 轴的正方向为从原点向上。

6. 命令行与文字窗口

如图 3-14 所示，命令行用于输入 AutoCAD 命令或者查看命令提示和消息，它位于绘图窗口的下面。

命令行通常显示三行信息，拖动位于命令行左边的滚动条可查看以前的提示信息。用户可以根据需要改变命令行的大小，还可以将命令行拖移至其他位置，使其由固定状态变为浮动状态。当命令行处于浮动状态时，可调整其宽度。

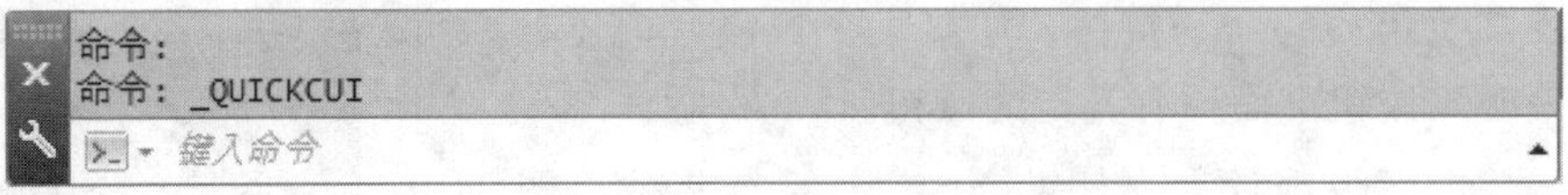

图 3-14　命令行

文字窗口是记录 AutoCAD 命令的窗口，是放大的“命令行窗口”，它记录了已执行的命令，也可以在其中输入新的命令。该窗口的打开可以通过在功能区选项板中选择“视图”，然后单击“选项板”后方的三角形按钮，选择“文字窗口”，或者直接在命令行中输入命令“TEXTSCR”来实现。

7. 状态栏

状态栏位于屏幕底部，它用于显示当前鼠标光标的坐标位置，以及控制与切换各种 AutoCAD 模式的状态，如图 3-15 所示。

图 3-15　状态栏

坐标显示区可显示当前光标的 *X*、*Y*、*Z* 坐标，当移动鼠标光标时，坐标值也会随之更新。单击坐标显示区，可切换坐标显示的打开与关闭状态。

注释是指用于对图形加以注释特性，注释比例是与模型空间、布局视口和模型视图一起保存的设置，用户可以根据比例的设置对注释内容进行相应的缩放。单击“注释比例”按钮，可以从系统弹出的菜单中选择需要的注释比例，也可以自定义注释比例。

单击“注释可见性”按钮，当显示为，将显示所有比例的注释性对象；当显示为时，仅显示当前比例的注释性对象。

单击“自定义”按钮，系统将弹出图 3-16 所示的“自定义”菜单，在该菜单中可以设置在状态栏中显示的快捷按钮命令，单击菜单中的某个命令以的形式显示，表示在状态栏中处于显示状态，再次单击即可取消显示。

图 3-16　“自定义”菜单

3.1.3　命令的输入

命令是用户与软件系统进行交流的基本载体。用户通过输入命令，引导系统绘制或编辑图形。命令输入包括命令名及命令所需参数的输入。

1. 命令的输入方法

AutoCAD 命令的输入一般有以下几种方法：

（1）使用下拉菜单　直接用鼠标单击相应的下拉菜单执行命令。

（2）图标菜单　在已打开的工具栏上直接单击所需输入的命令图标。这种方法形象、直观，便于鼠标操作，是最常见的命令输入方法。

（3）命令行输入　直接从键盘上键入命令名，并按空格键或者<Enter>键完成命令输入。该输入方法一般采用的命令名为快捷命令名，常用的快捷命令名见表 3-1。

表 3-1　常用的快捷命令名

命令名	快捷命令	命令名	快捷命令
直线	L	多段线	PL
圆	C	构造线	XL
圆弧	A	阵列	AR
缩放	Z	延伸	EX
移动	M	旋转	RO
复制	CO	缩放(按比例)	SC
重画	R	倒角	CHA
删除	E	分解	X
偏移	O	多行文字	T
圆角	F	图案填充	H
镜像	MI	样式(尺寸)	D
正多边形	POL	创建(块)	B
修建	TR	写(块)	W
拉伸	S	块(输入)	I

（4）历史命令　在命令行右侧有一个三角形按钮，单击该按钮即可查看命令历史记录。找到需要的命令记录用鼠标选中并单击右键，在弹出的菜单中选择“粘贴到命令行”便可以直接使用该命令了。

2. 数据的输入方法

命令输入后，AutoCAD 系统一般要求用户输入一些执行该命令所需的数据，如一个点的坐标、一个数值、一个字符或字符串等。数据输入常采用以下方法：

（1）输入直角坐标　直角坐标分为绝对直角坐标和相对直角坐标两种。绝对坐标是指当前点相对于世界坐标原点（0，0）的坐标增量。二维坐标输入时，直接键入 X、Y 的坐标值，两数值之间用逗号隔开，如“125 , 64”。注意输入坐标数据时必须在英文输入方式下进行。

而相对直角坐标则是指目标点相对于上一个点的坐标增量。输入时，相对坐标值前必须加符号“@”作为前缀，否则会被系统读作绝对直角坐标值。其方向沿世界坐标系的正方向为正，反之为负，形如“@ 125，64”。

（2）输入极坐标　同样的，极坐标分为绝对极坐标和相对极坐标两种。绝对极坐标是输入当前点到坐标原点的极坐标增量值，如“125 < 65”，其中“125”是增量半径，而“65”是增量角度。与直角坐标类似，相对极坐标的输入形如“@ 125 < 65”。

（3）定向输入距离　该方法操作最简单，也是使用最多的一种方式。当命令提示输入一个点时，移动光标，则光标与刚刚输入的点之间形成一条射线以表示该方向，此时再用键盘输入距离值即可。

（4）利用鼠标直接拾取点　移动鼠标的光标到所需位置，单击即可。该方法虽然操作方便，但是若在不开启“对象捕捉”辅助工具的情况下，是不能做到精细作图的。因此，一般该方法都采用与“对象捕捉”辅助工具配合使用的方式进行。

3.1.4　文件操作

对于图形文件的操作主要有新建文件、保存文件和打开文件三种。同时，对于AutoCAD2016以及最近的几个版本中，AutoCAD还为用户提供了修复文件的功能，主要用于修复因为操作异常而损坏的文件，或者恢复因为在异常关闭AutoCAD系统时还未来得及保存的CAD文件。

1. 新建文件

开始一个新的AutoCAD图形的绘制。其命令操作一般有如下几种方法：

1）快速访问工具栏：单击，然后选择所需模板进行绘制。

2）菜单浏览器：单击“新建”，同样选择所需模板进行绘制。

3）开始界面：直接单击“开始绘制”按钮，如图3-17所示，打开空白模板进行绘制。

4）键盘输入：输入“NEW”命令。

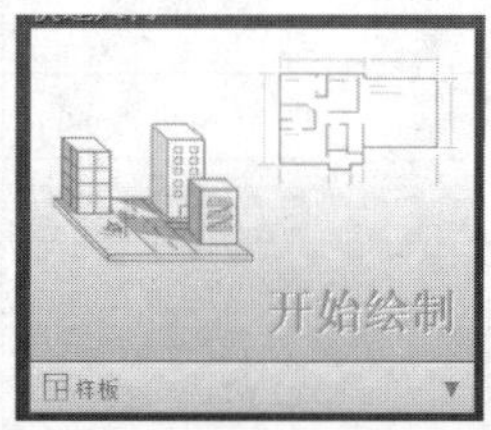

图3-17　开始绘制

2. 保存文件

保存文件主要有当前文件名保存和另起文件名保存两种方法。前者用于绘图过程中的临时存盘或图形文件修改后的存盘；后者主要用于采用样板图方式绘图或借助某一旧图绘图的存盘。其命令操作有如下几种方法：

1）快速访问工具栏：单击，当图形未命名时，该操作等同于另存为。

2）菜单浏览器：单击，选择“保存”或“另存为”命令（根据用户需求选择）。

3）键盘输入：输入“SAVE”或“SAVEAS”命令。

当用户是进行的“另存为”操作时，系统将会弹出如图3-18所示的对话框。在该对话框中，用户可以自行选择保存路径，修改文件名以及文件类型，其中文件类型包括如图3-19所示的类型等。选择不同版本的文件类型保存以后，就可以用于在其他版本的AutoCAD上打开图形文件。

3. 打开文件

打开一个存盘的图形文件，其操作一般有以下几种方法：

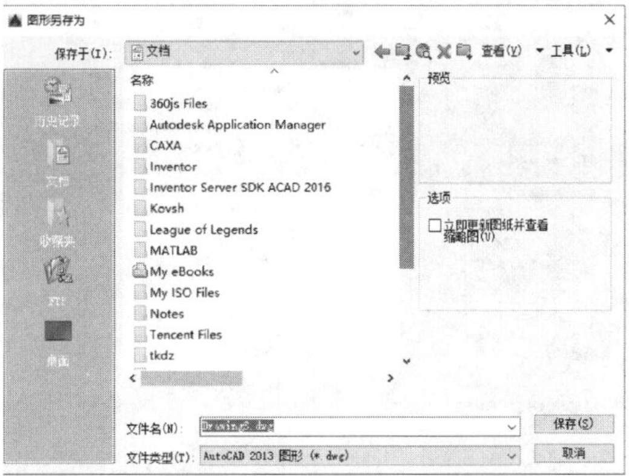

图 3-18　“图形另存为”对话框

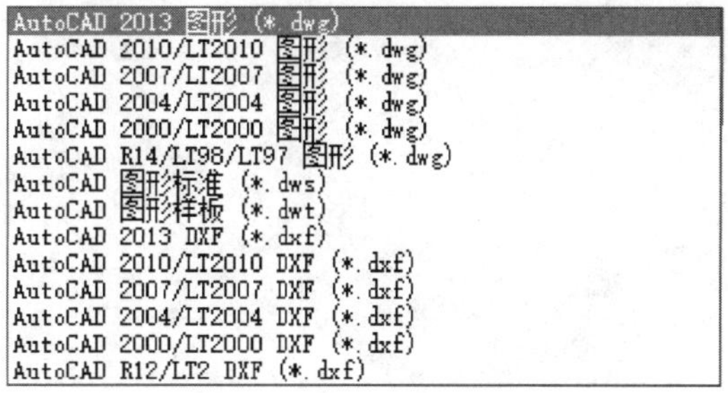

图 3-19　文件类型

1）快速访问工具栏：单击。

2）菜单浏览器：单击，选择“打开”命令，然后选择文件。

3）键盘输入：输入“OPEN”命令。

4）直接双击需要打开的文件。

3.2　AutoCAD2016 中文版的常用设置

3.2.1　界面设置

AutoCAD2016 的用户界面可以根据用户的喜好进行一定的改变。常见的界面设置有：界面各组成部分的背景颜色、字体及其大小、光标大小等。

1. 设置绘图窗口背景颜色

尽管界面各组成部分的颜色可以随意改变，但是在实际操作中，往往只需要改变绘图窗口的颜色，而其余部分的配色也会自动做出一定的改变。一般来说，用户只需要将绘图区在黑白两色之间变换。具体操作步骤如下：

1）单击菜单浏览器按钮，在弹出的下拉菜单中单击“选项”按钮，此时界面上弹出“选项”对话框，如图 3-20 所示。

2）选择 显示 选项卡，此时该对话框变成图 3-21 所示的界面，单击 颜色(C)... 按钮，将弹出图 3-22 所示的“图形窗口颜色”对话框。

3）通过“图形窗口颜色”对话框里的选项，选择要修改的组成部分，然后在“颜色”下拉菜单中选取需要的颜色，然后单击“应用并关闭”即可完成颜色修改操作。

2. 设置字体及其大小

命令行的字体及其大小可根据用户的意愿进行更改，其操作步骤与设置窗口颜色的设置步骤类似。

1）单击菜单浏览器按钮，在弹出的下拉菜单中单击“选项”按钮，打开“选项”对话框。

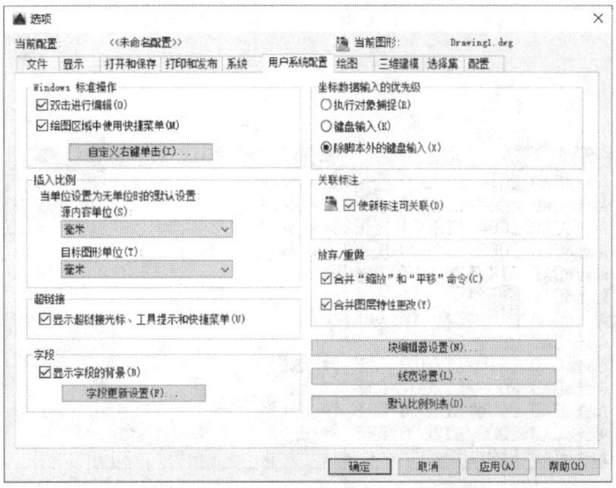

图 3-20　“选项”对话框

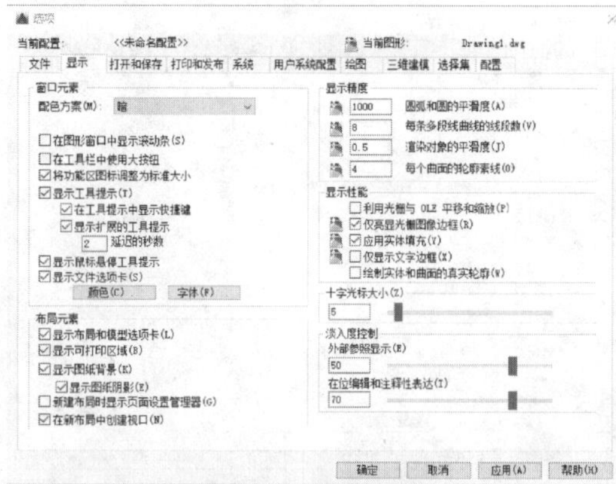

图 3-21　“选项”对话框（显示选项卡）

2）选择“显示”选项卡，单击“字体（F）...”，弹出图 3-23 所示的“命令行窗口字体”对话框。

3）用户根据需要进行“字体”“字形”以及“字号”的选择，最后单击“应用并关闭”按钮完成更改。

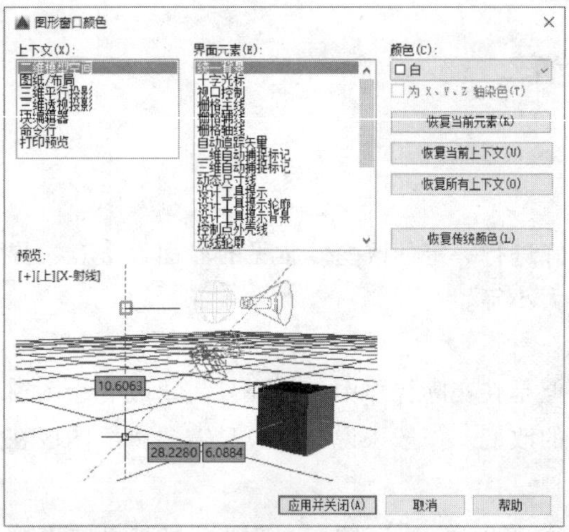

图 3-22　“图形窗口颜色”对话框

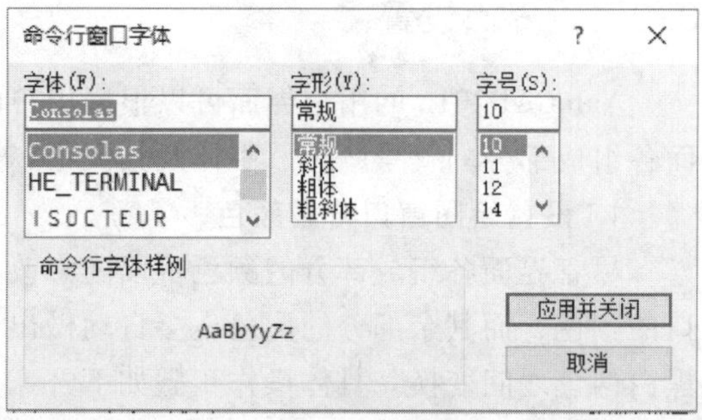

图 3-23　“命令行窗口字体”对话框

3. 光标大小设置

光标的大小可以根据用户的需要进行设置。

1）单击菜单浏览器按钮，在弹出的下拉菜单中单击“选项”按钮，打开“选项”对话框。

2）选择“显示”选项卡，此时界面上将出现“十字光标大小（Z）”一栏，如图 3-24 所示。直接拖拽该栏中的滚动条或者直接修改文本框中的数值即可改变光标大小。

3）单击“确定”按钮，完成更改。

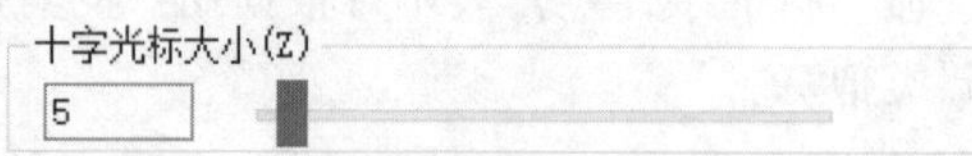

图 3-24　“十字光标大小（Z）”栏

4. AutoCAD 经典界面的设置

AutoCAD2010 版以前的经典界面对于大部分以前使用软件的人是比较熟悉的，在 2016

版中，通过设置可以恢复以前的经典界面。具体的操作方法如下：

1）单击“切换工作空间”按钮（见图 3-25）。

2）选择“自定义”（见图 3-26）。

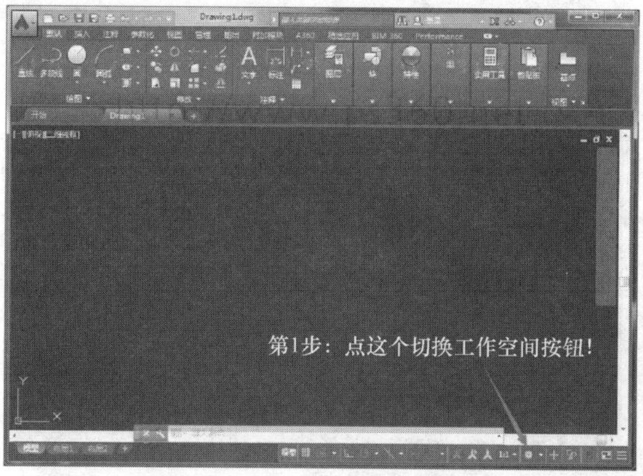

图 3-25　切换工作空间

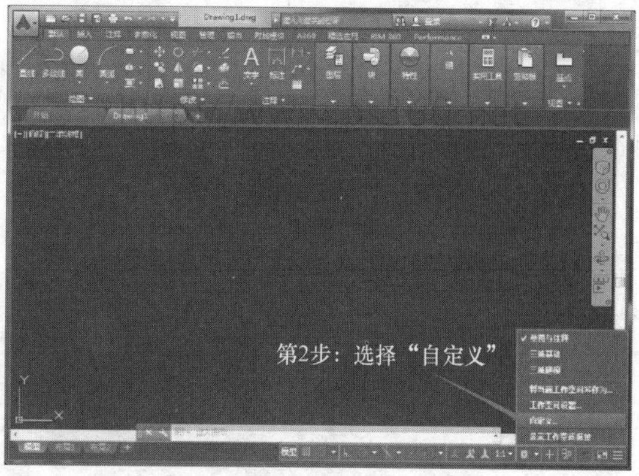

图 3-26　自定义

3）选择“传输”（见图 3-27）。

4）单击“打开”按钮，选择“acad. cuix”文件，如图 3-28 所示。

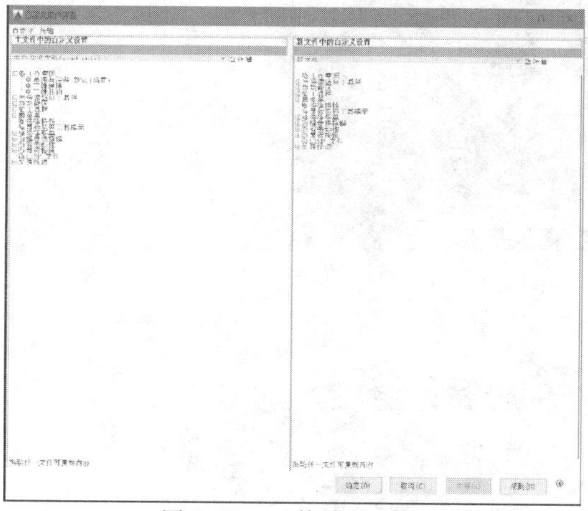

图 3-27　“传输”界面

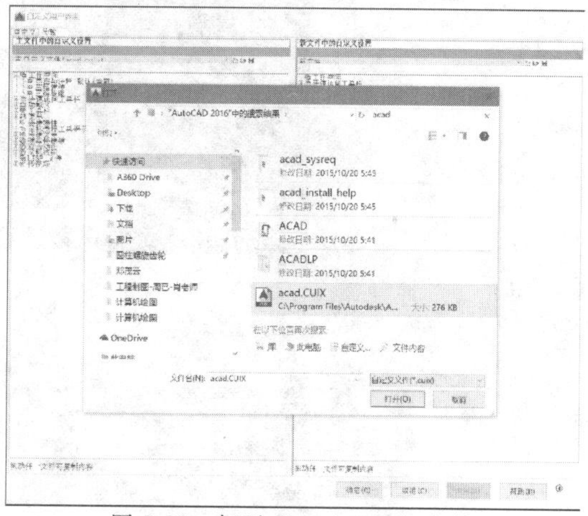

图 3-28　打开“acad. cuix”文件

5）按住鼠标左键，将“AutoCAD 经典”从右边拖向左边，如图 3-29 所示。

6）选中左边“AutoCAD 经典”，单击“应用”“确定”按钮，如图 3-30 所示。

7）在工作空间中选择“经典”界面，如图 3-31 所示，软件界面如图 3-32 所示。

3.2.2　绘图单位设置

由于 AutoCAD 广泛用于各个领域，包括机械行业、电气行业、建筑行业以及科学实验等，而这些领域对坐标、距离和角度的要求各不相同，同时在单位制式上，西方国家习惯使用英制单位（很多国内行业仍然沿用英制单位与标准），如英寸、英尺等，而我国普遍使用国际单位制单位，如米、毫米等。因此，在开始创建图形前，首先要根据项目和标注的不同要求决定使用何种单位制及其相应的精度。

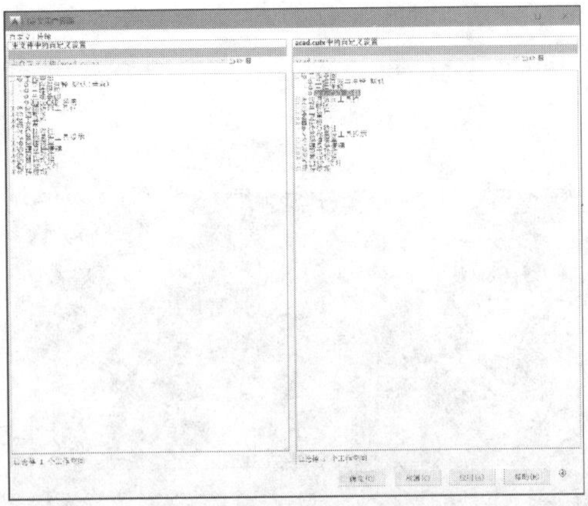

图 3-29　选择“经典”界面

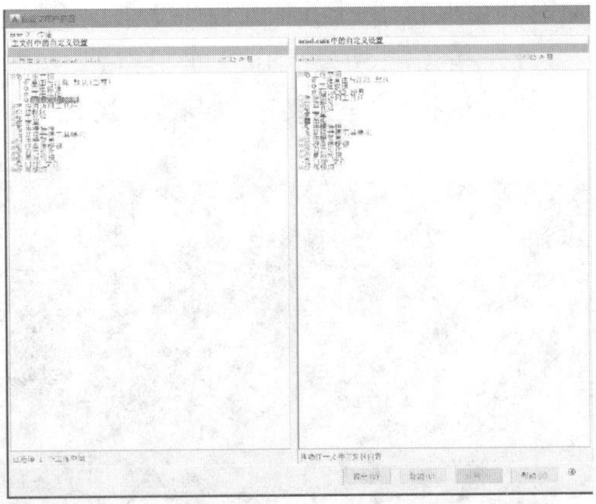

图 3-30　应用“经典”界面

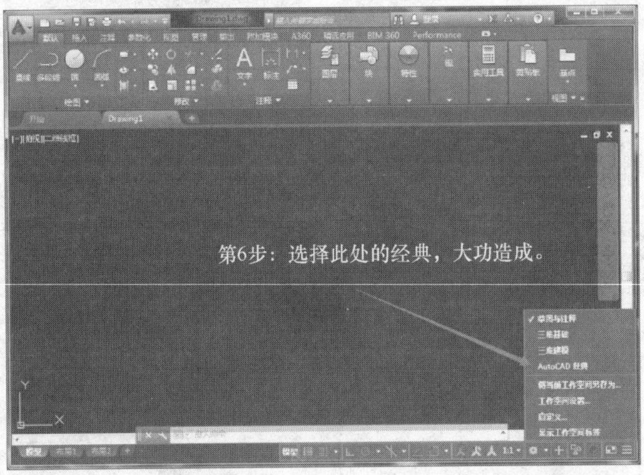

图 3-31　“经典”界面

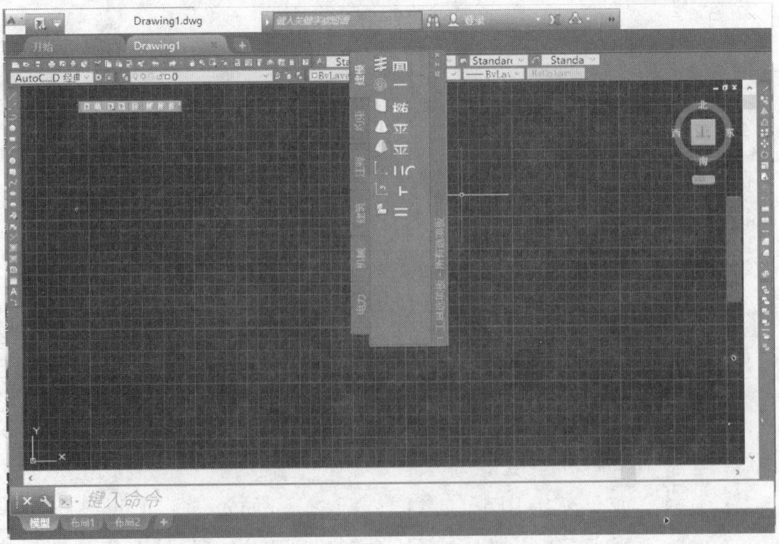

图 3-32　软件界面

通过在命令行中输入命令“UNITS”的方法可以调出图 3-33 所示的“图形单位”对话框。

1. 设置长度类型及精度

在“长度”选项组中，可以分别选取“类型”和“精度”下拉列表中的选项值来设置图形单位的长度类型与精度。默认类型为“小数”，默认精度为“0.0000”。

2. 设置角度类型及精度

在“角度”选项组中，可以分别选取“类型”和“精度”下拉列表中的选项值来设置图形单位的角度类型和精度。默认的角度类型为“十进制度数”，默认精度为“0”。需要注意的是，通常情况下，角度以逆时针方向为正方向，如果选中☑顺时针(C)复选框则与之相反。

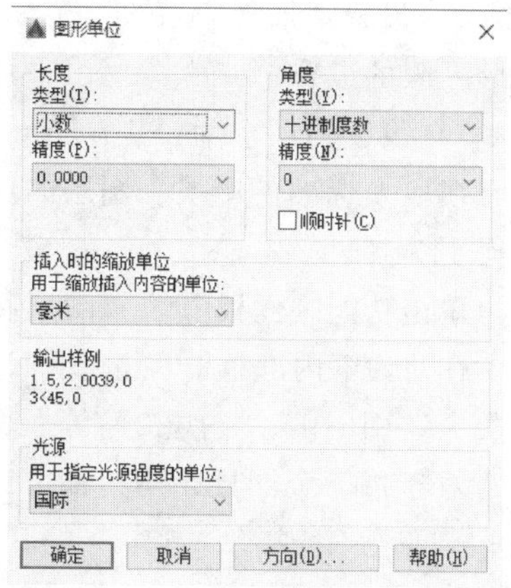

图 3-33 “图形单位”对话框

3. 设置缩放比例

在“插入时的缩放单位”选项组的“用于缩放插入内容的单位”下拉列表中，系统提供了用于控制使用工具选项板将块插入当前图形的测量单位，默认值为“毫米”。

4. 设置方向

单击“图形单位”设置对话框下方的“方向（D）...”按钮，则可在弹出的“方向控制”对话框中，通过选择◉东(E)、○北(N)、○西(W)、○南(S)或者○其他(O)单选项来设置基准角度的方向。

3.2.3 绘图界限设置

绘图界限表示的是图形周围的一条不可见的边界。设置绘图界限可确保以特定的比例打印时，创建的图形不会超过这个特定的图纸空间大小。

绘图界限由两个点确定，即左下角点和右上角点。例如，可以设置一张图纸的左下角点坐标为（0，0），右上角点坐标为（420，297），即该图大小为 A3 幅面大小 420mm×297mm，单击屏幕底部的按钮，将显示图形界限内的区域。

其具体操作步骤如下：

1）在命令行输入命令“limits”。

2）此时在命令行提示“LIMITS 指定左下角点或［开（ON）关（OFF）］<0.0000，0.0000>:”后按<Enter>键，即采用默认的左下角点（0，0），用户也可以根据自己的需要自行输入或者直接在图形上拾取点。

3）在命令行提示“LIMITS 指定右上角点”后，输入或拾取图纸右上角点，例如输入点（420，297）。完成后，打开“栅格”命令，可以看到栅格点充满了由点（0，0）与点（420，297）所确定的矩形区域。

3.2.4 图样样板文件的创建与使用

在 AutoCAD2016 的系统中为用户提供了一系列的绘图样板，以用于建立新文件时使用。但是由于需求的不同，通常用户需要根据自己的需求来设置适合自己使用的样板文件。设置样板文件的步骤如下：

1）设置图形单位。根据上面所描述的方法，将图形单位设置为适合用户自身的形式。

2）设置图形界限（图幅）。根据实际确定图纸幅面，然后通过上面所描述的方法进行图形界限的设置。

3）设置图层。为了提高 AutoCAD 的操作性，用户在绘制图纸之前可以设置符合自己操作习惯以及标准的图层。图层的使用不仅使得绘图过程更为方便，而且让图纸的修改、管理显得更为容易。

单击功能区面板中的“图层特性”按钮，打开图 3-34 所示的“图层特性管理器”对话框。在对话框内部单击右键选择“新建图层”，便可以新建一个空白图层。一般新建的图层名依次为“图层 1”“图层 2”等。直接单击选中已有的图层，便可以对该图层进行修改操作。

对于每一个图层，用户都可以选择该图层的“打开”或者“关闭”、“冻结”或者“解冻”、“解锁”或者“锁定”的状态。同时用户也能够根据自己的需求对相应图层中的“线型”“线宽”“颜色”以及“透明度”进行设置。

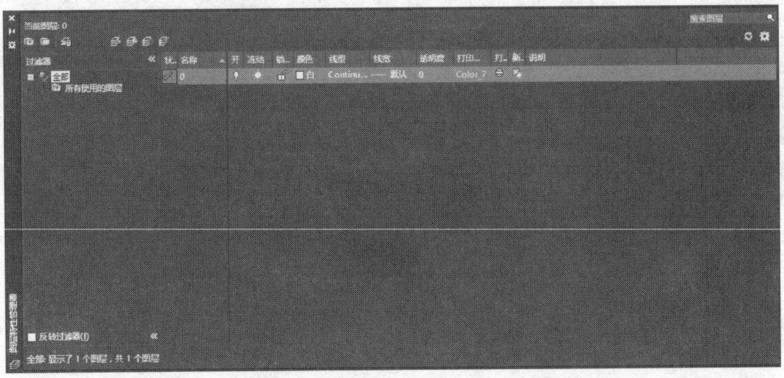

图 3-34 “图层特性管理器”对话框

4）设置文本注写样式和尺寸标注样式。单击菜单栏中的“注释”选项，功能区面板将变成如图 3-35 所示的“注释”功能区面板。

图 3-35 “注释”功能区面板

在该面板中，主要分为“文字”“标注”以及“引线”等几个板块。每个板块的右下角都有一个斜向下的箭头，单击该箭头，弹出图 3-36、图 3-37 和图 3-38 所示的对话框，就可以进入对应的功能区修改面板。此时，用户便可以根据自己的需求对“文字”“标注”以及“引线”的大小、样式等属性进行修改操作。

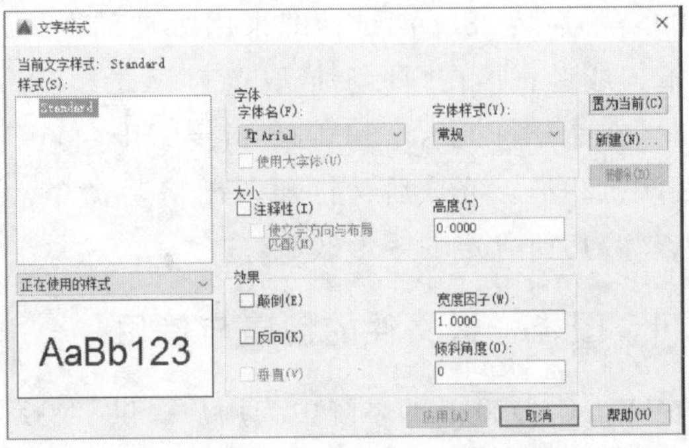

图 3-36 “文字样式”对话框

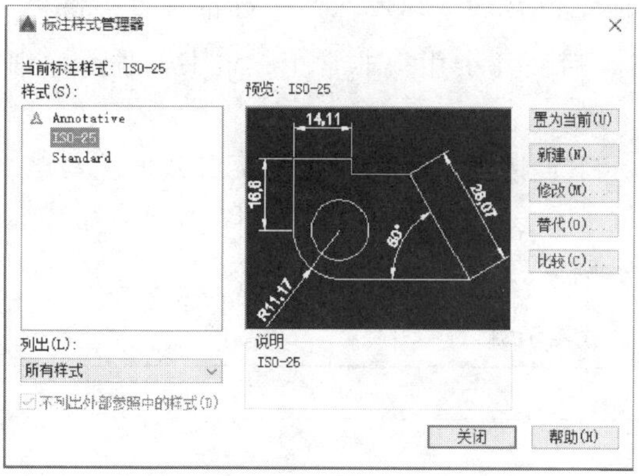

图 3-37　“标注样式管理器”对话框

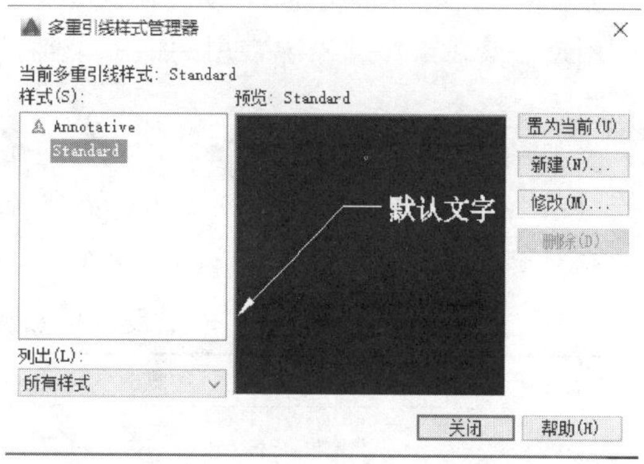

图 3-38　“多重引线样式管理器”对话框

5）绘制图框与标题栏。用绘图命令按照标准的样式与尺寸绘制图框和标题栏，并用文本命令书写图幅中的所有文字。

6）保存绘图环境设置。以图幅代号作为文件名将通过上述方法绘制的 CAD 样板进行存盘。为了便于调用，可将文件格式存为样板文件，即“. dwt”格式。以后绘制新图时，就可以选择这个样板文件作为模板来打开。

3. 3　AutoCAD2016 中文版的基本使用技巧

3. 3. 1　绘图辅助工具

运用 AutoCAD 提供的辅助工具绘制图样，可以提高绘图的效率和质量。常用的辅助工具包括“捕捉模式”（使光标按一定的 X、Y 步长移动）、“栅格”（在所定义的图幅区域内显示栅格点）、“正交”（可快速、准确地画出水平线和垂直线）、“极轴”（用于捕捉沿极轴追踪对齐路径的增量距离）、“对象追踪”（显示由用户指定极轴角定义的临时对齐路径）、“对象捕捉”（可将指定点迅速、精确地限制在现有对象的确切位置上）、“线宽”（在屏幕上显示已定义的线段宽度）等。

辅助工具的设置与调用可采用单击状态栏中的对应按钮（单击右键按钮可进行相应辅助工具的设置），或在命令行中输入命令等方法实现。

在命令行输入“DDRMODES”命令。界面上弹出如图 3-39 所示的“草图设置”对话框。

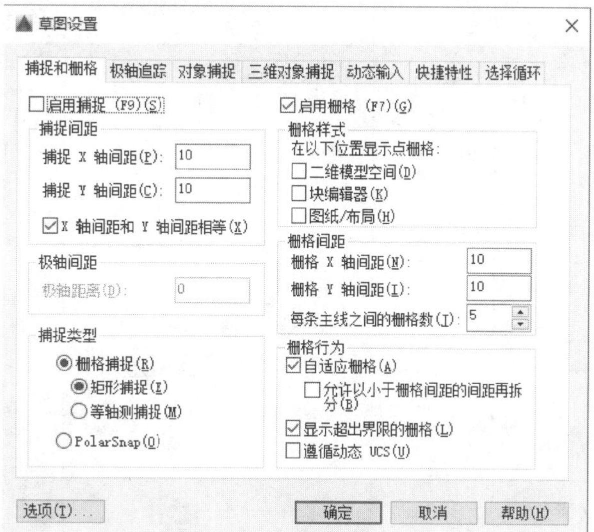

图 3-39　“草图设置”对话框

在该对话框中，用户可以一次完成“捕捉和栅格”“极轴追踪”“对象捕捉”“三维对象捕捉”“动态输入”“快捷特性”以及“选择循环”等辅助工具的设置。而用户一般在操作过程中常用到前三个辅助工具，后面几个用得非常少，本书不进行详细介绍。

若临时启用“对象捕捉”功能，可在命令提示下直接键入所需对象捕捉方式的缩写名。当对象上有多个合乎条件的对象时，可把光标靶框放在该对象上，再利用<TAB>键来循环选择该对象上合乎条件的特殊点。常用捕捉方式及示例见表 3-2。

表 3-2　常用捕捉方式及示例

名称	缩写名	图例	说明
端点	END	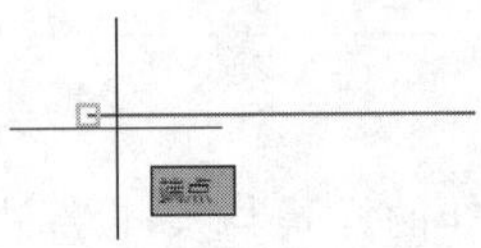	可捕捉圆弧、线段、多段线等对象的端点；且捕捉距离靶框最近的端点
中点	MID	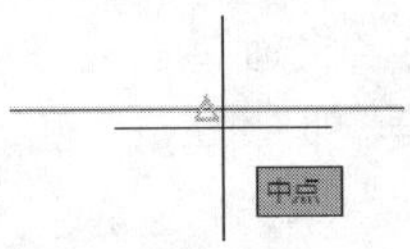	可捕捉圆弧、线段、多段线、样条曲线等对象的中点；靶框落在对象上即可
交点	INT	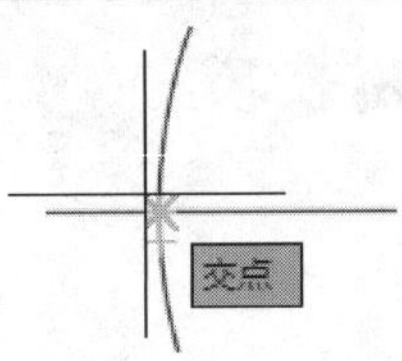	可捕捉圆、圆弧、线段、多段线、样条曲线等任意两对象的交点；靶框应落在交点处
圆心	CEN	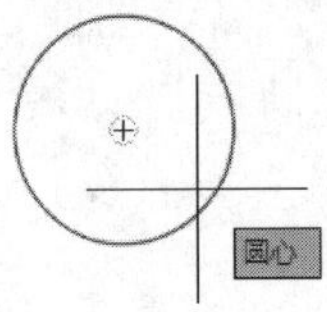	可捕捉圆、圆弧、椭圆和椭圆弧的圆心；靶框落在该类对象上即可
象限点	QUA	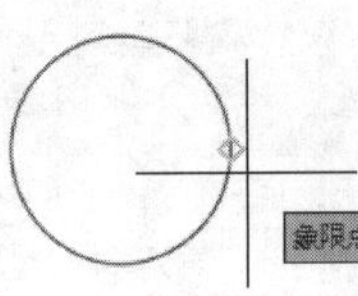	可捕捉圆、圆弧、椭圆和椭圆弧的象限点；靶框应落在所需的象限点附近
切点	TAN	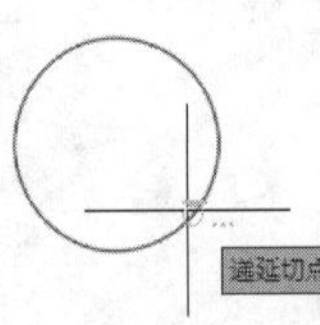	可捕捉与圆、圆弧、椭圆、椭圆弧相切的点；靶框落在切点附近即可
垂足	PER	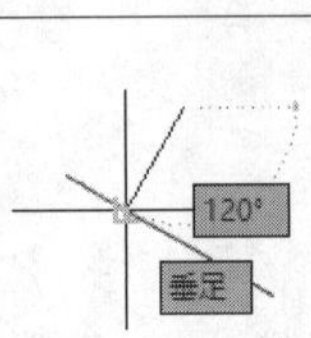	可捕捉从一点到一对象（圆、圆弧、椭圆、椭圆弧、线段、样条曲线等）法线的垂足；靶框落在垂足所在对象上即可

（续）

名称	缩写名	图例	说明
插入点	INS	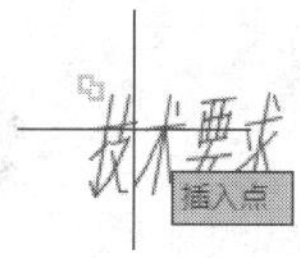	可捕捉属性、图块、图像、文本等对象的插入点；靶框落在对象上即可
最近点	NEA	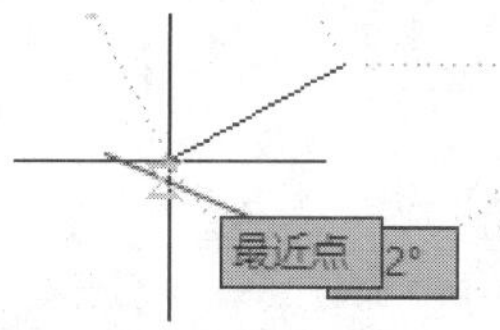	可捕捉一个对象（圆、圆弧、椭圆、椭圆弧、线段、样条曲线）上距离靶框中心最近的点

3.3.2　使用系统帮助

AutoCAD 的帮助系统提供了使用 AutoCAD 的全部信息。使用系统帮助，可以了解软件命令的功能、使用方法。当执行了某一命令后，利用该系统可随时查询该命令或系统变量的操作信息。启动帮助功能有以下几种方法：

1）图标菜单：单击。

2）功能键：<F1>键。

3）键盘输入："HELP" 或者 "?"，以<Enter>键或空格键完成输入。

该系统启动后，用户便可以根据自身需要搜索对自己有用的帮助内容。帮助中有很多对命令的介绍和使用技巧，对于初学者来讲，学会使用帮助可以使学习过程大大加快。

3.3.3　功能键

功能键是 AutoCAD 系统常用的快捷键，利用它们可以进行各种绘图辅助功能的快速切换和开关。常用的 AutoCAD 功能键见表 3-3。

表 3-3　常用的 AutoCAD 功能键

快捷键	功能	快捷键	功能
F1	帮助键	F8	"正交"开关键
F2	图形/文本窗口切换	F9	"捕捉"开关键
F3	"对象捕捉"开关键	F10	"极轴"开关键
F5	"轴侧面切换"开关键	F11	"对象追踪"开关键
F6	"坐标显示"开关键	Esc	取消或终止当前操作
F7	"栅格显示"开关键	Enter 或空格键	结束当前输入或重复当前命令

3.3.4　AutoCAD2016 新增功能介绍

AutoCAD 2016 版中新增加了一些命令和系统变量，表 3-4 列出了新增命令的名字和功能。

表 3-4　2016 版中新增加的命令

新命令	说　　明
CLOSEALLOTHER	关闭所有其他打开的图形，当前活动的图形除外
CMATTACH COORDINATIONMODELATTACH	将参照插入到协调模型中，例如 NWD 和 NWC Navisworks 文件
DIGITALSIGN	提供将数字签名添加到图形的单独命令。从 SECURITYOPTIONS 命令删除“数字签名”选项卡
GOTOSTART	从当前图形切换到“开始”选项卡。“开始”选项卡为“新建”选项卡的后续选项卡，并且具有不同的行为
PCEXTRACTCENTERLINE	为点云的圆柱段绘制一条中心线
PCEXTRACTCORNER	标记点云中三个检测的平面之间的交点
PCEXTRACTEDGE	推断两个平面之间的边并绘制一条直线来标记它
PCEXTRACTSECTION	从包含截面对象的点云中生成二维几何图形
POINTCLOUDCROPSTATE	用于保存、恢复和删除点云裁剪状态的控件
RENDERENVIRONMENTCLOSE RENDEREXPOSURECLOSE	关闭“渲染环境和曝光”选项板
RENDERWINDOW	显示“渲染”窗口。替换 RENDERWIN 命令
RENDERWINDOWCLOSE	关闭“渲染”窗口
SCRIPTCALL	执行一系列与“SCRIPT”命令等效的命令，包括额外的执行嵌套脚本的功能
SECTIONSPINNERS	设置“截面平面”功能区上下文选项卡中“截面偏移”和“切片厚度”的默认增量值
SYSVARMONITOR	显示“系统变量监视器”对话框

思考与练习题

1. AutoCAD2016 增加了哪些新功能？
2. 如何进入和退出 AutoCAD2016？
3. 如何设置绘图区的背景颜色？
4. 怎样输入点的直角坐标、极坐标、相对坐标？
5. 功能键<F3> <F5> <F6> <F7> <F8> <F9> <Esc>的作用是什么？
6. 怎样将 AutoCAD2016 的界面设置为经典界面？

第4章 二维图形对象绘制命令

二维图形大部分是由点、直线、圆弧等简单几何元素组成的。AutoCAD 提供了大量的绘图工具，可以帮助完成二维图形的绘制。只有熟练地掌握二维图形对象的绘制命令及绘制方法、技巧，才能准确、快速地绘制二维图形。

4.1 点的绘制

点是最基本的几何元素，“POINT” 命令用于在指定位置绘制一个点。

<访问方法>

选项卡：【常用】→【绘图】→【点】。

菜单：【绘图 (D)】→【点(O)】→【单点(S)】。

工具栏：。

命令行：POINT (PO)。

<操作过程>

在绘图区某处左键单击或在命令行输入点的坐标，按键盘上的<Esc>键以结束操作。图 4-1 所示为单点的绘制实例。

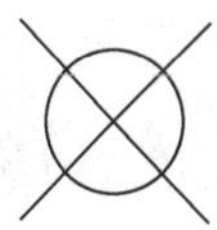

图 4-1　单点绘制

4.2 直线的绘制

直线命令用于绘制直线、折线和封闭线段。下面以图 4-2 为例，说明直线的绘制步骤。

<访问方法>

选项卡：【常用】→【绘图】→【直线】。

菜单：【绘图 (D)】→【直线(L)】。

工具栏：。

命令行：Line (L)。

<操作过程>

指定第一个点。第一种方式：在命令行提示“LINE 指定第一个点:”后，将鼠标光标移至绘图区的某点 *A* 处，然后在该点处单击左键。第二种方式：在命令行中输入点的坐标，如“100，100”(绝对坐标表示法)。

指定第二个点。第一种方式：在命令行提示“LINE 指定下一点或 [放弃 (U)]:”后，将鼠标光标移至绘图区的另一点 *B* 处，然后在该点处单击左键。第二种方式：在命令行中输入第二点的坐标，“@ 200，-50”（相对坐标表示法，距上一点 *X*、*Y* 方向增量分别为 200，-50），如图 4-2a 所示；输入“@ 400<60”（极坐标表示法，距上一点的距离为 400，角度为 60°，如图 4-2b 所示。角度若按逆时针旋转，则角度值为正；角度若按顺时针旋转，则角度值为负。若只是画一条直线，就可以按键盘上的<Enter>键完成操作。

指定第三个点。若继续画第二条直线就继续指定下一个点，操作同以上步骤。

闭合线段。在命令行提示“LINE 指定下一点或［闭合（C）放弃（U）］:”后，输入字母“C”后按<Enter>键，形成闭合线段，如图 4-2c 所示。

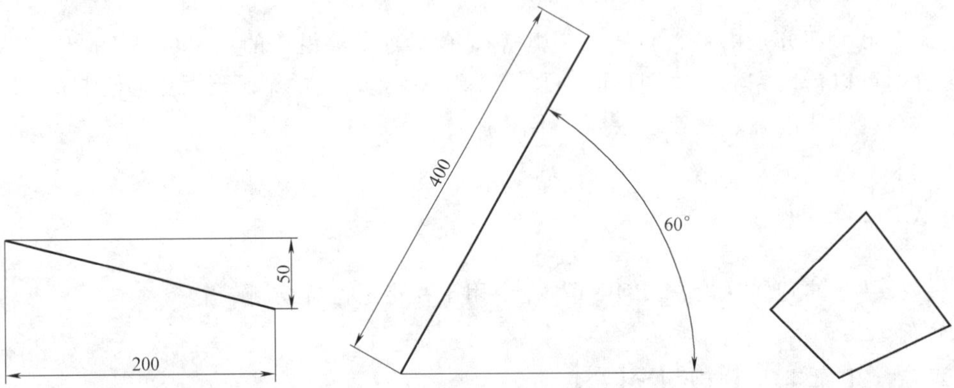

a) 相对坐标表示法　　b) 极坐标表示法　　c) 闭合线段

图 4-2　直线的绘制

4.3　构造线的绘制

构造线是一条通过指定点的无限长的直线，该指定点被认定为是构造线概念上的中点。有多种方法指定构造线的方向。绘图中，构造线一般用作辅助线。

4.3.1　水平构造线的绘制

水平构造线的方向是水平的，与当前坐标系的 *X* 轴的夹角为 0°。下面以图 4-3 为例说明水平构造线的绘制过程。

<访问方法>

选项卡：【常用】→【绘图】→【构造线】。

菜单：【绘图（D）】→【构造线(T)】。

工具栏：。

命令行：XLINE（XL）。

<操作过程>

选择构造线类型。在命令行提示“XLINE 指定点或［水平（H）垂直（V）角度（A）二等分（B）偏移（O）］:”后，输入“H”，按<Enter>键。

指定起点。在命令行提示“XLINE 指定通过点”后，将光标移至屏幕上的任意位置点或指定点并单击。若画多条构造线，在屏幕上继续单击某个指定点。

完成构造线的绘制。命令行继续提示“XLINE 指定通过点”，可按空格键或<Enter>键完成构造线的绘制，如图 4-3 所示。

4.3.2　垂直构造线的绘制

垂直构造线的方向是垂直的，与当前坐标系的 X 轴的夹角为 90°。下面以图 4-4 为例说明垂直构造线的绘制过程。

<访问方法>

选项卡：【常用】→【绘图】→【构造线】。

菜单：【绘图（D）】→【构造线(T)】。

工具栏：。

命令行：XLINE（XL）。

<操作过程>

选择构造线类型。在命令行提示“XLINE 指定点或［水平（H）垂直（V）角度（A）二等分（B）偏移（O）］：”后，输入“V”，按<Enter>键。

指定起点。在命令行提示“XLINE 指定通过点”后，将光标移至屏幕上的任意位置点或指定点并单击。若画多条构造线，在屏幕上继续单击某个指定点。

完成构造线的绘制。命令行继续提示“XLINE 指定通过点”，可按空格键或<Enter>键完成构造线的绘制，如图 4-4 所示。

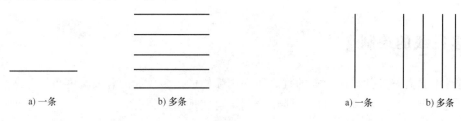

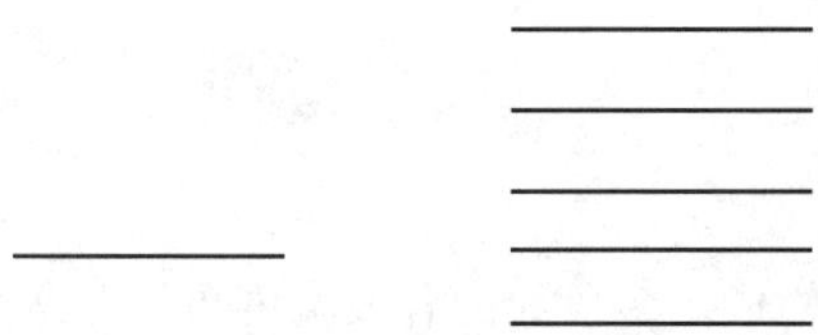

a) 一条　　b) 多条

图 4-3　水平构造线

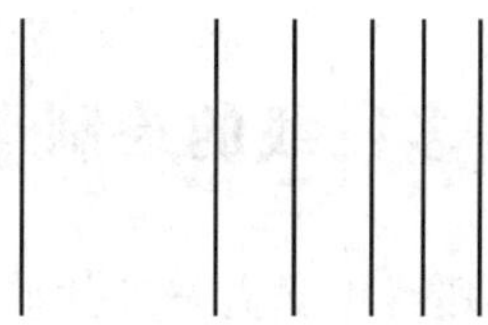

a) 一条　　b) 多条

图 4-4　垂直构造线

4.3.3　带角度构造线的绘制

带角度构造线指的是与参照对象成指定角度的构造线。下面以图 4-5 为例，说明其绘制过程。

<访问方法>

选项卡：【常用】→【绘图】→【构造线】。

菜单：【绘图（D）】→【构造线(T)】。

工具栏：。

命令行：XLINE（XL）。

<操作过程>

选择构造线类型。在命令行提示“XLINE 指定点或［水平（H）垂直（V）角度（A）二等分（B）偏移（O）］：”后，输入“A”，按<Enter>键。

选择参照对象。①在命令行提示“XLINE 输入构造线的角度（0）或［参照（R）］：

XLINE 指定通过点:”后，输入“R”，按<Enter>键。②在命令行提示“XLINE 选择直线对象:”后，选择图中的直线。

指定角度。在命令行提示“XLINE 输入构造线的角度<0>: XLINE 指定通过点:”后，输入角度 60 后按<Enter>键。

指定通过点。在命令行提示“XLINE 指定通过点:”后，将光标移至直线的左端点并单击。

完成绘制。命令行继续提示“XLINE 指定通过点:”，若继续指定通过点会绘制出多条与指定直线成 60°的平行构造线，直至按<Enter>键完成绘制，如图 4-5 所示。

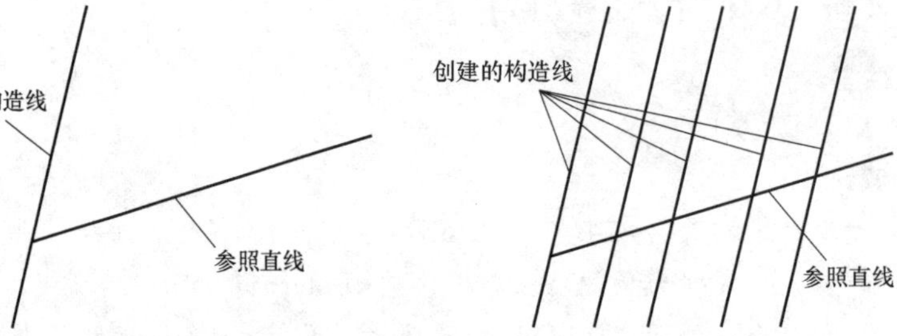

a) 一条　　b) 多条

图 4-5　带角度的构造线

4.4　多段线的绘制

多段线由具有宽度的彼此相连的直线段和圆弧构成。多段线的各段宽度可不相等，同一段线的首末宽度也可不相等。可用多线型绘制，可实现曲线拟合。

<访问方法>

选项卡:【常用】→【绘图】→【多段线】。

菜单:【绘图 (D)】→【多段线(P)】。

工具栏: 。

命令行: PLINE (PL)。

<操作过程>

指定起点。在命令行提示“PLINE 指定起点”后，选择任意点 A。

指定下一点。在命令行出现“PLINE 指定下一个点或 [圆弧 (A) 半宽 (H) 长度 (L) 放弃 (U) 宽度 (W)]”提示。

<选项说明>

1. 直线方式

(1) 指定下一点　默认情况下，当指定了多段线的另一端点后，将从起点到端点绘制一段多段线。该提示反复出现，直到按空格键或<Enter>键来结束命令。

(2) 圆弧 (A)　从绘制直线方式切换到绘制圆弧方式。

(3) 闭合 (C)　在当前点与多段线的起点间绘制一段直线，使多段线首尾连接为封闭线。只有在两段以上的直线或圆弧出现时才会使用该命令。

(4) 半宽 (H)　设置多段线下一段线首末端的半宽度，即多段线宽度的一半。

(5) 长度 (L)　沿前一段线或圆弧的终止方向绘制一段指定长度的直线。若前一段线为直线，所绘制的直线与其斜率相同；若前一段线为圆弧，所绘制的直线与圆弧在端点处相切。

(6) 放弃 (U)　取消所画多段线的最后一段，返回到上一段线的端点。

(7) 宽度 (W)　设置多段线的宽度。

2. 圆弧方式

从绘制直线方式切换到绘制圆弧方式。

(1) 指定圆弧的端点　系统默认方式，指定端点后，系统将绘制过两端点，且以上一次所绘制的直线或圆弧的终止方向为起始方向的圆弧。

(2) 角度 (A)　设置圆弧的圆心角。

(3) 圆心 (CE)　设置圆弧的圆心。

(4) 闭合 (CL)　利用圆弧来封闭所画的多段线。只有在两段或多段线出现时才使用该命令。

(5) 方向 (D)　指定圆弧起始点处的切线方向。

(6) 半宽 (H)　指定圆弧起点和终点的半宽度。

(7) 直线 (L)　从绘制圆弧方式切换成绘制直线方式。

(8) 半径 (R)　指定圆弧的半径。

(9) 第二个点 (S)　通过三点画圆弧。

(10) 放弃 (U)　取消绘制的最后一段线。

(11) 宽度 (W)　指定圆弧起点和终点的宽度。

【例 4-1】 绘制如图 4-6 所示的图形。

绘制步骤如下：

1) 执行命令：PLINE。

2) 指定起点：输入“100，200”，按<Enter>键。

3) 指定下一个点或 [圆弧 (A)/半宽 (H)/长度 (L)/放弃 (U)/宽度 (W)]：输入 W，按<Enter>键。

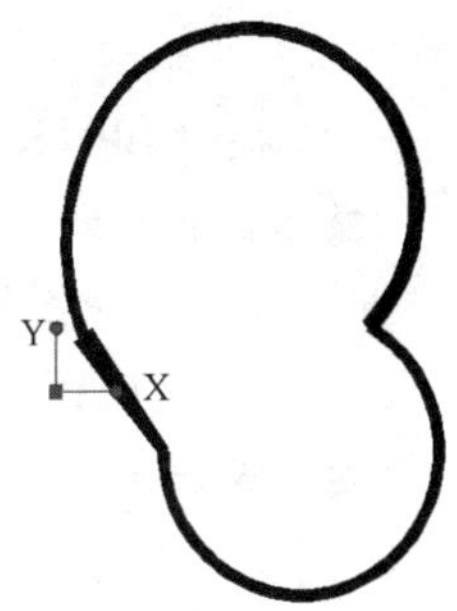

图 4-6　绘制图形

4) 指定起点宽度<0. 0000>：输入 80，按<Enter>键。

5) 指定端点宽度<80. 0000>：输入 40，按<Enter>键。

6) 指定下一个点或 [圆弧 (A)/半宽 (H)/长度 (L)/放弃 (U)/宽度 (W)]：输入 L，按<Enter>键。

7) 指定直线的长度：沿着某一个指定的方向输入 500，按<Enter>键。

8) 指定下一个点或 [圆弧 (A)/半宽 (H)/长度 (L)/放弃 (U)/宽度 (W)]：输入 A，按<Enter>键。

9) 在命令行提示“PLINE [角度 (A) 圆心 (CE) 闭合 (CL) 方向 (D) 半宽 (H) 直线 (L) 半径 (R) 第二个点 (S) 放弃 (U) 宽度 (W)]：”后输入 A，按<Enter>键。

10) 指定夹角：输入 120，按<Enter>键。

11) 在命令行提示“PLINE 指定圆弧的端点 (按住 Ctrl 键以切换方向) 或 [圆心

(CE) 半径 (R)]:”后输入 R，按<Enter>键。

12) 指定圆弧的半径：输入 500，按<Enter>键。

13) 指定圆弧的弦方向：输入 30，按<Enter>键。

14) 在命令行提示“PLINE [角度 (A) 圆心 (CE) 闭合 (CL) 方向 (D) 半宽 (H) 直线 (L) 半径 (R) 第二个点 (S) 放弃 (U) 宽度 (W)]:”后输入 H，按<Enter>键。

15) 指定起点半宽：输入 30，按<Enter>键。

16) 指定端点半宽：输入 20，按<Enter>键。

17) 在命令行提示“PLINE [角度 (A) 圆心 (CE) 闭合 (CL) 方向 (D) 半宽 (H) 直线 (L) 半径 (R) 第二个点 (S) 放弃 (U) 宽度 (W)]:”后输入 CE，按<Enter>键。

18) 指定圆弧的圆心：在指定位置单击某一点。

19) 在命令行提示“PLINE 指定圆弧的端点（按住 Ctrl 键以切换方向）或 [角度 (A) 长度 (L)]:”后指定端点。

20) 在命令行提示“PLINE [角度 (A) 圆心 (CE) 闭合 (CL) 方向 (D) 半宽 (H) 直线 (L) 半径 (R) 第二个点 (S) 放弃 (U) 宽度 (W)]:”后输入 CL，按<Enter>键。

4.5 圆的绘制

圆是最基本的几何元素。绘制圆的方法有多种，下面就介绍这些方式的操作过程。

4.5.1 圆心、半径方式绘制圆

<访问方法>

选项卡：【常用】→【绘图】→【圆】→【圆心、半径】。

菜单：【绘图 (D)】→【圆(C)】→【圆心、半径(R)】。

工具栏：。

命令行：CIRCLE (C)。

<操作过程>

指定圆心。在命令行提示“CIRCLE 指定圆的圆心或 [三点 (3P) 两点 (2P) 切点、切点、半径 (T)]:”后，选择圆心位置 A，按<Enter>键。

<选项说明>

(1) 指定圆的圆心　指定圆心位置。

(2) 三点 (3P)　通过指定圆周上的 3 个点来绘制圆。

(3) 两点 (2P)　通过指定直径的两个端点绘制圆。

(4) 切点、切点、半径 (T)　通过两个切点和半径绘制圆。

指定圆的半径。两种方式：①在命令行提示“CIRCLE 指定圆的半径或 [直径 (D)]:”后，选择另一个位置点 B，系统会绘制出以 A 点为圆心，AB 长度为半径的圆，如图 4-7a 所示。②在命令行输入数值 50，按<Enter>键，如图 4-7b 所示。

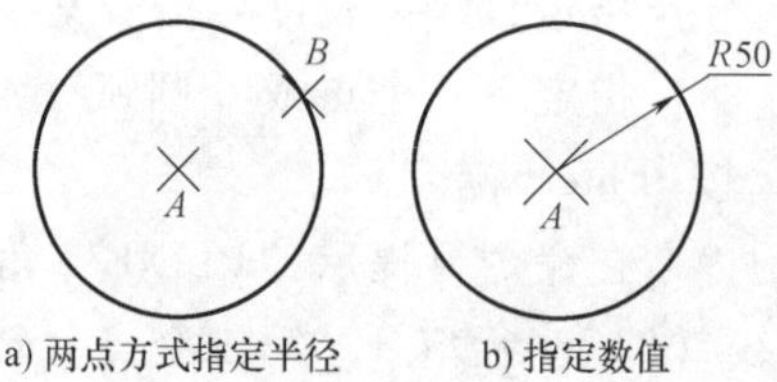

a) 两点方式指定半径　　b) 指定数值

图 4-7　圆心-半径方式画圆

4.5.2 圆心、直径方式绘制圆

<访问方法>

选项卡:【常用】→【绘图】→【圆】→【圆心、直径】。

菜单:【绘图 (D)】→【圆(C)】→【圆心、直径(D)】。

工具栏: 。

命令行: CIRCLE (C)。

<操作过程>

指定圆心。在命令行提示“CIRCLE 指定圆的圆心或[三点(3P)两点(2P)切点、切点、半径(T)]:”后,选择圆心位置 A,按<Enter>键。

选择直径方式绘制圆。在命令行提示“CIRCLE 指定圆的半径或[直径(D)]:”后,输入 D,按<Enter>键。

指定直径。两种方式:①在命令行提示“CIRCLE 指定圆的直径:”后,指定另一点 B,按<Enter>键,系统以 AB 线段的长度为半径画圆。②在命令行提示“CIRCLE 指定圆的直径:”后,输入数值 100,按<Enter>键,如图 4-8 所示。

4.5.3 三点方式绘制圆

通过指定圆周上的 3 个点来绘制圆,具体操作步骤如下:

<访问方法>

选项卡:【常用】→【绘图】→【圆】→【三点】。

菜单:【绘图 (D)】→【圆(C)】→【三点(3)】。

工具栏: 。

命令行: CIRCLE (C)。

<操作过程>

指定类型。在命令行提示:“CIRCLE 指定圆的圆心或[三点(3P)两点(2P)切点、切点、半径(T)]:”后,输入 3P,按<Enter>键。

指定圆上的点绘制圆。在命令行提示“CIRCLE 指定圆上的第一个点:”后,指定第一个点 A;在命令行提示“CIRCLE 指定圆上的第二个点:”后,指定第二个点 B;在命令行提示“CIRCLE 指定圆上的第三个点”后,指定第三个点 C,如图 4-9 所示。

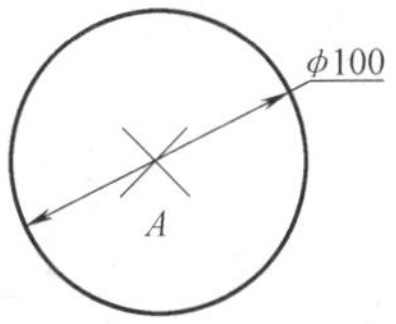

图 4-8 圆心-直径方式画圆

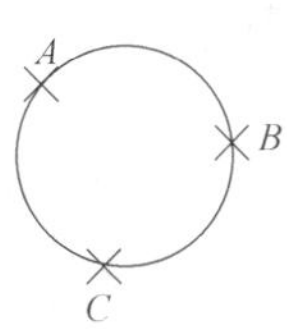

图 4-9 三点方式画圆

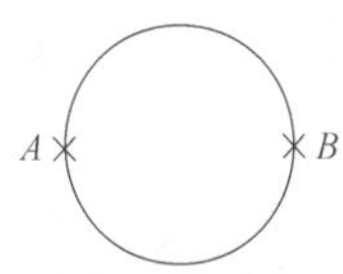

图 4-10 两点方式画圆

4.5.4 两点方式绘制圆

通过指定圆周上的两个端点来绘制圆,并将这两个点作为圆上直径的两个端点来绘制圆。具体操作步骤如下:

<访问方法>

选项卡：【常用】→【绘图】→【圆】→【两点】。

菜单：【绘图（D）】→【圆(C)】→【两点(2)】。

工具栏：。

命令行：CIRCLE（C）。

<操作过程>

指定类型。在命令行提示“CIRCLE 指定圆的圆心或［三点（3P）两点（2P）切点、切点、半径（T）]:”后，输入 2P，按<Enter>键。

指定直径端点绘制圆。在命令行提示“CIRCLE 指定圆直径的第一个端点”后，指定第一个端点 A；在命令行提示“CIRCLE 指定圆直径的第二个端点”后，指定第二个端点 B，如图 4-10 所示。

4.5.5 相切、相切、半径方式绘制圆

<访问方法>

选项卡：【常用】→【绘图】→【圆】→【相切、相切、半径】。

菜单：【绘图（D）】→【圆(C)】→【相切、相切、半径(T)】。

工具栏：。

命令行：CIRCLE（C）。

<操作过程>

指定类型。在命令行提示“CIRCLE 指定圆的圆心或［三点（3P）两点（2P）切点、切点、半径（T）]:”后，输入 T，按<Enter>键。

指定切点。在命令行提示“CIRCLE 指定对象与圆的第一个切点:”后，指定第一个切点 A；在命令行提示“CIRCLE 指定对象与圆的第二个切点:”后，指定第二个切点 B。

指定半径。在命令行提示“CIRCLE 指定圆的半径:”后，输入 300，按<Enter>键，如图 4-11 所示。

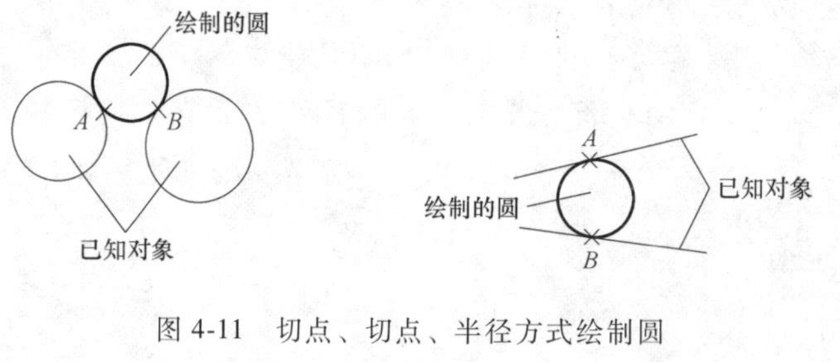

图 4-11　切点、切点、半径方式绘制圆

4.5.6 相切、相切、相切方式绘制圆

通过指定 3 个切点来绘制圆，实际也是 3 点方式绘制圆。具体操作步骤如下：

<访问方法>

选项卡：【常用】→【绘图】→【圆】→【相切、相切、相切】。

菜单：【绘图（D）】→【圆(C)】→【相切、相切、相切（A)】。

工具栏：。

命令行：CIRCLE（C）。

<操作过程>

指定3个切点。在命令行提示“指定圆上的第一个点”后，将对象捕捉中的捕捉切点功能打开，当出现切点符号时，指定第一个切点 *A*；同理，在命令行提示“指定圆上的第二个点：”后，指定第二个切点 *B*；在命令行提示“指定圆上的第三个点：”后，指定第三个切点 *C*，如图4-12所示。

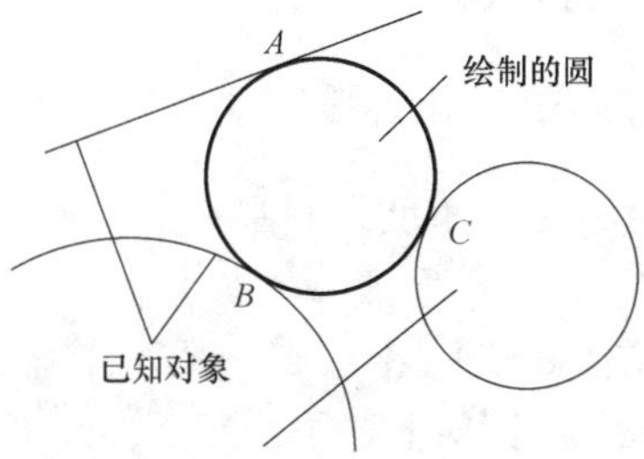

图4-12　相切、相切、相切方式绘制圆

4.6　圆弧的绘制

圆弧是圆的一部分，以下是圆弧绘制的操作具体步骤。

4.6.1　三点方式绘制圆弧

<访问方法>

选项卡：【常用】→【绘图】→【圆弧】→【三点】。

菜单：【绘图（D）】→【圆弧(A)】→【三点（P）】。

工具栏：。

命令行：ARC（A）。

<操作过程>

指定3个点。在命令行提示“ARC 指定圆弧的起点或［圆心 C)］:”后，指定第一个点（起点）*A*；在命令行提示“ARC 指定圆弧的第二个点或［圆心（C）端点（E)］:”后，指定第二个点 *B*；在命令行提示“ARC 指定圆弧的端点：”后，指定第三个点（端点）*C*，如图4-13所示。

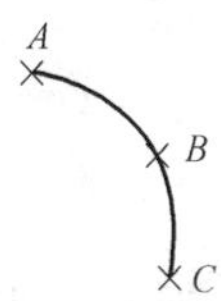

图4-13　三点方式绘制圆弧

4.6.2　起点、圆心、端点方式绘制圆弧

以圆心到起点的距离为半径，由起点到端点按逆时针方向绘制圆弧，圆弧终止于过端点的径向线上，不一定通过端点。

<访问方法>

选项卡：【常用】→【绘图】→【圆弧】→【起点、圆心、端点】。

菜单：【绘图（D）】→【圆弧(A)】→【起点、圆心、端点（S)】。

工具栏：。

命令行：ARC（A)。

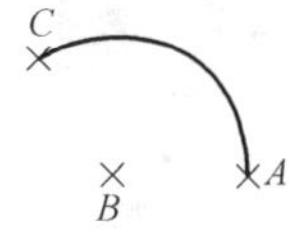

图 4-14　起点、圆心、端点方式绘制圆弧

<操作过程>

在命令行提示“ARC 指定圆弧的起点或［圆心（C)]:”后，指定起点 *A*；在命令行提示“ARC 指定圆弧的圆心:”后，指定圆心 *B*；在命令行提示“ARC 指定圆弧的端点（按住 Ctrl 键以切换方向）或［角度（A）弦长（L)]:”后，指定端点 *C*，如图 4-14 所示。

4.6.3　起点、圆心、角度方式绘制圆弧

以给定的圆心和起点，跨过给定的角度绘制圆弧。

<访问方法>

选项卡：【常用】→【绘图】→【圆弧】→【起点、圆心、角度】。

菜单：【绘图（D)】→【圆弧（A)】→【起点、圆心、角度（T)】。

工具栏：。

命令行：ARC（A)。

<操作过程>

在命令行提示“ARC 指定圆弧的起点或［圆心（C)]:”后，指定起点 *A*；在命令行提示“ARC 指定圆弧的圆心:”后，指定圆心 *B*；在命令行提示“ARC 指定夹角（按住 Ctrl 键以切换方向):”后，指定夹角 100（-100)，如图 4-15 所示。

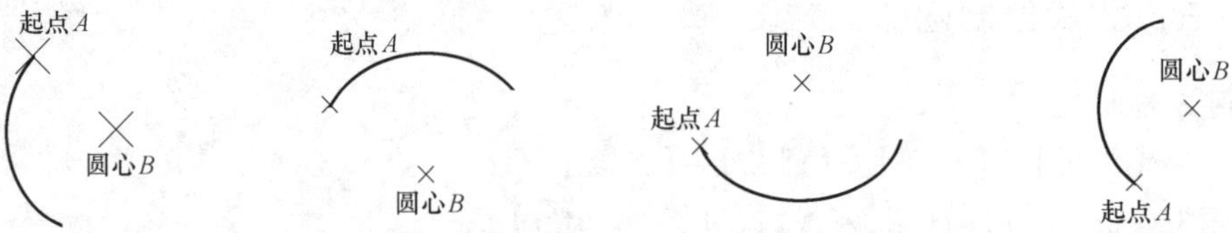

a) 角度为正　b) 角度为负　c) 角度为正　d) 角度为负

图 4-15　起点、圆心、角度方式绘制圆弧

当输入的角度为正值时，将沿逆时针方向绘制圆弧；当输入的角度值为负值时，则沿顺时针方向绘制圆弧。

4.6.4　起点、圆心、长度方式绘制圆弧

由起点按逆时针方向画圆弧，使其所对的弦长为给定值。

<访问方法>

选项卡：【常用】→【绘图】→【圆弧】→【起点、圆心、长度】。

菜单：【绘图（D)】→【圆弧（A)】→【起点、圆心、长度（A)】。

工具栏：。

命令行：ARC（A)。

<操作过程>

在命令行提示“ARC 指定圆弧的起点或［圆心（C)]:”后，指定起点 *A*；在命令行提示“ARC 指定圆弧的圆心:”后，指定圆心 *B*；在命令行提示“ARC 指定弦长（按住 Ctrl 键

以切换方向):”后，指定弦长 700，如图 4-16 所示。

当弦长为正值时，将从起点沿逆时针方向绘制劣弧；当输入的弦长为负值时，将从起点沿逆时针方向绘制优弧。

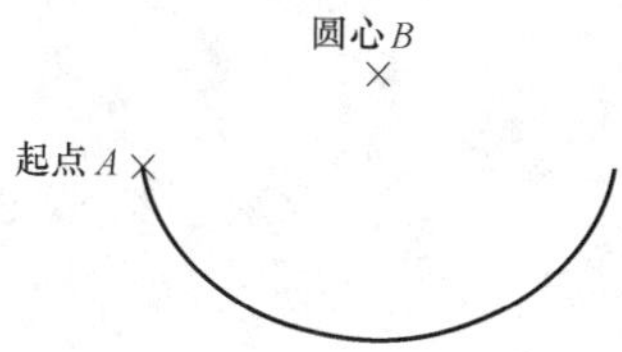

图 4-16　起点、圆心、长度方式绘制圆弧

4.6.5　起点、端点、角度方式绘制圆弧

以给定的起点、端点，跨过给定的角度绘制圆弧。

<访问方法>

选项卡：【常用】→【绘图】→【圆弧】→【起点、端点、角度】。

菜单：【绘图 (D)】→【圆弧 (A)】→【起点、端点、角度 (N)】。

工具栏：。

命令行：ARC (A)。

<操作过程>

在命令行提示“ARC 指定圆弧的起点或［圆心 (C)］:”后，指定起点 A；在命令行提示“ARC 指定圆弧的端点”：后，指定端点 B；在命令行提示“ARC”指定夹角（按住 Ctrl 键以切换方向):”后，指定夹角 120 (−120)，如图 4-17 所示。

当圆心角度值为正值时，将沿逆时针方向绘制圆弧；当圆心角度值为负值时，则沿顺时针方向绘制圆弧。

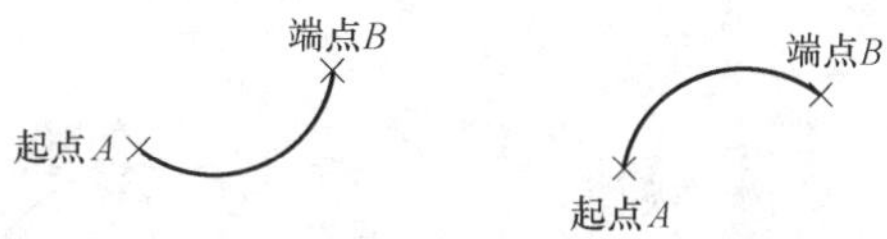

a) 角度为正值　　b) 角度为负值

图 4-17　起点、端点、角度方式绘制圆弧

4.6.6　起点、端点、方向方式绘制圆弧

由起点到端点按给定的起始方向绘制圆弧。

<访问方法>

选项卡：【常用】→【绘图】→【圆弧】→【起点、端点、方向】。

菜单：【绘图 (D)】→【圆弧 (A)】→【起点、端点、方向 (D)】。

工具栏：。

命令行：ARC (A)。

<操作过程>

在命令行提示”ARC 指定圆弧的起点或［圆心 (C)］:”后，指定起点 A；在命令行提示“ARC 指定圆弧的端点:”后，指定端点 B；在命令行提示“ARC 指定圆弧起点的相切方向（按住 Ctrl 键以切换方向):”后，指定方向 60 (−60)，如图 4-18 所示。

当输入的角度值为正值时，将沿逆时针方向绘制圆弧；当输入的角度值为负值时，则沿顺时针方向绘制圆弧。

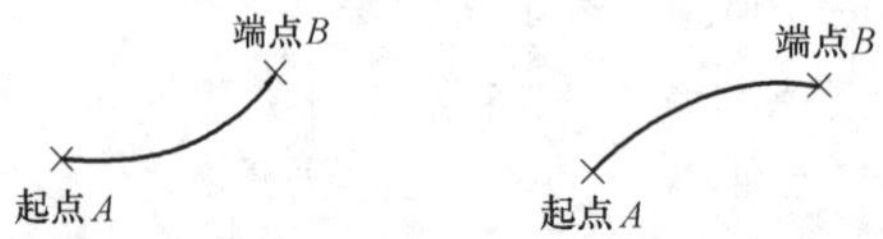

a) 角度为正值　　b) 角度为负值

图 4-18　起点、端点、方向方式绘制圆弧

4.6.7　起点、端点、半径方式绘制圆弧

<访问方法>

选项卡:【常用】→【绘图】→【圆弧】→【起点、端点、半径】。

菜单:【绘图 (D)】→【圆弧 (A)】→【起点、端点、半径 (R)】。

工具栏: 。

命令行: ARC (A)。

<操作过程>

在命令行提示“ARC 指定圆弧的起点或 [圆心 (C)]:”后,指定起点 *A*;在命令行提示“ARC 指定圆弧的端点:”后,指定端点 *B*;在命令行提示“ARC 指定圆弧的半径 (按住 Ctrl 键以切换方向):”后,指定任意一点或输入数值 300 (-300),如图 4-19 所示。

当输入的半径为正值时,将沿逆时针方向绘制一条劣弧;当输入的半径为负值时,则沿逆时针方向绘制一条优弧。

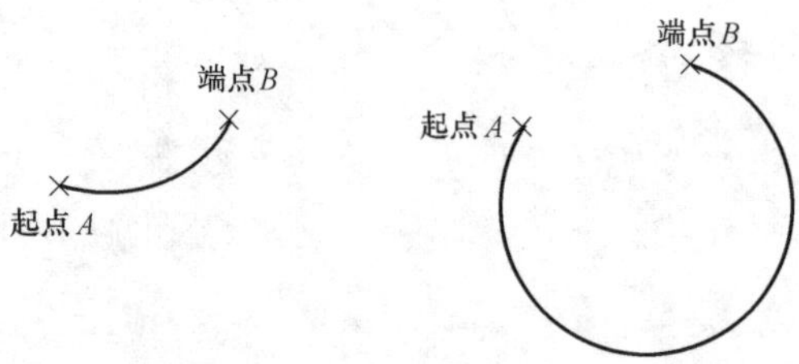

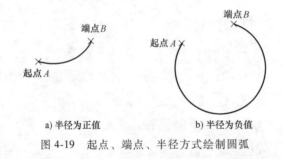

a) 半径为正值　　b) 半径为负值

图 4-19　起点、端点、半径方式绘制圆弧

4.6.8　圆心、起点、端点方式绘制圆弧

<访问方法>

选项卡:【常用】→【绘图】→【圆弧】→【圆心、起点、端点】。

菜单:【绘图 (D)】→【圆弧 (A)】→【圆心、起点、端点 (C)】。

工具栏: 。

命令行: ARC (A)。

<操作过程>

在命令行提示“ARC 指定圆弧的圆心:”后,指定圆心 *A*;在命令行提示“ARC 指定圆弧的起点:”后,指定起点 *B*;在命令行提示“ARC 指定圆弧的端点 (按住 Ctrl 键以切换方向) 或 [角度 (A) 弦长 (L)]:”后,指定端点 *C*,如图 4-20 所示。

当输入的角度为正值时，将沿逆时针方向绘制圆弧；当输入的角度值为负值时，则沿顺时针方向绘制圆弧。

图 4-20　圆心、起点、端点方式绘制圆弧

4.6.9　圆心、起点、角度方式绘制圆弧

<访问方法>

选项卡：【常用】→【绘图】→【圆弧】→【圆心、起点、角度】。

菜单：【绘图（D）】→【圆弧（A）】→【圆心、起点、角度（E）】。

工具栏：。

命令行：ARC（A）。

<操作过程>

分别选择圆弧的圆心、起点并输入角度值 90，如图 4-21 所示。

当输入的角度值为正值时，将沿逆时针方向绘制圆弧；当输入的角度值为负值时，则沿顺时针方向绘制圆弧。

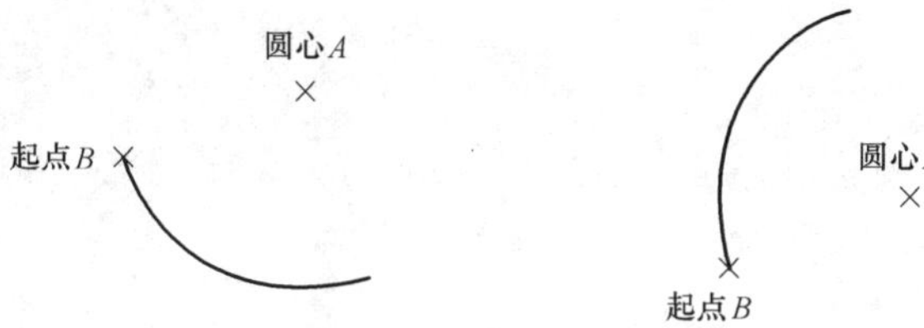

a) 角度为正值　　b) 角度为负值

图 4-21　圆心、起点、角度方式绘制圆弧

4.6.10　圆心、起点、长度方式绘制圆弧

<访问方法>

选项卡：【常用】→【绘图】→【圆弧】→【圆心、起点、长度】。

菜单：【绘图（D）】→【圆弧（A）】→【圆心、起点、长度（L）】。

工具栏：。

命令行：ARC（A）。

<操作过程>

分别选择圆弧的圆心、起点和输入圆弧的弦长，如图 4-22 所示。

当输入的弦长为正值时，将沿逆时针方向绘制劣弧；当输入的弦长为负值时，将从起点沿逆时针方向绘制优弧。

4.6.11　继续方式绘制圆弧

<访问方法>

选项卡：【常用】→【绘图】→【圆弧】→【继续】。

菜单：【绘图（D）】→【圆弧（A）】→【继续（O）】。

工具栏：。

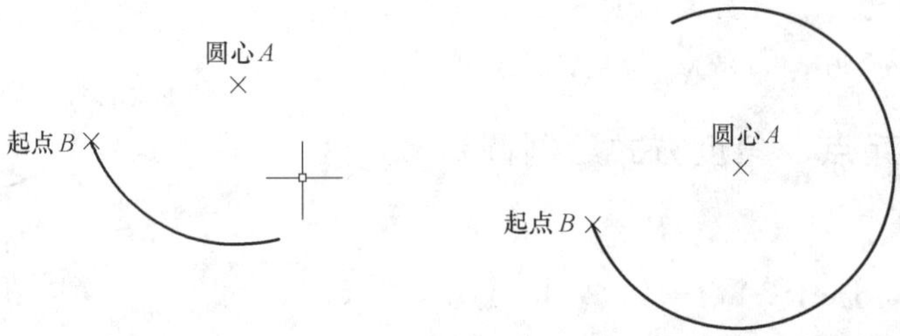

a) 弦长为正值　　b) 弦长为负值

图 4-22　圆心、起点、长度方式绘制圆弧

命令行：ARC（A）。

<操作过程>

指定起点、圆心和角度，指定圆弧的端点，如图 4-23 所示。

该方式还可以绘制出以最后一次所绘制的对象（直线、多段线）的最后一点作为起点，并与其相切的圆弧。

4.7　矩形的绘制

此命令可以绘制各种矩形。可以通过指定矩形的两个对角点或指定矩形的长和宽等来绘制矩形，具体步骤如下：

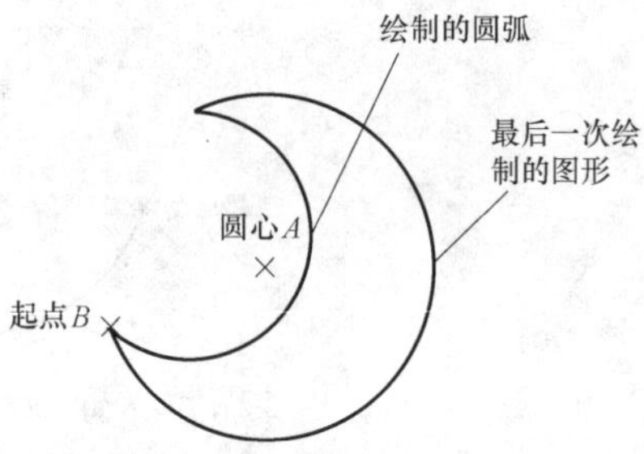

图 4-23　继续方式绘制圆弧

<访问方法>

选项卡：【常用】→【绘图】→【矩形】。

菜单：【绘图（D）】→【矩形（G）】。

工具栏：。

命令行：RECTANG（REC）。

<操作过程>

1）通过指定矩形的两个对角点绘制矩形：指定矩形的第一个角点。在命令行提示“RECTANG 指定第一个角点或［倒角（C）标高（E）圆角（F）厚度（T）宽度（W）］：”后，指定第一个角点 *A*，移动鼠标时，会有一个临时矩形出现从该点延伸至光标所在处，矩形的大小会随着光标的移动而变化。

指定矩形的第二个角点。在命令行提示“RECTANG 指定另一个角点或［面积（A）尺寸（D）旋转（R）］：”后，指定另一个角点 *B* 并单击，此时便绘制出矩形，如图 4-24a 所示。可通过输入两点的坐标绘制矩形，第一个角点的坐标为绝对坐标，第二个角点的坐标为相对坐标（相对于第一个角点，形式如@100，-60）。

2）通过指定矩形的长度值和宽度值绘制矩形：指定第一个角点后，输入字母 *D*，指定长度值为 80，指定宽度值为 40。在命令行提示“RECTANG 指定另一个角点或［面积（A）尺寸（D）旋转（R）］：”后，在绘图区的相应位置单击鼠标左键以确定矩形另一个角点的方位，如图 4-24b 所示。

3）通过指定面积绘制矩形：指定第一个角点后，输入 A，输入面积值 200，字母 L（选取长度选项)，输入长度值20，如图4-24c所示。

4）通过指定旋转的角度绘制矩形：指定第一个角点后，输入R，输入角度值45，在绘图区的另一个位置单击鼠标左键，完成矩形的绘制，如图4-24d所示。

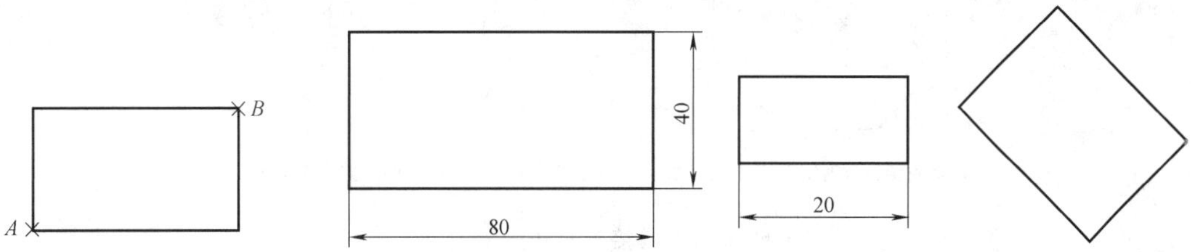

a) 直接指定角点　　b) 指定尺寸　　c) 指定面积　　d) 指定角度

图4-24　普通矩形的绘制

4.8　正多边形的绘制

此命令可以以给定的条件绘制正多边形。

4.8.1　内接正多边形的绘制

绘制内接正多边形时，要先画外接圆（给出已知的圆的半径），然后在此圆周内画内接正多边形，正多边形的各个顶点在圆周上。

<访问方法>

选项卡：【常用】→【绘图】→【正多边形】。

菜单：【绘图（D）】→【正多边形（Y）】。

工具栏：。

命令行：POLYGON（POL）。

<操作过程>

指定正多边形的边数。在命令行提示“POLYGON_ polygon 输入侧面数<4>:”后，输入8，按<Enter>键。

指定中心点。在命令行提示“POLYGON 指定正多边形的中心点或［边（E）］:”后，选择圆心点 *A*（或输入点的绝对坐标，例如80，100）。

指定内接于圆。在命令行提示“POLYGON 输入选项［内接于圆（I）外切于圆（C）］<I>:”后，输入I，按<Enter>键。

指定半径。在命令行提示“POLYGON 指定圆的半径:”后，输入半径数值50，如图4-25a所示，或鼠标单击屏幕上某一点 *B*（圆心 *A* 与该点 *B* 的距离为圆的半径），如图4-25b所示，按<Enter>键。

4.8.2　外切正多边形的绘制

绘制外切正多边形，需要给定正多边形的中心点到各边中点的距离。

<访问方法>

选项卡：【常用】→【绘图】→【正多边形】。

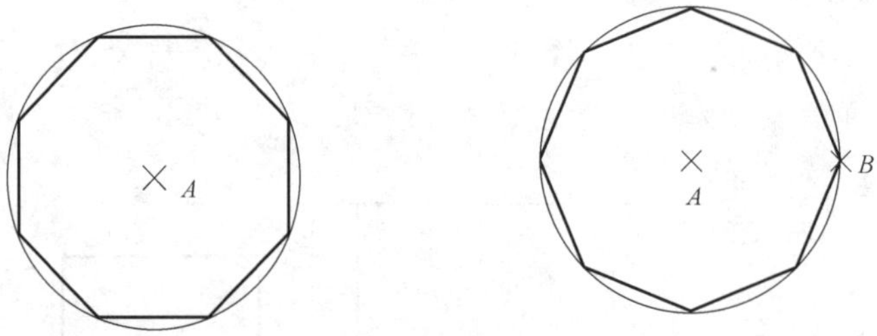

a) 输入半径数值定义半径　　b) 输入两点方式定义半径

图 4-25　内接正多边形的绘制

菜单：【绘图（D）】→【正多边形（Y）】。

工具栏：。

命令行：POLYGON（POL）。

<操作过程>

指定正多边形的边数。在命令行提示“POLYGON_ polygon 输入侧面数<4>:”后，输入 6，按<Enter>键。

指定中心点。在命令行提示“POLYGON”指定正多边形的中心点或［边（E）]:”后，输入 200，400。

指定外切于圆。在命令行提示“POLYGON 输入选项［内接于圆（I）外切于圆（C）］<I>:”后，输入 C，按<Enter>键。

指定半径。在命令行提示“POLYGON 指定圆的半径”后，输入半径数值 30，如图 4-26a所示，或用鼠标单击屏幕上某一点（圆心 *A* 与该点 *B* 的距离为圆的半径），如图 4-26b 所示，按<Enter>键。

4.8.3　用“边”绘制正多边形

用“边”绘制正多边形，是通过指定一条边的起点和终点来绘制正多边形。

<访问方法>

选项卡：【常用】→【绘图】→【正多边形】。

菜单：【绘图（D）】→【正多边形（Y）】。

工具栏：。

命令行：POLYGON（POL）。

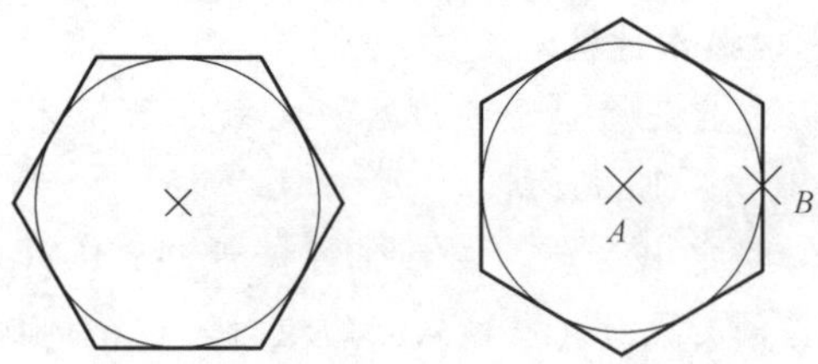

a) 输入数值定义半径　　b) 两点定义半径

图 4-26　外切正多边形的绘制

<操作过程>

指定正多边形的边数。在命令行提示“POLYGON_ polygon 输入侧面数<4>:”后，输入 7，按<Enter>键。

指定中心点。在命令行提示“POLYGON 指定正多边形的中心点或［边（E）]:”后，输入 E。

指定边的起点和终点。在命令行提示“POLYGON 指定边的第一个端点:”后，指定起点 *A*。在命令行提示“POLYGON 指定边的第一个端点：指定边的第二个端点:”后，指定

终点 B。

这样，系统便绘制出以 AB 为边的正多边形，如图 4-27 所示。以第一点到第二点的连线为边，按逆时针方向绘制多边形。若两点的顺序相反，则绘制的多边形的方向也相反。

4.9　椭圆与椭圆弧的绘制

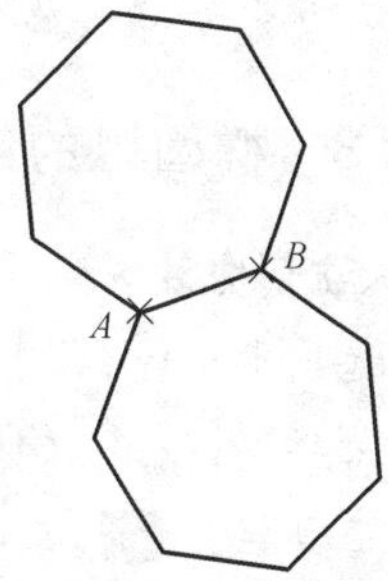

图 4-27　用“边”绘制正多边形

椭圆是由两个轴决定的：长轴和短轴。绘制椭圆有 3 种方法，下面分别介绍绘制过程。

4.9.1　中心点方式绘制椭圆

<访问方法>

选项卡：【常用】→【绘图】→【椭圆】→【圆心】。

菜单：【绘图（D）】→【椭圆（E）】→【圆心（C）】。

工具栏：。

命令行：ELLIPSE（EL）。

<操作过程>

指定中心点。在命令行提示“ELLIPSE 指定椭圆的轴端点或［圆弧（A）中心点（C）］：”后，输入 C，按<Enter>键，指定中心点 A，并单击左键。

指定轴的端点。在命令行提示“ELLIPSE 指定轴的端点：”后，在屏幕上指定轴的端点 B，并单击左键。

指定另一条半轴长度。在命令行提示“ELLIPSE 指定另一条半轴长度或［旋转（R）］：”后，有两种方式指定另一条半轴长度：①指定另一条半轴长度，输入数值 30 或在屏幕指定另一点，如图 4-28a 所示；②绕长轴旋转圆，输入 R，在命令行提示“ELLIPSE 指定绕长轴旋转的角度：”后，绕椭圆中心移动光标，并在所需位置单击或输入角度值，如 60。

4.9.2　轴的端点方式绘制椭圆

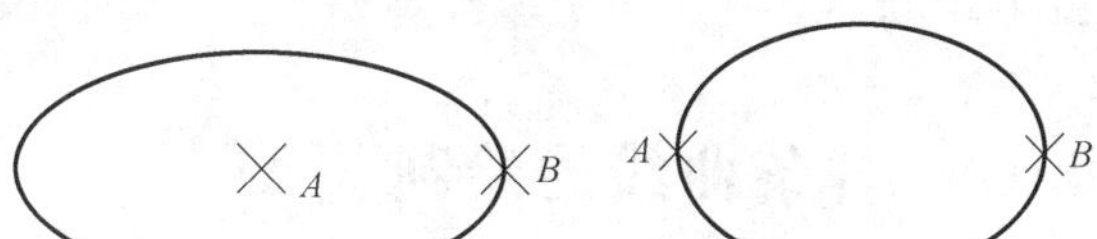

a) 中心点方式　　b) 轴端点方式

图 4-28　椭圆的绘制

<访问方法>

选项卡：【常用】→【绘图】→【椭圆】→【轴、端点】。

菜单：【绘图（D）】→【椭圆（E）】→【轴、端点（E）】。

工具栏：。

命令行：ELLIPSE（EL）。

<操作过程>

方法一：指定轴端点。

在命令行提示“ELLIPSE 指定椭圆的轴端点或［圆弧（A）中心点（C）］：”后，指定轴的两个端点 A 和 B。在命令行提示“ELLIPSE 指定另一条半轴长度或［旋转（R）］：”后，输入数值或用鼠标左键单击某点处，如图 4-28b 所示。

方法二：通过轴旋转绘制椭圆。

在命令行提示“ELLIPSE 指定椭圆的轴端点或［圆弧（A）中心点（C）]：”后，指定轴的两个端点 *A* 和 *B*。在命令行提示“ELLIPSE 指定另一条半轴长度或［旋转（R）]：”后，输入 R。在命令行提示“ELLIPSE 指定绕长轴旋转的角度：”后，输入角度值或在某点处单击鼠标左键以确定角度值。

4.9.3 椭圆弧的绘制

<访问方法>

选项卡：【常用】→【绘图】→【椭圆】→【圆弧】。

菜单：【绘图（D）】→【椭圆（E）】→【圆弧（A）】。

工具栏：。

命令行：ELLIPSE（EL）。

<操作过程>

在命令行提示 ELLIPSE 指定椭圆的轴端点或［圆弧（A）中心点（C）]：后，输入 A，按<Enter>键。

绘制椭圆。在命令行提示“ELLIPSE 指定椭圆弧的轴端点或［中心点（C）]：”后，指定轴端点 *A*。在命令行提示“ELLIPSE 指定另一条半轴长度或［旋转（R）]：”后，输入长度值或在某点处单击鼠标左键以确定半轴长度。

指定椭圆弧起始角度。起始角度是指椭圆弧的中心点与起始点构成的直线与椭圆长轴的夹角。在命令行提示“ELLIPSE 指定起点角度或［参数（P）]：”后，输入 30，按<Enter>键。

指定椭圆弧终止角度。终止角度是指椭圆弧的中心点与终止点构成的直线与椭圆长轴的夹角。在命令行提示“ELLIPSE 指定端点角度或［参数（P）夹角（I）]：”后，输入 200，按<Enter>键，如图 4-29 所示。

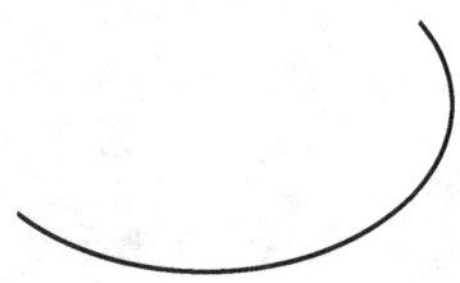

图 4-29 椭圆弧的绘制

4.10 样条曲线的绘制

样条曲线是一种自由曲线，在绘图时可以绘制随手勾画的线条。

<访问方法>

选项卡：【常用】→【绘图】→【样条曲线】。

菜单：【绘图（D）】→【样条曲线（S）】。

工具栏：。

命令行：SPLINE（SPL）。

<选项说明>

1）方式（M）：有“拟合（F）”和“控制点（CV）”两种方式。

2）节点（K）：有“弦（C）”“平方根（S）”“统一（U）”3 个选项。

3）对象（O）：将二维或三维的二次或三次样条拟合多段线转换成等价的样条曲线并删除多段线。

<操作过程>

指定起点后，在命令行提示“SPLINE 输入下一个点或［起点切向（T）公差（L）］：”后，进行如下操作：

1）起点切向（T）：指定样条曲线在起点处切线。

2）公差（L）：指定样条曲线偏离拟合点的距离，公差值为 0 时生成的样条曲线直接通过拟合点。

指定样条曲线的第二点后，在命令行提示“SPLINE 输入下一个点或［端点相切（T）公差（L）放弃（U）］：”后，进行如下操作：

1）端点相切（T）：指定样条曲线在终点处切线。

2）放弃（U）：删除最后一个指定点。

3）闭合（C）：封闭样条曲线。

样条曲线如图 4-30 所示。

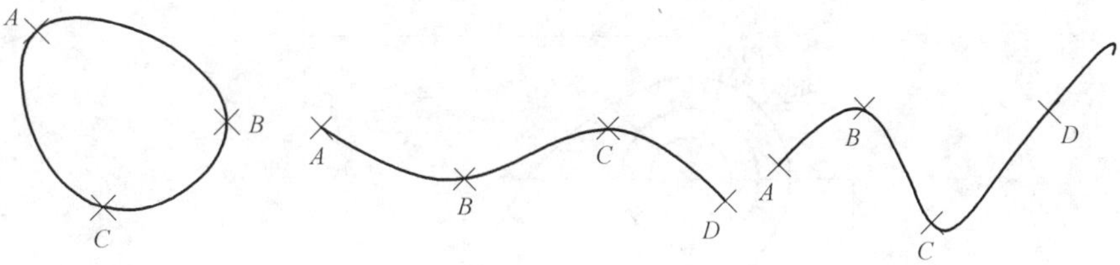

a) 闭合　　b) 非闭合　　c) 端点切向

图 4-30　样条曲线

4.11　创建面域

面域是封闭区所形成的一个二维实体对象。从外观看，面域与一般的封闭线框没有区别，但实际上面域是一个平面实体，就像一张没有厚度的纸。面域具有物理性质（如面积、质心、惯性矩等），用户可以利用这些信息计算工程属性，并可对其进行复制、移动等编辑操作。

<访问方法>

选项卡：【常用】→【绘图】→【面域】。

菜单：【绘图（D）】→【面域（N）】。

工具栏：。

命令行：REGION（REG）。

<操作过程>

在命令行提示“REGION 选择对象：”后，用鼠标单击选择对象，按<Enter>键，如图 4-31 所示。创建面域前该四边形的每条边是一个单独的对象，创建面域后四边形整体是一个对象。

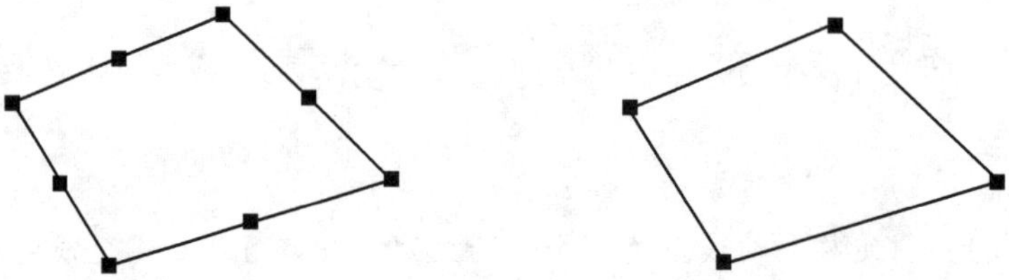

a) 创建面域前　　b) 创建面域后

图 4-31　面域

思考与练习题

1. 平面图形的绘图命令有哪些？
2. 绘制图 4-32 所示的平面图形。

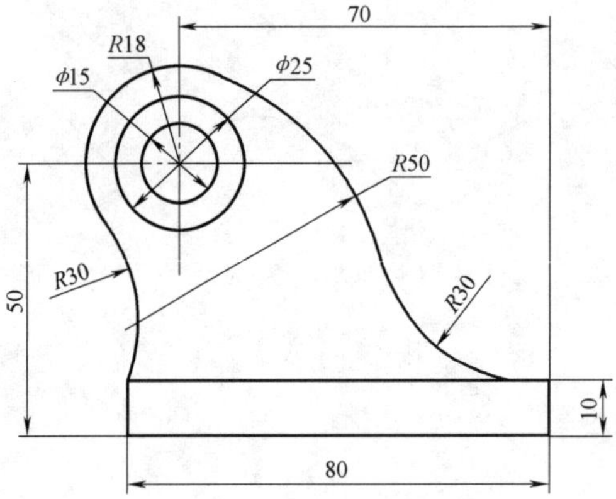

图 4-32　平面图形 1

3. 绘制图 4-33 所示的平面图形。

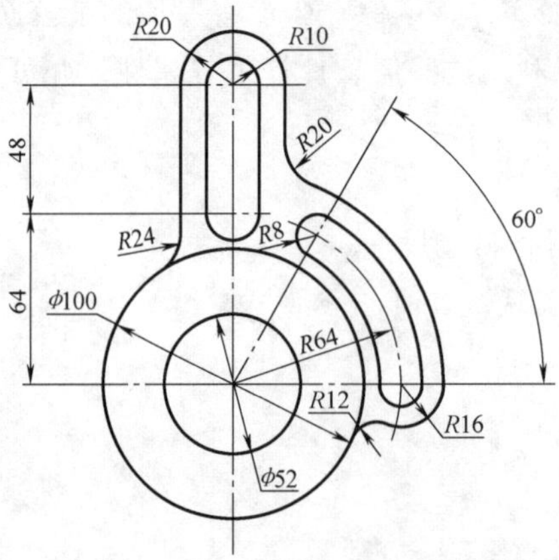

图 4-33　平面图形 2

第5章 图层和对象特性

5

5.1 图层概述

在 AutoCAD 的图形中，有图层的概念。图层如叠放在一起的透明图纸，每一层设置特性。用户可以通过图层对图形中的对象进行归类处理，每一层放置一种图形对象（基准线、中心线、虚线、细实线、尺寸标注以及文字说明等）。这样给图形的编辑、修改、显示和输出带来了方便。图形对象是处于某个图层上的。每个图层都有颜色、线型、线宽等属性信息，可以对这些信息进行设定和修改。

图层具有以下特点：

1）一幅图中可任意创建多个图层。

2）每个图层都有名称、颜色、线型、线宽等属性。用户可以根据需要对颜色、线型、线宽进行设置。不同图层的颜色、线型和线宽特性可以相同，也可以不同。系统的图层设置为白色、CONTINUOUS（实线）和默认线宽。

3）默认情况下，当前图层为 0 图层，该图层不能删除。

4）只能在当前图层上绘图。

5）可以对各个图层进行打开、关闭、冻结、解冻、打印等操作，以决定图层的可见性与可操作性。

6）各图层使用相同的坐标系、绘图界限和显示时的缩放倍数。用户可以对位于不同图层上的对象同时进行编辑操作。

7）在任一时刻有且仅有一个图层被设置为当前图层，并且只能在当前图层上用绘图命令绘制对象。用户可以随时改变当前图层，在“图层”工具栏显示当前图层的名称以及颜色、开/关、冻结/解冻、锁定/解锁等状态信息。

5.2 图层设置命令

<访问方法>

选项卡：【常用】→【图层】→【图层特性管理器】。

菜单：【格式（O）】→【图层（L）】。

工具栏：【图层】→【图层特性管理器】。

命令行：LAYER（LA）。

<操作过程>

执行“图层设置”命令，弹出“图层特性管理器”对话框，如图5-1所示。

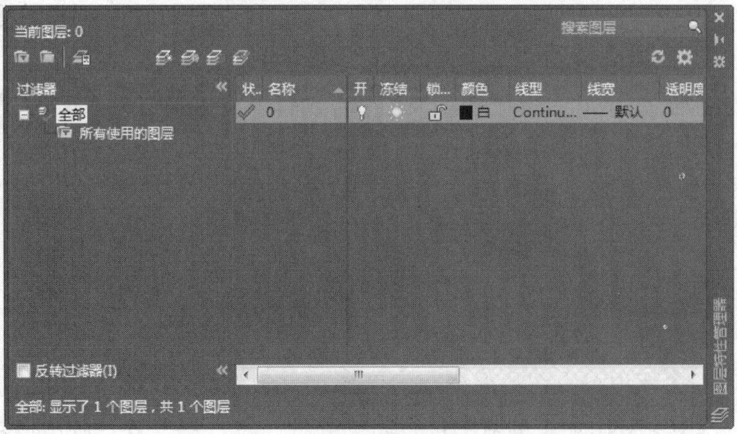

图5-1 “图层特性管理器”对话框

<选项说明>

1. 图层过滤器特性

“图层过滤器特性”组框用来确定在图层列表中显示的图层。用户可在左窗格中选择“全部”“所有使用的图层”以及用户自己设置的过滤器，确定在图层列表中显示的图层类型。用户可单击左窗格上面的“新建特性过滤器”按钮，在弹出的“图层过滤器特性”对话框中，根据过滤器名称、状态、图层名称、开/关、冻结/解冻、锁定/解锁、颜色、线型、线宽、打印样式、是否打印以及冻结/解冻新视口等确定过滤条件。单击“显示样例”按钮可以将每个样例都显示在“图层过滤器特性”对话框中。在左窗格中，选择“反转过滤器”复选框，在图层列表中只显示被过滤掉的图层。

2. 当前图层

显示当前图层的层名。

3. 图层列表

图层列表用于显示过滤的图层及其相关设置的列表。列宽可由用户调整，列表的标题同时是一种排序按钮，单击列表标题，可使图层列表按该列的状态重排。标题行的各内容说明如下：

(1) 状态　显示图层状态的类型，包括图层过滤器、正在使用的图层、空图层或当前图层。

(2) 名称　显示图层的名称。要对图层进行设置或修改特性时，应在列表中单击选中该层的层名，使该层名所在行高亮显示。

(3) 开/关　显示或切换图层的打开与关闭状态。如果图层被打开，小灯泡以浅黄色显示，该图层上的对象被显示或可以在绘图仪上输出（当“打印”选项打开时）。如果图层被关闭，则小灯泡以浅蓝色显示，该图层上的对象不被显示，也不能在绘图仪上输出（即使“打印”选项打开），但参与处理过程中的运算。当前层不应当被关闭，若试图关闭当前层，系统将会显示警告信息。如果当前层被关闭，则新创建的对象将不被显示。

重复单击小灯泡图标可实现图层打开与关闭的切换。

(4) 冻结/解冻　显示或改变图层的冻结与解冻状态。解冻的图层用太阳表示，冻结的图层用雪花表示。单击该图标可实现图层的冻结与解冻的切换。被冻结的图层上的图形对象不仅不能被显示或绘制，而且也不参与处理过程中的运算。在复杂的图形中冻结不需要的图层可以加快 ZOOM（窗口缩放）、PAN（移动）和许多其他操作的运行速度，增强对象选择的性能，并减少复杂图形的重新生成时间。当前图层不能被冻结。如果要冻结当前图层，或者要将冻结层设置为当前层，系统都会显示警告信息。

(5) 锁定/解锁　显示或改变图层的锁定与解锁状态。分别用打开或关闭的图标表示图层处于解锁或锁定状态。图层的锁定状态不影响图层上图形对象的显示，但用户不能对锁定图层上的对象进行编辑操作。如果锁定图层是当前层，用户仍可以用绘图命令在该层上创建对象。对于锁定的图层，用户可以改变图层的颜色、线型，使用查询命令和对象捕捉命令。

重复单击图标可实现图层的锁定与解锁状态的切换。

(6) 颜色　显示、改变与选定图层相关联的颜色。单击要改变颜色图层的颜色图标，系统弹出“选择颜色”对话框，进行设置。

(7) 线型　显示、修改与选定图层相关联的线型。单击要改变线型图层的线型名称，系统将弹出“选择线型”对话框，进行相应设置。

(8) 线宽　显示、修改与选定图层相关联的线宽。单击要改变线宽图层的线宽名称，系统将弹出“线宽”对话框，进行相应设置。

(9) 透明度　根据需要降低特定图层上所有对象的可见性，设定图层和布局视口的透明度以提升图形品质。在“图层特性管理器”中设定图层的透明度。

(10) 打印样式　显示、修改与选定图层相关联的打印样式。如果正在使用颜色相关打印样式（PSTYLEPOLICY 系统变量设定为 1），则不能改变打印样式。

(11) 打印/不打印　可控制选定的图层是否被打印。用于在保持图形显示可见性不变的前提下控制图形的打印特性。此功能只对被解冻且打开的图层起作用，被冻结或关闭的图层的打印特性无论是打开或关闭，该图层上的图形对象均不能被打印。如果图层包含了参照信息（如构造线），则关闭该图层的打印特性是有益的。单击图层的打印机图标可进行打印特性的切换。

(12) 新视口冻结　该列显示对应图层是否在新视口中冻结。

(13) 说明　显示或更改相关的说明。

4. 新建图层

单击“新建图层”铵钮，弹出“建立图层”对话框，如图 5-2 所示。图层列表中出现一个名称为“图层 1”的新图层，在默认情况下，新建图层与当前图层的状态、颜色等设置相同。创建新图层后，可以单击修改新图层名称，图层名由汉字、字母、数字、连字符等组成，但名称中不能包含<> ^︿“:;? *,、=等字符，且长度不超过 255 个字符。名称修改后就可以对图层的其他特性（如颜色、线型、线宽等）进行设置了。

5. 所有视口中都被冻结的新图层视口

创建新图层，然后在所有现有布局视口中将其冻结。可以在“模型”选项卡或布局选项卡上访问此按钮。

6. 删除图层

删除已选定的图层。只能删除没被参照的图层，被参照的图层包括图层 0、图层 DEF-

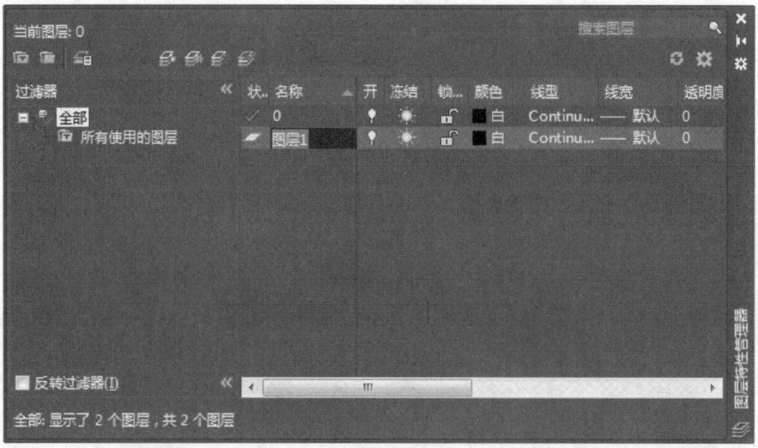

图 5-2 “建立图层”对话框

POINTS、含有图形对象（包括块定义中的图形对象）的图层、当前图层及依赖于外部参照的图层。

7. 置为当前

将指定图层设置为当前图层。单击图标按钮，或者双击图层列表中的图层名字。

8. 刷新

通过单击刷新图标扫描图形中的所有图元来刷新图层使用信息。

5.3 对象颜色设置命令

<访问方法>

选项卡:【常用】→【特性】→【对象颜色】。

菜单:【格式（O)】→【颜色（C)】。

工具栏:【特性】→【颜色控制】框。

命令行: COLOR。

<操作过程>

执行操作后，系统弹出“选择颜色”对话框，如图 5-3 所示。

默认颜色：绘制图形时，可通过不同的颜色来区分图形的每一个部分。默认情况下，新建图层的颜色为白色或黑色。若背景色为白色，图层颜色就为黑色；若背景色为黑色，图层颜色为白色。

重新设置颜色：图层颜色有三种选项卡，即索引颜色、真彩色和配色系统。

(1)“索引颜色”选项卡 如图 5-3a 所示，它是指系统的标准颜色（ACI 颜色)。该颜色包含 256 种颜色，每种颜色用一个 ACI 编号（1~255 之间的整数）标识。

(2)“真彩色”选项卡 如图 5-3b 所示，真彩色使用 24 位颜色定义显示 16M 色彩。指定真彩色时，可以从“颜色模式”下拉列表中选取 RGB 或 HSL 模式。如果使用 RGB 颜色模式，可指定颜色的组合；如果使用 HSL 颜色模式，可指定颜色的色调、饱和度及亮度要素。

(3)“配色系统”选项卡 如图 5-3c 所示，该选项卡中的“配色系统”下拉列表提供了 11 种定义好的色库列表，从中选择一种色库后，就可以在下面的颜色条中选择需要的颜色。

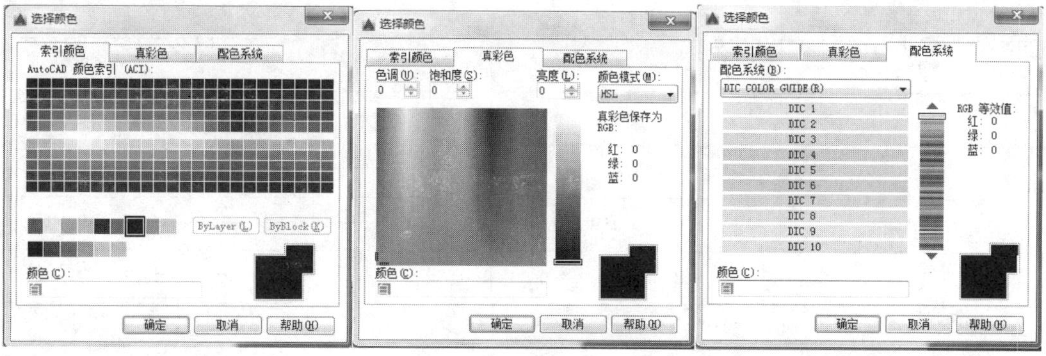

a)“索引颜色”选项卡　　b)“真彩色”选项卡　　c)“配色系统”选项卡

图 5-3　颜色选项卡

5.4　对象线型设置命令

<访问方法>

选项卡：【常用】→【特性】→【对象线型】。

菜单：【格式（O）】→【线型（N）】。

工具栏：【特性】→【线型控制】框。

命令行：LINETYPE。

<操作过程>

设置已加载线型：默认情况，图层的线型为 Continuous（实线）。要修改线型，在已加载的线型中选择一种线型，单击“确定”按钮。

加载新线型：若已有线型不能满足我们的需要，可自行加载新线型。在“选择线型”对话框中，如图 5-4 所示，单击“加载”按钮，系统弹出“加载或重载线型”对话框，如图 5-5 所示。线型是放置在线型库中的，AutoCAD 线型定义文件包括“acad. lin”和“acadiso. lin”。在英制测量系统中，使用“acad. lin”线型；在米制测量系统中，使用“acadiso. lin”线型；若以上线型不能满足需要，也可从“文件”按钮中选择需要的线型。

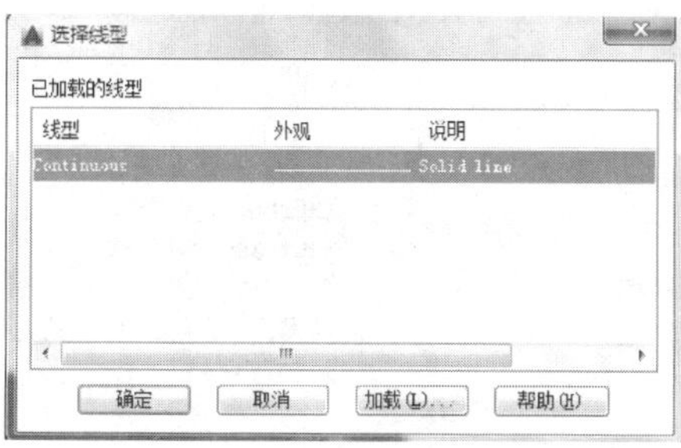

图 5-4　“线型设置”对话框

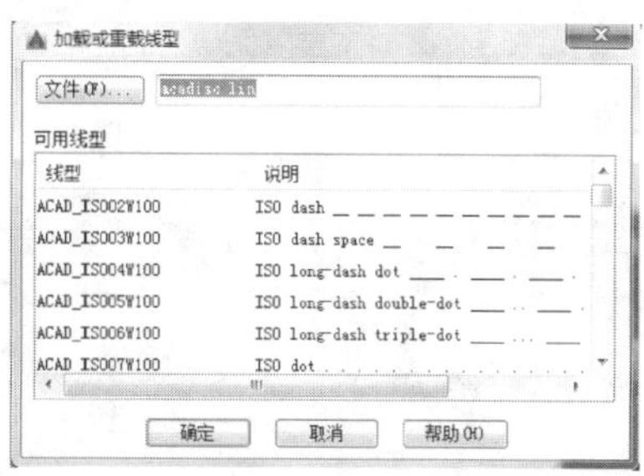

图 5-5　“加载或重载线型”对话框

常用线型见表 5-1。

表 5-1　常用线型

常用线型类型	名称	外观
实线	Continuous	
中心线	Center	
虚线	Hidden	
双点画线	ACAD_ISO05W100	
波浪线	Continuous	

5.5　线型比例设置命令

由于非连续性线型受图形尺寸及图幅等因素的影响，非连续性线型的外观会有所不同，因此，可通过设置线型比例来改变其外观。

有以下两种方法设置线型比例。

方法 1：

选择下拉菜单“格式”—“线型”命令，弹出“线型管理器”对话框，如图 5-6a 所示。在线型列表框中选择某一线型，单击“显示细节”按钮，在“详细信息”选项组中的“全局比例因子”和“当前对象缩放比例”选项卡中进行设置。“全局比例因子”用于设置所有图层的线型比例。“当前对象缩放比例”用于设置新建对象的线型比例。新建对象最终的线型比例是全局比例与当前缩放比例的乘积。

方法 2：

在已有图形的基础上，单击鼠标左键选中某一图线，单击鼠标右键选中“特性”按钮，就会弹出线型比例设置对话框，如图 5-6b 所示。单击“线型比例”按钮右侧的对话框，根据需要设置所需的比例。如果对所有图层的线型比例（见图 5-7）进行设置，就要选中所有的图层，再进行如上的操作。

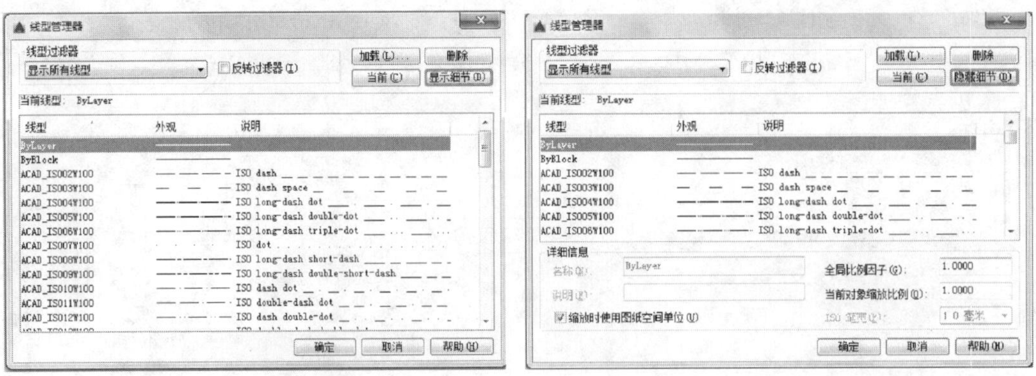

a)　　　　　　　　b)

图 5-6　“线型管理器”对话框

5.6　线宽设置命令

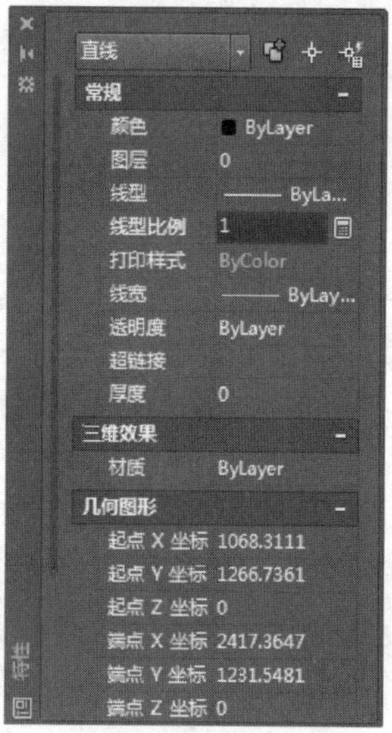

图 5-7　线型比例

方法 1：

单击“图层特性管理器”对话框中的某个图层的“线宽”按钮，系统弹出“线宽”对话框，如图 5-8 所示，用户可以根据需要设置线宽。

方法 2：

选择下拉菜单“格式”—“线宽”命令，系统同样会弹出图 5-9 所示的“线宽设置”对话框。可以进行其他的设置，如列出单位、显示线宽、调整显示比例。

列出单位：一般采用毫米。

显示线宽：一般勾选，便于在绘图中区分粗线和细线，提高绘图效率。

调整显示比例：一般采用默认状态。

第 2 种方法可以对线宽进行相应的设置，而第 1 种方法是在设置后采用的，一般采用默认设置，如果有不同的需要可以参照第 2 种方法进行重新设置。

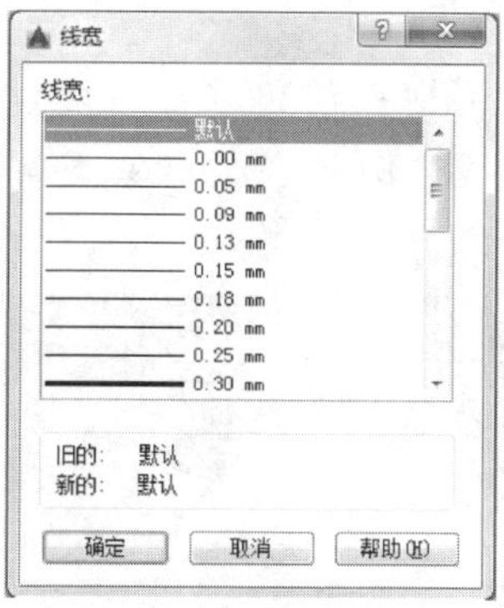

图 5-8　“线宽”对话框

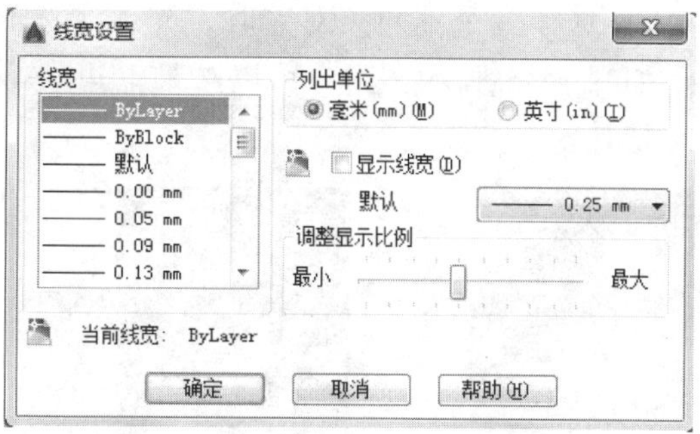

图 5-9　“线宽设置”对话框

5.7　对象特性的观察

5.7.1　“图层”工具栏与“特性”工具栏

图 5-1 和图 5-10 所示的图层工具栏和特性工具栏提供了快速查看功能。

<操作过程>

1）将对象的图层置为当前：单击按钮。

2）“图层特性”管理器：通过“图层特性管理器”对话框来管理图层及特性。

3）图层列表：切换当前层、设置图层特性。下拉列表中列出当前图层中设置的图层，双击图层名称，可将该层设置为当前图层。

4）颜色、线型、线宽和打印样式控件：可以用于改变所选对象的相关特性。

5.7.2 特性选项板

<访问方法>

选项卡：【视图】→【选项卡】面板→【特性】。

菜单：【工具（T）】→【选项卡】→【特性（P）】。

工具栏：【标准】→【特性】。

命令行：PROPERTIES。

快捷方式：选择对象后，单击鼠标右键，或双击对象，从弹出的快捷菜单中选择“特性”。

快捷键：按<Ctrl+1>组合键可激活“特性”选项板。

特性选项板的主要特点如下：

1）以简单的表格列出所选对象的各种特性，统一了对象特性的管理。表格左列为特性名称，右列为特性值，上半部是基本特性，下半部是对象的几何图形特性。

2）选择单个对象，就可列出该对象的全部通用特性和几何特性，如图5-11所示。

3）若选择多个同类对象，就可列出所选择的多个对象的共有特性，如图5-12所示。

4）选择多个不同类对象时，列出所选的全部对象的共有特性和各类对象的共有特性，如图5-13所示。用户可以在最上边的下拉列表中选择直线、圆等多个对象观察其共有特性。

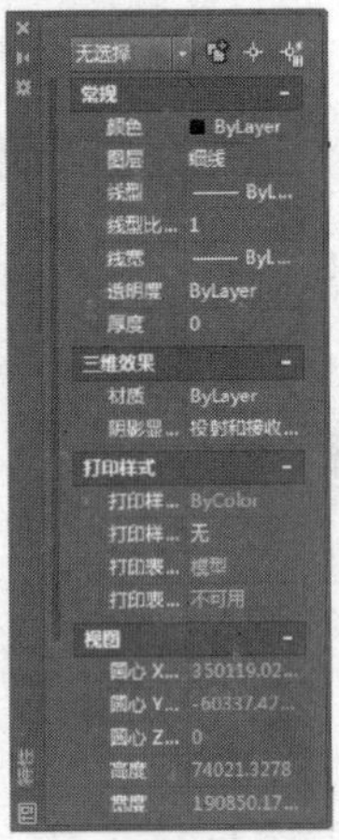

图5-10 “特性”选项板

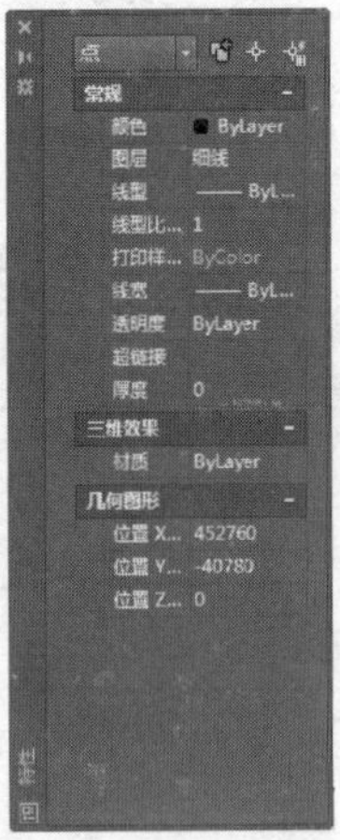

图5-11 单个点的特性

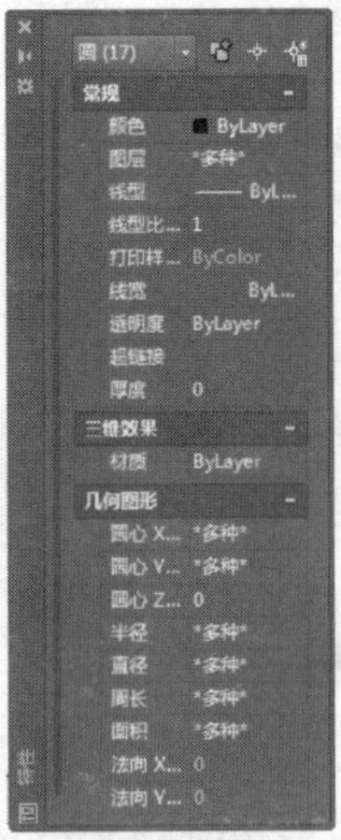

图5-12 多个圆的特性

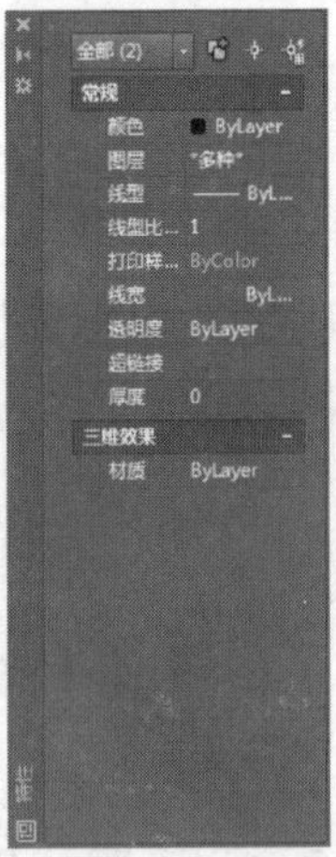

图5-13 圆和直线的共有特性

5）未选择对象时，显示整个图形的共同特性，如图5-10所示。

6）用户可以选择特性的排列方式。单击每类特性的右边“-”“+”按钮，可以将相应的特性项隐藏或展开显示。

7）在对象特性窗口的右上角选择“快速选择”按钮，将激活“快速选择”对话框。

5.8　对象的特性匹配

对象的特性匹配是将某个对象的特性和另外对象的特性相匹配，将其中一个对象的特性复制到一个或多个对象上，使其具有相同的特性。

<访问方法>

选项卡：【常用】→【剪贴板】→【特性匹配】。

菜单：【修改（M）】→【特性匹配（M）】。

工具栏：【标准】→【特性匹配】。

命令行：MATCHPROP 或 PAINTER。

<操作过程>

选择源对象：在命令行提示 MATCHPROP 选择源对象：后，选择要匹配的源对象。

选择目标对象：在命令行提示 MATCHPROP 选择目标对象或［设置（S）］：后，选择目标对象，并按<Enter>键。

思考与练习题

设置平面图形的图层特性（包括颜色、线型、线型比例、线宽等），并绘制图 5-14 所示的两视图和图 5-15 所示的三视图。

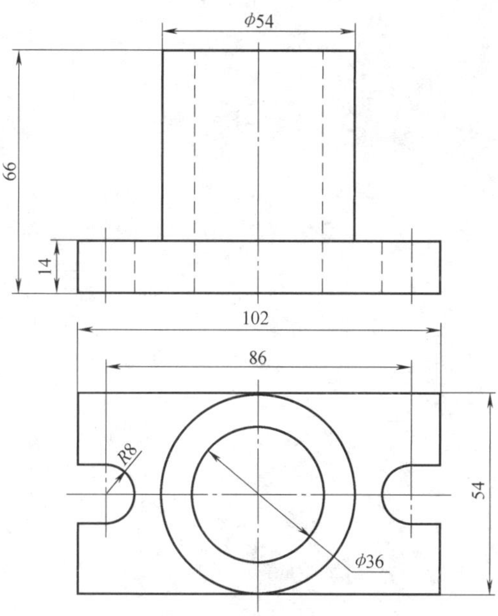

图 5-14　两视图

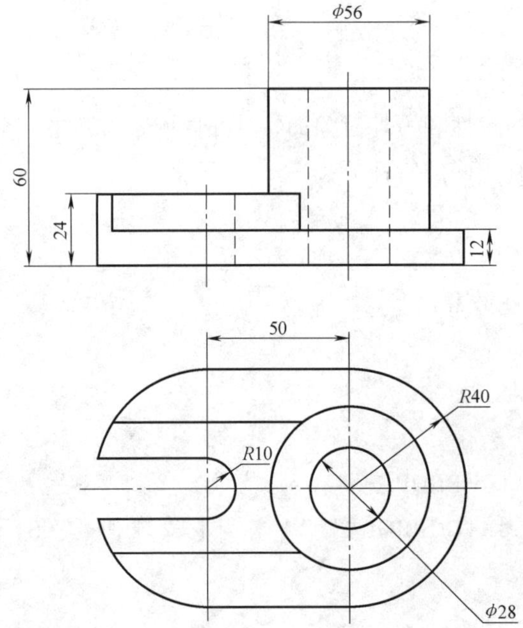

图 5-15　三视图

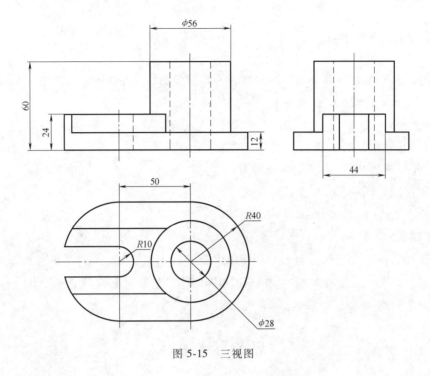

第6章 精确绘图与显示控制

在使用 AutoCAD 软件绘制图形时，若能够熟练使用辅助工具，将会大大提高绘图的精确性与绘图效率。

6.1 对象捕捉

在绘图过程中，对于某些对象的特殊几何点如中点、圆心、交点等需要快速、精确地选取，才能精确地绘制图形。能够迅速、准确地识别这些特殊点的功能称为“对象捕捉”功能。对象捕捉只能捕捉可见的对象，不能捕捉不可见的对象，如未显示的对象、关闭或冻结图层上的对象等。通过对象捕捉，可以使绘制的图非常精确，而这也是我们对计算机绘制的图的最基本要求。

6.1.1 对象捕捉的设置

<访问方法>

菜单：【工具】→【绘图设置】。

快捷方式：将光标置放于“对象捕捉”按钮上，单击鼠标右键，在弹出的菜单中选择“设置”命令。

<操作过程>

执行命令后，弹出“草图设置”对话框，选择“对象捕捉”选项卡，如图 6-1 所示。

“启用对象捕捉”复选框：控制对象捕捉方式的启闭。

“启用对象捕捉追踪”复选框：控制对象捕捉追踪方式的启闭。

对象捕捉模式中有多个选择如端点、中点、圆心等，如图 6-1 所示。根据需要勾选对应的对象捕捉模式。通过这样的设置，就可以在绘图需要时捕捉这些几何元素。

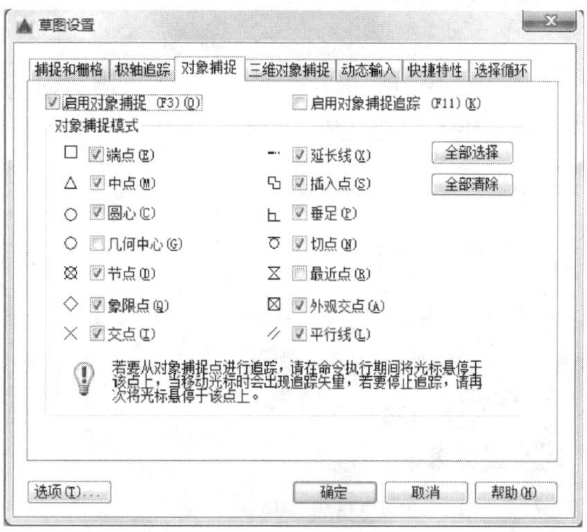

图 6-1 “草图设置”对话框

6.1.2 对象捕捉的使用方法

1. 使用对象捕捉工具栏命令

如果工具栏区未显示对象捕捉工具

栏，可采用以下调用方式：单击“工具”—“工具栏”—“AutoCAD”—“对象捕捉”命令，弹出“对象捕捉”工具栏，如图 6-2 所示。绘图过程中，需要哪种捕捉类型，可以单击对应的按钮。

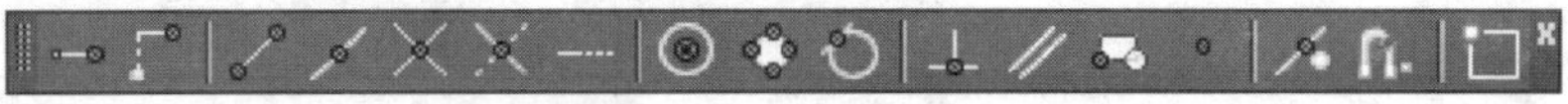

图 6-2 “对象捕捉”工具栏

2. 使用对象捕捉快捷菜单命令

如图 6-1 所示，打开“草图设置”对话框，单击对应的命令按钮，再进行绘图。对象捕捉模式与工具栏是对应的。

3. 使用对象捕捉字符命令

绘图时，可输入所需捕捉命令对应的字符，再把光标移动到捕捉对象附近，就可以选择所需的特征点。捕捉命令字符见表 6-1。

表 6-1 捕捉命令字符

对象捕捉类型	字符命令	对象捕捉类型	字符命令
临时追踪点	TT	捕捉自	FROM
端点捕捉	END	中点捕捉	MID
交点捕捉	INT	外观交点捕捉	APPINT
延长线捕捉	EXT	圆心捕捉	CEN
象限点捕捉	QUA	切点捕捉	TAN
垂足捕捉	PER	捕捉平行线	PAR
插入点捕捉	INS	捕捉最近点	NEA

4. 使用自动捕捉功能

绘图时，若每次都选择对象捕捉命令，会降低作图效率，延长作图时间。为了提高绘图效率，系统设置了自动捕捉功能。

在“草图设置”对话框的“对象捕捉”选项卡中，选中复选框“启用对象捕捉”。设置后，系统便会自动捕捉特征点。

6.2 自动追踪

自动追踪功能是系统自动追踪与前一个对象间的特定关系，从而快速、准确地绘图。自动追踪功能包括极轴追踪和对象捕捉追踪。应用这一功能，可以大大加快作图速度。

6.2.1 极轴追踪

极轴追踪功能是在系统要求指定一点时，按预先设置的角度增量显示一条无限延伸的辅助线（一条虚线），这时就可以沿辅助线追踪到光标点处。

极轴追踪的设置：

<访问方法>

菜单：【工具】→【绘图设置】。

快捷方式：将光标置放于“极轴”按钮上，单击鼠标右键，在弹出的菜单中选择“设置”命令。

<操作过程>

执行命令后，弹出“草图设置”对话框，选择“极轴追踪”选项卡，如图 6-3 所示。

正交模式与极轴追踪不能同时使用。两个命令按钮不能同时打开。

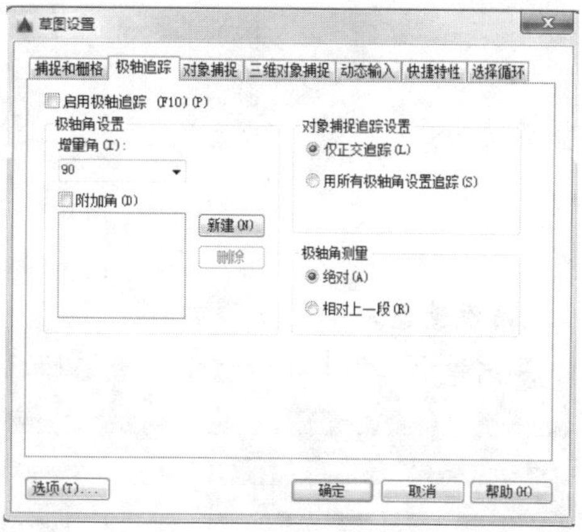

图 6-3 “极轴追踪”选项卡

6.2.2 对象捕捉追踪

对象捕捉追踪是指按与对象的某种关系追踪点。

启闭“对象捕捉追踪”功能的方法：单击屏幕下方状态栏中的对象捕捉按钮，即为“打开”状态；或按<F11>键切换启闭功能，或在“草图设置”对话框中的“对象捕捉”选项卡中，选择“启用对象捕捉追踪”复选框。

6.3 CAD 标准的使用

6.3.1 创建 CAD 标准文件

1）CAD 中创建的标准对象包括：图层、文字样式、线型与标准样式。在创建 CAD 标准文件前，要首先设置以上标准对象，并保存在一个文件中。

2）选择下拉菜单【文件】→【另存为】→【文件类型】中的“AutoCAD 图形标准（*.dws）”选项，单击“保存”按钮，完成标准文件的创建。

6.3.2 建立关联标准文件

建立关联标准文件就是将图形文件与标准文件关联起来，以便检查当前文件是否符合标准。

<访问方法>

菜单：【工具（T）】→【CAD 标准（S）】/【配置（C）】。

<操作过程>

系统弹出“配置标准”对话框，如图 6-4 所示。

单击按钮，系统弹出“选择标准文件”对话框，如图 6-5 所示。单击 打开(O) 按钮，再单击“确定”按钮，完成操作。

6.3.3 使用 CAD 标准文件

<访问方法>

菜单：【工具（T）】→【CAD 标准（S）】-【检查（K）】。

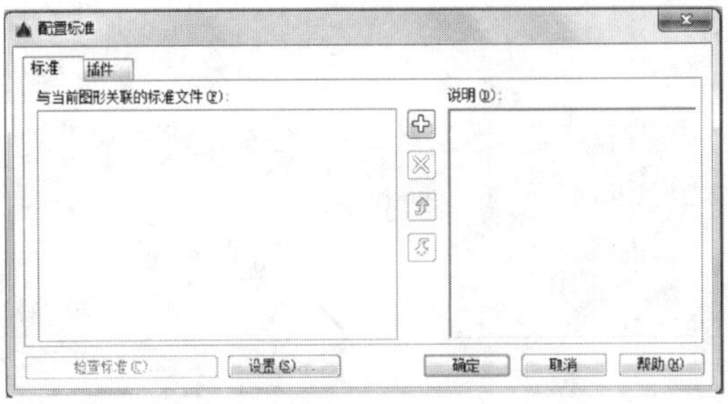

图 6-4 “配置标准”对话框

<操作过程>

系统弹出如图 6-6 所示的“检查标准”对话框。

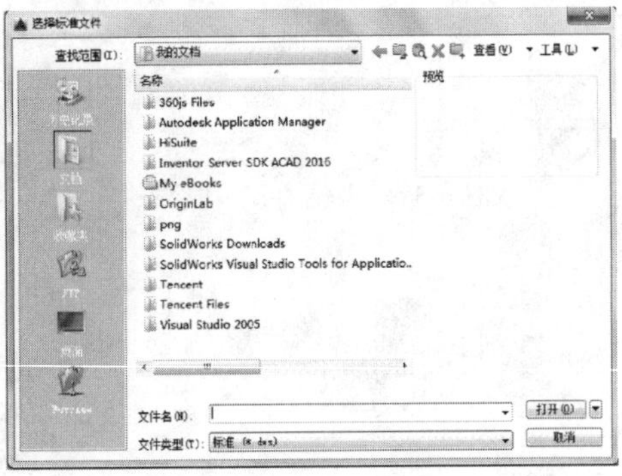

图 6-5 “选择标准文件”对话框

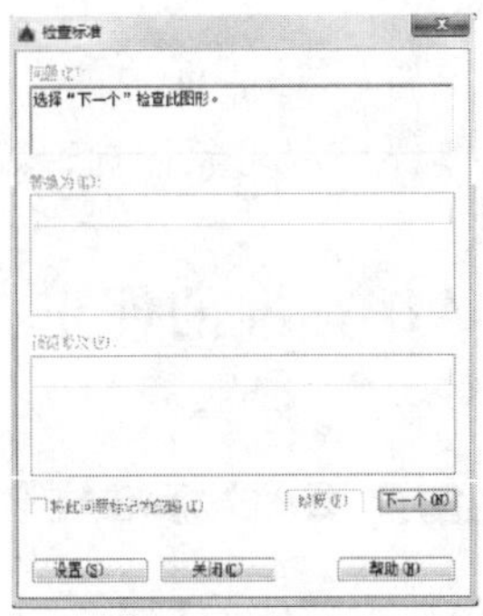

图 6-6 “检查标准”对话框

<选项说明>

1）“问题”区域：用于提供当前图形中非标准对象的说明。

2）“替换为”区域：用于列出当前标准中的可能替换选项。

3）“预览修改”区域：若应用了“替换为”列表中当前选定的修复选项，则用于表示将被修改的非标准对象的特性。

4）“修复”区域：用于使用“替换为”列表中当前选定的项目修复非标准对象，然后前进到当前图形中的下一个非标准对象。如果推荐的修复方案不存在或“替换为”列表中没有亮显项目，则此按钮不可用。

5）“设置”区域：用于显示“CAD 标准设置”对话框。

6.4 图形的重画与重生成

绘图时，为了使图形更加完美、更加美观，需要用图形的重画与重生成命令来完成图形的显示。例如，在画一个圆时，屏幕有时会显示圆周不是很光滑，此时就可以通过重画命令将圆变得更加光滑。

重画命令又称重新绘制图形，这是刷新屏幕的显示，并不是重新生成图形。重生成与重画在本质上是不同的。重生成命令可以重新生成屏幕，系统从磁盘中调用当前图形的数据，比重画命令执行速度慢，更新屏幕花费的时间较长。

6.4.1　重画

<访问方法>

菜单：【视图（V）】→【重画（R）】。

命令行：REDRAWALL。

6.4.2　重生成

<访问方法>

菜单：【视图（V）】→【重生成（G）】。

命令行：REGENALL。

6.5　图形的缩放显示

该命令用于缩放显示图形，以便于观察与绘图。

6.5.1　鼠标缩放

对于有滚动中键的鼠标来说，滚动鼠标中键可以缩放图形。

对图形的缩放并不改变图形的真实大小和位置，只改变图形的显示大小和位置，改变了 AutoCAD 绘图区的显示范围。

对于没有滚动中键的鼠标来说，就没有办法通过鼠标中键实现缩放，而要通过其他的方式实现缩放。

鼠标缩放不能实现固定比例的缩放。

6.5.2　命令缩放

<访问方法>

选项卡：【视图】→【二维导航】。

菜单：【视图（V）】→【缩放（Z）】。

工具栏：【标准】→【缩放】。

命令行：ZOOM。

<操作过程>

执行缩放命令后，会有如下的选项：实时、上一个、窗口、动态、比例、圆心（中心）、对象、放大、缩小、全部、范围。下面分别介绍这些选项的操作步骤。

1. 实时缩放

执行“实时缩放”命令后，屏幕上显示放大镜形式标记，按住鼠标左键，并拖动鼠标，实现放大或缩小图形的操作。按<Esc>键或<Enter>键结束命令，也可通过快捷菜单中的“退出”命令结束操作。

2. 上一个缩放

执行“上一个”命令将恢复前一个显示的图形，若连续执行就依次返回前一个显示的图形。

3. 窗口缩放

执行该命令后，通过指定窗口来缩放图形。通过指定窗口的角点，即第一角点和另一角点（对角点），将两个角点所确定的矩形窗口区域放大，充满整个绘图区域。

4. 动态缩放

“动态缩放”命令通过拾取框来确定要显示的图形区域。执行该命令后屏幕上出现如图6-7a所示的模式。移动中心带有“×”号的矩形黑色方框到选定的位置后单击，就变为缩放状态，“×”号变为向右的箭头“→”，如图6-7b所示，拖动鼠标可调整方框的大小，调整好后，按<Enter>键或单击鼠标右键查看图形，如图6-7c所示。绘图窗口还会出现另外两个虚线框：蓝色方框表示图纸的范围，该范围是用“LIMITS”命令设置的边界，或者是图形实际占据的矩形区域；绿色方框表示当前在屏幕上显示出的图形区域。

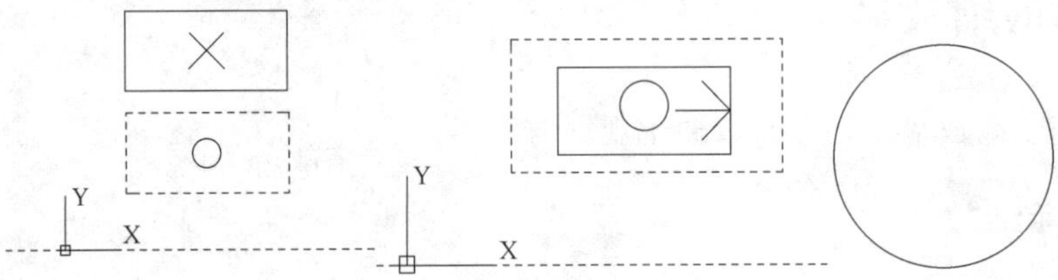

a) 缩放前　　b) 缩放前　　c) 缩放后

图 6-7　动态缩放

5. 比例缩放

通过输入比例因子实现缩放。如果输入的比例为具体的数值，图形将按该比例值进行绝对缩放；如果输入的比例值后面加X，图形将进行相对缩放，即图形相对于当前图形的大小进行缩放；如果在比例值后面加XP，图形相对于图纸空间进行缩放。

6. 圆心缩放

执行“圆心缩放”命令时，要指定中心点，输入比例或高度。通过选定显示中心和缩放倍数或比例，使得图形缩放后，位于显示中心的部分仍保留在中心位置。如果缩放比例<1时，图形缩小；如果缩放比例>1时，图形就放大。如果指定的高度大于当前图形的高度时，图形就放大；如果指定的高度小于当前图形的高度时，图形就缩小。

7. 对象缩放

执行该命令后，命令行会提示选取对象，屏幕会出现拾取光标标记，在命令行提示下输入比例或高度，就可以实现对指定对象的缩放。

8. 放大缩放

执行该命令后，实现放大缩放。

9. 缩小缩放

执行该命令后，实现缩小缩放。

10. 全部缩放

执行该命令后，系统将绘图区的全部图形显示在屏幕上。所有对象若都在由“LIMITS”

命令设置的图形界限内，则显示所有内容；如果图形对象超出了图形界限，则扩大显示范围以显示所有图形。

11. 范围缩放

执行该命令后，在屏幕上尽可能大地显示所有图形对象，以图形的范围为显示界限，不考虑由“LIMITS”命令设置的图形界限。

6.6 图形的平移显示

6.6.1 鼠标平移

对于有滚动中键的鼠标来说，按住鼠标中键不放并且移动，可以平移图形。

对图形的平移不改变图形的真实大小，只改变图形在绘图区的显示位置。

对于没有滚动中键的鼠标来说，没有办法通过鼠标中键实现平移，而要通过其他的方式实现平移。

6.6.2 命令平移

该命令平移显示图形的不同区域。

<访问方法>

选项卡：【视图】→【二维导航】。

菜单：【视图（V）】→【平移（P）】。

工具栏：【标准】→【平移】。

命令行：PAN。

<操作过程>

执行平移命令后，会有如下的选项：实时（在当前视图窗口中移动视图）、点（将视图移动到指定的距离）、左（向左移动视图）、右（向右移动视图）、上（向上移动视图）、下（向下移动视图）。下面分别介绍这几个选项的操作步骤。

1. 实时平移

执行该命令后，在屏幕上出现手形光标，按住鼠标左键不放，并移动至所需的位置，放开左键，再次按住鼠标左键可继续平移图形，按<Enter>键结束操作。

2. 点平移

执行该命令后，指定基点或位移，指定所要平行方向上的第二点（或通过指定位移确定第二点的位置），就可实现图形的平移。

3. 左平移

执行该命令后，系统将图形向左平移，再次单击该命令继续向左平移。

4. 右平移

执行该命令后，系统将图形向右平移，再次单击该命令继续向右平移。

5. 上平移

执行该命令后，系统将图形向上平移，再次单击该命令继续向上平移。

6. 下平移

执行该命令后，系统将图形向下平移，再次单击该命令继续向下平移。

左、右、上、下平移方式不能实现指定距离的平移操作。

6.7 管理视图

管理视图是实现视图的命名、保存和恢复显示。为了节省平移和缩放图样的时间，用户可以将当前屏幕内容或图形的一部分定义为视图，并指定名字保存，系统会保存该视图的名字、位置、大小。

<访问方法>

选项卡：【视图】→【视图】→【视图管理器】。

菜单：【视图（V)】→【命名视图（N)】。

工具栏：【视图】→【命名视图】

命令行：VIEW。

<操作过程>

按以上访问方法操作后，系统会弹出如图 6-8 所示的“视图管理器”对话框。

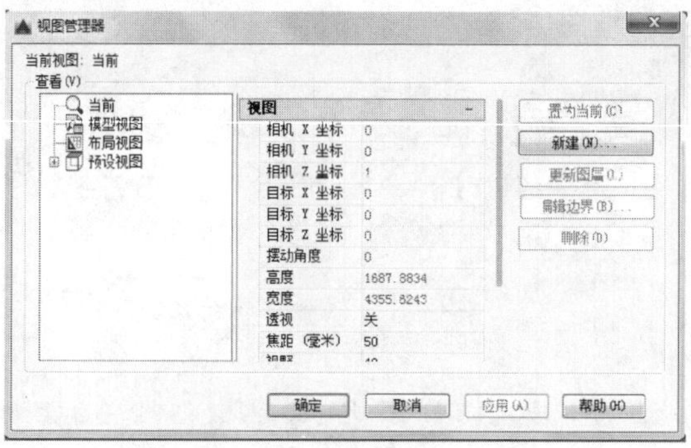

图 6-8 “视图管理器”对话框

<选项说明>

在“视图管理器”对话框中，可以创建、设置、重命名、修改和删除命名视图、相机视图、布局视图和预设视图，单击一个视图可以显示该视图的特性。主要选项说明如下：

(1)“查看”列表框　显示可用视图的列表。可以展开每个节点（“当前”节点除外）以显示该节点的视图。

1）当前：显示当前视图及其“查看”和“剪裁”特性。

2）模型视图：显示命名视图和相机视图列表，并列出选定视图的“常规”“查看”“剪裁”特性。

3）布局视图：显示正交视图和等轴测视图列表，并列出选定视图的“常规”特性。

(2)“信息”区域　显示指定命名视图的详细信息，包括视图名称、分类、UCS 及透视模式等。

(3)“置为当前”按钮　将选中的命名视图设置为当前视图。

(4)“新建”按钮　打开“新建视图/快照特性”对话框，如图 6-9 所示，创建新的命名视图。在“视图名称”文本编辑框中输入视图名称。视图名称最长为 31 个字符，可包含字母、数字及“-”“_”等专用符号。

如果把当前屏幕显示的内容定义为一个视图，选择“当前显示”单选按钮，然后单击“确定”按钮，完成一个视图的创建。

如果想另外指定视图的范围，选择“定义窗口”按钮，并单击右边的“定义视图窗口”按钮，系统会临时切换到绘图屏幕，并要求用户定义一个窗口。窗口定义完成后，返回“新建视图”对话框，并显示所定义窗口的对角坐标，单击“确定”按钮，完成一个视图的创建。在“设置”区域中可以设置是否将图层快照与视图一起保存，并可以通过“UCS”下拉列表框设置命名视图的 UCS，在“背景”区域中可以选择新的背景来替代默认的背景，且可以预览效果。

(5)“更新图层”按钮　可以使用选中的命名视图中保存的图层信息更新当前模型空间或布局视口中的图层信息。

(6)“编辑边界”按钮　重新定义视图的边界。

(7)“预设视图”列表框　在“预设视图”中提供了 6 个基本视图和 4 个轴测图，以便从各个角度观察三维模型，如图 6-10 所示。在列表中选择一个视图名称，单击“置为当前”按钮，将使三维实体模型按所指定的视图样式显示。

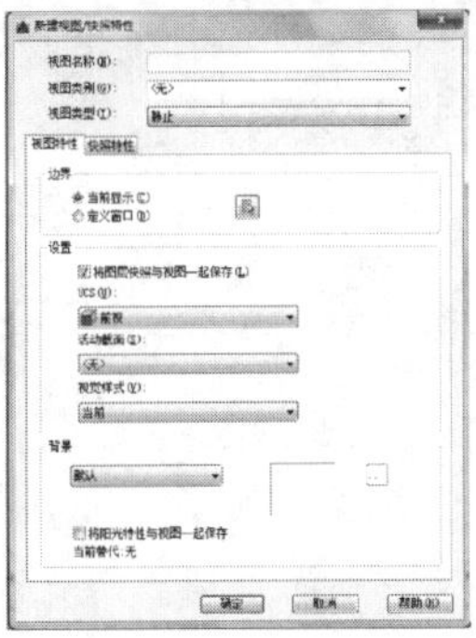

图 6-9　“新建视图/快照特性”对话框

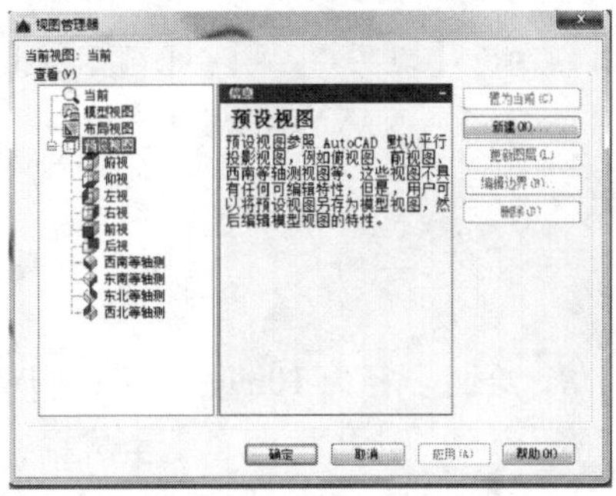

图 6-10　预设视图

6.8　ViewCube 动态观察

ViewCube 工具能够直观地反映图形在二维空间或三维空间的方向，便于调整模型的视点，使模型在标准视图和等轴测图间切换，在绘图显示时非常有用。

6.8.1　ViewCube 工具的显示与隐藏

系统默认状态下，ViewCube 工具显示在界面的右上角。若 ViewCube 工具被隐藏时，可通过如下方式打开：

<访问方法>

选项卡：【视图】→【ViewCube】。

菜单：【视图（V）】→【显示（L）】→【ViewCube（V）】。

命令行：NAVVCUBE。

<操作过程>

在命令行提示下，输入“ON” 命令，按<Enter>键。

6.8.2 ViewCube 工具的菜单及功能

ViewCube 工具菜单有诸多按钮，下面介绍主要的按钮功能。

1）主视图：可将模型恢复到主视图方位进行观察。

2）旋转：分为顺时针和逆时针两个按钮，单击任意按钮，模型可绕当前图形的轴旋转 90°。

3）指南针：可将模型旋转，同时也可以拖动指南针的一个基本方向或拖动指南针圆环使模型绕轴心点旋转。

4）坐标系切换：在下拉菜单中可以快速地切换坐标系或新建坐标系。

6.8.3 ViewCube 工具的设置

用户可以在“ViewCube 设置” 对话框中根据不同的需要设置特性。可使用以下几种方式打开 “ViewCube 设置” 对话框。

<访问方法>

选项卡：【视图】→【ViewCube】。

菜单：【视图（V）】→【显示（L）】→【ViewCube（V）】→【设置（S）】。

命令行：NAVVCUBE。

思考与练习题

1. 绘制半径为 10mm 的圆和圆弧，然后对图形进行缩放、平移，利用“重画”“重生成”等命令，比较重画、重生成前后图形的变化。

2. 按以下要求完成图 6-11 所示的轴。

1）设置对象捕捉、自动追踪等辅助绘图功能，绘制二维图形。

2）建立 CAD 标准，使用 CAD 标准文件检查图形是否符合标准。

3）练习图形的缩放及平移命令，进行 ViewCube 动态观察图形。

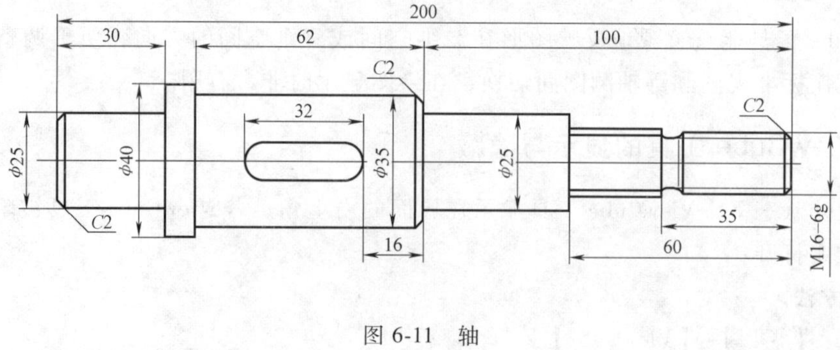

图 6-11　轴

3. 按习题 2 的要求完成图 6-12 所示的法兰盘。

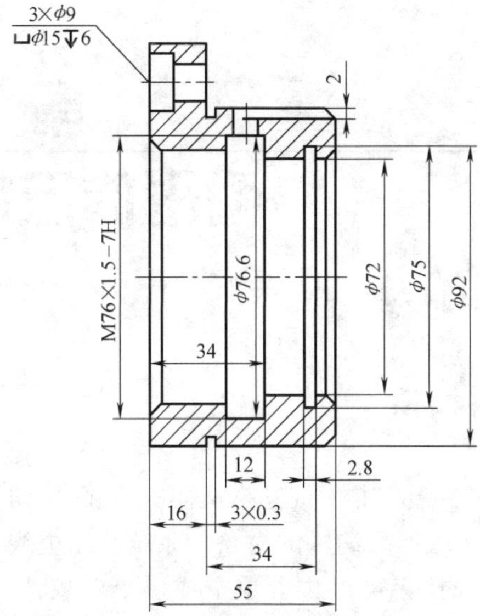
3×ϕ9
⌴ϕ15↧6
2
M76×1.5−7H
ϕ76.6
ϕ72
ϕ75
ϕ92
34
12
2.8
16
3×0.3
34
55

图 6-12　法兰盘

第7章 图形修改命令

7

7.1 选择集的概念与构造

在 AutoCAD 中，可以对绘制的对象（包括文本）进行移动、复制和旋转等编辑操作。在编辑操作之前，首先需要选取所要编辑的对象，系统会用虚线高亮显示所选的对象，而这些对象也就构成了选择集。选择集可以包含单个或多个对象，也可以包含更复杂的对象编组。选择对象的方法非常灵活，可以在选择编辑命令之前选取对象，也可以在选择编辑命令后选取对象。

7.1.1 直接选取对象

对于简单对象（包括图元、文本等）的编辑，常常可以先选择对象，然后再选择如何编辑它们。选择对象时，可以用鼠标单击选取某个对象或者使用窗口（或交叉窗口）选取多个对象。选取某个对象时，它会被高亮显示，同时称为“夹点”的小方框会出现在被选取对象的要点上。

1. 单击选取

操作方法：将鼠标光标置于要选取的对象的边线上并单击，该对象就被选取了，如图 7-1a 所示。

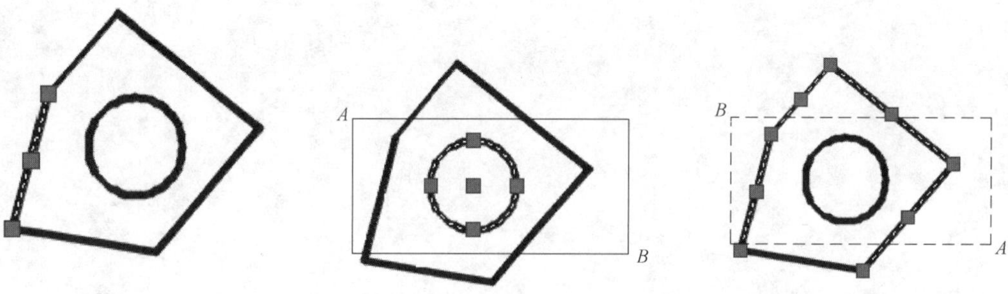

a) 单击选取　　b) 窗口(W)方式选取　　c) 窗交(C)方式选取

图 7-1　对象选择操作

2. 窗口选取

操作方法：在绘图区某处单击，从左至右移动鼠标，即产生一个临时的矩形选择窗口（以实线方式显示），在矩形选择窗口的另外一个角点单击，此时便选中了矩形窗口中的对象，如图 7-1b 所示。

3. 窗口交叉选取（窗交选取）

操作方法：用鼠标在绘图区某处单击，从右至左移动鼠标，即可产生一个临时的矩形窗口（以虚线方式显示），在矩形窗口的另外一个角点单击，便选中了该窗口中的对象及与该窗口相交的对象，如图 7-1c 所示。

7.1.2　在使用编辑命令后选取对象

在选择某个编辑命令后，系统会提示选择对象，此时可以选择单个对象也可使用其他的对象选择方法（如用“窗口”或“窗交”的方式）来选择多个对象。在选择对象时，即把它们添加到当前选择集中。当选择了至少一个对象之后，还可以将对象从选择集中去掉。若要结束添加对象到选择集的操作，可按<Enter>键继续执行命令。一般情况下，编辑命令将作用于整个选择集。下面以“COPY”（复制）命令为例，分别说明各种选取方式。

当输入编辑命令 COPY 后，系统会提示“选择对象”，输入符号“?”，然后按<Enter>键，系统命令提示图 7-2 所示的信息，其中的选项是选取对象的各种方法。

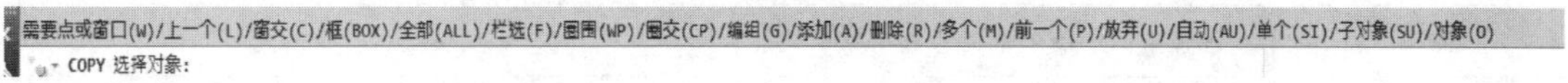

需要点或窗口(W)/上一个(L)/窗交(C)/框(BOX)/全部(ALL)/栏选(F)/圈围(WP)/圈交(CP)/编组(G)/添加(A)/删除(R)/多个(M)/前一个(P)/放弃(U)/自动(AU)/单个(SI)/子对象(SU)/对象(O)
COPY 选择对象:

图 7-2　命令行提示

1. 单击选取

操作步骤如下：

1）在命令行输入“COPY”命令后按<Enter>键。

2）在命令行提示“选择对象”下，将鼠标光标置于要选取的对象边线上并单击，该对象就被选取。此时该对象就以高亮方式显示，表示已被选中。

2. 窗口方式

操作步骤如下：

1）在命令行输入“COPY”命令后按<Enter>键；在命令行输入字母“W”后按<Enter>键。

2）在命令行提示“指点第一个角点：”后，在图形中 *A* 点处单击。

3）在命令行提示“指定对角点：”后，在图形中的 *B* 点处单击，此时位于这个矩形窗口内的圆被选中，不在该窗口内或者只有部分在该窗口内的图元则不被选中。窗口方式选取如图 7-3 所示。

3. 交叉方式

操作步骤如下：

1）在命令行输入“COPY”命令后按<Enter>键；在命令行输入字母“C”后按<Enter>键。

2）在命令行提示“指点第一个角点：”后，单击图形中 *A* 点。

3）在命令行提示“指定对角点：”后，单击图形中的 *B* 点，此时位于这个矩形窗口内或者与窗口边界相交的所有对象都被选中。窗交方式选取如图 7-4 所示。

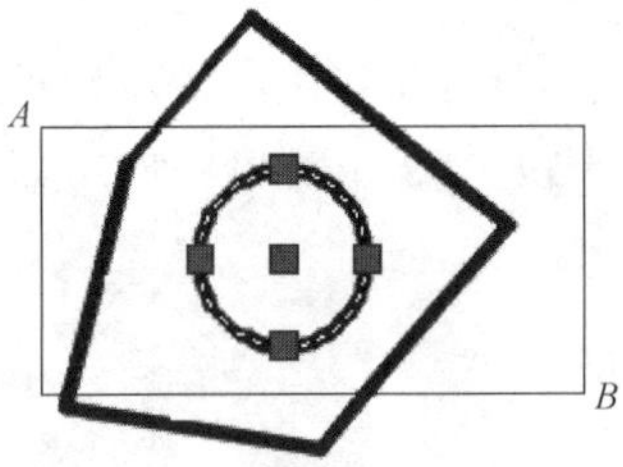

图 7-3　窗口方式选取

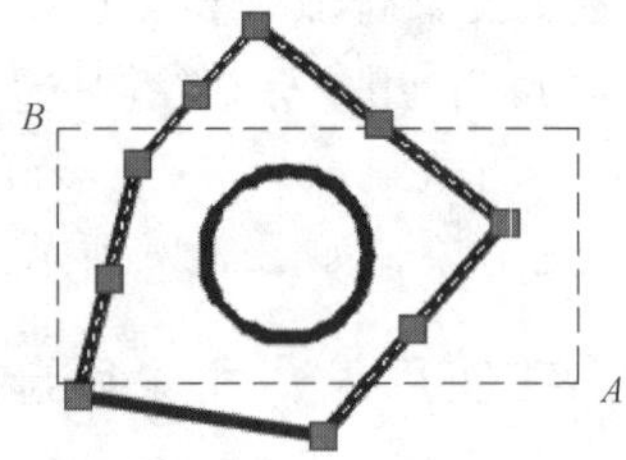

图 7-4　窗交方式选取

4. 其他选取方式

选择对象的其他选项功能的说明见表 7-1。

表 7-1　选择对象的其他选项功能的说明

选项关键字	功　能
上一个(L)	选择最近一次创建的可见对象
框(BOX)	矩形框(由两点确定)选择。与窗口选择或交叉窗口选择等价
全部(ALL)	选择解冻的图层上的所有对象
栏选(F)	指定一系列顶点,构建折线选择栏,选择与选择栏相交的所有对象
圈围(WP)/圈交(CP)	指定多边形各顶点,定义多边形来选择对象
编组(G)	选择指定编组中的所有对象
添加(A)	切换到"添加"模式。此后所选择的对象都将被添加到选择集中
删除(R)	切换到"删除"模式。使用任何一种对象选择方式都可以将对象从当前选择集中删除,即撤销选择
多个(M)	指定多次选择而不亮显的对象,等到结束选择操作后,统一到数据库中查找匹配的对象,从而加快对复杂对象的选择过程
前一个(P)	选择最近创建的选择集
放弃(U)	取消选择最近添加到选择集中的对象
自动(AU)	切换到"自动"选择模式。"自动"和"添加"为默认模式
单个(SI)	切换到"单选"模式。选择指定的第一个或第一组对象而不继续提示进一步选择
子对象(SU)	使用户可以逐个选择原始形状,这些形状是复合实体的一部分或三维实体上的顶点、边和面
对象(O)	结束选择子对象的功能,使用户可以使用对象选择方法

7.2　对象的删除与恢复

7.2.1　删除对象（ERASE 命令）

ERASE 命令：可删除指定的对象。

<访问方法>

选项卡：【常用】→【修改】面板→【删除】。

菜单：【修改（M）】→【删除（E）】。

工具栏：【修改】→【删除】。

命令行：ERASE。

<操作过程>

在命令行提示后，找到1个（选中1个对象），用对象选择的方法连续选择对象，按<Enter>键结束选择，所选的对象被删除。

7.2.2　恢复被删除的对象（OOPS命令）

在命令行中输入"OOPS"命令可以恢复最近删除的对象。即使删除一些对象之后对图形作了其他的操作，OOPS命令也能够代替UNDO命令来恢复删除的对象，但不会恢复其他的修改。

7.3　对象的复制（COPY命令）

COPY命令：可对指定的对象进行单一或多重的复制。复制的对象与原对象处于同一图层，具有相同的特性。

<访问方法>

选项卡：【常用】→【修改】面板→【复制】。

菜单：【修改（M）】→【复制（Y）】。

工具栏：【修改】→【复制】。

命令行：COPY。

<操作过程>

命令行提示：

选择对象：（选择要复制的对象，按<Enter>键结束选择集）

指定基点或［位移（D）/模式（O）］<位移>：（指定基点或输入选项）

<选项说明>

1. 模式（O）

输入模式选项［单个（S）/多个（M）］<单个>：

输入"S"表示采用单一复制模式，只能对选择集复制一次；输入"M"表示采用多重复制模式，可以对选择集进行多次复制。

2. 指定基点

基点和要复制的图形对象各个部分之间的相对位置关系保持不变，基点可以是屏幕上的任何一点。在实际操作中，为了简单方便，一般选择图形的一些特征点作为基点（如圆的圆心等）。例如，复制图7-5a所示的圆，我们可以选择*A*点为基点。

在命令行提示"COPY 指定第二个点或［阵列（A）］<使用第一个点作为位移>："后，

指定图中的 *B* 点作为位移的第二点（此时系统便在 *B* 点处复制出相同的圆），如图 7-5b 所示。

在命令行提示“COPY 指定第二个点或［阵列（A）退出（E）放弃（U）］<退出>:”后，指定 *C* 点作为位移的另外一点（此时在 *C* 点又复制出相同的圆），如图 7-5c 所示。在命令行的提示下可以继续确定点，按<Enter>键结束复制。

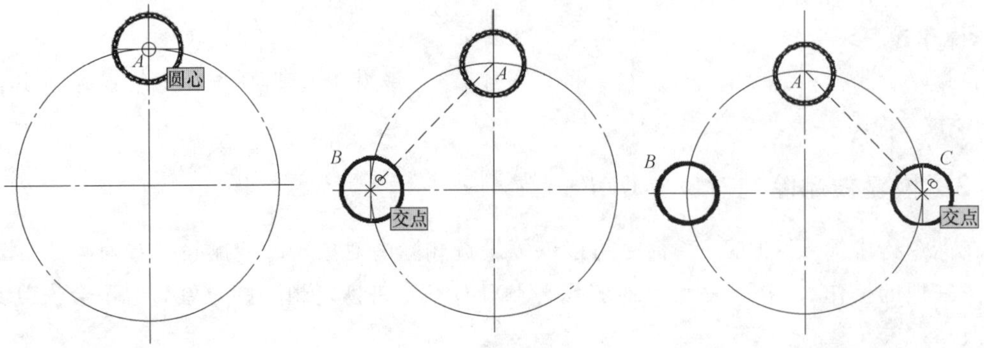

a) 指定基点　　b) 复制第一个对象　　c) 复制第二个对象

图 7-5　基点复制操作过程

3. 位移法

在以上命令序列中“指定基点或［位移（D）/模式（O）］<位移>:”的提示下输入“D”，则出现“指定位移<当前值>:”的提示，直接输入复制对象的 *X*、*Y* 和 *Z* 方向上产生的位移量就可以了。如果是在 *XY* 平面内的操作，直接输入 *X* 和 *Y* 方向上的位移量即可。位移法的复制操作只能执行一次。

7.4　对象的移动（MOVE 命令）

MOVE 命令用于将所选对象平移到指定位置。

<访问方法>

选项卡：【常用】→【修改】面板→【移动】。

菜单：【修改（M）】→【移动（V）】。

工具栏：【修改】→【移动】。

命令行：MOVE。

<操作过程>

命令行提示：

选择对象：（选择要移动的对象，按<Enter>键结束选择集）

MOVE 指定基点或［位移（D）］<位移>:

1. 基点法

同对象复制（COPY）命令类似，首先选择基点，选择基点时为了操作方便仍然选择特殊点作为基点，如圆心、中点等。在具体操作时首先指定一个点作为基点，然后指定基点的

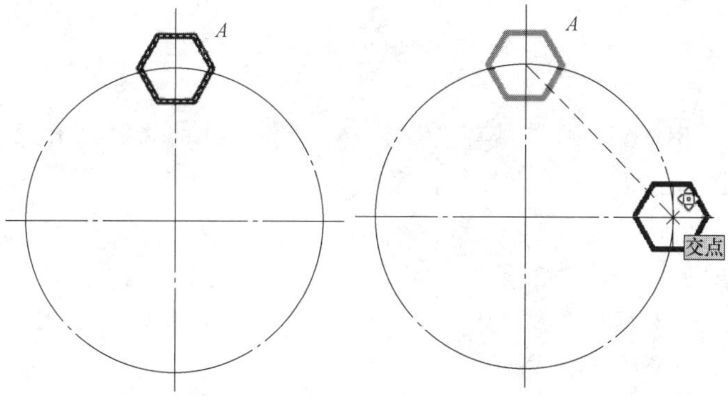

a) 移动位置前　　b) 移动位置后

图 7-6　移动过程

新位置即可。

2. 相对位移法

在上一命令序列中 “指定基点或［位移（D）］<位移>:” 的提示下输入 D，这时出现 “指定位移<当前值>:” 的提示，直接输入对象在 *X*、*Y* 和 *Z* 方向上的位移量即可。如果是在 *XY* 平面内的操作，直接输入 *X* 和 *Y* 方向上的位移量即可，如图 7-6 所示。

7.5　对象的旋转（ROTATE 命令）

ROTATE 命令用于使选定对象绕指定的基点（旋转中心）旋转，旋转时基点不动。

<访问方法>

选项卡:【常用】→【修改】面板→【旋转】。

菜单:【修改（M）】→【旋转（R）】。

工具栏:【修改】→【旋转】。

命令行: ROTATE。

<操作过程>

在选定对象之后，应指定旋转中点和旋转角度，如图 7-7 所示。

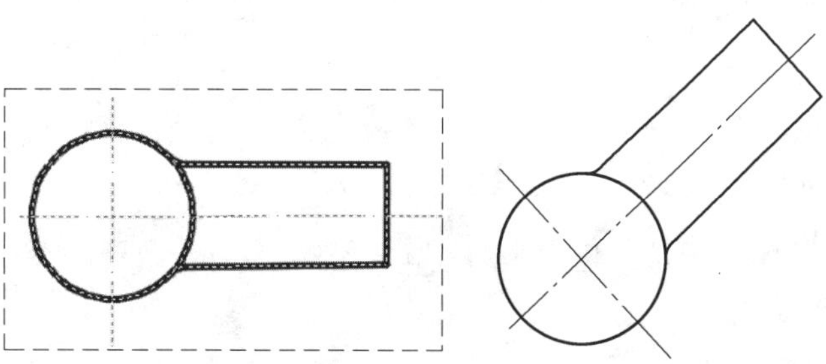

a) 选择对象　　b) 旋转结果

图 7-7　按指定角度旋转图形

命令行提示：

选择对象：（选择要旋转的对象，按<Enter>键结束选择集）

指定基点：（指点基点）

在命令行提示“ROTATE 指定旋转角度，或［复制（C）参照（R）］<θ>,”后，输入角度后按<Enter>键（逆时针方向为正值，顺时针方向为负值）。

<选项说明>

1）复制（C）：创建要旋转对象的副本。

2）参照（R）：以当前的角度为参照，旋转到要求的新角度，这种方式可以将对象与图中的几何特征对齐，如图 7-8 所示。

步骤 1：在命令行输入“ROTATE”并按<Enter>键，选择小三角形为旋转对象，以 *A* 点为旋转基点。

步骤 2：在命令行输入字母“R”后，按<Enter>键。

步骤 3：在命令行提示“ROTATE 指定参照角<90>:”后，输入新的角度值后按<Enter>键。本例中可以用捕捉方式捕捉 *A* 点与 *B* 点来确定参照角度。

步骤 4：在命令行提示“ROTATE 指定新角度或［点（P）］<45>:”后，输入新的角度后按<Enter>键。本列中可以单击点 *C* 以确定新的角度。至此完成三角形的旋转，三角形实际的旋转角度为新角度减去参照方向角度的差。

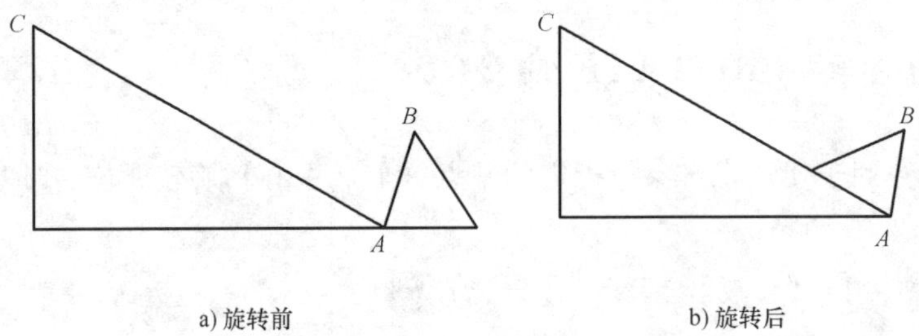

图 7-8 利用“参照（R）”选项旋转对象

7.6 对象的比例缩放（SCALE 命令）

SCALE 命令就是将对象按指定的比例因子相对于基点真实的放大或缩小。

<访问方法>

选项卡：【常用】→【修改】面板→【缩放】。

菜单：【修改（M）】→【缩放（L）】。

工具栏：【修改】→【缩放】。

命令行：SCALE。

<操作过程>

选定对象后，应指定基点和缩放的比例。

命令行提示：

选择对象：(选择要缩放的对象，按<Enter>键结束选择集)

指定基点：(指点基点) SCALE 指定比例因子或［复制 (C) 参照 (R)]：输入比例因子。

如果输入的比例因子值小于1，结果如图7-9a所示，矩形被缩小；如果输入比例因子值大于1，结果如图7-9c所示，矩形被放大。

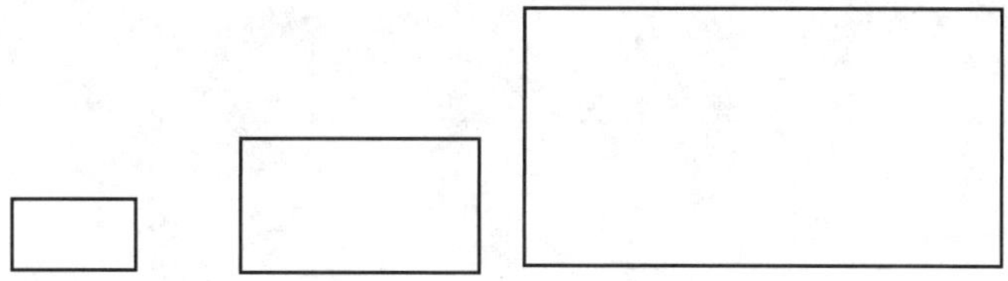

a) 比例因子为0.5　　b) 原图　　c) 比例因子为2

图7-9　指定比例因子缩放对象

<选项说明>

1) 复制 (C)：创建要进行比例变换的对象的副本。

2) 参照 (R)：在某些情况下，相对于另一个对象来缩放对象比指定一个比例因子更容易。下面以图7-10所示对象为例来进行说明。

步骤1：在命令行输入“SCALE”并按<Enter>键，选择六边形和圆为缩放对象，以圆心为缩放基点。

步骤2：在命令行SCALE指定比例因子或［复制 (C) 参照 (R)]：的提示下，输入字母“R”后按<Enter>键；在SCALE指定参照长度<1.0000>：的提示下，输入参照的长度值“10”后按<Enter>键；在SCALE指定新的长度或［点 (P)] <1.00000>：的提示下，输入新长度值“15”后按<Enter>键。

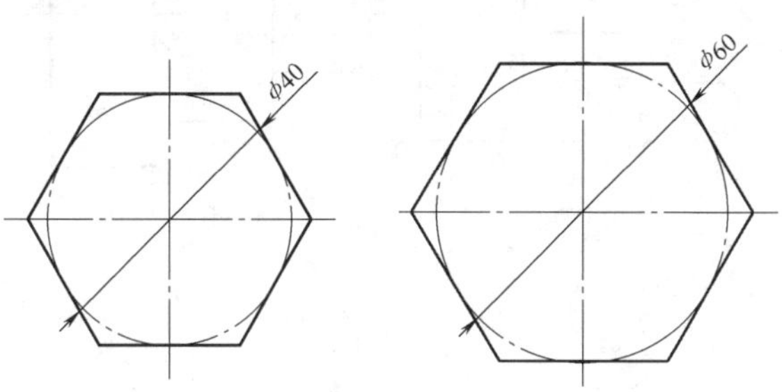

a) 缩放前　　b) 缩放后

图7-10　按指定参照缩放对象

7.7　对象的镜像 (MIRROR命令)

通常在绘制一个对称图形时，可以先绘制图形的一半，然后再指定一条镜像线，用镜像的方法来创建图形的另外一部分，这样可以快速地绘制出需要的图形。

<访问方法>

选项卡:【常用】→【修改】面板→【镜像】。

菜单:【修改 (M)】→【镜像 (I)】。

工具栏:【修改】→【镜像】。

命令行: MIRROR。

<操作过程>

选择对象,再指定镜像线,镜像线可以是任意方向的。所选择的原图可以保留也可以删去。

命令行提示:

选择对象:(选择要镜像的对象,按<Enter>键结束选择集)

MIRROR 指定镜像线的第一点:(指定镜像线第一点)

MIRROR 指定镜像线的第二点:(指定镜像线第二点)

MIRROR 要删除源对象吗?[是 (Y) 否 (N)] <否>(N 表示不删除源对象,Y 表示删除源对象)

图 7-11 所示为用镜像命令完成轴的绘制。

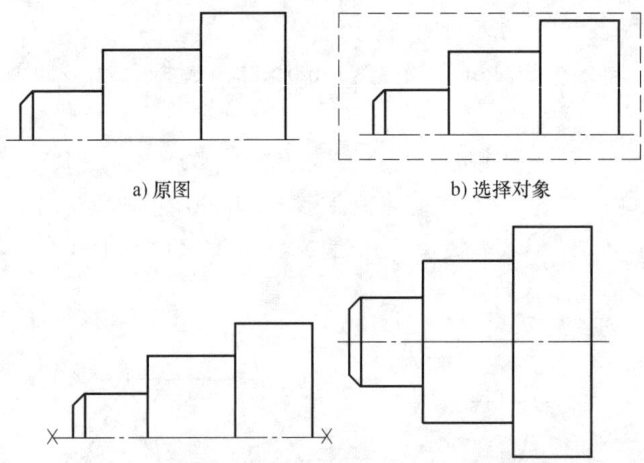

a) 原图　b) 选择对象　c) 指定镜像线　d) 镜像结果

图 7-11　镜像图形

7.8　对象的偏移(OFFSET 命令)

偏移是对选定图元(如线、圆、多边形等)进行等距复制。对直线而言,其圆心为无穷远处,因此是平行复制。偏移曲线对象所生成的新对象将变大或变小,这取决于将其放置在源对象的哪一边。

<访问方法>

选项卡:【常用】→【修改】面板→【偏移】。

菜单：【修改（M）】→【偏移（S）】。

工具栏：【修改】→【偏移】。

命令行：OFFSET。

<操作过程>

1. 按指定偏移距离偏移对象

步骤1：在命令行提示“OFFSET 指定偏移距离或［通过（T）删除（E）图层（L）］<通过>：”后，输入偏移距离“10”，然后按<Enter>键。

步骤2：在命令行提示“OFFSET 选择要偏移的对象，或［退出（E）放弃（U）］<退出>：”后，选择圆，在命令行提示“OFFSET 指定要偏移的那一侧上的点，或［退出（E）多个（M）放弃（U）］<退出>：”后，单击圆的外侧，此时圆偏移复制到圆外侧 10mm 的位置，结果如图 7-12b 所示。

步骤3：按<Enter>键结束命令。

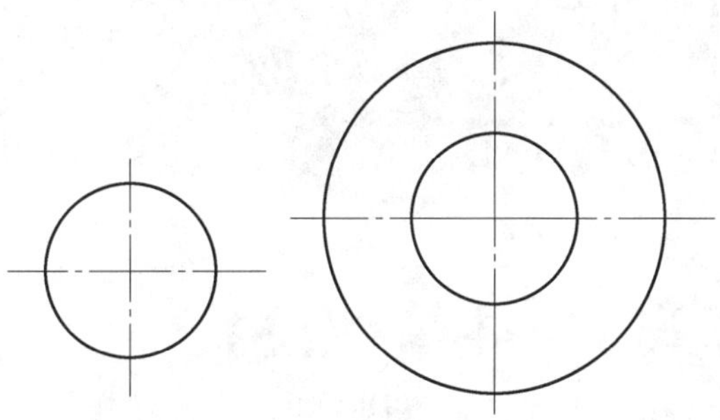

a) 偏移前　　b) 偏移后

图 7-12　按指定偏移距离偏移对象

2. 按通过（T）方式偏移对象

步骤1：在命令行提示“OFFSET 指定偏移距离或［通过（T）删除（E）图层（L）］<通过>：”后，输入“T”，然后按<Enter>键用于指定偏移复制通过点。

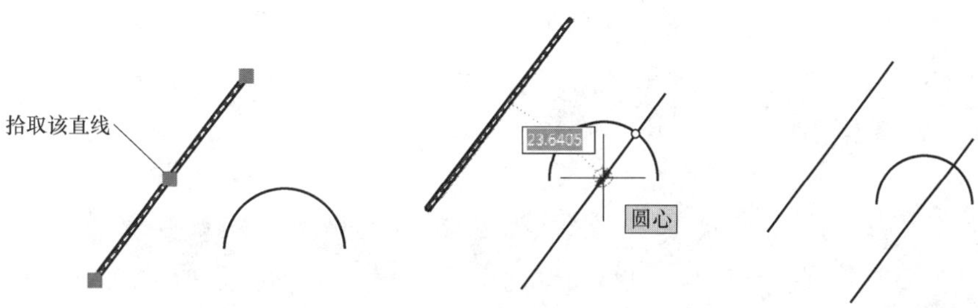

a) 选取直线　　b) 指定通过点　　c) 偏移后

图 7-13　按通过（T）方式偏移对象

步骤 2：在命令行提示“OFFSET 选择要偏移的对象，或［通出（E）放弃（U）］<退出>:”后，选择要偏移的直线。

步骤 3：在命令行提示 OFFSET 指定通过点或［退出（E）多个（M）放弃（U）］<退出>：后，选择要通过的圆弧的圆心。

步骤 4：按<Enter>键结束命令。

7.9 对象的阵列（ARRAY 命令）

阵列复制对象是以矩形或环形方式多重复制对象。对于矩形阵列，可以通过指定行和列的数目以及它们之间的距离来控制阵列后的效果；而对于环形阵列，则需要确定组成阵列的副本数量，以及是否旋转副本等。

1. 矩形阵列

<访问方法>

选项卡：【常用】→【修改】面板→【阵列】。

菜单：【修改（M）】→【阵列】→【矩形阵列】。

工具栏：【修改】→【矩形阵列】。

命令行：ARRAYRECT。

<操作过程>

步骤 1：在工具栏单出【修改】→【矩形阵列】。

步骤 2：选择对象。在命令行提示“ARRAYRECT 选择对象:”后，选取图中的正五边形，按<Enter>键结束选取，如图 7-14 所示。

步骤 3：在命令行提示“ARRAYRECT 选择实点以玻璃阵列或［关联（AS）基点（B）计数（COU）间距（S）列数（COL）行数（R）层数（L）退出（X）］<退出>:”后，输入 R，按<Enter>键。

步骤 4：定义行数。在命令行提示“ARRAYRECT 输入行数数或［表达式（E）］<3>:”后，输入数值 4，然后按<Enter>键。

步骤 5：定义行间距。在命令行提示“ARRAYRECT 指定行数之间的距离或［总计（T）表达式（E）］:”后，输入数值 100，按<Enter>键，在命令行提示“ARRAYRECT 指定行数之间的标高增量或［表达式（E）］<θ>: >:”后，直接按<Enter>键。在命令行提示“ARRAYRECT 选择夹点以琉璃阵列或［关联（AS）基点（B）计数（COU）间距（S）列数（COL）行数（R）层数（L）退出（X）］<退出>:”后，输入 COL，按<Enter>键。

步骤 6：定义列数。在命令行提示“ARRAYRECT 输入列数数或［表达式（E）］<4>:”后，输入数值 4，然后按<Enter>键。

步骤 7：定义列间距。在命令行提示“ARRAYRECT 指定列数之间的距离或［总计（T）表达式（E）］:”后，输入数值 60，然后按<Enter>键，最后再次按<Enter>键结束操作。

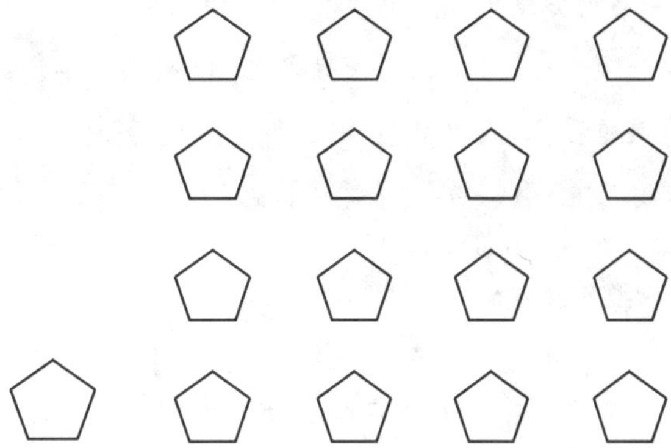

a) 矩形阵列前　　b) 矩形阵列后

图 7-14 矩形阵列对象

2. 环形阵列

<访问方法>

选项卡：【常用】→【修改】面板→【阵列】。

菜单：【修改（M）】→【阵列】→【环形阵列】。

命令行：ARRAYPLOAR。

<操作过程>

步骤 1：选择下拉菜单，单击【修改（M）】→【阵列】→【环形阵列】。

步骤 2：选择对象。在命令行提示“ARRAYPOLAR 选择对象：”后，选取图中的正五边形并按<Enter>键结束选取，如图 7-15 所示。

步骤 3：设置环形阵列相关参数。

(1) 指定阵列中心点　在命令行提示“ARRAYPOLAR 指定阵列的中心点或［基点(B) 旋转轴 (A)］:”后，选取大圆的圆心作为环形阵列的中心点。

(2) 定义阵列项目间角度　在命令行提示“［关联(As) 基点(B) 项目(I) 项目间角度(A) 填充角度(F) 行(ROW) 层(L) 旋转项目(ROT) 退出(X)］<退出>:”后，输入字母 I，按<Enter>键；在命令行提示“ARRAYPOLAR 输入阵列中的项目数或［表达式 (E)］<6>:”后，输入数值 4，按<Enter>键。

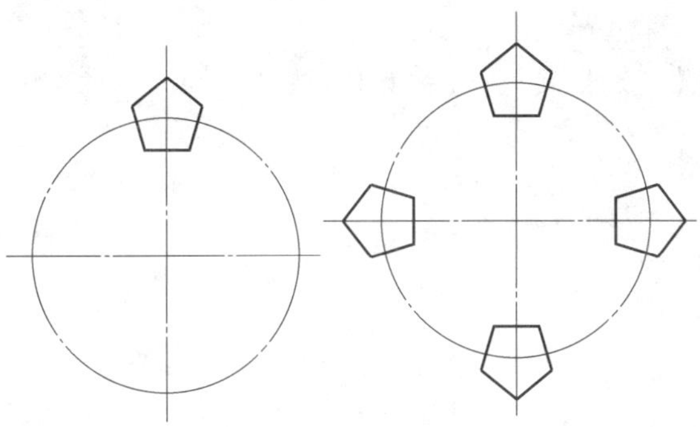

a) 环形阵列前　　b) 环形阵列后

图 7-15 环形阵列对象

7.10 对象的断开（BREAK 命令）

使用“断开”命令可以将一个对象断开，或将其截掉一部分。打断的对象可以为直线线段、多线段、圆弧、圆等。

<访问方法>

选项卡：【常用】→【修改】面板→【打断】。

菜单：【修改（M）】→【打断（K）】。

工具栏：【修改】→【打断】。

命令行：BREAK。

<操作过程>

步骤 1：选择工具栏，单击【修改】→【打断】图标。

步骤 2：在命令行提示“BREAK 选择对象：”后，将鼠标光标移动到图 7-16 所示的 *A* 点处并单击，这样便选取了打断对象，同时直线上的 *A* 点也是第一个打断点。

步骤 3：在命令行提示“BREAK 指定第二个打断点 或 [第一点(F)]：<对象捕捉 关>”后，在直线上 *B* 点处单击，这样 *B* 点便是第二个打断点，此时系统将 *A* 点与 *B* 点之间的线段删除。

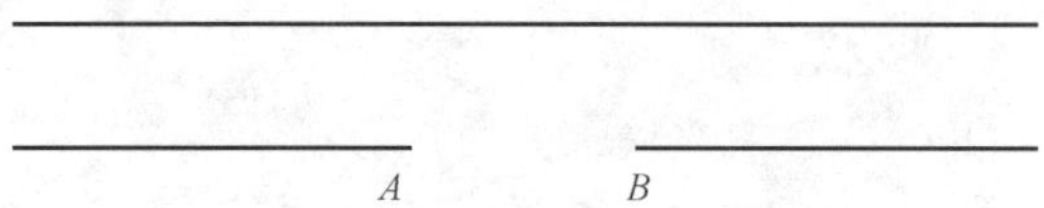

图 7-16　使用打断命令打断直线

7.11　对象的分解（EXPLODE 命令）

分解对象就是将一个整体的复杂对象（如多边形、快）转换成一个个单一组成的对象。分解多段线、矩形、多边形，可以把它们简化成多条简单的直线段对象，然后就可以分别进行修改。

<访问方法>

选项卡：【常用】→【修改】面板→【分解】。

菜单：【修改（M）】→【分解（X）】。

工具栏：【修改】→【分解】。

命令行：EXPLODE。

<操作过程>

步骤 1：选择菜单，单击【修改（M）】→【分解（X）】图标。

步骤 2：选择多边形为分解对象，并按<Enter>键，如图 7-17 所示。

步骤 3：验证结果。完成分解后，再次单击图形中的某条边线，此时只有这样一条边线加亮，说明该多边形已被分解。

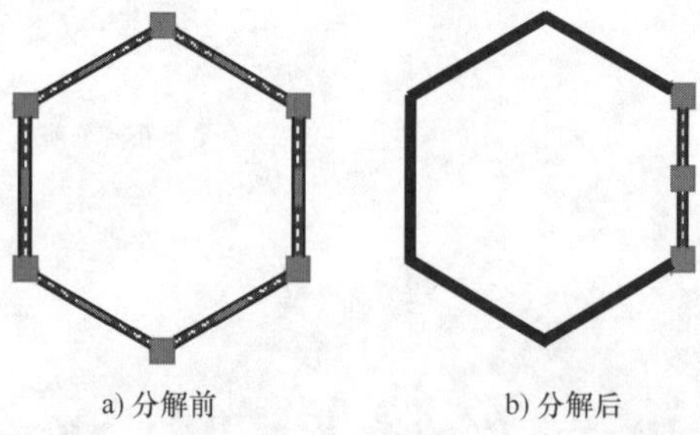

a) 分解前　　b) 分解后

图 7-17　分解对象

<命令说明>

1）如果原始的多段线具有宽度，在分解后将丢失宽度信息。

2）如果分解包含有属性的块，就丢失属性信息，但属性定义被保留下来。

3）分解对象后，原来配置成 By Block（随块）的颜色和线型的显示，将有可能发生改变。

4）某些对象，如文字、外部参照以及用 MINSERT 命令插入的块，不能分解。

7.12　多段线的编辑（PEDIT 命令）

PEDIT 命令对多段线进行各种形式的编辑，既可以编辑一条多段线，也可以同时编辑多条多段线。

<访问方法>

菜单：【修改（M）】→【对象（O）】→多段线（P）命令。

命令行：PEDIT。

<操作过程>

1. 闭合多段线

闭合多段线，即在多段线的起始端点到最后一个端点之间绘制一条多段线的线段。下面以图 7-18 所示多线段为例，说明多段线闭合的操作过程。

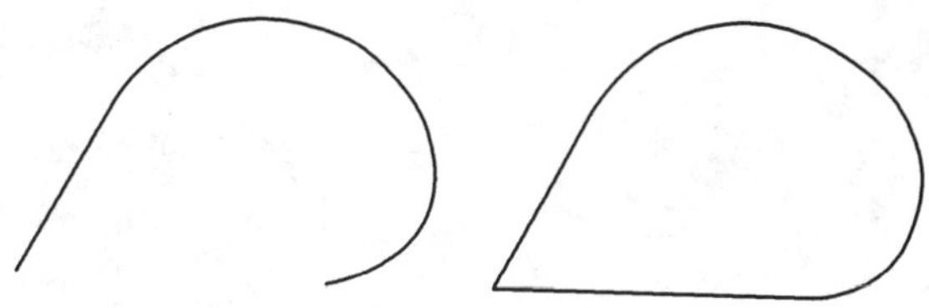

a) 闭合前　　b) 闭合后

图 7-18　闭合多段线

步骤 1：选择【修改（M）】→【对象（O）】→多段线（P）命令。

步骤 2：选择多段线。在命令行 PEDIT 选择多段线或［多条（M）］：提示后，选取要编辑的多段线。

步骤 3：闭合多段线。在命令行输入字母 C，然后按<Enter>键。

步骤 4：按<Enter>键结束多段线的编辑操作。

2. 打开多段线

打开多段线，即删除多段线的闭合线段。下面以图 7-19 所示多段线为例，说明多段线打开的操作。

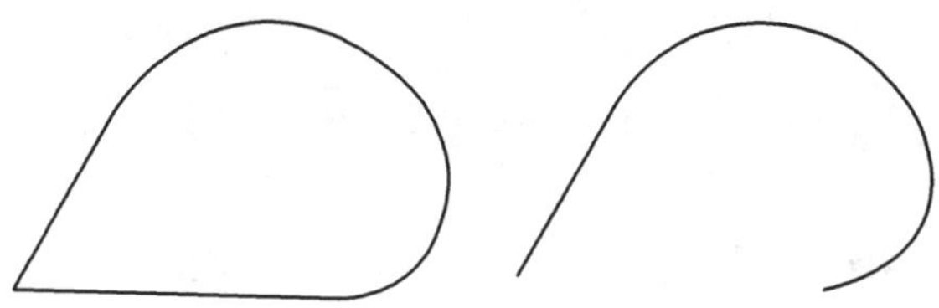

a) 打开前　　b) 打开后

图 7-19　打开多段线

步骤 1：选择【修改（M）】→【对象（O）】→多段线（P）命令。

步骤 2：选择段多线。在命令行提示 PEDIT 选择多段线或［多条（M）］：后，选取要编辑的多段线。

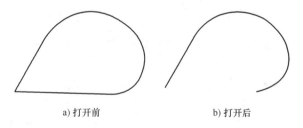

步骤 3：打开多段线。在命令行输入字母 O，然后按<Enter>键。

步骤 4：按<Enter>键结束多段线的编辑操作。

3. 合并多段线

合并多段线，即将首尾相连的独立的直线、圆弧和多段线合并成一条多段线。下面以图 7-20 为例，说明多段线的合并。

步骤 1：选择【修改（M）】→【对象（O）】→多段线（P）命令。

步骤 2：选择多段线。在命令行提示 PEDIT 选择多段线或［多条（M）］：后，选取要编辑的多段线 *A*，如图 7-20a 所示。

步骤 3：合并多段线。在命令行输入字母 J，然后按<Enter>键。

步骤 4：在命令行提示：“PEDIT 选择对象：”后，将鼠标移至 *B* 与 *C* 直线的位置并单击，按<Enter>键结束选择，如图 7-20b 所示。

步骤 5：按<Enter>键结束多段线的编辑操作。

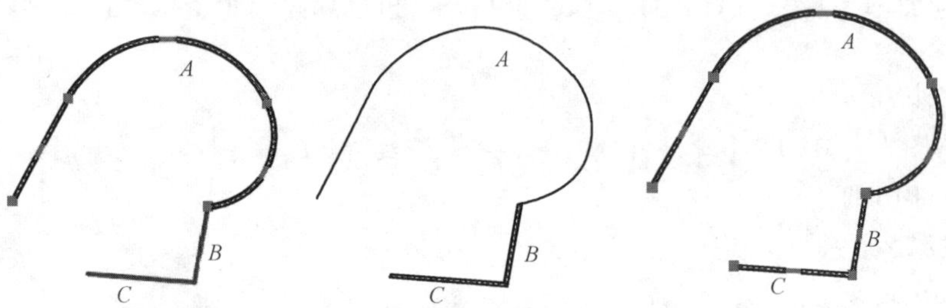

a) 选取多线段 *A*　　b) 选取直线 *B* 和 *C*　　c) 合并成一条多线段

图 7-20　多段线的合并

7.13　对象的修剪（TRIM 命令）

修剪命令可用指定的一个或多个对象作为边界剪切被修剪的对象，使它们精确地终止于剪切边界上。可以修剪的对象包括圆、直线、多段线、构造线等。这个命令对精确绘图非常重要。

<访问方法>

选项卡：【常用】→【修改】面板→【修剪】。

菜单：【修改（M）】→【修剪（T）】。

工具栏：【修改】→【修剪】。

命令行：TRIM。

<操作过程>

1. 修剪相交的对象

下面以图 7-21 所示对象为例，来说明操作步骤。

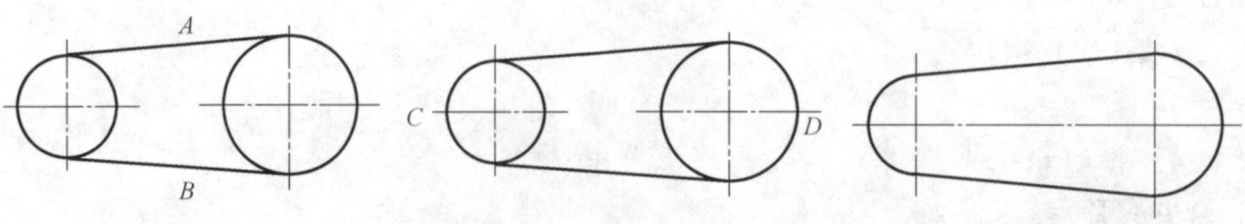

a) 选择剪切边界　　b) 选择剪切对象　　c) 剪切结果

图 7-21　修剪相交对象

步骤 1：在工具栏单击【修改】→【修剪】。

步骤 2：选择修剪边。在系统命令提示下，选择直线 A 与 B 作为修剪边界，按<Enter>键结束选择。

步骤 3：选择被剪切对象。在系统命令提示下，选择圆 C 与 D 作为要修剪的部分，按<Enter>键结束剪切操作。

2. 修剪不相交的对象

下面以图 7-22 所示对象为例，来说明操作步骤。

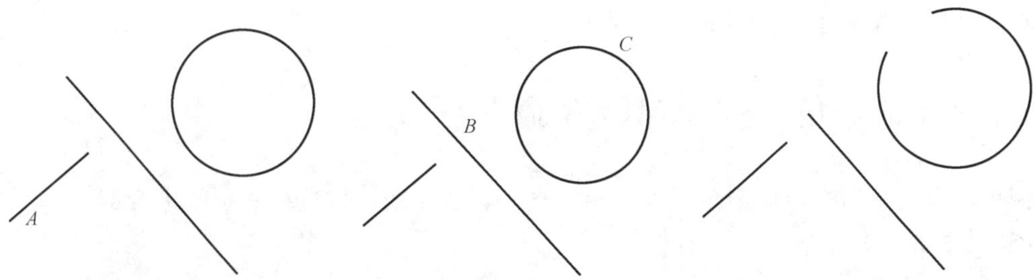

a) 选择剪切边界　　b) 选择剪切对象　　c) 剪切结果

图 7-22　修剪不相交的对象

步骤 1：在工具栏单击【修改】→【修剪】。

步骤 2：选择修剪边。在系统命令提示下，选择直线 A 作为修剪边界，按<Enter>键结束选择。

步骤 3：选择修剪对象。在命令行中输入字母“E”，并按<Enter>键；在命令行提示“TRIM 输入隐含边延伸模式［延伸（E）不延伸（N）］<不延伸>:”后，输入字母“E”，按<Enter>键；再选择直线 B 与圆 C 上半部分，按<Enter>键完成操作。

7.14　对象的延伸（EXTEND 命令）

延伸对象就是使对象的终点落到指定的某个对象的边界上，使其精确相交。

<访问方法>

选项卡：【常用】→【修改】面板→【延伸】。

菜单：【修改（M）】→【延伸（D）】。

工具栏：【修改】→【延伸】。

命令行：EXTEND。

<操作过程>

下面以图 7-23 所示对象为例，来说明操作步骤。

步骤 1：在工具栏单击【修改】→【延伸】。

步骤 2：在选择延伸边界。选择直线 A 作为延伸边界，按<Enter>键结束选取。

步骤 3：选择延伸对象。选择直线 B 与 C，靠近直线 A 一侧单击鼠标左键，表示将直线

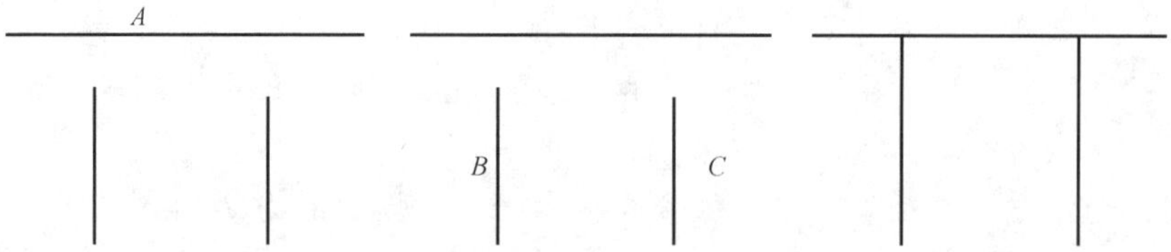

a) 选择延伸边界　　b) 选择延伸对象　　c) 延伸结果

图 7-23　延伸相交对象

B 与 C 延伸到直线 A 上，按<Enter>键结束。

7.15　对象的倒角（CHAMFER 命令）

倒角命令用于用指定的倒角距离对相交直线、多段线、构造线和射线进行倒角。

<访问方法>

选项卡：【常用】→【修改】面板→【倒角】。

菜单：【修改（M）】→【倒角（C）】。

工具栏：【修改】→【倒角】。

命令行：CHAMFER。

<操作过程>

1. 设定倒角距离倒角

下面以图 7-24 所示对象为例，来说明操作步骤。在第一次执行这个命令时，必须设置两个倒角距离，否则命令操作无效果。

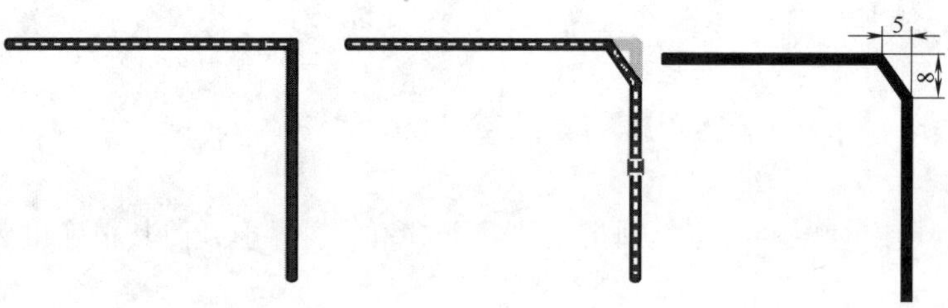

a) 指定第一个倒角边　　b) 指定第二个倒角边　　c) 倒角结果

图 7-24　指定倒角距离倒角

步骤 1：在工具栏单击【修改】→【倒角】。

步骤 2：设定倒角距离。在命令行提示“CHAMFER 选择第一条直线或［放弃（U）多段线（P）距离（D）角度（A）修剪（T）方式（E）多个（M）]:”后输入字母“D”，然后按<Enter>键；在命令行提示“CHAMFER 指定 第二个 倒角距离<0.00000>”后输入第一倒角边的距离 5，按<Enter>键。

在命令行提示“CHAMFER 指定 第二个 倒角距离<5.00000>:”后，输入第二个倒角边的距离 8，按<Enter>键。

步骤 3：选择倒角边。在命令行提示后选择第一个倒角边，然后再选择第二个倒角边，完成操作。

2. 设定角度倒角

下面以图 7-25 所示对象为例，来说明操作步骤。

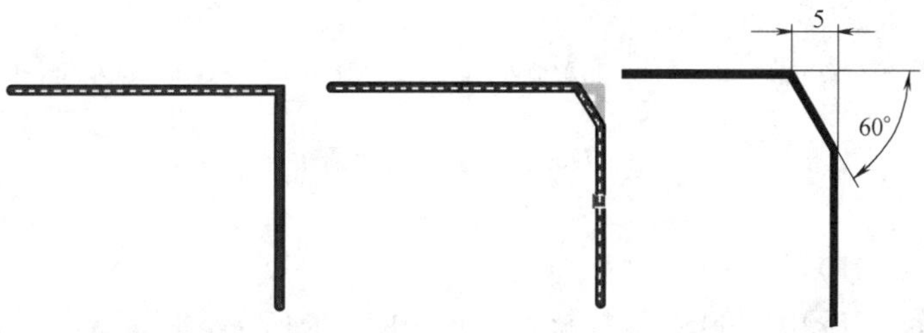

a) 指定第一个倒角边　　b) 指定第二个倒角边　　c) 倒角结果

图 7-25　指定角度倒角

步骤 1：单击选项卡中【常用】→【修改】面板→【倒角】。

步骤 2：设定倒角角度。在命令行提示“CHAMFER 选择第一条直线或[放弃(U) 多段线(P) 距离(D) 角度(A) 修剪(T) 方式(E) 多个(M)]:”后，输入字母“*A*”，按<Enter>键；在命令行提示“CHAMFER 指定 第一个 倒角距离 <0.0000>:”后，输入第一倒角边的距离 5，按<Enter>键；在命令行提示“CHAMFER 指定第一条直线的倒角角度<*θ*>:”后输入角度 60，按<Enter>键。

步骤 3：选择倒角边。在命令行提示后选择第一个倒角边，然后再选择第二个倒角边，完成操作。

7.16　对象的倒圆（FELLET 命令）

倒圆命令用指定半径的圆弧光滑连接相交两直线、圆弧或者圆；也可以对相互平行的直线、构造线和射线添加圆角；还可以对整个多段线进行倒圆角处理。在进行命令的第一次执行时，必须给出圆角半径，否则命令执行以后没有效果。

<访问方法>

选项卡：【常用】→【修改】面板→【倒圆】。

菜单：【修改（M）】→【倒圆（F）】。

工具栏：【修改】→【倒圆】。

命令行：FILLET。

<操作过程>

下面以图 7-26 所示对象为例，来说明操作步骤。

步骤 1：在工具栏单击【修改】→【倒圆】。

步骤 2：设定圆角半径。在命令行提示“FILLET 选择第一个对象或[放弃(U) 多段线

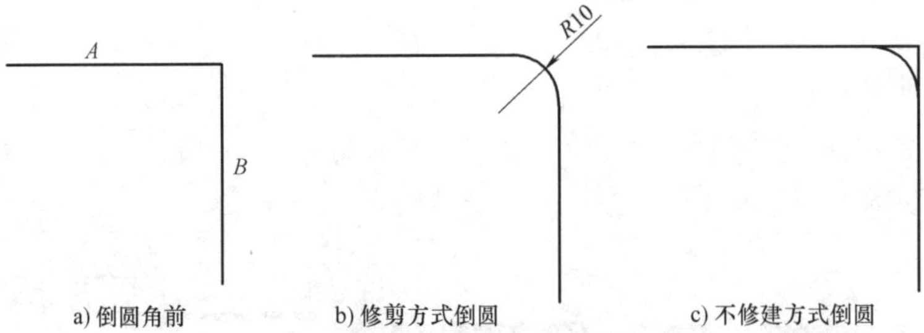

a) 倒圆角前　　b) 修剪方式倒圆　　c) 不修建方式倒圆

图 7-26　相交线段倒圆角

(P) 半径(R) 修剪(T) 多个(M)]:”后，输入字母“R”，按<Enter>键；在命令行提示“FILLET 指定圆角半径<0.0000>:”后输入数值 10，按<Enter>键。

步骤 3：倒圆角。在命令行提示后分别选择直线 *A* 和 *B* 作为修剪边，完成操作。

若以不修剪方式倒圆角，则在完成上面步骤 2 后，在命令行提示“FILLET 选择第一个对象或[放弃(U) 多段线(P) 半径(R) 修剪(T) 多个(M)]:”后输入字母“T”，按<Enter>键；在命令行输入字母（N）不修剪，按<Enter>键，再倒圆角。

7.17　对齐（ALIGN 命令）

ALIGN 命令：可以将一对、两对或三对源点和定义点以移动、旋转或倾斜选定的对象，从而将它们与其他对象上的点对齐。

<访问方法>

选项卡：【常用】→【修改】面板→【对齐】。

命令行：ALIGN。

<操作过程>

下面以图 7-27 所示对象为例，来说明操作步骤。

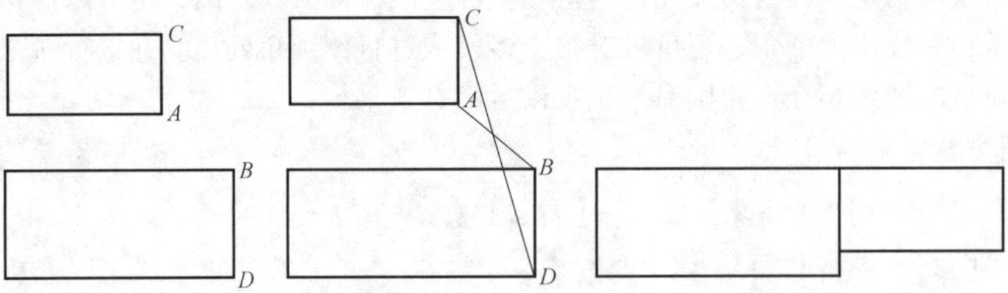

a) 对齐前　　b) 选择源点与目标点　　c) 对齐后

图 7-27　对齐对象

步骤 1：在选项卡中单击【修改】面板→【对齐】。

步骤 2：对齐对象。在绘图区域内选择要对齐的对象（上方的小矩形），按<Enter>键。

步骤 3：指定 *A* 点为第一个源点，指定 *B* 点为第一个目标点，指定 *C* 点为第二个源点，

指定 *D* 点为第二个目标点，按<Enter>键。

步骤 4：在命令行提示“ALIGN 是否基于对齐点缩放对象？[是（Y）否（N）]<否>:”后选择否，完成对齐操作。

7.18　多功能夹点

7.18.1　夹点的概念及其设置

1. 夹点概念

夹点是一些实心的小方框，如果夹点是有效的，在输入命令前使用定点设备指定对象时，对象在关键位置上将出现夹点。图 7-28 所示的小方框就是夹点。

2. 夹点的设置

选择下拉菜单【工具（T）】→【选项（N）】菜单项，出现“选项”对话框的“选择集”选项卡，如图 7-29 所示，夹点颜色的设置可在图 7-30 所示的“夹点颜色”对话框中进行设置。

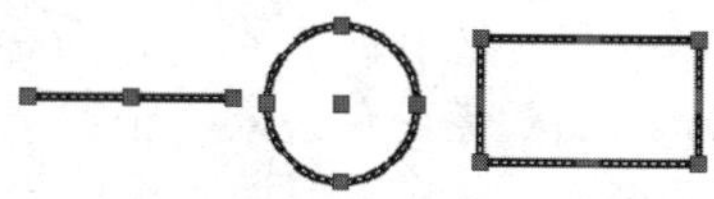

图 7-28　各种对象的夹点

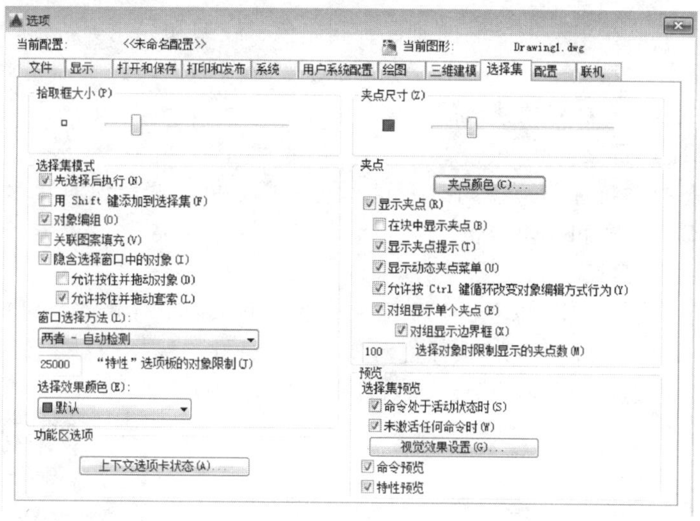

图 7-29　“选项”对话框的“选择集”选项卡

7.18.2　使用夹点编辑对象

1. 拉伸模式

在单击对象上的夹点时，系统便直接进入“拉伸”模式，此时可以直接对对象进行拉伸。如图 7-31 所示，用鼠标单击直线末端的夹点，拖动鼠标就可将该直线拉伸。

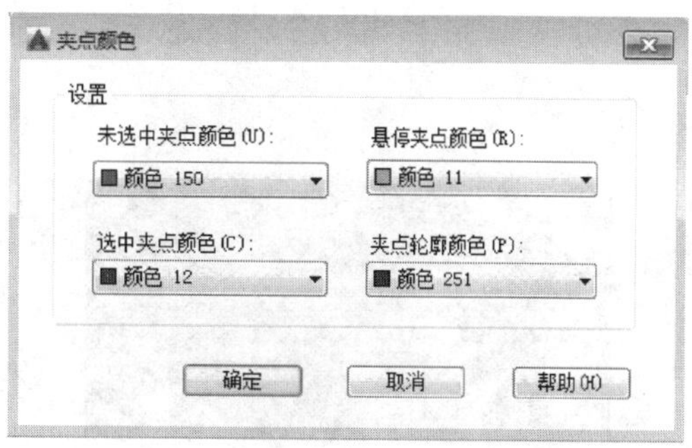

图 7-30　“夹点颜色”对话框

2. 移动模式

单击对象上的夹点，在命令行的提示下，直接按<Enter>键或输入“MO”后按<Enter>

键，系统便进入“移动”模式，此时可对对象进行移动。

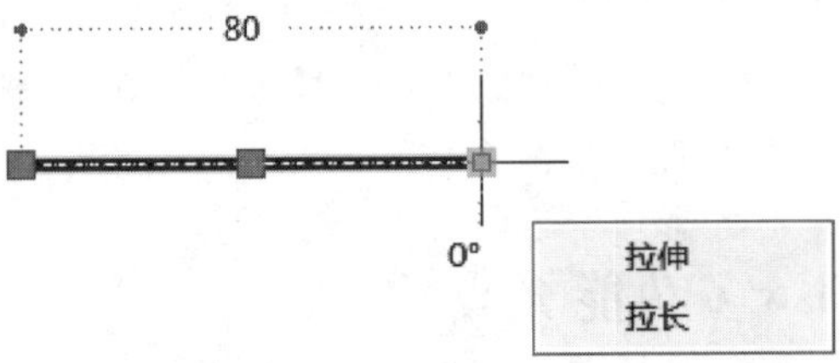

图 7-31　利用夹点拉伸直线

3. 旋转模式

单击对象上的夹点，在命令行的提示下，连续按两次<Enter>键或输入“RO”后按<Enter>键，系统便进入“旋转”模式，此时可把对象绕操作点或新的基点旋转。

4. 缩放模式

单击对象上的夹点，在命令行的提示下，连续按三次<Enter>键或输入“SC”后按<Enter>键，系统便进入“缩放”模式，此时可把对象相对于操作点或基点进行缩放。

5. 镜像模式

单击对象上的夹点，在命令行的提示下，连续按四次<Enter>键或输入“MI”后按<Enter>键，系统便进入“镜像”模式，此时可以将对象进行镜像。

7.19　修改对象特性

在默认的情况下，在某层中绘制的对象，其颜色、线型和线宽等特性都与该层属性设置一致，即对象的特性类型为 By Layer（随层）。在实际工作中，经常需要修改对象的特性，这就需要熟练、灵活地掌握对象修改的工具和命令。

1. 使用“特性”面板

处于浮动状态的“特性”面板如图 7-32 所示，用它可以修改所有对象的通用特性，如图层、颜色、线型、线宽和打印样式。

2. 使用“特性”窗口

要显示“特性”窗口，可以双击某个对象或选择下拉菜单【修改（M）】→【特性（P）】命令。如图 7-33 所示，用它可以修改任何对象的任一特性。选择的对象不同，“特性”窗口显示的内容与项目也不相同，所有列出的特性都可以进行修改。

图 7-32　“特性”面板

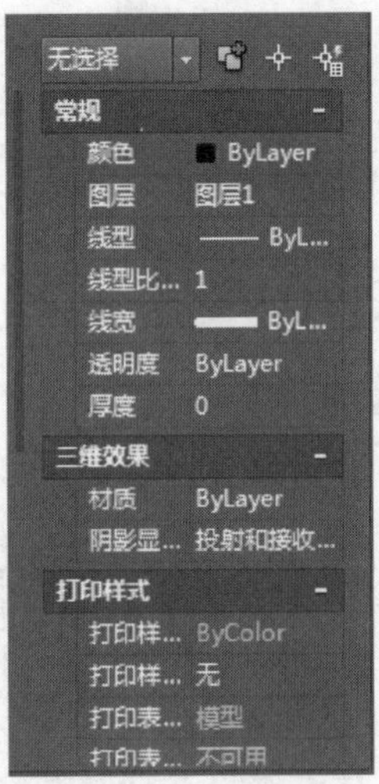

图 7-33　“特性”窗口

思考与练习题

1. 对象选择的方法有哪些？
2. 增加某一直线段的长度可以采用哪些方法？如何操作？
3. 绘制图 7-34、图 7-35、图 7-36 所示的平面图形。

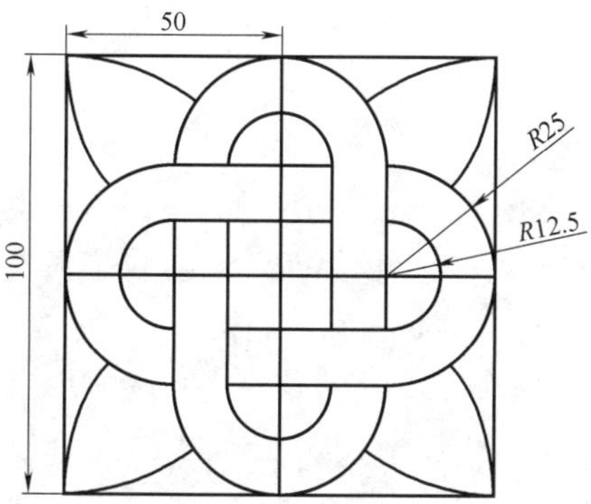

图 7-34　平面图形一

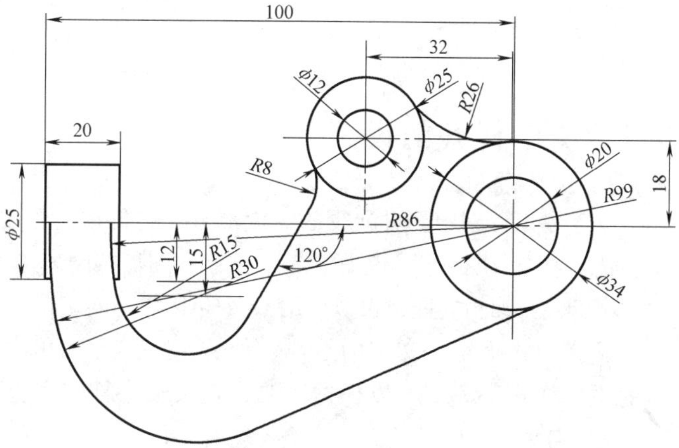

图 7-35　平面图形二

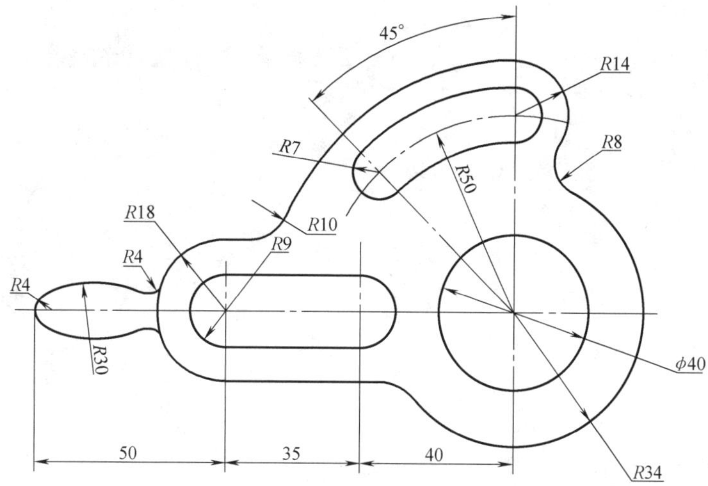

图 7-36　平面图形三

第8章 文字与表格、图案填充

8.1 文字样式的设置

文字是工程图中不可缺少的组成部分，它传递着重要的非图形信息，如尺寸标注、图样说明、技术要求、明细栏、标题栏等。文字和图形共同表达完整的设计思想。AutoCAD 提供了强大的文字标注与编辑功能，可以使用 AutoCAD 特有的字体，并支持 Windows 系统字体。

文字样式决定了文字的特性，如文字、尺寸和角度等。在创建文字对象时，系统使用当前的文字样式，我们可以根据需要自定义文字样式和修改已有的文字样式。

<访问方法>

菜单：【格式（O）】→【文字样式（S）…】。

工具栏：【文字】→【文字样式…】。

命令行：STYLE。

<操作过程>

在“文字样式”对话框中，一般应设置两个文字样式，分别用于尺寸标注和文字书写，其具体设置如图 8-1、图 8-2 所示，单击“新建”按钮可设置新的样式名，如图 8-3 所示。图中用于尺寸标注的字体可采用“gbeitc. shx”（国际斜体字母、数字）或“txt. shx”（软件自带字体字母、数字，使用时需要在对话框中设置倾斜角度 15°），用于文字书写的字体可采用仿宋体_ GB2312。

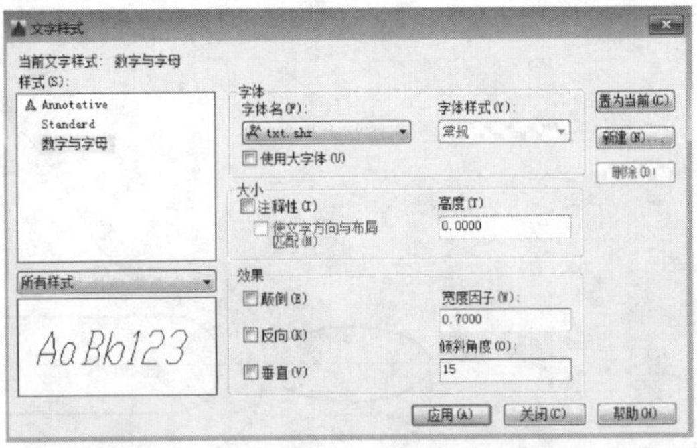

图 8-1　用于尺寸标注的样式设置

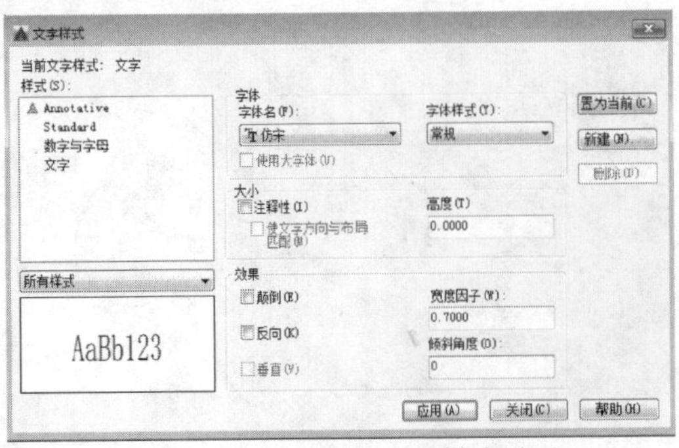

图 8-2　用于文字书写的样式设置

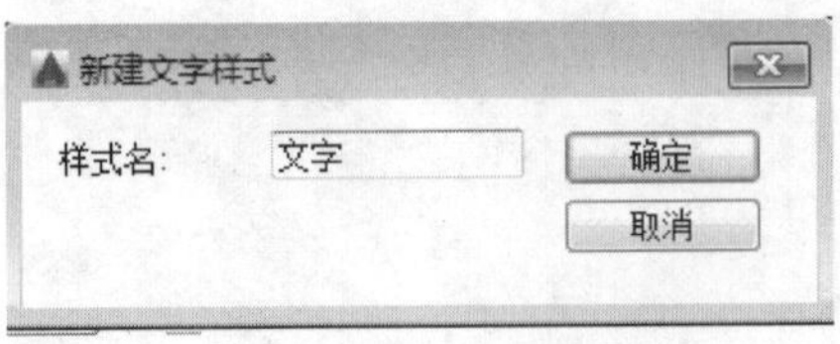

图 8-3　设置用于文字书写的样式名

8.2 单行文字标注（TEXT 命令）

单行文字可以由字母、单词或完整的句子组成。用这种方式创建的每一行文字都是一个单独的文字对象，可对每行文字单独完成编辑操作。

<访问方法>

选项卡：【常用】→【注释】面板→【单行文字】A。

菜单：【绘图（D）】→【文字样式（X）】→【单行文字（S）】A。

工具栏：【文字】→【单行文字】A。

命令行：TEXT。

<操作过程>

步骤 1：在工具栏单击【文字】→【单行文字】A。

步骤 2：指定文字起点。在命令行提示下，在绘图区中指定一点作为文字起点，该点便是文字起点。

步骤 3：指定文字高度。在命令行提示“TEXT 指定高度<2.5000>：”后，输入文字高度 5，然后按<Enter>键。

步骤 4：指定文字的旋转角度。在命令行提示“TEXT 指定文字的旋转角度<0>：”后，输入文字的旋转角度，默认为 0°，输入角度 45，然后按<Enter>键，表示文字旋转 45°。

图 8-4 文字创建结果

步骤 5：创建文字。

步骤 6：结束命令。按两次<Enter>键结束操作。文字创建结果如图 8-4 所示。

<其他选项说明>

(1)“对正（J）” 该选项允许在除文字基线的左端点以外的14 种对齐方式中选择一种，如图 8-5 所示。

[左(L)/居中(C)/右(R)/对齐(A)/中间(M)/布满(F)/左上(TL)/中上(TC)/右上(TR)/左中(ML)/正中(MC)/右中(MR)/左下(BL)/中下(BC)/右下(BR)]:

图 8-5 文字的 14 种对正方式

1)“对齐（A）”：要求用户指定所标注文字的基线的起点与终点，将所标注的文字均匀地分布其中，如图 8-6 所示。

2)“布满（F）”：与“对齐（A）”选项类似，但除了要求用户指定文字基线的起点和终点外，还要求指定文字的高度，将文字以指定高度均匀地分布在起点和终点之间。

3)“居中（C）”：要求用户指定一个点，该点作为所标注文字行基线的中点。

4)“中间（M）”：要求指定标注文字垂直方向和水平方向的中点，即整个文字行的中心点。

图 8-6 使用“对齐（A）”方式标注文字

5)“右（R）”：要求指定文字行基线的右端点即终点。

6）“左上（TL）”：要求指定文字行顶线的左端点。

7）“中上（TC）”：要求指定文字行顶线的中点。

8）“右上（TR）”：要求指定文字行顶线的终点。

9）“左中（ML）”：要求指定文字行中线的起点。

10）“正中（MC）”：要求指定文字行中线的中点。

11）“右中（MR）”：要求指定文字行中线的终点。

12）“左下（BL）”：要求指定文字行底线的起点。

13）“中下（BC）”：要求指定文字行底线的中点。

14）“右下（BR）”：要求指定文字行底线的终点。

（2）“样式（S）” 该项用于指定一种已定义的文字样式作为当前文字样式。如果输入“?”后，按两次<Enter>键，则显示当前所有的文字样式。

<特殊字符的输入>

在标注一些特殊字符时，由于这些特殊字符不能从键盘上直接输入，为此 AutoCAD 使用了控制码标注这些特殊字符。常用的控制码见表 8-1。

表 8-1 常用的控制码

符号	功 能
%%D	标注“角度”符号(°)
%%C	标注“直径”符号(ϕ)
%%P	标注“正负公差”符号(±)
%%U	标注“文字下划线”符号( )
%%O	标注“文字上划线”符号( )

8.3 多行文字标注（MTEXT 命令）

多行文字是指在指定的文字边界区内创建一行或多行文字或若干段落文字，系统将多行文字视为一个整体的对象，可对其进行整体的旋转、移动等编辑操作。

<访问方法>

选项卡：【常用】→【注释】面板→【多行文字】A。

菜单：【绘图（D）】→【文字样式（X）】→【多行文字（S）】A。

工具栏：【绘图】或【文字】→【多行文字】A。

命令行：MTEXT。

<操作过程>

步骤 1：在工具栏单击【绘图】→【多行文字】A。

步骤 2：设置多行文字的矩形边界。在绘图区某点处单击，确定矩形框的第一个角点，在另外一点处单击以确定矩形框的对角点，系统以该矩形框作为多行文字边界。系统弹出如图 8-7 所示的“多行文字编辑器”对话框。

步骤 3：输入文字。

图 8-7 “多行文字编辑器”对话框

<其他选项说明>

1）高度（H）：指定文字的高度。

2）对正（J）：指定文字的对齐方式，它与单行文字命令的对正（J）选项相似。

3）行距（L）：多行文字的行距控制整个多行文字对象相邻两行基线之间的距离。

4）旋转（R）：指定文字的倾斜角度。

5）样式（S）：指定文字样式。

6）宽度（W）：通过输入或拾取图形中的点指定多行文字对象的宽度。

7）栏（C）：用于设置栏的类型和模式等。

<多行文字编辑器说明>

1）“样式”：指定多行文字对象使用的文字样式。

2）“字体”下拉列表框：为新输入的或选定的文字指定字体。

3）“文字高度”下拉列表框：按图形单位为新输入或选定的文字指定字符高度。

4）“堆叠”图标按钮：用来标注公差或测量单位的文字或分数，使用堆叠控制符设置选定文字的堆叠位置。

堆叠控制符有三种形式，堆叠效果见表 8-2。

表 8-2 堆叠控制符及其堆叠效果

堆叠控制符	输入含有堆叠控制符的文字	堆叠效果
/	J8/h6	$\frac{J8}{h6}$
#	J8#h6	J8/h6
^	+0.02^-0.03	$\begin{matrix}+0.02\\-0.03\end{matrix}$

5）颜色下拉列表框：用于设置新输入或选定文字的颜色。

6）“标尺”按钮：用来控制显示标尺的开关键。

7）“选项”弹出菜单：可以设置文字格式，输入其他文字处理器创建的 TXT 或 RTF 文本文件。

8）“段落”按钮：用来设置段落的制表位、缩进量、段落对齐方式、段落间距和段落行距。

9）自动“编号”下拉列表框：用来设置自动编号的项目符号标记。

10）“特殊符号”下拉列表框：用来输入特殊字符。

11）“宽度因子”数值列表框：用来设置字体的宽度与高度之比。

8.4　文字编辑

该命令可以编辑文字本身的特性及文字内容。

<访问方法>

菜单：【修改（M）】→【对象（O）】→【文字（T）】→【编辑（E）】。

工具栏：【文字】→【编辑】。

命令行：DDEDIT。

双击要编辑的文字对象。

<操作过程>

1. 编辑单行文字

下面以编辑图 8-8 所示的单行文字为例，说明操作步骤。

步骤 1：在工具栏单击【文字】→【编辑】。

步骤 2：编辑文字。

1）在命令行提示“TEXTEDIT 选择注释对象：”后，选择要编辑的文字。

2）将“西南石油大学”改成“SWPU University”后，按两次<Enter>键结束操作。

a) 修改前　　b) 修改后

图 8-8　编辑单行文字

2. 编辑多行文字

如果用户选择的文字是多行文字标注的，则会弹出图 8-7 所示的“多行文字编辑器”对话框，在此对话框中用户可以对所选的文字进行全面的修改。

8.5　表格绘制

AutoCAD2016 提供了自动创建表格的功能，这是一个非常实用的功能，其应用非常广泛。我们可以利用该功能创建机械图中的零件明细表、齿轮参数说明表等。

8.5.1　定义表格样式（TABLESTYLE 命令）

表格样式决定了一个表格的外观，它控制着表格中的字体、颜色、文本的高度和行距等特性。在创建表格时，既可以使用系统默认的表格样式，也可以自定义表格样式。

<访问方法>

菜单：【格式（O）】→【表格样式（B）】。

命令行：TABLESTYLE。

<操作过程>

单击下拉菜单【格式（O）】→【表格样式（B）】后，系统弹出“表格样式”对话框，在该对话框中单击“新建”按钮，系统弹出“创建表格样式”对话框，在该对话框的“新样式名”文本框中输入新的表格样式名，在“基础样式”下拉列表中选择一种基础样式作为模板，新样式将在该样式的基础上进行修改。单击“继续”按钮，系统弹出如图 8-9 所示的对话框，可以通过该对话框设置单元格格式、表格方向、边框特性和文字样式等内容。

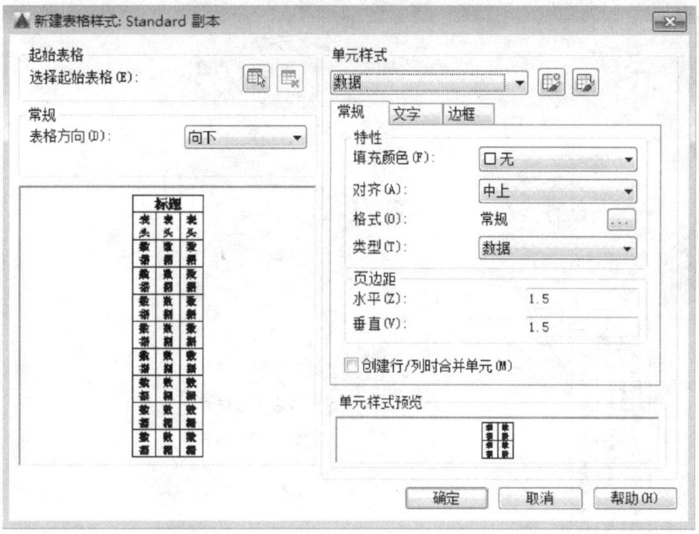

图 8-9　“新建表格样式”对话框

8.5.2　插入表格（TABLE 命令）

<访问方法>

选项卡：【常用】→【注释】面板→【表格】。

菜单：【绘图（D）】→【表格…】→【多行文字（S）】。

工具栏：【绘图】→【表格】。

命令行：TABLE。

<操作过程>

下面通过对图 8-10 所示表格的创建，来说明在绘图区如何插入空白表格的一般方法。

步骤 1：在工具栏单击【绘图】→【表格】，系统弹出“插入表格”对话框，如图 8-11所示。

步骤 2：设置表格。在“表格样式设置”选项区中选择 Standard 表格样式；在“插入方式”选项中选中 ◉指定插入点(I) 单选项；在“列和行设置”选项组的“列数”文本框中选择 7，在“列宽”文本框中选择 20，在“数据行数”文本框中选择 4，在“行高”文本框中选择 1；单击“确定”按钮。

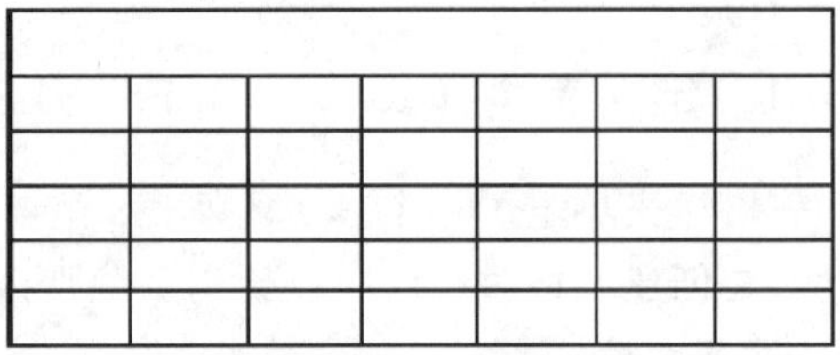

图 8-10　创建表格

步骤 3：确定表格放置位置。在命令行提示“指定插入点:”后，选中绘图区中的一点作为表格的放置点。

步骤 4：系统弹出图 8-12 所示的“文字编辑器”选项卡，同时表格的标题单元加亮，文字光标在标题单元的中间。

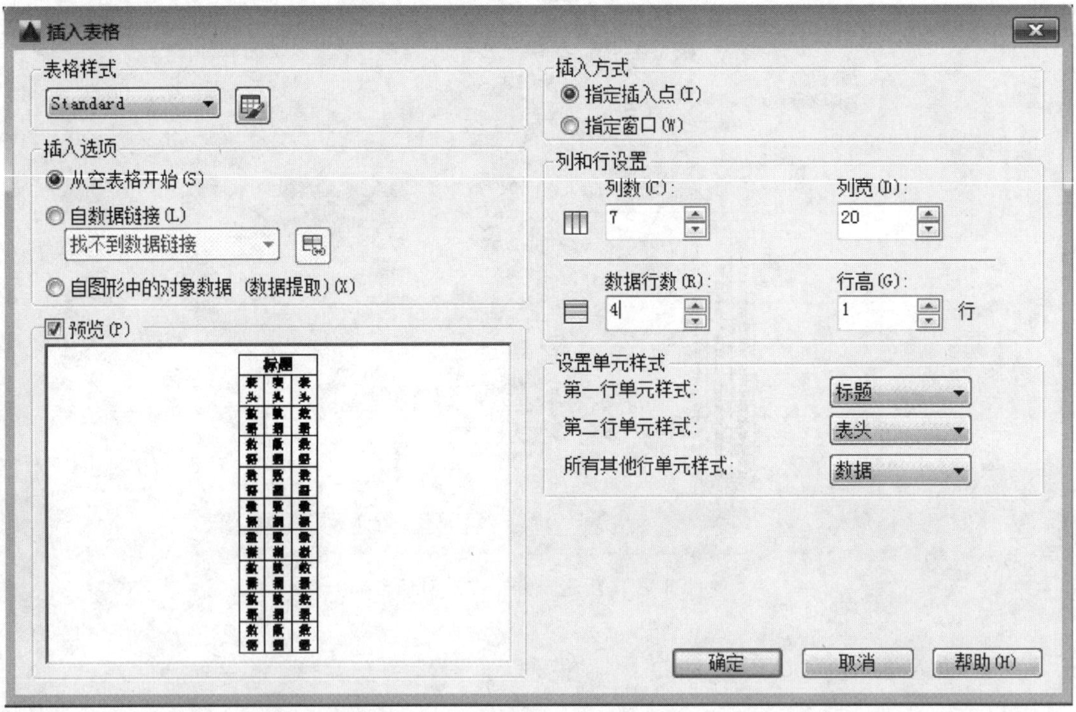

图 8-11　“插入表格”对话框

8.5.3　编辑表格

对插入的表格可以进行编辑，包括修改行宽和列宽、删除行、删除列、删除单元、合并单元以及编辑单元中的内容等。下面通过对图 8-13 所示的标题栏的创建，来说明编辑表格的一般方法。

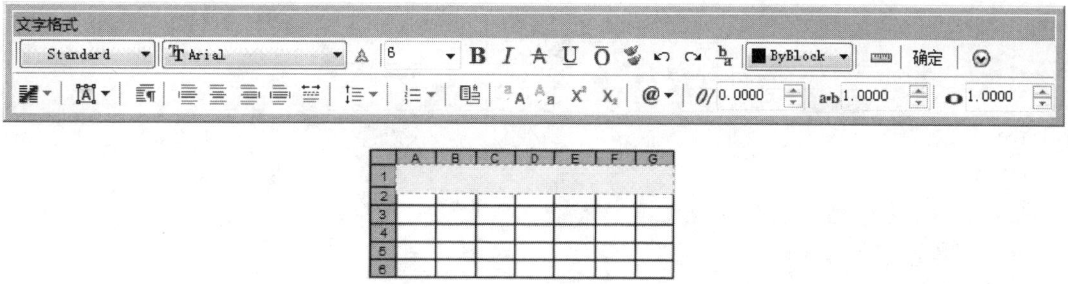

图 8-12　“文字编辑器”选项卡

图 8-13　创建标题栏

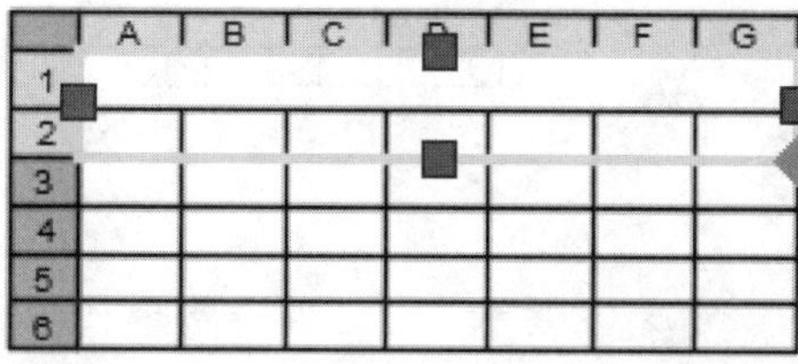

图 8-14　选取表格最上面的两行

步骤 1：删除最上面的两行（删除标题行和页眉行）。

1）选取行。在标题行的表格区域中单击选中标题行，同时系统弹出“表格”对话框，按住<Shift>键选取第二行，此时最上面的两行显示夹点，如图 8-14 所示。

2）删除行。在选中的区域内单击右键，在弹出的快捷菜单中选择“行”→“删除”命令。

步骤 2：按<Esc>键退出表格编辑。

步骤 3：统一修改表格中各单元的宽度。

1）双击表格，弹出“特性”窗口。

2）在绘图区域中通过选取图 8-15 所示的区域选表格，然后在“水平单元边距”文本框中输入 0.5 后按<Enter>键，在“垂直单元边距”文本框中输入 0.5 后按<Enter>键。

3）框选整个表格后，在“特性”窗口“表格高度”文本框中输入 28 后按<Enter>键。

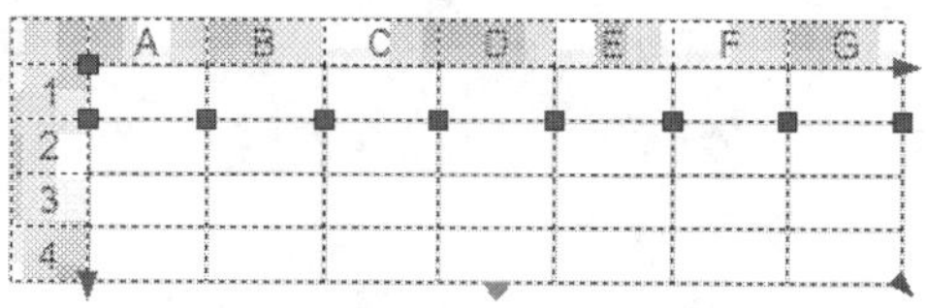

图 8-15　选取表格后

步骤 4：编辑第一列的列宽。

1）选取对象。选取第一列或第一列中的任意单元。

2）设定宽度值。在“特性”窗口的“单元宽度”文本框中输入 15 后按<Enter>键。

步骤 5：参照步骤 4 的操作，完成其余列宽的修改，从左至右列宽值依次为 15、25、20、15、15、20 和 30。

步骤 6：合并单元。

1）选取图 8-16 所示的单元格。在左上角的单元中单击，按住<Shift>键不放，在欲选区域的右下角单元中单击左键。

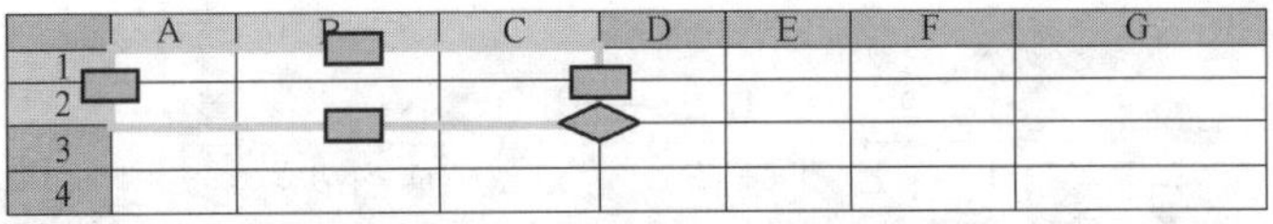

图 8-16　选取要合并的单元格

2）单击右键，在弹出的快捷菜单中选择“合并”→“全部”命令。

3）参照前面操作，完成图 8-17 所示的单元的合并。

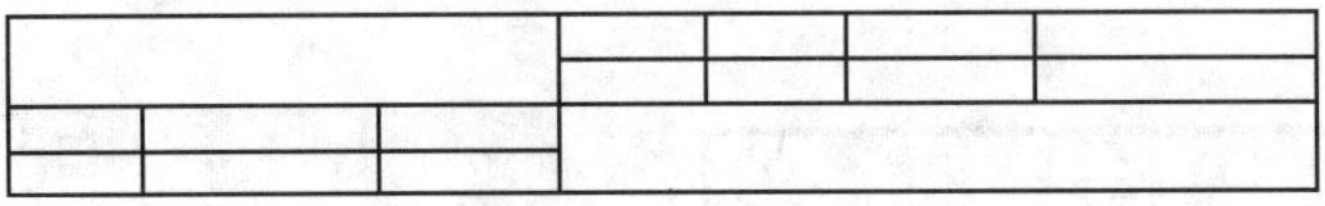

图 8-17　合并单元

步骤 7：填写标题栏。在表格单元双击鼠标左键，然后输入相应的文字，结果如图 8-18 所示。

<table>
<tr><td colspan="3" rowspan="2">(图样名称)</td><td>比例</td><td>数量</td><td>材料</td><td>(图样代号)</td></tr>
<tr><td></td><td></td><td></td><td></td></tr>
<tr><td>制图</td><td></td><td></td><td colspan="4" rowspan="2">(单位名称)</td></tr>
<tr><td>审核</td><td></td><td></td></tr>
</table>

图 8-18　填写标题栏

步骤 8：分解表格。

步骤 9：转换线型。将标题栏中最外侧的线条所在的图层切换为“粗实线层”，其余线条为“细实线层”。

8.6　图案填充（HATCH 命令）

在 AutoCAD 中，图案填充是指用某个图案来填充图形中的某个区域，以表示该区域的特殊含义。例如，在机械图绘制中，图案填充用于表达一个剖切的区域，并且不同的图案填充表示不同的零部件或者材料。

<访问方法>

选项卡：【常用】→【绘图】面板→【图案填充】。

菜单：【绘图（D）】→【图案填充（H）】。

工具栏：【绘图】→【图案填充】。

命令行：HATCH。

<操作过程>

步骤 1：在工具栏单击【绘图】→【图案填充】。

步骤 2：在命令行提示“HATCH 拾取内部点或[选择对象(S) 放弃(U) 设置(T)]:”后，输入字母“T”，然后按<Enter>键，弹出图 8-19 所示的“图案填充和渐变色”对话框。对里面的图案参数进行选择。

步骤 3：进行图案填充。

图 8-19 “图案填充和渐变色”对话框

<图案填充和渐变色对话框的功能说明>

1）“类型（Y）”选项卡：在“类型（Y）”下拉列表框有 3 个选项。“预定义”选项用于指定 AutoCAD 预定义的填充图案；“用户定义”选项是指基于图形的当前线型创建直线图案，可以控制用户定义图案中的角度和直线间距；“自定义”选项是指定自定义 PAT 文件中的一个图案，这些自定义的 PAT 文件应已添加到 AutoCAD 的搜索路径。

2）“图案（P）”下拉列表框：当填充图案类型设定为预定义时，在下拉列表框中显示预定义的填充图案名，单击图案名称选择预定义填充图案作图或者单击“浏览”[...]按钮，弹出如图 8-20 所示的“填充图案选项板”对话框，预定义填充图案按 ANSI、ISO 和“其他预定义”选项卡分为三组，单击相应的选项卡，以选择不同类型的填充图案。

3）“样例”：显示已选定图案的预览图像。

4）“角度（G）”下拉列表框：指定填充图案的角度。指的是图案相对于 X 轴正方向的角度。图 8-21 所示为不同角度时的绘制效果。

5）“比例（S）”：放大或缩小预定义或自定义填充图案。图 8-22 所示为不同比例时的

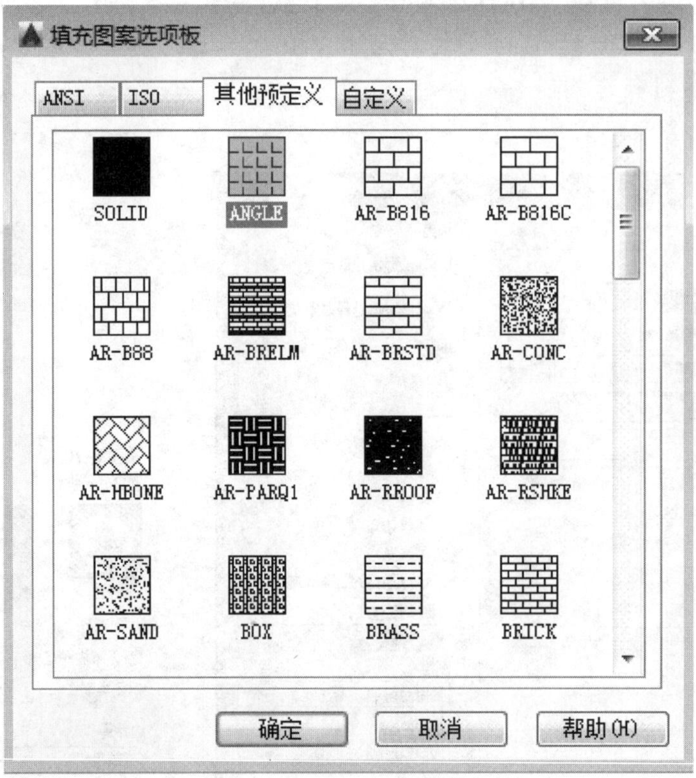

图 8-20 “填充图案选项板”对话框

绘制效果。

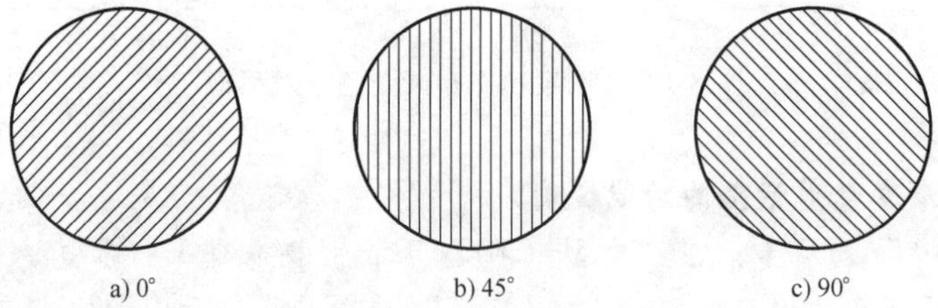

图 8-21 不同角度时的绘制效果

6) “孤岛检测样式”：指定填充被包围在最外层中的对象的方式。系统提供了三种不同的处理方式：

“普通”：填充图案从外环边界开始，向内环边界填充图案，遇到内环边界时抬起，在遇到内环边界时又落下，如此交替进行。

“外部”：填充图案从外环边界开始，遇到第一层内环边界后停止填充，其余内环不再考虑。

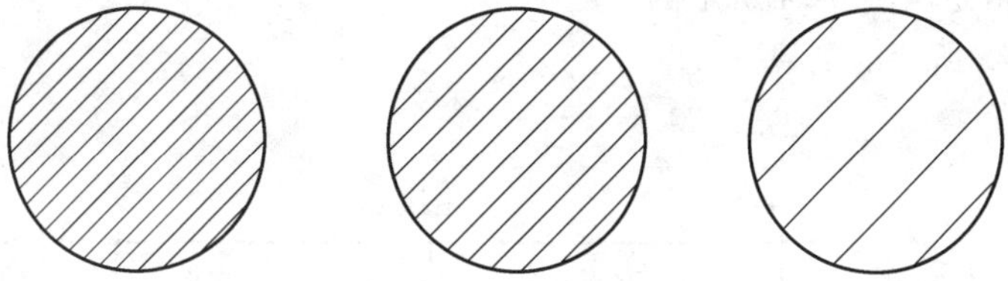

a) 比例为1　　b) 比例为2　　c) 比例为4

图 8-22　不同比例时的绘制效果

“忽略（N）”：该方式不考虑所有内环边界，图案充满外环边界所围成的整个区。三种方式处理效果图如图 8-23 所示。

a) 普通　　b) 外部　　c) 忽略

图 8-23　孤岛检测样式

8.7　编辑填充图案（HATCHEDIT 命令）

<访问方法>

选项卡：【常用】→【修改】面板→【编辑图案填充】。

菜单：【修改（M）】→【对象（O）】→【图案填充（H）】。

工具栏：【修改Ⅱ】→【编辑图案填充】。

命令行：HATCHEDIT。

<操作过程>

发出命令后，AutoCAD 提示：“选择图案填充对象：”（选择填充图案），将弹出与“图案填充”命令相似的、图 8-19 所示的“图案填充和渐变色”对话框，各选项的含义和操作方法也都相同，在此不再重复。

思考与练习题

1. 单行文字标注与多行文字标注的区别是什么？

2. 特殊字符的控制码分别是什么？

3. 用表格编辑绘制图 8-24 所示的标题栏。

4. 绘制图 8-25 所示的剖视图。

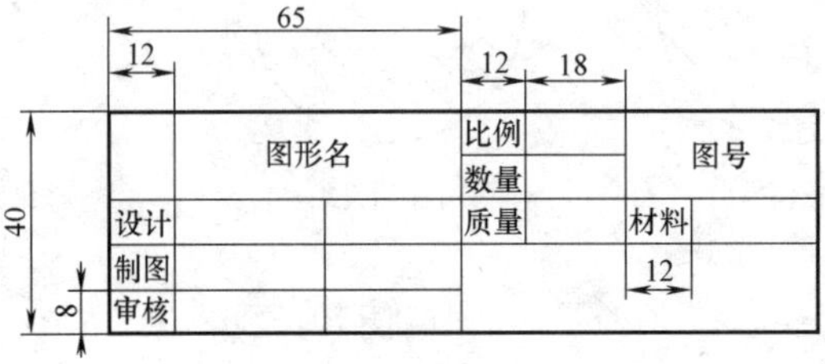

图 8-24　标题栏

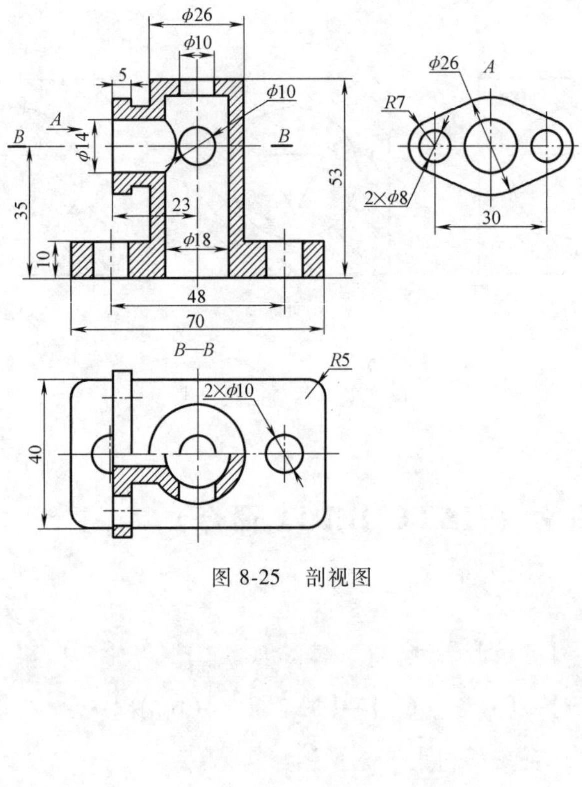

图 8-25　剖视图

第9章 尺寸标注

9.1 尺寸标注样式的设置（DIMSTYLE命令）

标注样式用来控制尺寸标注的外观，使得在图样中标注的尺寸的样式、风格保证一致。

尺寸样式由大约80个尺寸标注变量控制，可以通过“标注样式管理器”对话框方便、直观地设置尺寸样式。在设置标注样式前应先设置文字的样式，见第8章所述，系统提供了“Standard”和“ISO-25”两种样式，我们既可以对其修改，也可以建立新的样式。由于中国和美国的尺寸标注标准不一样，在标注尺寸时，一般都要先进行尺寸标注样式的设置，以符合国家标准的要求。

<访问方法>

菜单：【对象（O）】→【标注样式（D）】。

命令行：DIMSTYLE。

<操作过程>

发出命令后，系统将弹出“标注样式管理器”对话框，如图9-1所示。

<对话框说明>

1）“置为当前（U）”：将“样式（S）”列表中的某个标注样式设置为当前使用的样式。

2）“新建（N）”：创建一个新的样式。

3）“修改（M）”：修改已有的某个标注样式。

4）“替代（O）”：创建当前标注样式的替代样式。

5）“比较（C）”：比较两个不同的标注样式。

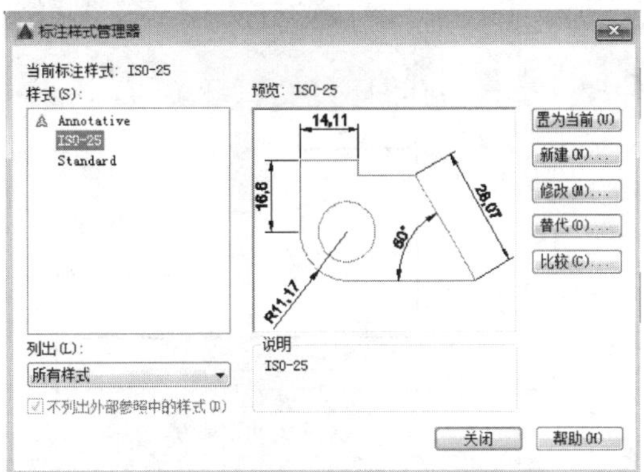

图9-1 “标注样式管理器”对话框

AutoCAD默认的尺寸样式“ISO-25”与“Standard”，其标注样式不能满足国家标准《机械制图》中的有关规定，需要用户重新设置尺寸样式。

在对话框中单击“新建（N）”按钮，弹出“创建新标注样式”对话框，如图9-2所示。输入新样式名称，单击“继续”按钮，将弹出“新建标注样式”对话框，如图9-3所示。在“新建标注样式”对话框中设置新的尺寸样式。

1. “线”选项卡

在该选项卡中可以设置尺寸标注的尺寸线与尺寸界线的颜色、线型和线宽等。对于任何设置进行的修改，都可以在预览区域中立即看到更新的结果。

<尺寸线选项组主要选项说明>

1）“超出标记（N）”：当尺寸线的箭头采用倾斜、建筑标记、小点、积分或无标记等样式时，在该文本框中可以设置尺寸线超出尺寸界线的长度，如图9-4图所示。

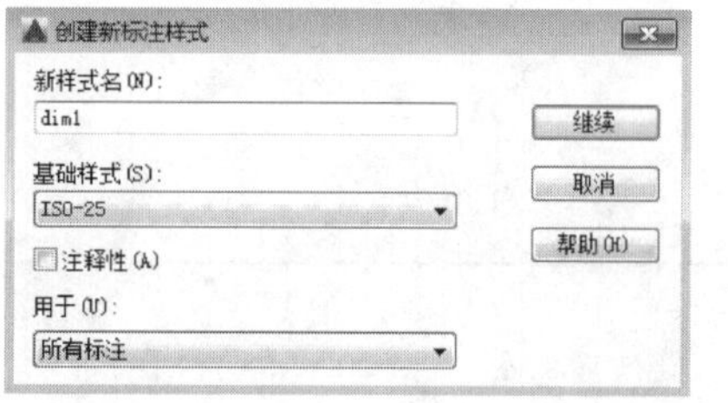

图 9-2 “创建新标注样式”对话框

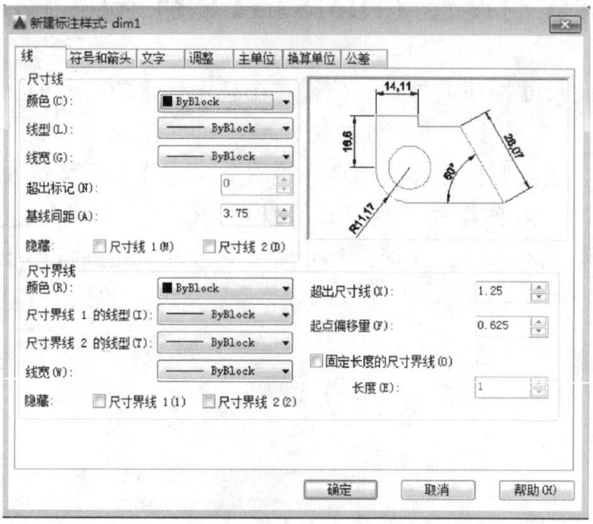

图 9-3 “新建标准样式”对话框的“线”选项卡

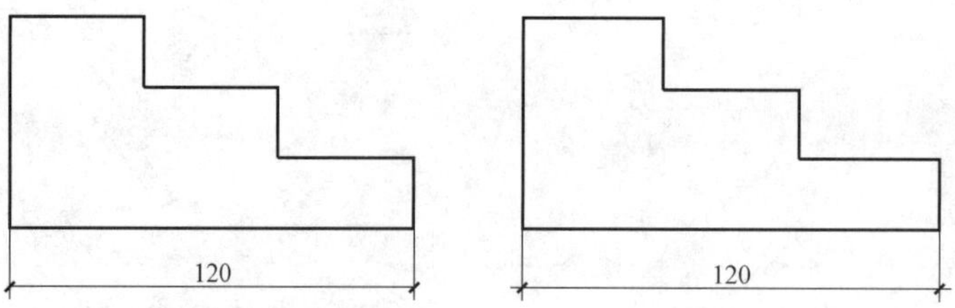

a) 超出标记为0　　b) 超出标记为8mm

图 9-4 设置超出标记

2）“基线间距（A）”：创建基线标注时，可在此设置各尺寸线之间的距离。国家标准中规定不得小于7mm，在机械制图中一般为8~10mm，如图9-5所示，基线间距设置成10。

3）“隐藏”复选框：“尺寸线1（M）”和“尺寸线2（D）”分别用于控制尺寸线第一部分和第二部分的可见性。

<尺寸界线选项组主要选项说明>

1）“超出尺寸线（X）”：用于设置尺寸界线超出尺寸线的距离，在机械制图中一般选择2~3mm，如图9-6所示。

2）“起点偏移量（F）”：用于设置尺寸界线的起点与标注起点的距离，如图9-7所示。在机械制图中一般为0。

3）“隐藏”复选框：当选中此复选框时，相应的尺寸界线为不可见，如图9-8所示，孔径ϕ40mm的第一条尺寸线与尺寸界线都被隐藏了。

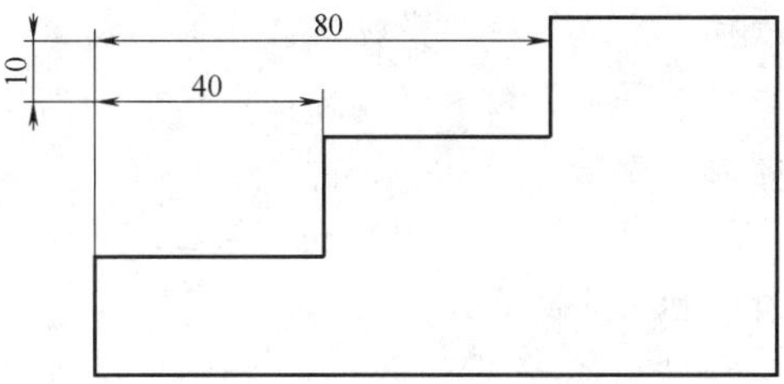

图9-5　设置基线间距

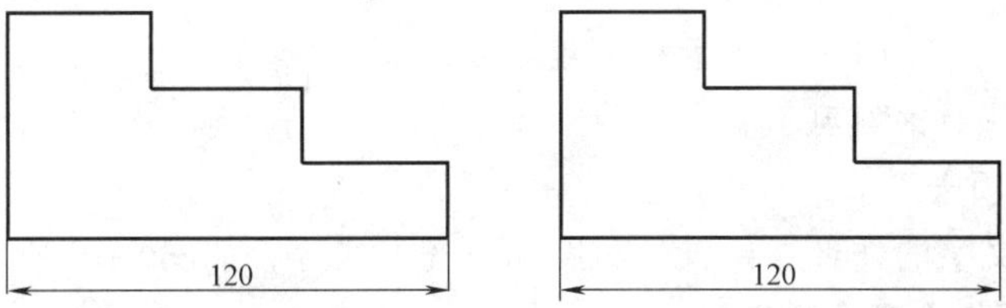

a) 超出尺寸线值为0　　b) 超出尺寸线值为3mm

图9-6　设置尺寸界线超出尺寸线的距离

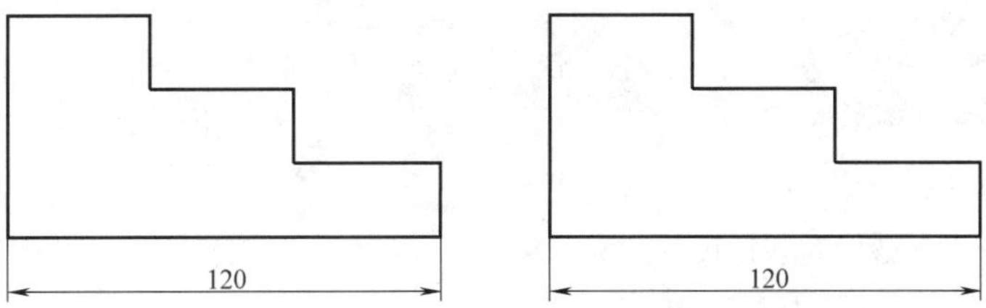

a) 起点偏移量为0　　b) 起点偏移量为3mm

图9-7　设置尺寸界线的起点与标注起点的距离

2. “符号和箭头”选项卡

在该选项卡中，可以设置标注文字的箭头大小以及圆心标记的格式和位置等，如图9-9所示。

<主要选项说明>

1）“箭头”：“第一个（T）”与“第二个（D）”下拉列表框分别用于设置第一条和第二条尺寸线的终端形式。机械图样一般采用“实心闭合”形式的尺寸终端。

2）“引线（L）”下拉列表框：用来设置指引线的终端形式。

3）“箭头大小（T）”数值框：用来设置尺寸线终端的大小。机械图样中箭头大小为粗实线线型宽度的4倍，为4~5mm。

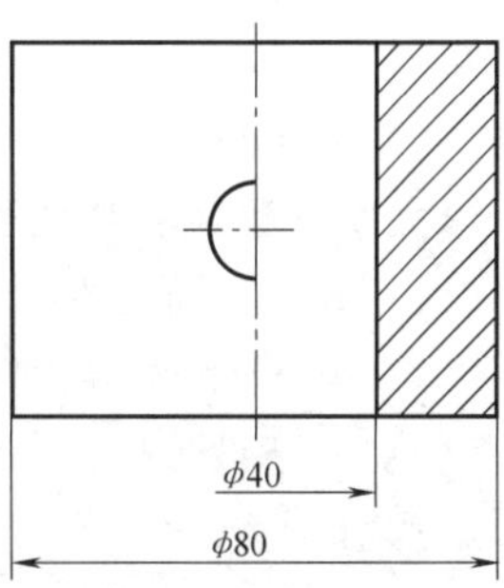

图9-8　尺寸线与尺寸界线的隐藏示例

4）“圆心标记”区：设置圆和圆弧的中心标记，用于控制当标注圆或圆弧的直径或半径时，是否绘制中心标记以及它们的形状和大小等。

5）“折断大小（B）”文本框：用于设置折断标注的间距大小。

6）“弧长符号”区：用来设置标注弧长时弧长符号的位置。

7）“折弯角度（J）”文本框：用来确定连接半径标注的尺寸界线和尺寸线的横向直线的角度。

8）“折弯高度因子（F）”文本框：用于设置文字折弯高度的比例因子。

图 9-9 “符号和箭头”选项卡

3. “文字”选项卡

用于设置标注文字的外观、位置、高度和对齐方式等，如图 9-10 所示。

<文字外观选项组主要选项说明>

1）“文字样式（Y）”下拉列表：用于选择标注的文字样式，也可以单击其后的  按钮，在弹出的“文字样式”对话框中新建或修改文字样式。

2）“文字高度（T）”文本框：用于设置标注文字的高度。

3）“分数高度比例（H）”文本框：用于设置标注文字中的分数相对于其他标注文字的比例，系统以该比例值与标注文字高度的乘积作为分数的高度。

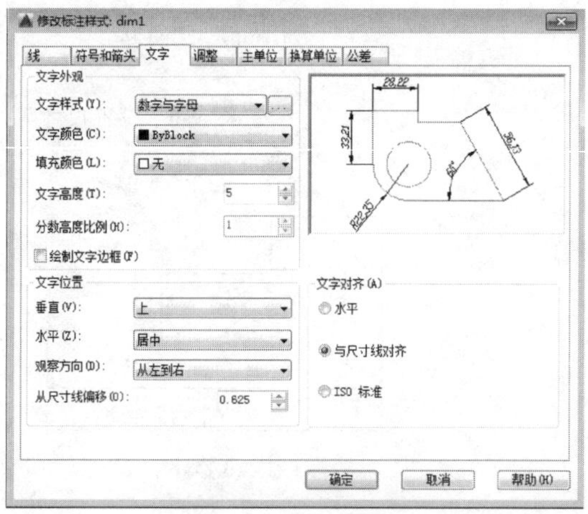

图 9-10 “文字”选项卡

<文字位置选项组主要选项说明>

1）“垂直（V）”下拉列表：用于设置标注文字相对于尺寸线在垂直方向的位置，如图 9-11 所示。

2）“水平（Z）”下拉列表：用于设置标注文字相对于尺寸线和尺寸界线在水平方向的位置，如图 9-12 所示。

<文字位置选项组主要选项说明>

1）“水平”单选项：使标注文字水平放置，如图 9-13a 所示。

2）“与尺寸线对齐”单选项：使标注文字方向与尺寸线方向一致，如图 9-13b 所示。

3）“ISO 标准”单选项：使标注文字按 ISO 标准放置，如图 9-13c 所示。

4. “调整”选项卡

“调整”选项卡用于控制尺寸文本、尺寸线、尺寸界线终端和指引线的放置位置，如图 9-14 所示。

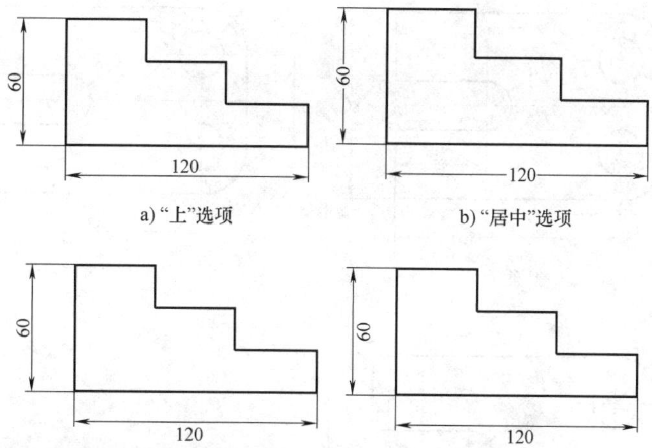

a) “上”选项　b) “居中”选项　c) “外部”选项　d) “下”选项

图 9-11　设置文字垂直位置

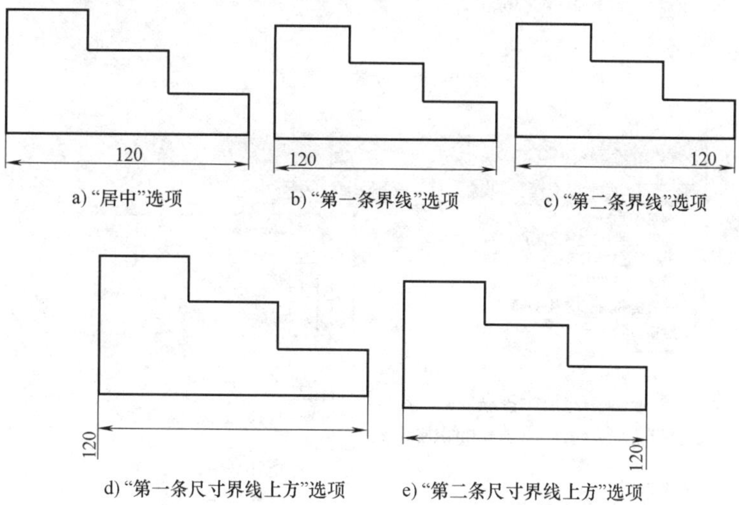

a) “居中”选项　b) “第一条界线”选项　c) “第二条界线”选项　d) “第一条尺寸界线上方”选项　e) “第二条尺寸界线上方”选项

图 9-12　设置文字水平位置

<调整选项（F）选项组主要选项说明>

1）“文字或箭头（最佳效果）”单选项：由系统按最佳效果自动移出文字和箭头。

2）“箭头”单选项：首先将箭头移出，如图 9-15a 所示。

3）“文字”单选项：首先将文字移出。

4）“文字和箭头”单选项：将文字和箭头都移出，如图 9-15b 所示。

5）“文字始终保存在尺寸界线之间”单选项：将文本始终保持在尺寸界线内，箭头可以在尺寸界线内也可以在尺寸界线外。

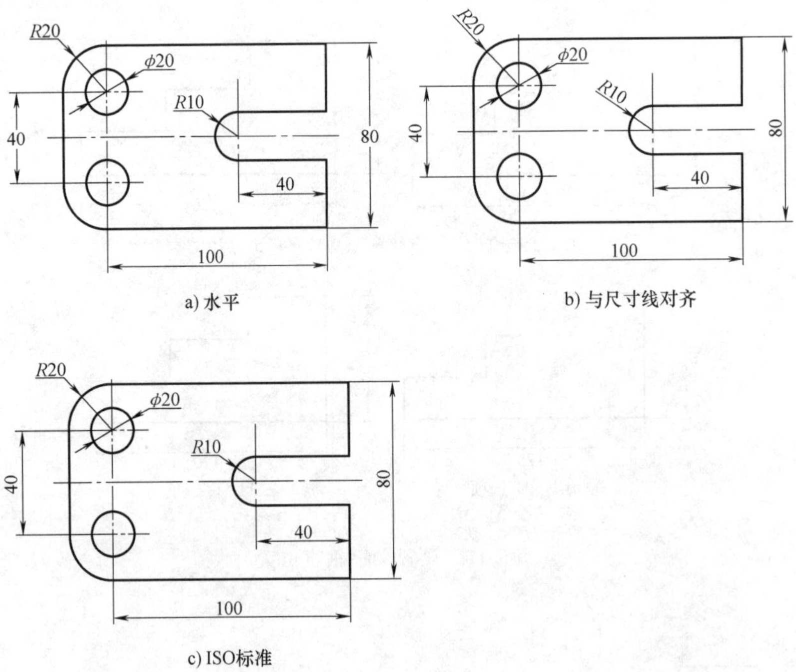

a) 水平　b) 与尺寸线对齐　c) ISO标准

图 9-13　设置文字位置

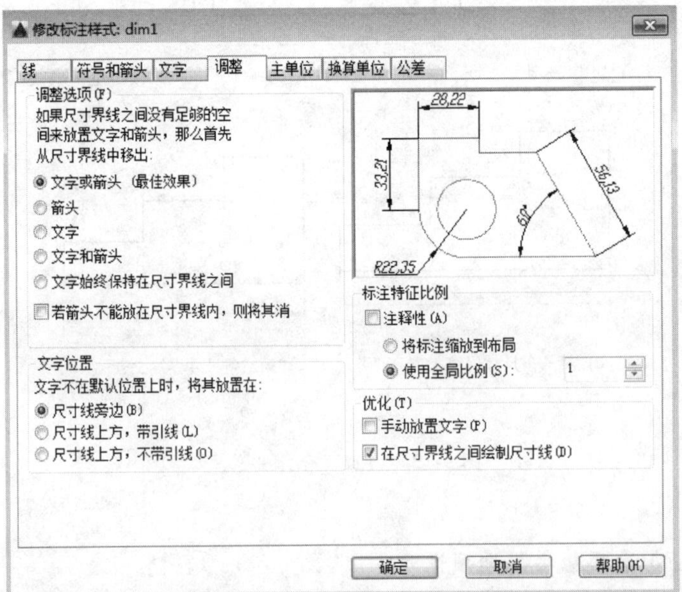

图 9-14　“调整”选项卡

6)“若箭头不能放在尺寸界线内，则将其消除”单选项：系统将抑制箭头显示，如图 9-15c 所示。

<文字位置选项组主要选项说明>

该选项组用来设置尺寸文本从默认位置移动后，尺寸文本的放置位置。不同设置对尺寸文字标注的影响如图 9-16 所示。

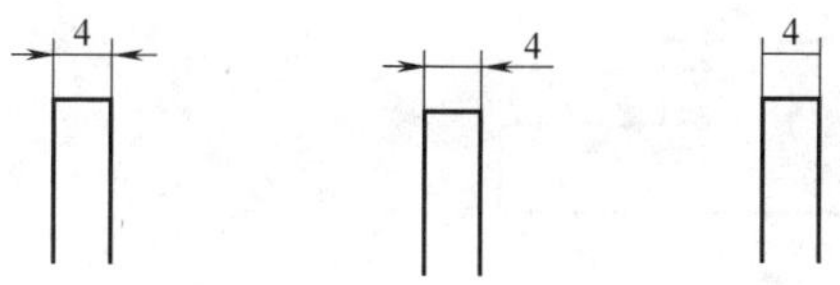

a)　　b)　　c)

图 9-15　文字和箭头的调整

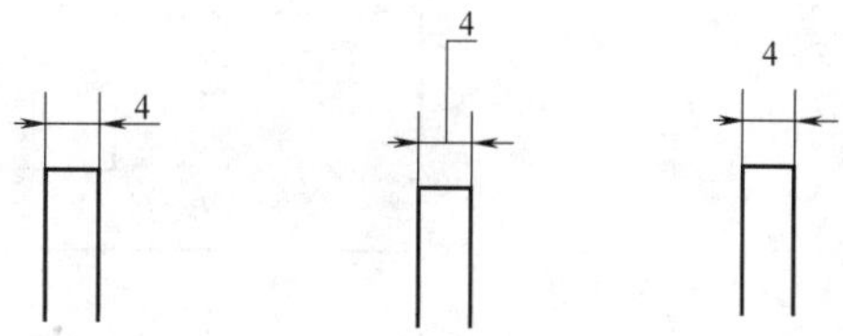

a) 标注在外侧　　b) 通过指引线标注　　c) 标注在上侧

图 9-16　“文字位置”区的设置效果

<标注特性比例选项组主要选项说明>

1）“使用全局比例（S）”单选项：对所有标注样式设置缩放比例，该比例不改变尺寸的测量值。

2）“将标注缩放到布局”单选项：根据当前模型空间视口与图纸空间之间的缩放关系设置比例。

5. “主单位”选项卡

该选项卡用于设置尺寸标注主单位的单位格式和精度，同时还能设置尺寸文本的前缀和后缀，如图 9-17 所示。

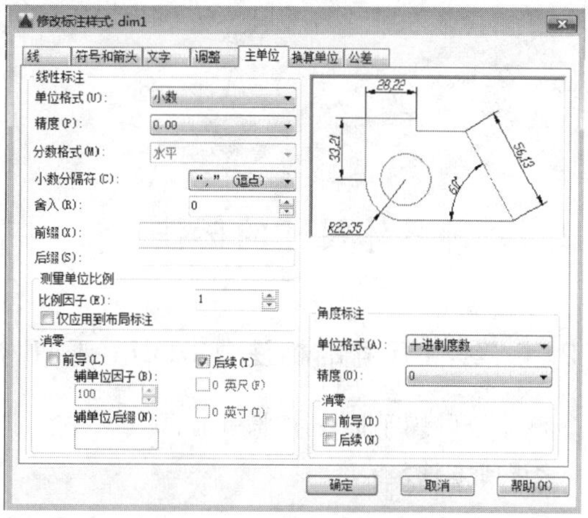

图 9-17　“主单位”选项卡

6. “换算单位”选项卡

该选项卡用来设置是否显示换算单位，如果显示要设置换算单位的单位格式和精度等，如图 9-18 所示。

7. “公差”选项卡

该选项卡用于设置尺寸公差的样式和尺寸偏差值，如图 9-19 所示。常用的尺寸公差的不同标注格式如图 9-20 所示。

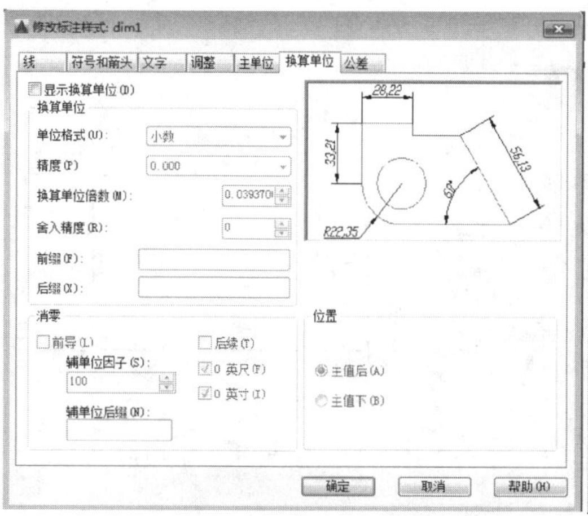

图 9-18　“换算单位”选项卡

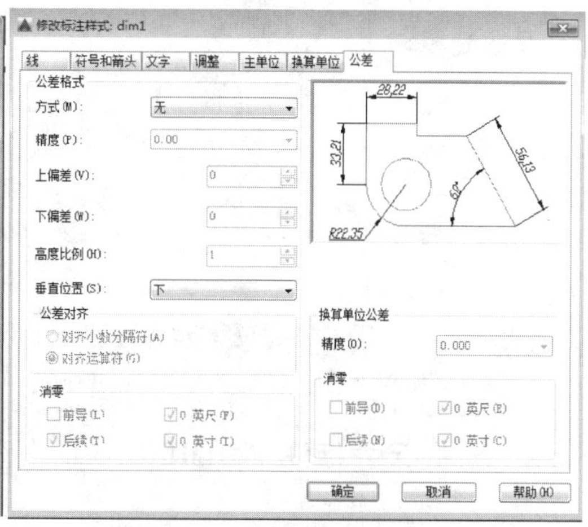

图 9-19　“公差”选项卡

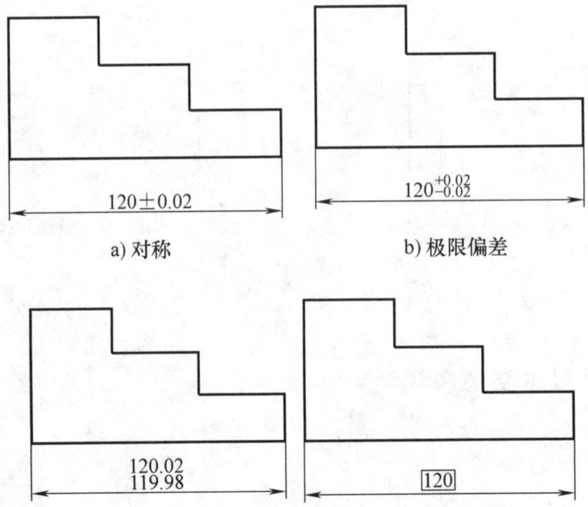

a) 对称　b) 极限偏差　c) 极限尺寸　d) 公称尺寸

图 9-20　尺寸公差的不同标注格式

9.2　各种具体尺寸的标注

9.2.1　线性尺寸的标注（DIMLINEAR 命令）

该命令可用于标注水平和垂直的线性尺寸。

<访问方法>

选项卡：【注释】→【标注】面板→【线性】。

菜单：【标注（N）】→【线性（L）】。

工具栏：【标注】→【线性】。

命令行：DIMLINER。

<操作过程>

步骤 1：在工具栏单击【标注】→【线性】。

步骤 2：用端点捕捉的方式指定第一条尺寸界线的起点 *A*。

步骤 3：用端点捕捉的方式指定第二条尺寸界线的起点 *B*。

步骤 4：确定尺寸线的位置和标注文字，系统将自动标注测量值，如图 9-21 所示。

图 9-21　线性标注

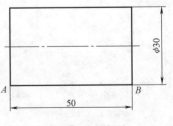

9.2.2　对齐尺寸标注（DIMLIGNED 命令）

该尺寸的尺寸线平行于两个尺寸界线起点的连线，

常用于倾斜尺寸的标注。

<访问方法>

选项卡：【注释】→【标注】面板→【对齐】。

菜单：【标注（N）】→【对齐（G）】。

工具栏：【标注】→【对齐】。

命令行：DIMLIGNED。

<操作过程>

步骤 1：在工具栏单击【标注】→【对齐】。

步骤 2：用端点捕捉的方式指定第一条尺寸界线的起点 *A*。

步骤 3：用端点捕捉的方式指定第二条尺寸界线的起点 *B*。

步骤 4：确定尺寸线的位置和标注文字，系统将自动标注测量值，如图 9-22 所示。

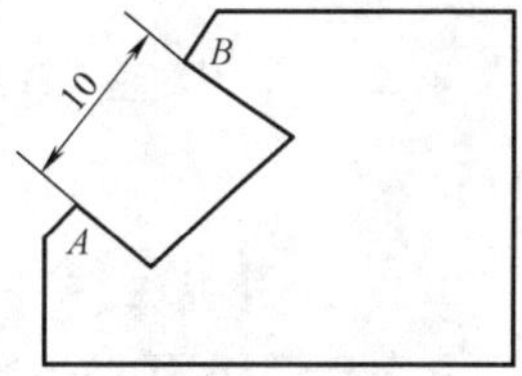

图 9-22　对齐标注

9.2.3　半径尺寸标注（DIMRADIUS 命令）

用于标注圆或圆弧的半径尺寸。

<访问方法>

选项卡：【注释】→【标注】面板→【半径】。

菜单：【标注（N）】→【半径（R）】。

工具栏：【标注】→【半径】。

命令行：DIMLRADIUS。

<操作过程>

步骤 1：在工具栏单击【标注】→【半径】。

步骤 2：在绘图区域中选择圆弧作为要标注的对象；单击一点以确定尺寸线的位置，如图 9-23 所示。

9.2.4　直径标注（DIMDIAMETER 命令）

用于标注指定圆或圆弧的直径尺寸。

<访问方法>

选项卡：【注释】→【标注】面板→【直径】。

菜单：【标注（N）】→【直径（D）】。

工具栏：【标注】→【直径】。

命令行：DIMDIAMETER。

<操作过程>

步骤 1：在工具栏单击【标注】→【直

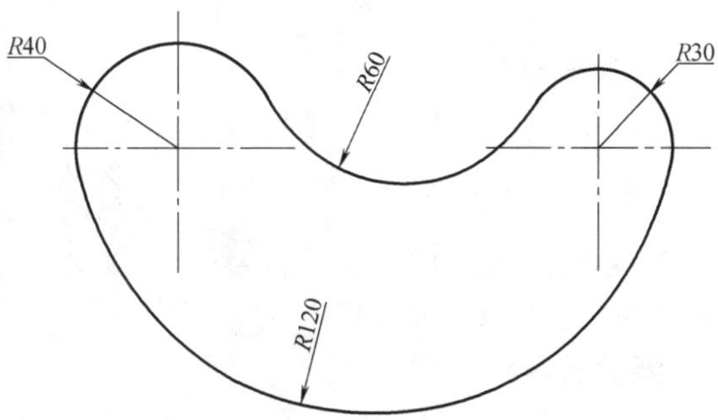

图 9-23　半径标注

径】。

步骤 2：在绘图区域中选择圆作为要标注的对象；单击一点以确定尺寸线的位置，如图 9-24 所示。

9.2.5 角度标注（DIMANGULAR 命令）

该命令可以标注一段圆弧的中心角或两条交线之间的夹角，也可以根据已知的三个点来标注角度。

<访问方法>

选项卡：【注释】→【标注】面板→【角度】。

菜单：【标注（N）】→【角度（D）】。

工具栏：【标注】→【角度】。

命令行：DIMDANGULAR。

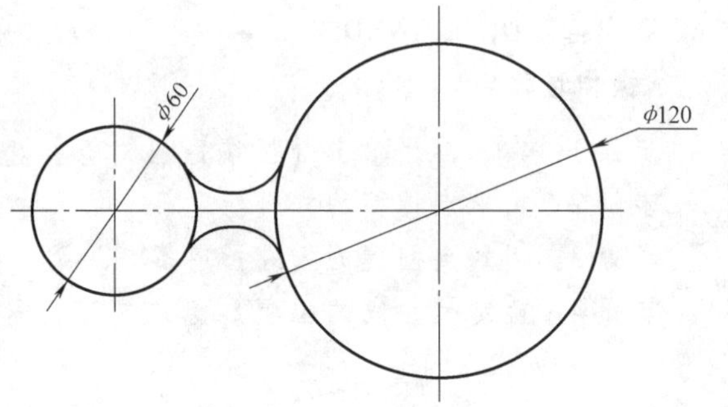

图 9-24 直径标注

<操作过程>

步骤 1：在工具栏单击【标注】→【角度】。

步骤 2：在命令行提示"DIMANGULAR 选择圆弧、圆、直线或<指定顶点>："后，选择一条直线。

步骤 3：在命令行提示"DIMANGULAR 选择第二条直线："后，选择另外一条直线。

步骤 4：在命令行提示"DIMANGULAR 指定标注弧线位置或[多行文字（M）文字（T）角度（A）象限点（O）]："后，单击一点以确定标注弧线的位置，系统按实际测量值标注出角度，如图 9-25 所示。

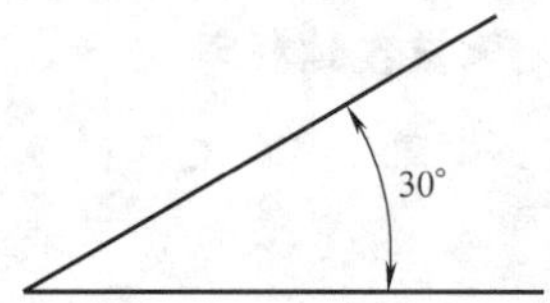

图 9-25 角度标注

9.2.6 坐标标注（DIMORDINATE 命令）

该命令可以标明位置点相对于当前坐标系原点的坐标值，它由 *X* 坐标（或 *Y* 坐标）和引线组成。

<访问方法>

选项卡：【注释】→【标注】面板→【坐标】。

菜单：【标注（N）】→【坐标（D）】。

工具栏：【标注】→【坐标】。

命令行：DIMORDINATE。

<操作过程>

步骤 1：在工具栏单击【标注】→【坐标】。

步骤 2：创建 *A* 点处的坐标。在命令行提示"DIMORDINATE 指定点坐标："后，选取 *A* 点；向上拖动鼠标，然后单击一点，即可创建 *A* 点的 *X* 坐标标注。

步骤 3：创建 *B* 点处的坐标。创建方法与创建 *A* 点坐标相同，如图 9-26 所示。

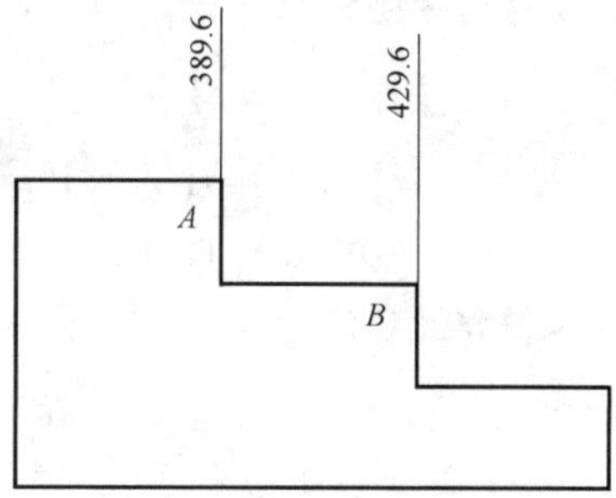

图 9-26　坐标标注

9.2.7　弧长标注（DIMARC 命令）

该命令用于测量圆弧或多段线弧线段的长度。

<访问方法>

选项卡：【注释】→【标注】面板→【弧长】。

菜单：【标注（N）】→【弧长（H）】。

工具栏：【标注】→【弧长】。

命令行：DIMORDINATE。

<操作过程>

步骤 1：在工具栏单击【标注】→【弧长】。

步骤 2：选择要标注的弧线段或多段线弧线段。

步骤 3：单击一点，确定尺寸线的位置，系统自动测量弧线长度，如图 9-27 所示。

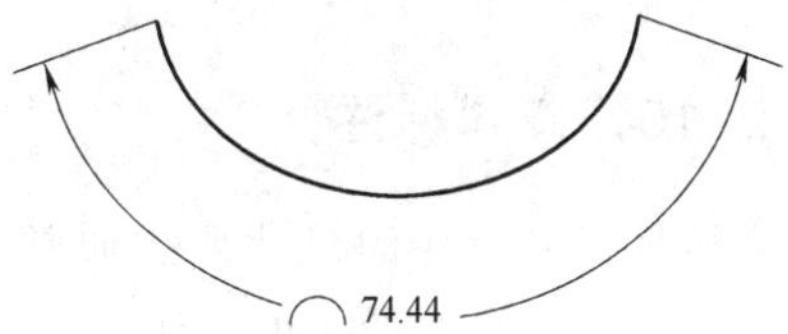

图 9-27　弧长标注

9.2.8　基线标注（DIMBASELINE 命令）

该命令用于以同一条尺寸界线为基准时，标注多个尺寸。在采用基线方式标注之前，一般应先标注出一个线性尺寸（如图 9-28 中的尺寸 40），再执行该命令。

<访问方法>

菜单：【标注（N）】→【基线（B）】。

工具栏：【标注】→【基线】。

命令行：DIMBASELINE。

<操作过程>

步骤 1：在工具栏单击【标注】→【基线】。

步骤 2：在命令行提示“指定第二个尺寸界线原点或［选择（S）放弃（U）］<选择>:”后，选择 *A* 点，此时系统自动选取标注“40”的第一条尺寸界线为基线创建基线标注“80”。

步骤 3：在命令行提示“指定第二个尺寸界线原点或［选择（S）放弃（U）］<选择>:”后，单击 *B* 点，系统自动选取标注“40”的第一条尺寸界线为基线创建基线标注“120”。

步骤 4：按两次<Enter>键结束基线标注。基线标注如图 9-28 所示。

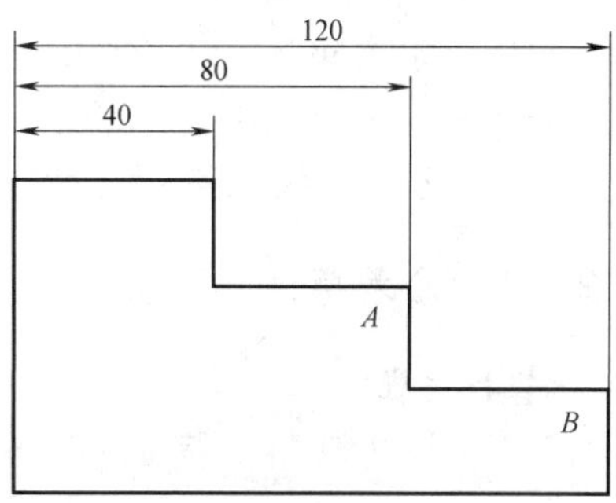

图 9-28　基线标注

9.2.9　连续标注（DIMCONTINUE 命令）

该命令用于首尾相连的尺寸标注。使用该命令前，应先标注出一个线性尺寸（如图 9-29 所示的尺寸“40”），再执行该命令。

<访问方法>

菜单：【标注（N）】→【连续（C）】。

工具栏：【标注】→【连续】。

命令行：DIMCONTINUE。

<操作过程>

步骤 1：在工具栏单击【标注】→【连续】。

步骤 2：在命令行提示“指定第二个尺寸界线原点或［选择（S）放弃（U）］<选择>:”后，选择 *A* 点，此时系统自动在标注“40”的第二条尺寸界线处连续标注一个线性尺寸“40”；在命令行提示“指定第二个尺寸界线原点或［选择（S）放弃（U）］<选择>:”后，选择 *B* 点，此时系统自动在标注“40”的第二条尺寸界线处连续标注一个线性尺寸“40”。

步骤 3：按两次<Enter>键结束连续标注。连续标注如图 9-29 所示。

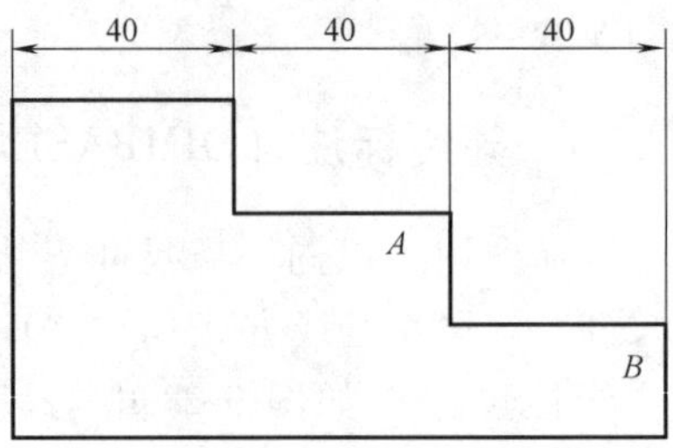

图 9-29 连续标注

9.2.10 倾斜标注

线性尺寸标注的尺寸界线通常是垂直于尺寸线的，可以修改尺寸界线的角度，使它们相对于尺寸线产生倾斜，这就是倾斜标注。使用该命令前首先要创建一个线性尺寸，如图 9-30a 所示。

<访问方法>

菜单：【标注（N）】→【倾斜（Q）】。

命令行：DIMEDIT。

<操作过程>

步骤 1：在菜单中单击【标注（N）】→【倾斜（Q）】。

步骤 2：在命令行提示“DIMEDIT 选择对象:”后，选择尺寸“50”，按<Enter>键；再在命令行提示“输入倾斜角度（按 ENTER 表示无）:”后，输入倾斜角度 60 后按<Enter>键，如图 9-30b 所示。

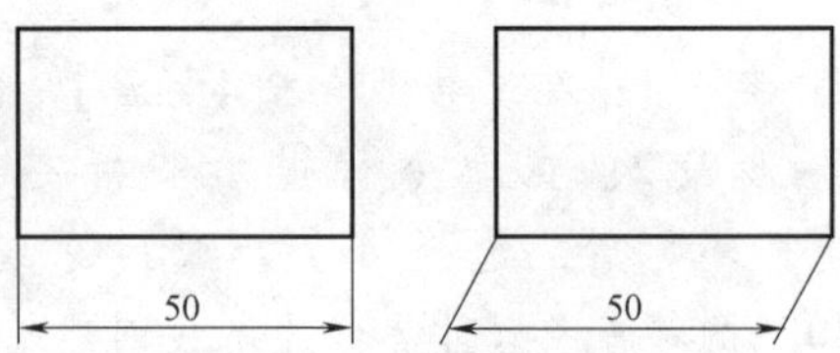

a) 倾斜前　b) 倾斜后

图 9-30 倾斜标注

9.2.11 公差标注

<操作过程>

下面以图 9-31 所示标注为例来介绍如何进行公差标注。

步骤 1：在工具栏单击【标注】→【线性】。

步骤 2：用端点捕捉的方式指定第一条尺寸界线起点 *A*。

步骤 3：用端点捕捉的方式指定第二条尺寸界线起点 *B*。

步骤4：创建标注文字。在命令行提示“DIMLINEAR [多行文字(M)文字(T)角度(A)水平(H)垂直(V)旋转(R)]:”后，输入“M”，按<Enter>键；在弹出的文字输入窗口输入文字字符50+0.02^-0.03，此时文字输入窗口如图9-32所示；选择全部文字，如图9-33所示，然后在“文字编辑器”工具栏的“样式”面板中将选取的文字高度设置为5；选择图9-34所示的公差文字，单击“多行文字编辑器”中的堆叠图标，并将公差文字字高设置为4，如图9-35所示；单击“多行文字编辑器”中的“确定”按钮。

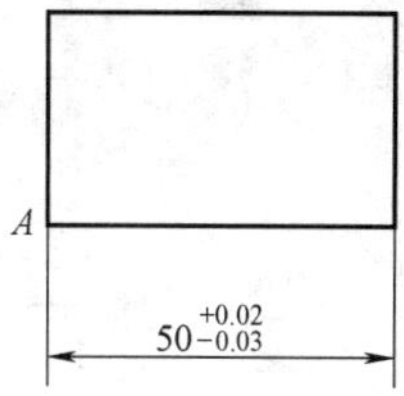

图9-31　公差标注

步骤5：在图形上方选择一点以确定尺寸线的位置。

图9-32　输入文字

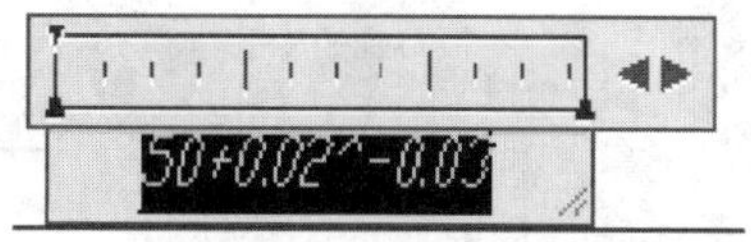

图9-33　选择全部文字

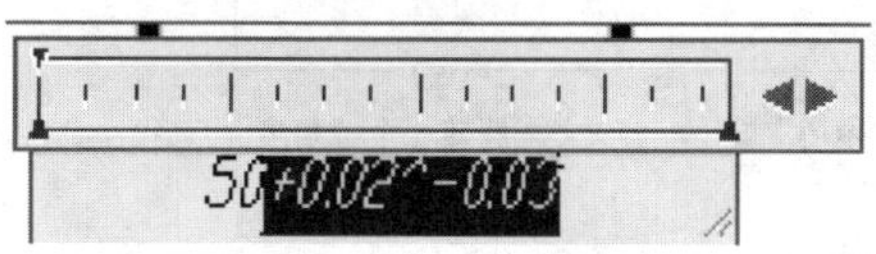

图9-34　选择公差文字

图9-35　改变公差形式

9.3　尺寸标注的编辑修改

当用户需要修改已经存在的尺寸时，可以使用多种方法。使用“DIMSTYLE”命令能够修改和编辑某一类型的尺寸样式，使用特性管理器（“PROPERTIES”命令）能够方便地管理和编辑尺寸样式中的一些参数，使用“DDEDIT”命令能够修改尺寸注释的内容等。

9.3.1　修改尺寸文字位置（DIMTEDIT命令）

使用该命令可以修改尺寸线、尺寸文本的位置。

<访问方法>

菜单：【标注(N)】→【对齐文字(X)】。

工具栏：【标注】→【编辑标注文字】。

命令行：DIMTEDIT。

<操作过程>

步骤1：在工具栏单击【标注】→【编辑标注文字】。

步骤2：在命令行提示“DIMTEDIT选择标注:”后选择要编辑的标注。

步骤3：系统显示如图9-36所示的提示，按住该提示可以完成相应文字放置的位置。尺寸标注的位置如图9-37所示。

选择标注:
DIMTEDIT 为标注文字指定新位置或 [左对齐(L) 右对齐(R) 居中(C) 默认(H) 角度(A)]:

图 9-36　执行 DIMTEDIT 命令后的系统提示

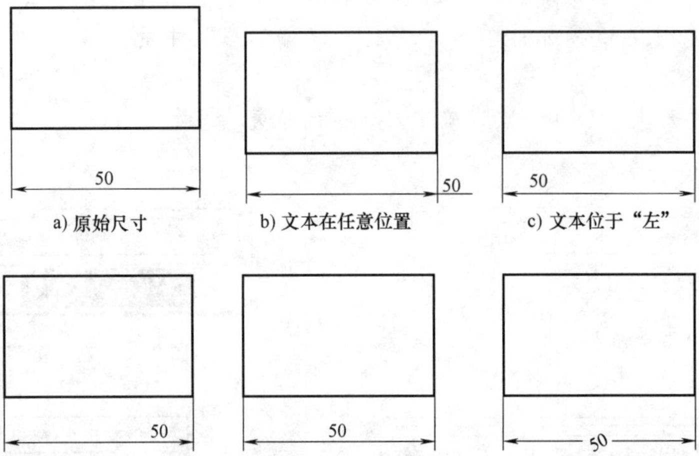

a) 原始尺寸　b) 文本在任意位置　c) 文本位于“左”

d) 文本位于“右”　e) 文本位于“中心”　f) 文本旋转一个“角度”

图 9-37　修改尺寸标注文字的位置

9.3.2　尺寸标注的编辑（DIMEDIT 命令）

使用该命令可以对指定的尺寸标注进行编辑，执行该命令后，系统提示图 9-38 所示的信息。

<访问方法>

菜单:【修改（M)】→【对象（O)】→【文本（T)】→【编辑（E)】。

工具栏:【标注】→【编辑标注】。

命令行: DIMEDIT。

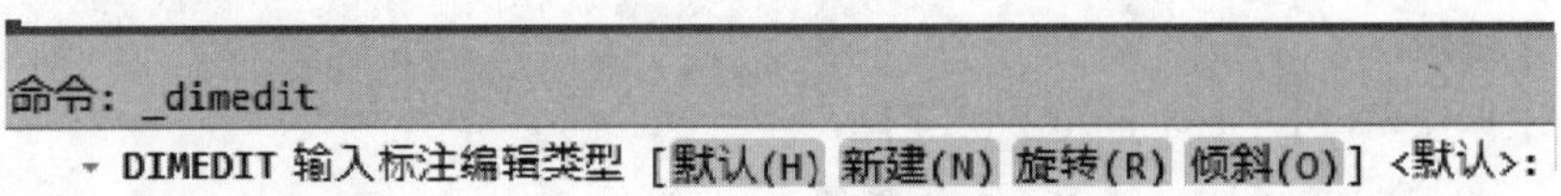

命令: _dimedit
DIMEDIT 输入标注编辑类型 [默认(H) 新建(N) 旋转(R) 倾斜(O)] <默认>:

图 9-38　命令行提示

<各选项的说明>

1)“默认（H)”: 按默认的位置、方向放置尺寸文字。

2)“新建（N)”: 修改文字的内容。

3)“旋转（R)”: 将尺寸标注文字旋转指定的角度。

4)“倾斜（O)”: 使尺寸界线旋转一定角度。

9.3.3　尺寸的替代（DIMOVERRIDE 命令）

该命令可以临时修改尺寸标注的系统变量的值，从而修改指定的尺寸标注对象。执行该命令后，系统提示图 9-39 所示的信息。

<访问方法>

菜单：【标注（N）】→【替代（V）】。

命令行：DIMOVERRIDE。

命令：_dimoverride
DIMOVERRIDE 输入要替代的标注变量名或 [清除替代(C)]:

图 9-39　命令行提示

在该命令行输入要替代的标注的变量名，如改变尺寸线的颜色，可输入变量名“DIMCLRD”并按<Enter>键；在命令行提示“DIMOVERRIDE 输入标注变量的新值<BYBLOCK>:”后，输入新值“RED”并按<Enter>键；在命令行提示“DIMOVERRIDE 输入要替代的标注变量名:”后，按<Enter>键；在命令行提示“DIMOVERRIDE 选择对象:”后，选择某个尺寸标注对象并按<Enter>键（系统将选中的尺寸标注对象的尺寸线变成红色）。

9.3.4　使用“特性”窗口编辑尺寸（PROPERTIES 命令）

该命令是使用对象特性管理器以列表的方式编辑和修改所选择尺寸对象的参数。发出“PROPERTIES”命令选择尺寸对象后，特性管理器中列出了所选尺寸对象参数值，如图9-40所示。在该选项板中可以修改相应的参数。

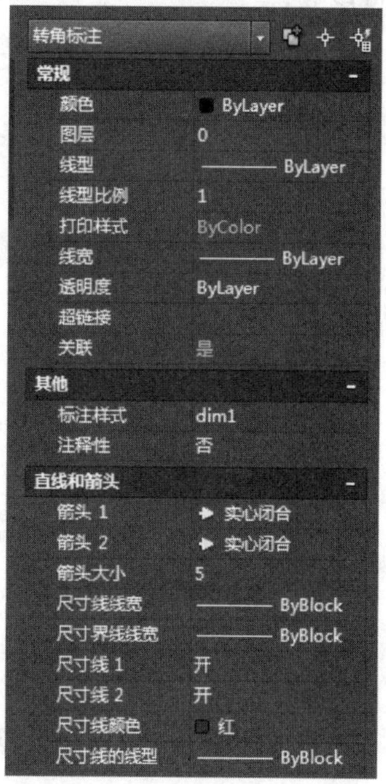

图 9-40　选择尺寸标注时的“特性”选项板

9.4　形位公差的标注

1. 不带引线的形位公差的标注

<访问方法>

菜单：【标注（N）】→【公差（T）】。

工具栏：【标注】→【公差】。

命令行：TOLERANCE。

<操作过程>

步骤 1：在工具栏单击【标注】→【公差】。

步骤 2：系统弹出图 9-41 所示的“形位公差”对话框，在该对话框中进行如下操作。

1）在“符号”选项区域中单击小黑框■，系统弹出图 9-42 所示的“特殊符号”对话框，单击要使用的符号。

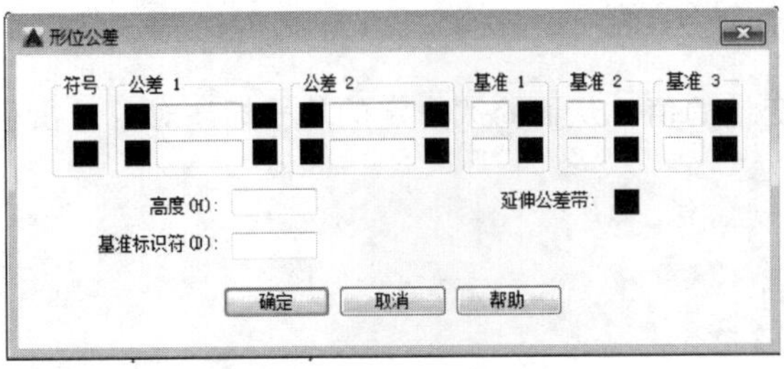

图 9-41 “形位公差”对话框

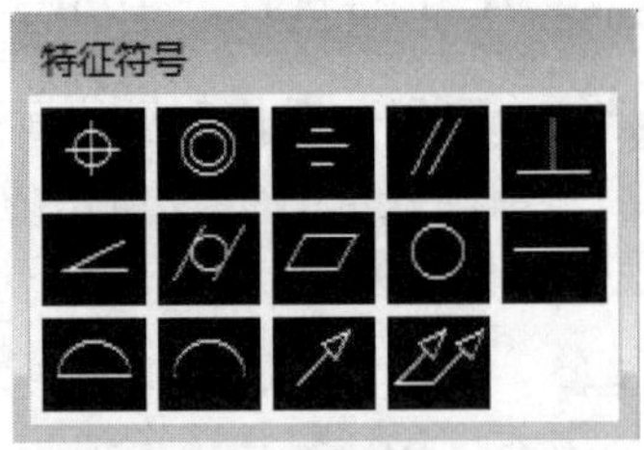

图 9-42 “特殊符号”对话框

2）在“公差 1”选项区域的文本框中，输入数值。

3）在“基准 1”选项区域的文本框中，输入基准符号。

4）单击“确定”按钮。

不带引线的形位公差如图 9-43 所示。

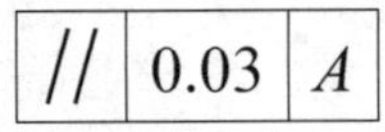

图 9-43 不带引线的形位公差

2. 带引线的形位公差的标注

<访问方法>

命令行：QLEADER。

<操作过程>

步骤 1：在命令行输入“QLEADER”命令按<Enter>键。

步骤 2：在命令行提示“指定第一个引线点或［设置（S）］<设置>:”后按<Enter>键；

步骤 3：在弹出的“引线设置”对话框中，选中“注释类型”选项组中“公差（T）”单选项，如图 9-44 所示，单击对话框中的“确定”按钮。

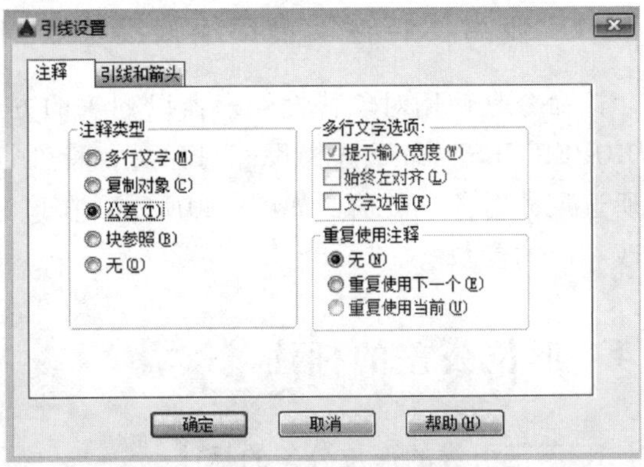

图 9-44 “引线设置”对话框

步骤 4：在命令行提示“指定第一个引线点或［设置（S）］<设置>:”后，选中引出点，按住提示指引线在不同位置的点。

步骤 5：单击“确定”按钮完成操作，如图 9-45 所示。

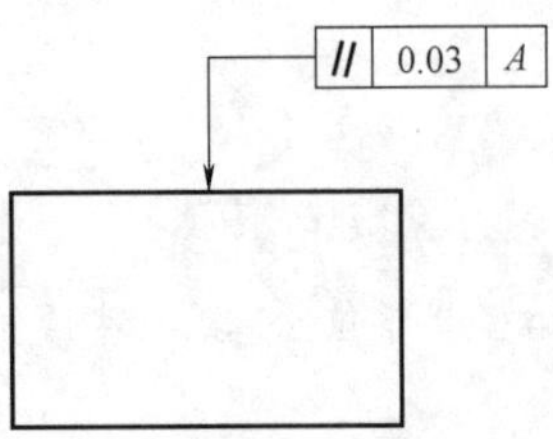

图 9-45 带引线的形位公差

思考与练习题

1. 绘制图 9-46 所示图形并标注尺寸。
2. 绘制图 9-47 所示图形并标注尺寸。
3. 绘制图 9-48 所示图形，图中的表面粗糙符号可先不绘制。

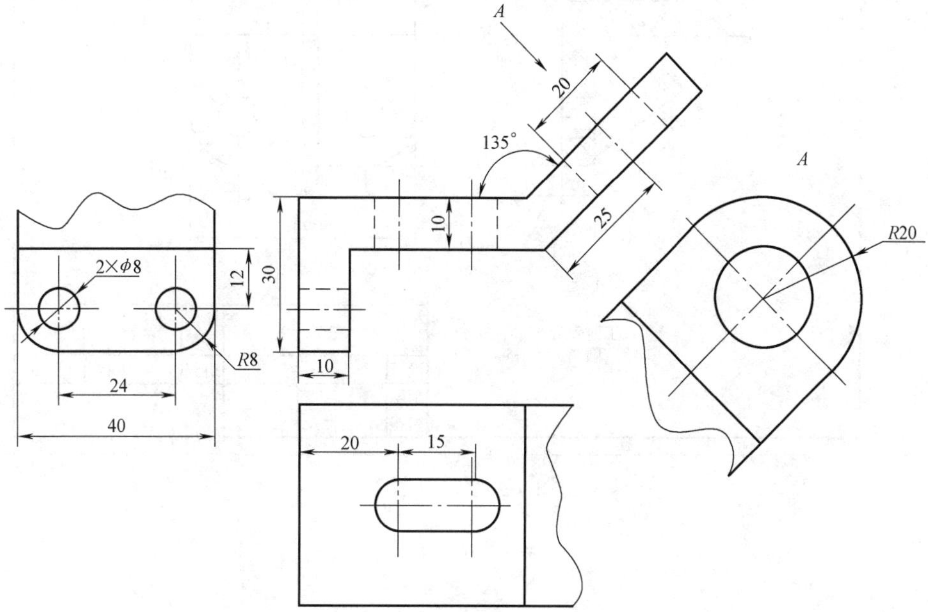

图 9-46　练习题 1

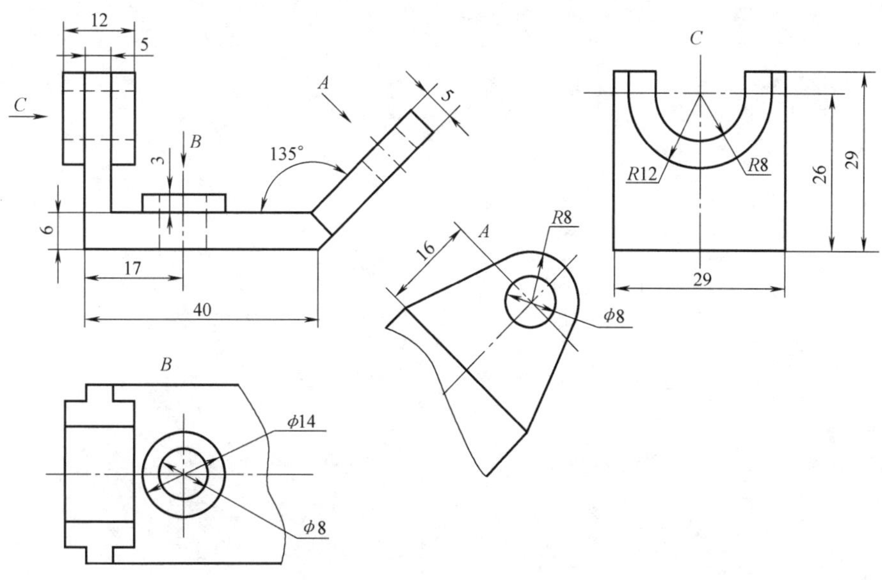

图 9-47　练习题 2

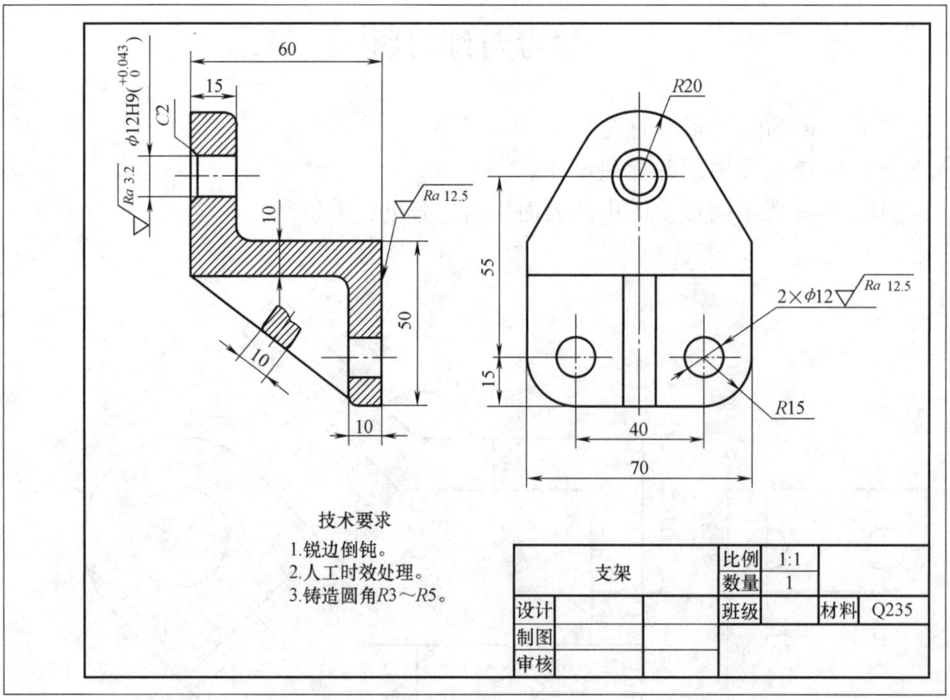
60
15
C2
ϕ12H9($^{+0.043}_{0}$)
Ra 3.2
Ra 12.5
10
50
10
10
R20
55
15
2×ϕ12
Ra 12.5
R15
40
70
技术要求
1.锐边倒钝。
2.人工时效处理。
3.铸造圆角R3～R5。
支架
比例 1:1
数量 1
设计
制图
审核
班级
材料 Q235

图 9-48　练习题 3

第 10 章 图块与外部参照

10.1 图块的概念与使用

在工程制图中，常常要画一些常用的图形和图形符号，如螺栓、螺母、垫圈、螺钉、表面粗糙度等。如果把这些经常出现的图形定义成块，存放在图形库中，当绘制图形时，就可以用插入块的方法绘制图中一些重复构图要素。这样可以避免大量的重复工作，而且还提高了绘图的速度与质量。

块一般由几个图形对象组合而成，AutoCAD 将块对象视为一个单独的对象。块对象可以由直线、圆、圆弧、多边形等对象以及定义的属性组成。系统会将块定义自动保存到图形文件中，另外用户也可以将块保存到硬盘上。

10.1.1 创建块（BLOCK 命令）

要创建块，应首先绘制所需要的图形对象。下面以表面粗糙度符号的创建来说明块的建立。

（1）绘制表面粗糙度符号　按表面粗糙度符号与字高的比例关系，采用“直线”“偏移”“修剪”和“删除”绘制和编辑命令绘制表面粗糙度符号，如图 10-1 所示。

（2）块的创建

<访问方法>

选项卡：【插入】→【块】面板→【创建块】。

菜单：【绘图（D）】→【块（K）】→【创建（M）...】。

工具栏：【绘图】→【创建块】。

命令行：BLOCK。

<操作过程>

步骤 1：在工具栏单击【绘图】→【创建块】，系统弹出图 10-2 所示的“块定义”对话框。

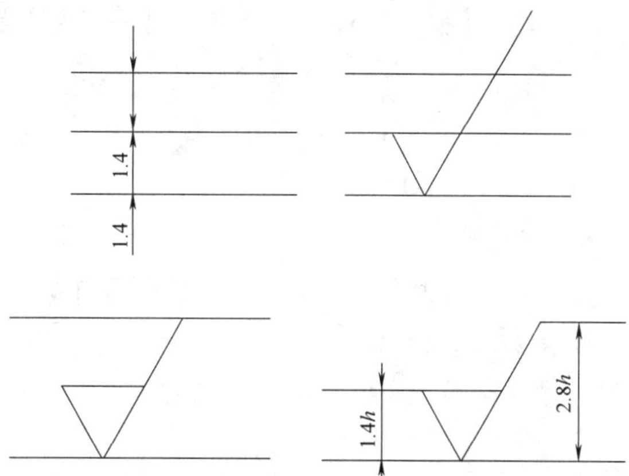

图 10-1　表面粗糙度符号的绘制

步骤 2：命名块。在“块定义”对话框的“名称（N）：”文本框中输入块的名称为粗糙度符号。

步骤3：指定块的基点。在“块定义”对话框的“基点”选项组中，用户可以直接在“X”“Y”和“Z”文本框中输入“基点”的坐标，也可以单击“拾取点（K）”左侧的按钮，切换到绘图区中选取点。

步骤4：选择组成块的对象。在“块定义”对话框的“对象”选项组中，单击“选择对象（T）”旁边的按钮，切换到绘图区选择粗糙度符号作为组成块的对象。

步骤5：单击对话框中的“确定”按钮，完成块的创建。

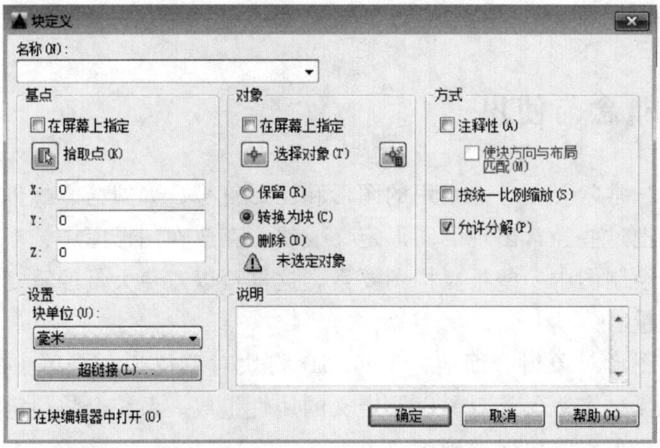

图10-2 “块定义”对话框

10.1.2 插入块（INSERT命令）

插入块用于将已定义的图块插入到当前图形文件中，在插入的同时还可以改变插入图形的比例因子和旋转角度。

<访问方法>

选项卡：【插入】→【块】面板→【插入块】。

菜单：【插入（I）】→【块（B）...】。

工具栏：【绘图】→【插入块】。

命令行：INSERT。

<操作过程>

步骤1：在工具栏单击【绘图】→【插入块】，系统弹出图10-3所示的“插入”对话框。

步骤2：选取或输入块的名称。在“插入”对话框的“名称：”下拉列表中选择或输入块的名称，也可以单击其后的“浏览”按钮，从系统弹出的“选择图形文件”对话框中选择保存的块。

步骤3：设置块的插入点。通过选中“☑在屏幕上指定（S）”复选框，在屏幕上指定插入点位置。

步骤4：设置插入块的缩放比例。在“插入”对话框的“比例”选项组中，可直接在“X”“Y”“Z”文本框中输入要插入的块在这三个方向的缩放比例值，也可以通过选中“☑在屏幕上指定（E）”复选框，在屏幕上指定。

步骤5：设置插入块的旋转角度。在“插入”对话框的“旋转”选项组中，可在“角度（A）”文本框中输入插入块的旋转角度，也可以选中“☑在屏幕上指定（C）”复选框，在屏幕上指定旋转角度。

步骤6：单击对话框中的“确定”按钮后，系统自动切换到绘图窗口，在绘图区某处指定块的插入点，完成块的插入。

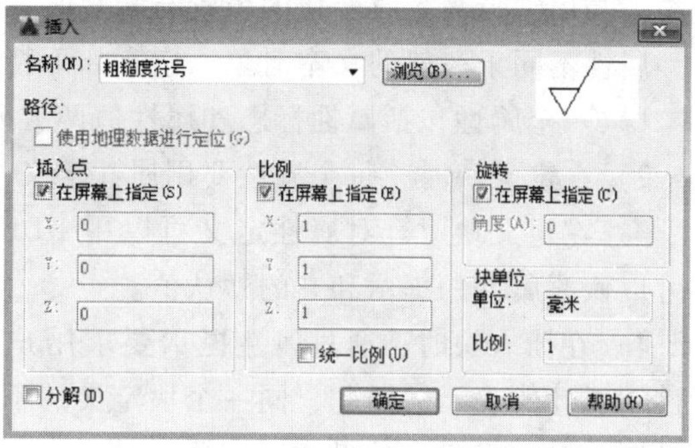

图 10-3 “插入”对话框

10.1.3 写块（WBLOCK 命令）

用“BLOCK”命令定义的块，只能插入到已经建立了块定义的图形中，而不能被其他图形调用。为了能使块被其他图形调用，可以使用“WBLOCK”命令将块写入磁盘文件。用“WBLOCK”命令写入磁盘的文件也是扩展名为“.dwg”的图形文件。

<访问方法>

命令行：WBLOCK。

<操作过程>

步骤1：在命令行输入“WBLOCK”命令，按<Enter>键，此时系统弹出图10-4所示的“写块”对话框。

步骤2：定义组成块的对象来源。在“写块”对话框的“源”选项组中，有三个单选项“块（B）”、“整个图形（E）”和“对象（O）”用来定义写入块的来源，根据实际情况选取其中之一。

步骤3：设定写入块的保存路径和文件名。在“目标”选项组的“文件名和路径（F）”下拉列表中，输入块文件的保存路径和名称；也可以单击下拉列表后的按钮...，在弹出的“浏览图形文件”对话框中设定写入块的保存路径和文件名。

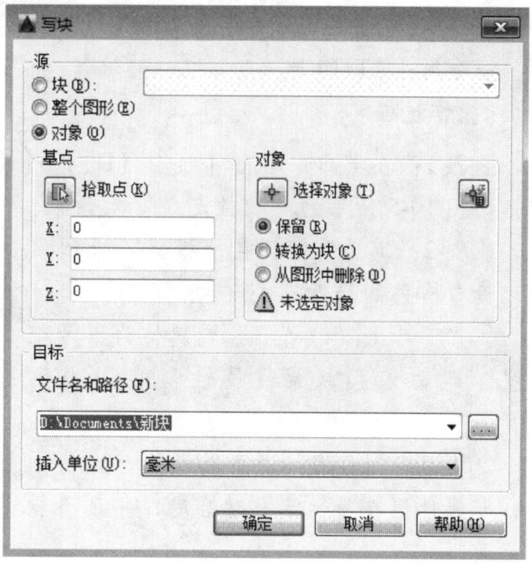

图 10-4 “写块”对话框

步骤4：单击对话框中的“确定”按钮，完成块的写入操作。

10.2 带属性的块

10.2.1 块属性的特点

属性是从属于块的非图形信息，它是块的一个组成部分，也可以说属性是块中的文本对象，即块=若干图形对象+属性。

属性从属于块，它与块组成一个整体。当用删除命令删去块时，包含在块中的属性也被删去。当用编辑命令改变块的位置与转角时，它的属性也随之移动和转动。

属性不同于一般的文本对象，它有如下特点：

1）一个属性包括属性标志和属性值两方面的内容。

2）在定义块时，每个属性要用属性定义（ATTDEF）命令进行定义。

3）在定义块时，对属性定义可以用 DDEDIT 命令修改，用户不仅可以修改属性标志，还可以修改属性的提示和它的默认值。

4）在插入块时，通过属性提示要求用户输入属性值（也可以用默认值）。插入块后，属性用属性值表示。因此，同一个块定义的不同实例，可以有不同的属性值。如果属性值在定义属性时被规定为常量，则在插入时不询问属性值。

5）在块插入后，可以用 ATTDISP（属性提取）命令改变属性的可见性。

10.2.2 定义和编辑块属性（ATTDEF 命令）

1. 定义带属性的块

<访问方法>

选项卡：【插入】→【块】面板→【定义属性】。

菜单：【绘图（D）】→【块（K）】→【定义属性（D）...】。

命令行：ATTDEF。

<操作过程>

步骤1：在菜单中单击【绘图（D）】→【块（K）】→【定义属性（D）...】，此时系统弹出图10-5所示的“属性定义”对话框。

步骤2：定义属性。在“模式”选项组中，设置有关的属性模式。

①“不可见（I）”：设置属性为不可见方式，即插入图块后，属性值在图中不可见。

②“固定（C）”：设置属性为恒定值方式，即属性值在属性定义时给定，并且不能被修改。

③“验证（V）”：设置属性为验证方式，即块插入时输入属性值后，系统会要求用户再确定一次输入的值的正确性。

④“预设（P）”：设置属性值为预设方式，当块插入时，不要求输入属性值，而是自动填写默认值。

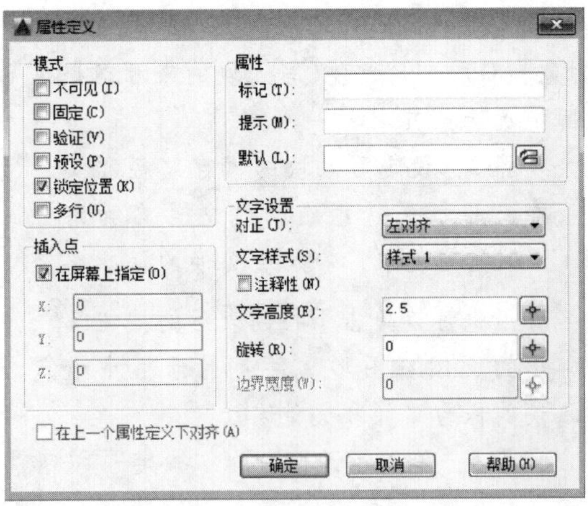

图10-5 “属性定义”对话框

⑤“锁定位置（K）”：锁定块参照中属性的位置。解锁后，属性可以相对于使用夹点编辑的块的其他部分移动。

⑥“多行（U）”：指定的属性值可以包含多行文字。

步骤3：定义属性内容。在“属性”选项组的“标记（T）：”文本框中输入属性的标记；在“提示（M）:”文本框中输入插入块时系统显示的提示信息；在“默认（L）:”文本框中输入属性的值。

步骤 4：定义属性文字的插入点。在“插入点”选项组中，可以选中“☑在屏幕上指定（O）”复选框，在绘图区中拾取一点作为插入点。

步骤 5：定义属性文字的特征选项。

2. 编辑块属性

<访问方法>

选项卡：【插入】→【块】面板→【块属性管理器】。

菜单：【修改（M）】→【对象（O）】→【属性（A）】→【块属性管理器（B）】。

命令行：DDEDIT。

<操作过程>

步骤 1：在菜单中单击【修改（M）】→【对象（O）】→【属性（A）】→【块属性管理器（B）】，系统弹出图 10-6 所示“块属性管理器”对话框。

步骤 2：单击“块属性管理器”对话框中的“编辑（E）”按钮，系统弹出图 10-7 所示的“编辑属性”对话框。

步骤 3：在“编辑属性”对话框中，编辑修改块的属性。

步骤 4：编辑完成后，单击对话框中的“确定”按钮。

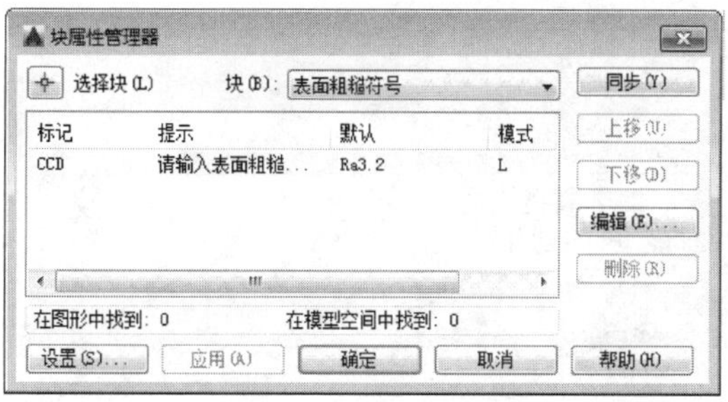

图 10-6　“块属性管理器”对话框

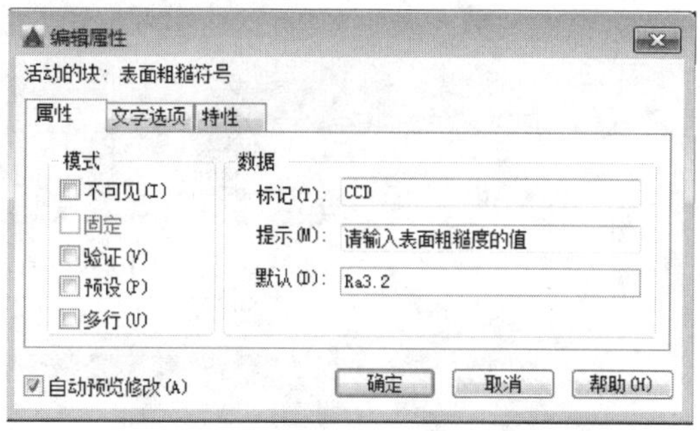

图 10-7　“编辑属性”对话框

例 10-1：绘制图 10-8 所示的图形。

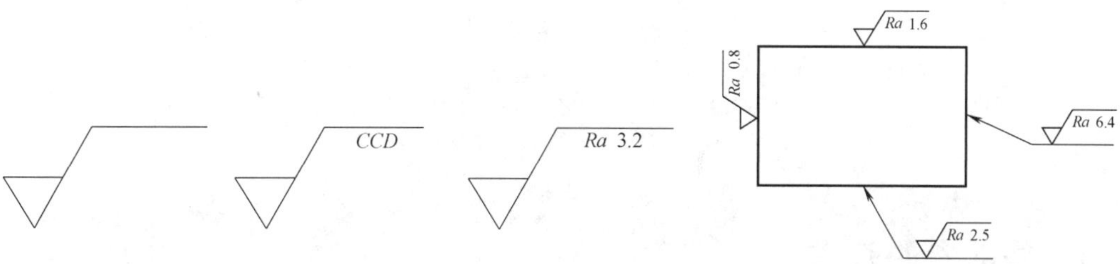

a) 完整符号图形　b) 定义属性　c) 带有属性的块的插入　d) 不同方向的块的插入

图 10-8　使用带有属性的块

1）绘制出图 10-8a 所示的完整表面粗糙度符号图形。

2）在菜单中单击【绘图（D）】→【块（K）】→【定义属性（D）...】，打开“属性定义”对话框进行属性定义，如图 10-9 所示。

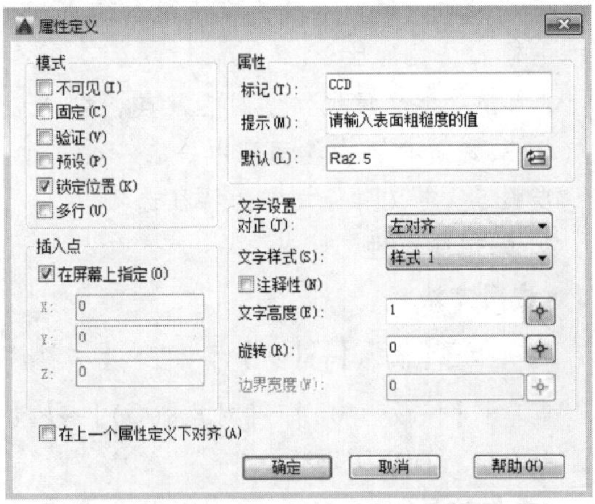

图 10-9 “属性定义”对话框

3）在菜单中单击【绘图（D）】→【块（K）】→【创建（M）】，打开“块定义”对话框，建立块名为“表面粗糙度符号”的块的定义，如图 10-10 所示。

4）在菜单中单击【插入（I）】→【块（B）】，打开“插入”对话框，如图 10-11。

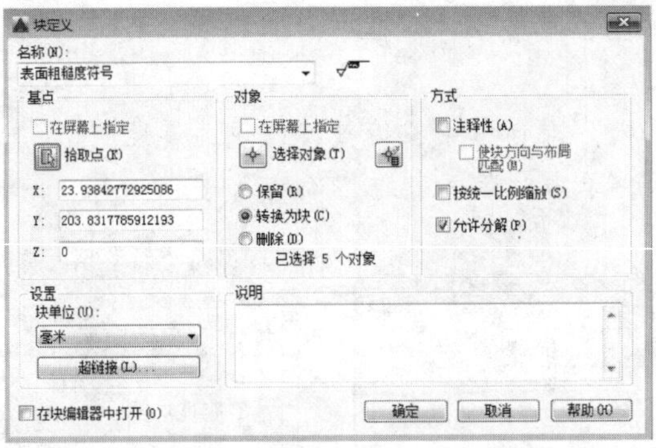

图 10-10 表面粗糙度符号块的创建

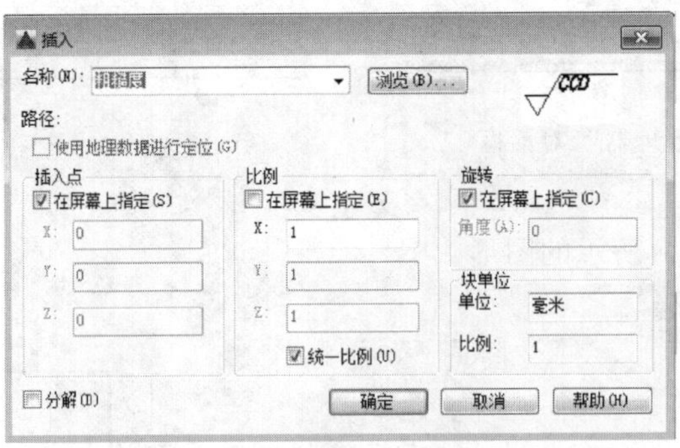

图 10-11 插入带属性的表面粗糙度符号

10.3 外部参照技术

CAD 在制图过程中，有很多时候是需要在别人的图纸基础上来进行绘制，如果别人的图纸有修改，自己每次重新套用别人的图，会很麻烦，使用参照来制图，会达到事半功倍的效果。

<方法与步骤>

1）双击 CAD 的启动图标，新建一个空白 CAD，然后保存，如图 10-12 所示。

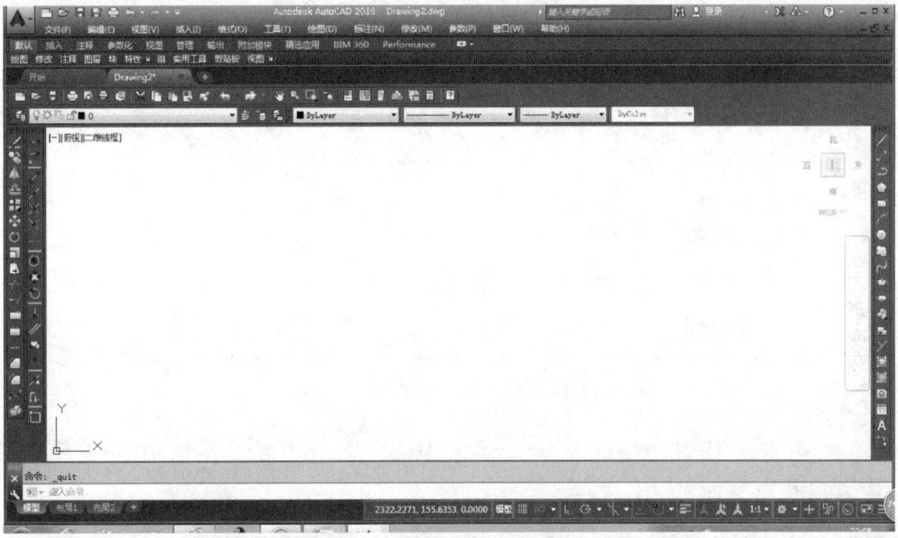

图 10-12　新建界面

2）在命令行输入“XA”，按空格键，打开已有参照，如图 10-13 所示。

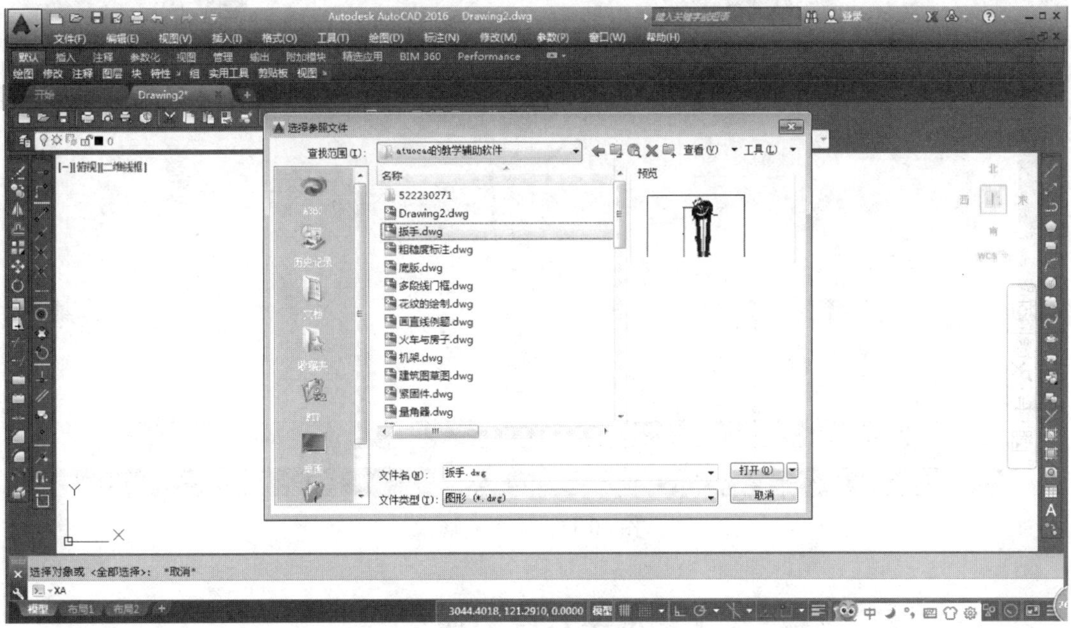

图 10-13　打开已有参照

3）弹出“选择参照文件”对话框，选择需要参照的平面图，单击“打开”按钮，弹出“附着外部参照”对话框，如图 10-14 所示，在“路径类型”下拉列表中选择“相对路径”，这个路径有利于以后图纸的自动连接。

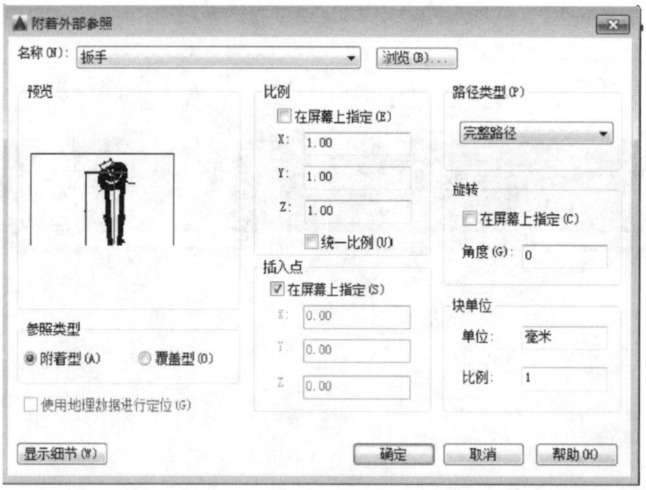

图 10-14 “附着外部参照”对话框

4）单击“确定”按钮，完成参照，如图 10-15 所示。若对参照的其他人的图进行修改，直接将参照替换掉即可。

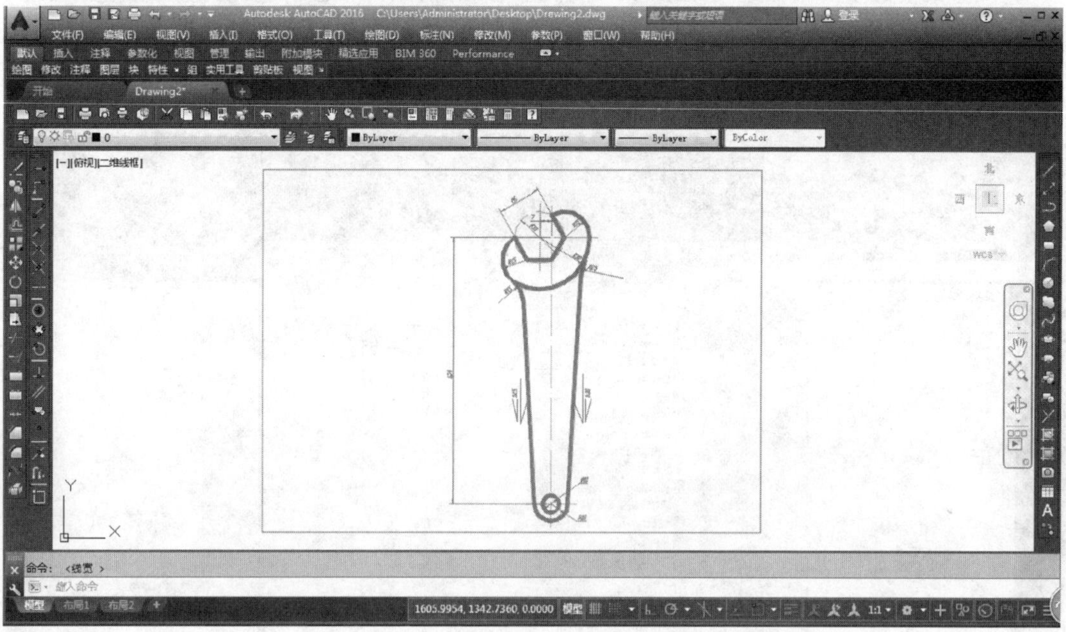

图 10-15 完成参照

思考与练习题

1. 创建块与写入块的区别是什么？
2. 如何定义块的属性？
3. 绘制图 10-16 所示的轴零件图。

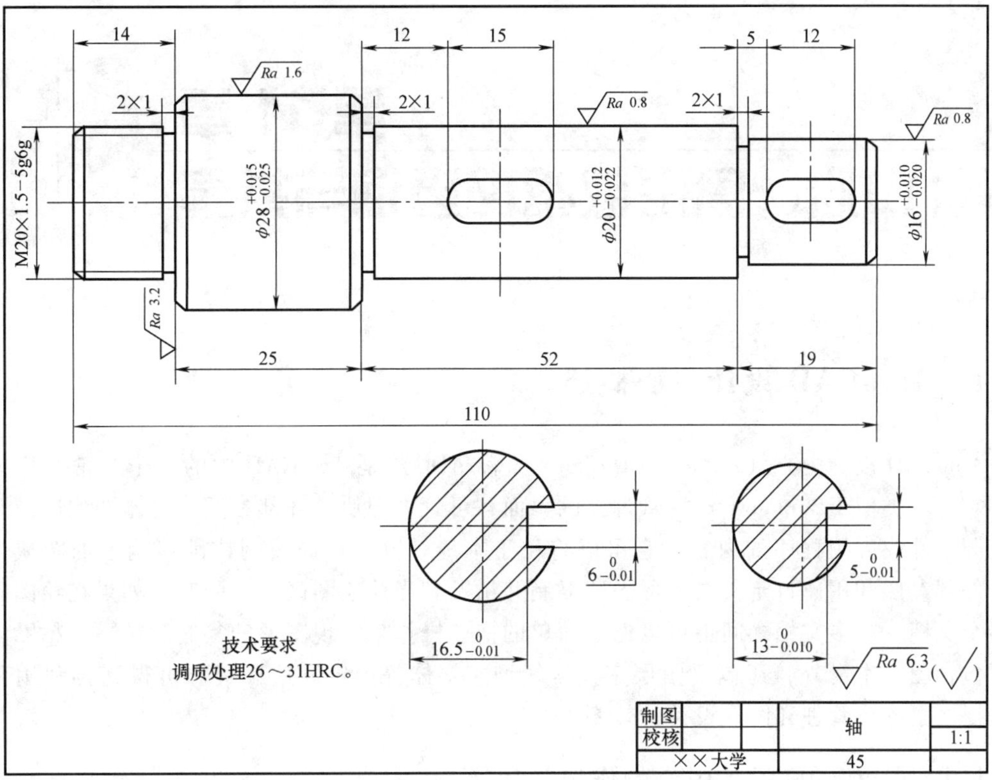
14
12
15
5
12
Ra 1.6
2×1
2×1
Ra 0.8
2×1
Ra 0.8
M20×1.5−5g6g
$\phi28^{+0.015}_{-0.025}$
$\phi20^{+0.012}_{-0.022}$
$\phi16^{+0.010}_{-0.020}$
Ra 3.2
25
52
19
110
$6^{\ 0}_{-0.01}$
$5^{\ 0}_{-0.01}$
$16.5^{\ 0}_{-0.01}$
$13^{\ 0}_{-0.010}$
Ra 6.3
技术要求
调质处理26～31HRC。
制图
校核
轴
1:1
××大学
45

图 10-16　轴零件图

第 11 章 设计中心、图形数据的查询与共享

11

11.1 AutoCAD 设计中心概述

AutoCAD 设计中心（AutoCAD Design，简称 ADC）是 AutoCAD 中的一个非常有用的工具。它有着类似于 Windows 资源管理器的界面，可管理图块、外部参照、光栅图像以及来自其他源文件或应用程序的内容。它可以将位于本地计算机、局域网或因特网上的图块、图层、外部参照和用户自定义的图形内容复制并粘贴到当前绘图区中。同时，如果在绘图区打开多个文档，在多文档之间也可以通过简单的拖放操作来实现图形的复制和粘贴。粘贴内容除了包含图形本身外，还包含图层定义、线型、字体等内容。这样资源可得到再利用和共享，提高了图形管理和图形设计的效率。

11.1.1 AutoCAD 设计中心的作用与功能

重用和共享是简化绘图过程、提高绘图效率的基本方法。设计中心为观察和重用图形内容，提供了强有力的工具。它具有覆盖面广、管理层次深、专业资源丰富和使用方便等特点，是进行协作设计、系列设计的有力工具。

AutoCAD 设计中心有类似于 Windows 资源管理器的界面，可以管理图形、打印样式、图层、填充、图块等以及图形内的访问，可以将任一图形中的块、图层、打印样式等内容拖曳到当前图形中，可以在多个打开的图形之间来回复制和粘贴，如图层、打印样式等。

“设计中心”为用户提供了一个方便又有效的工具。利用此设计中心，不仅可以浏览、查找、预览和管理 CAD 图形、块、外部参照及光栅图像等不同的资源文件，而且还可以通过简单的拖放操作，将位于本地计算机或“网上邻居”中文件的块、图层、外部参照等内容插入到当前图形中。如果打开多个图形文件，在多个文件之间也可以通过简单的拖放操作实现图形的复制和粘贴。所粘贴的内容除图形本身外，还包括图层定义、线型及字体等内容。从而使已有资源得到再利用和共享，提高了图形管理和图形设计的效率。

11.1.2 设计中心的窗口界面

AutoCAD 设计中心是一个与绘图窗口相对独立的窗口，因此在使用时应先启动 AutoCAD 设计中心。“设计中心”窗口分为两部分，左边为树状图，右边为内容区。可以在树状图中浏览内容的源，而在内容区中显示内容。可以在内容区中将项目添加到图形或工具选项板中。在内容区的下面也可以显示选定图形、块、填充图案或外部参照的预览或说明。窗口顶部的工具栏提供若干选项和操作。

<访问方法>

选项卡：【视图】→【选项板】面板→【设计中心】图标。

工具栏：【插入】→【设计中心】。

命令行：ADCENTER，按<Enter>键。

命令行：ADCNAVIGATE，按<Enter>键（显示设计中心，并按指定路径浏览）。

命令行：ADCCLOSE，按<Enter>键（关闭设计中心）。

系统弹出的 AutoCAD 2016“设计中心”窗口如图 11-1 所示。

设计中心窗口界面由标题栏、工具栏、状态行、树状图、内容区域、图像框和说明框七部分组成。

(1) 标题栏　标题栏位于设计中心窗口的左侧，当设计中心固定时，标题条缩为一条并位于窗口的顶部，只在最右边显示标准的窗口关闭按钮。单击该按钮将关闭设计中心。

(2) 工具栏　工具栏工具栏中包含实现显示内容切换、内容查找等各种操作命令的按钮。

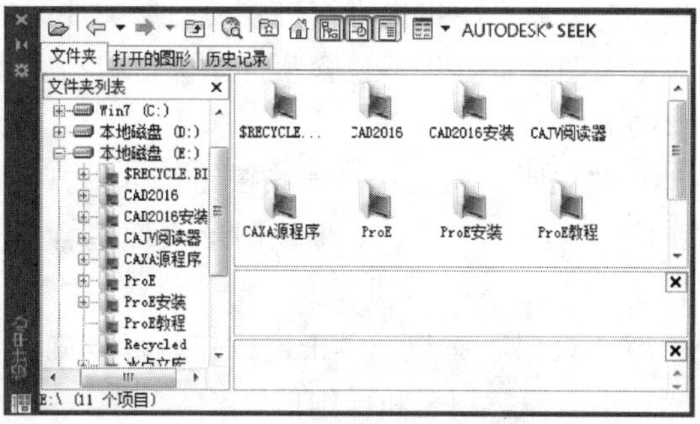

图 11-1　AutoCAD 2016“设计中心”窗口

(3) 状态行　在设计中心窗口的底部，显示有关内容的源。工具栏和状态条之间的部分（窗口中部）被分成左、右两列。左列为树状图，右列又分为上、中、下三个框，分别为内容区域、图像框和说明框。

(4) 树状图　浏览指定资源的层次结构，并将选定项目的内容装入内容区域。

(5) 内容区域　以大小图标、列表或详细说明等方式显示树状图中选定项目的内容。

(6) 图像框　在内容区域的下边，显示在内容区域中所选内容的图像。

(7) 说明框　在图像框的下边，显示在内容区域中所选内容的描述信息。

设计中心类似于 Windows 资源管理器，用户利用设计中心能够有效地查找和组织图形文件，并且可以查找出这些图形文件所包含的对象。

设计中心界面中包含一组工具按钮和选项卡，利用它们可以选择并查看图形信息。

“文件夹”选项卡：用于显示本地计算机或网上邻居中文件和文件夹的层次结构及资源信息。

“打开的图形”选项卡：用于显示在当前 AutoCAD 环境中打开的所有图形。如果双击某个图形文件，就可以看到该图形的相关设置，如标注样式、块、图层、文字样式及线型等。

“历史记录”选项卡：用于显示用户最近访问过的文件，包括这些文件的完整路径。

“设计中心”窗口中各主要按钮的功能说明如下：

1)“加载”按钮：单击该按钮，系统弹出“加载”对话框，利用该对话框可以从本地和网络驱动器或通过 Internet 加载图形文件。

2)“搜索”按钮：单击该按钮，系统弹出“搜索”对话框，利用该对话框可以快速查找对象，如图形、块、图层及标注样式等图形内容或设置。

3)“收藏夹”按钮：单击该按钮可以在“文件夹列表”中显示文件夹中的内容，此文件夹称为收藏夹。收藏夹包含要经常访问的项目的快捷方式，可以通过收藏夹来标记存放在本地硬盘、网络驱动器或 Internet 网页上常用的文件。要在收藏夹中添加项目，可以在内容区域或树状图中的项目上单击右键，然后在弹出的快捷菜单中选择“添加到收藏夹”命令。要删除收藏夹中的项目，可以选择快捷菜单中的“组织收藏夹”选项，删除后，使用该快捷菜单中的“刷新”选项。

4）“树状图切换”按钮：单击该按钮，可以显示或隐藏树状图视图。

5）“预览”按钮：单击该按钮，可以显示或隐藏内容区域窗口中选定项目的预览。打开预览窗口后，单击内容窗口中的图形文件，如果该图形文件包含预览图像，则在预览窗口中显示该图像；如果不包含预览图像，则预览窗口为空。可以通过拖动鼠标的方式改变预览窗口的大小。

6）“说明”按钮：单击该按钮，可以打开或关闭说明窗口。打开说明窗口后，单击内容窗口中的图形文件，如果该图形文件包含有文字描述信息，则在说明窗口中显示该描述信息。

7）“视图”按钮：单击该按钮，可以确定内容窗口中所显示内容的显示格式，包括大图标、小图标、列表和详细信息。

11.1.3 设计中心窗口操作

利用 AutoCAD 设计中心可以很方便地找到所需的内容，然后依据该内容的类型，将其添加（插入）到当前的 AutoCAD 图形中去，其操作方法主要有两种：

1）从内容窗口或“搜索”对话框中将内容拖放到打开的图形中。

2）从内容窗口或“搜索”对话框中复制内容到剪切板上，然后把它粘贴到打开的图形中。

> **注意：**在当前图形中，如果用户还在进行其他 AutoCAD 命令（如移动命令 MOVE）的操作，则不能从设计中心添加任何内容到图形中，必须先结束当前激活的命令（如 MOVE 命令）。

使用拖放方式添加内容到图形中的方法如下：

1）拖拽设计中心标题条的任一部分，都能使它成为浮动窗口。拖拽它超过左、右泊位区域，或双击标题条，将使设计中心窗口固定在绘图区的侧边。可以用鼠标改变窗口的大小。

2）拖拽设计中心右边框，可以调整设计中心窗口的大小。拖拽竖直分隔条可以调整树状图和内容区域的大小。内容区域的最小尺寸应能显示两列大图标。

3）拖拽内容区域、图像框、描述框间的水平分隔条，可以调整它们的大小。

4）使用滚动条可以调整所在框的显示范围。

使用拖放方式的举例：

1）插入保存在磁盘中的块。

方法一：先在“设计中心”窗口左边的文件夹列表中，单击块所在的文件夹名称，此时该文件夹中的所有文件都会以图标的形式列在其右边的文件图标窗口中；从内容窗口中找到要插入的块，然后选中该块并按住鼠标左键将其拖到绘图区后释放，AutoCAD 将按在“选项”对话框的用户系统配置选项卡中确定的单位，自动转换插入比例，然后将该块在指定的插入点按照默认旋转角度插入。

方法二：采用指定插入点、插入比例和旋转角度的方式插入块。具体操作为：在设计中心窗口选择要插入的块，用鼠标右键将该块拖到绘图区后释放，从弹出的快捷菜单中选择“插入块（I）”命令，系统弹出“插入”对话框，用户可在此对话框中指定该块的插入点、缩放比例和旋转角度值。

2）加载外部参照。

先在“设计中心”窗口左边的文件夹列表中，单击外部参照文件所在的文件夹名称，然后再用鼠标右键将内容窗口中需要加载的外部参照文件拖放到绘图窗口后释放，在弹出的快捷菜单中选择“附着为外部参照（A）”命令，在系统弹出的“外部参照”对话框中，用户可以通过给定插入点、插入比例及旋转角度来加载外部参照。

3）加载光栅图像。

先在“设计中心”窗口左边的文件夹列表中，单击光栅图像文件所在的文件夹名称，再用鼠标右键将内容窗口中需要加载的图像文件拖到绘图窗口后释放，在弹出的快捷菜单中选择“附着图像（A）”命令，在系统弹出的“图像”对话框中，用户可以通过给定插入点、缩放比例及旋转角度来加载光栅图像。

4）复制文件中的对象。

利用 AutoCAD 设计中心，可以将某个图形中的图层、线型、文字样式、标注样式、布局及块等对象复制到新的图形文件中。这样既可以节省设置的时间，又保证了不同图形文件结构的统一性。先在“设计中心”窗口左边的文件列表中，选择某个图形文件，此时该文件中的标注样式、图层、线型等对象出现在右边的窗口中，单击其中的某个对象（可以使用<Shift>键或<Ctrl>键一次选择多个对象），然后将它们拖到已打开的图形文件中，然后松开鼠标左键，即可将该对象复制到当前的文件中去。

11.2　使用设计中心打开图形

可以采用拖放或直接打开两种方式打开 AutoCAD 2016 在设计中心中选定的图形。

11.2.1　采用拖放方式打开选定的图形

1）选择当前已打开图形文件窗口右上角的“最小化”按钮，将图形窗口最小化，或者选择 AutoCAD“窗口（W）”菜单的“层叠（C）”菜单项，以层叠方式排列各个打开的图形窗口，使 AutoCAD 空的图形区域可见，如图 11-2 所示。

2）在设计中心，将选定的图形文件拖放到 AutoCAD 空白的图形区域即可打开该图形。

注意：拖放时要确保 AutoCAD 空白的图形区域可见，不要将图形文件拖放到另一个已打开的图形中。如果把图形拖放到打开的图形区域，将引发插入块的对话过程，并将选定图形作为块插入到已打开的图形中。

11.2.2　采用直接打开方式打开选定的图形

在设计中心直接打开选定的图形步骤如下：

1）在树状图中选取准备打开的图形文件所在目录。

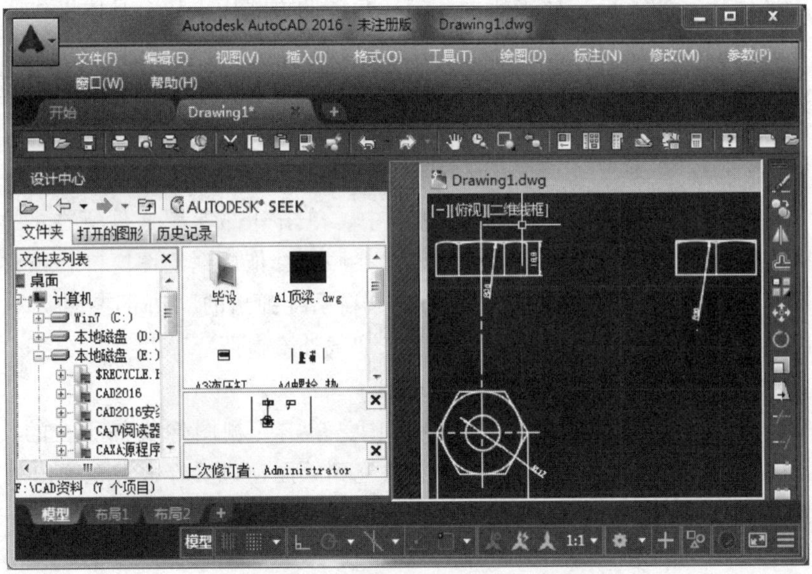

图 11-2　最小化或层叠打开的图形窗口

2）在内容区域中右键单击准备打开的图形图标，在弹出的快捷菜单中选择“在应用程序窗口打开”菜单项。

11.3　使用设计中心查找内容

使用设计中心的“搜索”功能，可以搜索图形文件，以及图形中定义的块、图层、尺寸样式和文本样式等各种内容并进行定位。“搜索”对话框提供多种条件来缩小搜索范围，包括最后修改的时间、块定义描述和在图形“属性”对话框指定的任一域中的文本。例如，当不记得图形文件名时，可以用摘要中的关键词作为搜索条件；当忘记一个块是保存在图形文件中，还是作为单独的图形文件保存时，可以选择查找类型为“图形和块”，在指定的范围内搜索图形文件和块。

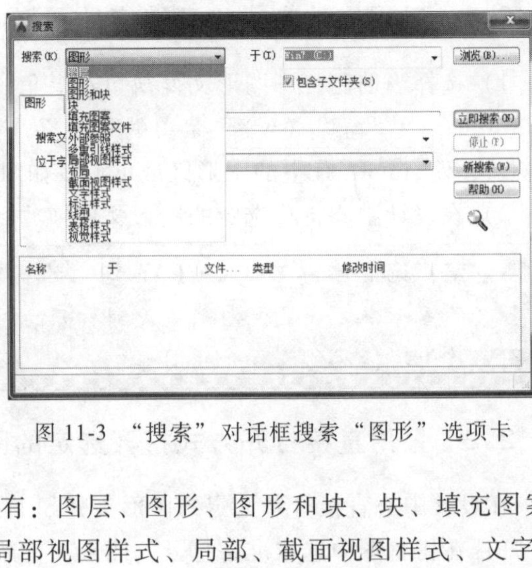

图 11-3　“搜索”对话框搜索“图形”选项卡

在设计中心，单击工具栏上的“搜索”按钮，或在树状图、内容区域背景单击右键，从弹出的快捷菜单中选择“搜索(S)”单选项均可激活“搜索”对话框，如图 11-3 所示。

在本地驱动器或网络驱动器上查找内容的过程如下：

1）在“搜索”对话框的“搜索（K）”列表框中，选择所要查找内容的类型；在“于（I）”列表框中指定查找的位置。

“搜索（K）”列表框可提供选择的类型有：图层、图形、图形和块、块、填充图案、填充图案文件、外部参照、多重引线样式、局部视图样式、局部、截面视图样式、文字样式、标注样式、线型、表格样式和视觉样式等。

“搜索”对话框以选项卡形式进一步确定搜索条件，选项卡名称及内容随用户在“搜索(K)”列表框中选择类型的不同而变化。输入查找的文字时，可以输入全名，也可以使用“*”和“?”等标准通用配符。

2）为进一步指定开始搜索的起始位置，可选择“浏览（B）”命令或输入查找路径。如果想在指定位置所包含的所有级别中进行查找，选择“包含子文件夹（S）”命令。

3）确定查找条件后，单击“立即搜索（N）”按钮开始搜索。搜索对话框显示搜索结果。如果想找的项在完全搜索之前已找到，可以按“停止（P）”按钮提前结束搜索，以节省时间。

4）为初始化新的搜索条件，单击“新搜索（W）”按钮清除当前设定的搜索条件。

5）为重新利用搜索条件，单击“搜索文字（C）”框旁的箭头，从显示的先前定义的搜索条件中选取。

11.4　向图形文件添加内容

使用设计中心，可以从内容区域或“搜索”对话框直接将项目拖放到打开的图形中。也可以将内容复制到剪贴板，然后再粘贴到图形中。具体使用取决于插入的内容。

11.4.1　使用设计中心插入块

块定义可以被插入到一个图形中。当将块插入到图形中时，块定义被复制到该图形数据库中。此后在该图形中插入该块的任一实例都将引用这个块定义。借助这个特性，可以将与本专业相关的图形定义成块，分类建立块图形库文件（包含各种块定义的图形文件），供需要时调用。若在创建块时，加上图像和说明，则更便于查找和识别。

当有命令正在被执行时，不能将块插入到图形中，此时如果企图插入一个块，AutoCAD将指示此操作无效。设计中心提供了两种将块插入图形的方法。

1. 默认比例和旋转角法

该方法使用自动比例变换，它首先比较当前图形和块所使用的单位，然后以二者比例为基础，进行比例变换。用户可以在“选项”对话框的“用户系统配置”选项卡的“插入比例”组框中，指定插入图块时的“源内容单位（S）”和“目标图形单位（T）”。当以自动比例变换方式从设计中心将块拖放到图形中时，块中标注的尺寸值不反映真实值。

使用默认的比例和旋转角法插入块的步骤如下：

1）从内容区域或“搜索”对话框，选择要插入的块，并拖放到要打开的图形文件中。当定点设备越过图形时，块自动变比例，并被显示。设置的任一目标抽点方式都被显示，以便相对已有的几何实体确定块的位置。

2）在准备放置块的位置，松开鼠标左键，块以默认的比例和旋转角被插入。

2. 指定坐标、比例和旋转角法

使用“插入”对话框，能为所选取的块实例指定参数。其步骤如下：

1）从内容区域或者“搜索”对话框中，在准备插入的块的名字或图标处，按下鼠标右键，将块拖入打开的图形中。

2）松开鼠标右键，并从快捷菜单选择“插入块（I）”命令。

3）在“插入”对话框中输入插入点坐标、比例和旋转角度，或者选择“在屏幕上指定”命令，插入时在屏幕上指定。

4）若要在插入时将块分解为构成它的实体，选择“分解（D）”命令。

5）单击“确定”按钮，使用指定的参数插入块。

通过双击所选块或从快捷菜单中选择“插入块”也可以实施块插入。

11.4.2 使用设计中心连接光栅图像

我们可以将光栅图像（例如专用标记、飞行器、人造卫星、数字电话的光栅图像），连接到图形中。光栅图形类似于外部引用，它使用特定的坐标、比例和旋转角参数进行连接。

使用设计中心连接光栅图像的步骤如下：

1）从内容区域拖动想要连接的光栅图像图标，放入 AutoCAD 绘图区。

2）输入插入点、比例和旋转角的值。

11.4.3 在图形之间复制图形

可以使用设计中心浏览或定位，并选择要复制的图形和块，然后单击鼠标右键，再选择“复制（C）”命令，将块复制到剪贴板，再在目标图形中完成从剪贴板到图形的粘贴操作。

11.4.4 复制定制内容

假如是同块和图形，可以从内容区域中将线型、尺寸样式、文本样式、布局以及其他定制内容拖放到 AutoCAD 图形区，将它们添加到打开的图形中。添加定制内容的具体过程取决于产生这个内容的应用。

11.4.5 在图形之间复制图层

使用设计中心可将层定义从任一图形复制到另一图形。复制层可以采用拖放复制和通过剪贴板复制两种方式。利用此特性，可建立包含一个项目所需要的所有标准图层的图形。在建立新图形时，使用设计中心将预定义的图层复制到新图形中，它既节省时间又可使图形之间保持一致。

复制层之前，首先需要解决图层名的重复问题。

1. 拖放复制

通过拖放将图层复制到当前图形的步骤如下：

1）确认要添加图层的图形是打开的当前图形。

2）在内容区域或“搜索”对话框中，选择一个或多个准备复制的图层。

3）将图层拖放到当前图形，并松开鼠标的左键，则所选的图层被复制到打开的图形。

2. 剪贴板复制

通过剪贴板复制图层的步骤如下：

1）确认要添加图层的图形是打开的当前图形。

2）在内容区域或“搜索”对话框中，选择一个或多个准备复制的层。

3）单击鼠标右键，并选择“复制（C）”命令。

4）在当前图形中，单击鼠标右键，并选择“粘贴（P）”命令。

通过双击或从快捷菜单中选择“添加图层（A）”菜单项，也可以拖拽或复制图层。

11.5　图形数据的查询

对于图形数据的查询，在菜单栏“工具（T）中”选择“查询（Q）”，可以查询其相关特性，主要包括：图形属性信息（DWGPROPS 命令）、状态查询（STATUS 命令）、目标列表（LIST 命令）、全部列表（DBLIST 命令）、点的坐标（ID 命令）、距离和角度（DIST 命令）、面积（AREA 命令）、时间和日期（TIME 命令）等。

11.5.1　图形属性信息（DWGPROPS 命令）

所谓图形属性信息，就是用于设置和显示当前图形的属性。“DWGPROPS”命令用于设置和显示当前图形的属性，供用户查询有关当前图形的常规和统计信息；并可设置图形的概要和定制属性，如图形标题、主题、作者、关键字和注释等，以便在设计中心和 Windows 资源管理器中查找和检索该图形文件。

<访问方法>

菜单：【文件（F）】→【图形实用工具】→【图形特性（I）】。

命令行：DWGPROPS（DWGPROPS 用于透明使用）。

图 11-4 所示某顶梁图形属性信息。

<选项说明>

发出操作命令后，AutoCAD 将弹出图 11-4 所示的图形属性对话框（A1 顶梁 .dwg 为正在操作的图形文件名称）。该对话框有“常规”“概要”“统计信息”和“自定义”四个选项卡。

1. “常规”选项卡

如图 11-4 所示，该选项卡显示有关当前图形文件的常规信息。

2. “概要”选项卡

该选项卡用于显示和重新设置图形文件的概要信息，如标题、主题、作者和关键字等。

3. “统计信息”选项卡

与“常规”选项卡基本类似，该选项卡显示了图形文件的创建时间、最后一次修改的时间、最近的编辑者、修订次数以及总的编辑时间等。

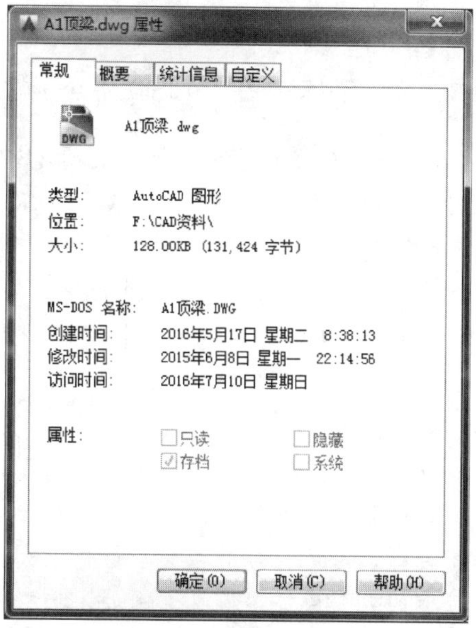

图 11-4　顶梁属性信息

4. “自定义”选项卡

用户可以自己定义字段的名称和字段值，名称必须唯一，值可以保留为空。这些字段可以在检索时帮助定位图形文件。

11.5.2 状态查询（STATUS 命令）

“STATUS”命令用于查看当前图形的状态信息以及统计信息、模式和内存使用等情况。

<访问方法>

菜单：【文件（F）】→【图形实用工具】→【状态（S）】。

命令行：STATUS（STATUS 用于透明使用）。

<操作过程>

发出命令后，AutoCAD 切换到文本窗口，显示当前图形文件的状态信息，图 11-5 所示为某顶梁状态信息。

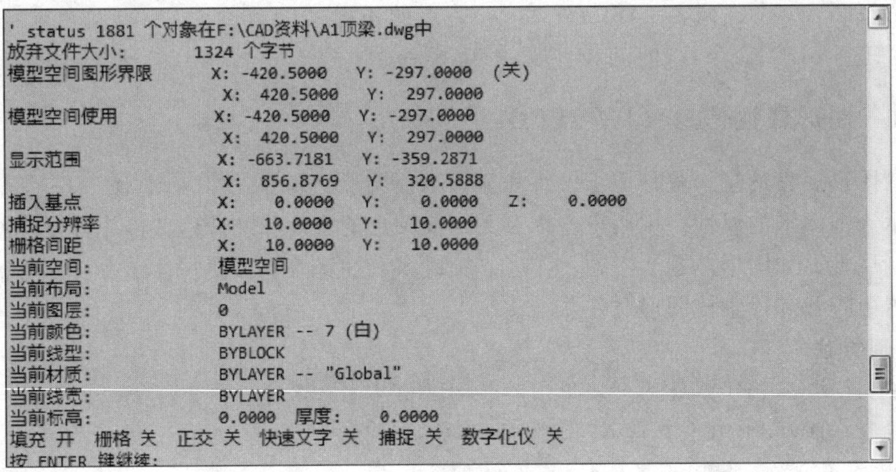

图 11-5 某顶梁状态信息

11.5.3 目标列表（LIST 命令）

“LIST”命令用于列出所选目标的数据结构描述信息，包括对象类型、对象图层、相对于当前用户坐标系（UCS）的 X、Y、Z 位置，以及对象是位于模型空间还是图纸空间。

<访问方法>

选项卡：【常用】→【特性】面板→【列表】。

工具栏：【查询】→【列表】图标。

命令行：LIST。

<操作过程>

发出命令后，AutoCAD 将出现提示“选择对象：”，等待选择要列表显示的目标。目标选定后，自动在文本窗口上列出所选目标的数据库描述信息。例如，选择一个圆，则列出其名称、所在的图层、空间（模型空间或图纸空间）、句柄、圆心、半径、周长和面积等基本参数，如图 11-6 所示。

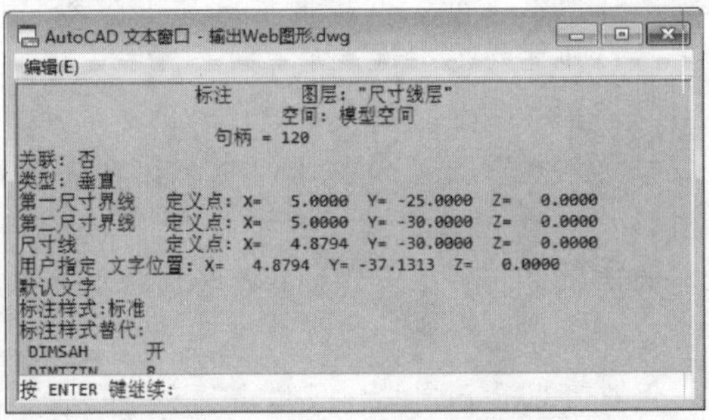

图 11-6 图形属性信息

11.5.4　全部列表（DBLIST 命令）

“DBLIST”命令用于显示当前图形的全部图形数据库信息。

<访问方法>

命令行：DBLIST。

<操作过程>

发出命令后，系统自动在文本窗口显示出每个实体的数据库信息，其作用相当于每个对象的“LIST”的总和。显示满一屏后自动暂停，按<Enter>键显示下一屏。按<Esc>键终止命令。

11.5.5　查询点的坐标（ID 命令）

“ID”命令用于显示图中指定点的三维坐标。

<访问方法>

选项卡：【默认】→【实用工具】面板→【坐标点】。

菜单：【视图】→【特性】→【坐标点】。

工具栏：【查询】→【定位点】按钮。

命令行：ID（ID 用于透明使用）。

<操作过程>

发出命令后，按照 AutoCAD 提示指定了一点后，将显示出该点的 *X*、*Y* 和 *Z* 坐标的值。

11.5.6　查询距离（DIST 命令）

“DIST”命令用于显示两指定点间的距离、角度和 *X*、*Y* 方向的增量。

<访问方法>

菜单：【默认】→【实用工具】→【测量】→【距离（D）】。

工具栏：【查询】→【距离】按钮。

命令行：DIST（DIST 用于透明使用）。

<操作过程>

发出命令后，AutoCAD 命令行提示如下：

指定第一点：

指定第二个点或［多个点（M）］。

指定两点后，系统自动给出类似于下面的查询信息：

距离=712.1203，XY 平面中的倾角=283，与 XY 平面的夹角=0

X 增量=368.3284，Y 增量=-86.6961，Z 增量=0

> **注意：**系统测量的距离是以当前图形单位的格式为单位的。

11.5.7　查询半径

<访问方法>

菜单：【默认】→【实用工具】→【测量】→【半径】。

工具栏:【查询】→【半径】按钮。

<操作过程>

发出命令后，AutoCAD 命令行提示:

命令:_ MEASUREGEOM

输入选项［距离（D)/半径（R)/角度（A)/面积（AB)/体积（V)]<距离>: _ radius

选择圆弧或圆:选择圆弧或圆后，系统自动显示其半径和直径值。

11.5.8 查询角度

<访问方法>

菜单:【默认】→【实用工具】→【测量】→【角度】。

工具栏:【查询】→【角度】。

<操作过程>

发出命令后，AutoCAD 提示如下:

命令:_ MEASUREGEOM

输入选项［距离（D)/半径（R)/角度（A)/面积（AB)/体积（V)］<距离>: _ angle

选择圆弧、圆、直线或<指定顶点>:选择圆弧、圆或直线后，系统自动显示其角度值。

11.5.9 查询面积（AREA 命令）

“AREA”命令用于计算由若干个点所确定的区域或由多个指定对象所围成的封闭区域的面积和周长，同时还可以进行面积的求和、求差运算，也可以计算面域的面积和三维实体的表面积。

<访问方法>

菜单:【默认】→【实用工具】→【测量】→【面积（A)】。

工具栏:【查询】→【面积】。

命令行: AREA（AREA 用于透明使用)。

<操作过程>

发出命令后，AutoCAD 命令行提示:

指定第一个角点或［对象（O)/增加面积（A)/减少面积（S)］<对象（O)>:

<选项说明>

1）直接输入一点:默认方式。AutoCAD 接着提示:

“指定下一角点或［圆弧（A)/长度（L）放弃（U)]:”,

该提示反复出现，要求指定下一个角点，直接按<Enter>键结束。AutoCAD 将计算出由顺序输入的各个顶点所围成的封闭多边形的面积和周长。

2）对象（O):求指定对象（圆或多段线）所围成区域的面积与周长。AutoCAD 进一步提示:

“选择对象:”

若选择的是圆或封闭的多段线，则显示其面积和周长；对开式的多段线，显示的面积是指用直线连接首尾两端形成的封闭区域的面积。

3）增加面积（A):将“AREA”命令设置为“加”模式，即把新选对象的面积加入到总面积中去。

4）减少面积（S）：将“AREA”命令设置为“减”模式，即从总面积中减去新面积。

11.5.10　查询体积

<访问方法>

菜单：【默认】→【实用工具】→【测量】→【体积】。

工具栏：【查询】→【体积】。

<操作过程>

发出命令后，AutoCAD 命令行提示如下：

“命令：_ MEASUREGEOM”

“输入选项［距离（D）/半径（R）/角度（A）/面积（AB）/体积（V）］<距离>：_ volume”

“指定第一个角点或［对象（O）/增加体积（A）/减去体积（S）/退出（X）］<对象（O）>：”

具体操作过程同查询面积类似。

11.5.11　综合查询（MEASUREGEOM 命令）

“MEASUREGEOM”命令用于测量选定对象或点序列的距离、半径、角度、面积和体积，它实际上是前面介绍的五种查询命令的综合。

<访问方法>

菜单：【工具（T）】→【查询（Q）】→对应菜单项。

工具栏：【查询】→相应图标。

命令行：MEASUREGEOM。

<操作过程>

发出命令后，AutoCAD 命令行提示如下：

“输入选项［距离（D）/半径（R）/角度（A）/面积（AB）/体积（V）］<距离>：”

用户可以输入相应的选项来完成对于选定对象距离、半径、角度、面积和体积的查询。

11.5.12　查询面域或三维实体的质量特性（MASSPROP 命令）

“MASSPROP”命令用于面域或三维实体的质量特性。

<访问方法>

菜单：【工具（T）】→【查询（Q）】→【面域/质量特性】。

命令行：MASSPROP。

<操作过程>

发出命令并选择了要查询的对象后，系统将弹出面域或三维实体的质量特性文本框。

11.5.13 查询时间和日期（TIME 命令）

“TIME”命令用于显示当前的日期和时间、图形创建的日期和时间以及最后一次更新的日期和时间，此外还提供了图形在编辑器中的累计时间，如图 11-7 所示。

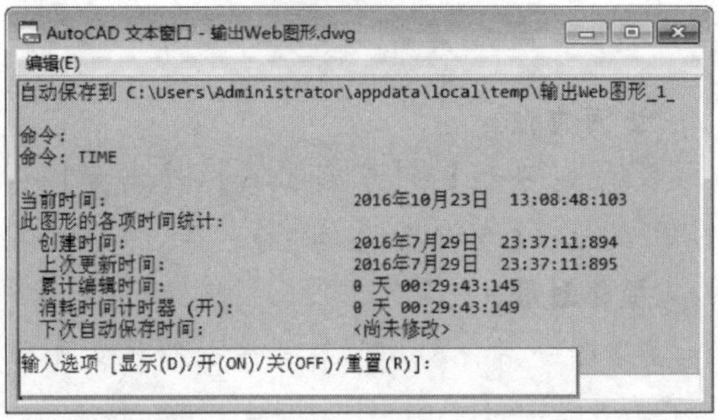

图 11-7 日期和时间

<访问方法>

菜单：【工具（T）】→【查询（Q）】→【时间（T）】。

命令行：TIME（TIME 用于透明使用）。

<选项说明>

发出命令后，AutoCAD 将切换到文本窗口，显示类似图 11-7 所示的信息。

选项说明如下：

1）“显示（D）”：重新显示上述时间信息，并且更新时间内容。

2）“开（ON）”：打开消耗时间计时器。

3）“关（OFF）”：关闭消耗时间计时器。

4）“重置（R）”：消耗时间计时器复位清零。

11.5.14 查询系统变量（SETVAR 命令）

“SETVAR”命令用于查询并重新设置系统变量。

<访问方法>

菜单：【工具（T）】→【查询（Q）】→【设置变量（V）】。

命令行：SETVAR（SETVAR 用于透明使用）。

<操作过程>

发出命令后，AutoCAD 将出现提示：“输入变量名或［?］:”。

在此提示下，用户可以直接输入要查询或重新设置的系统变量的名称，进行查询或赋新值；也可以输入“?”，查询当前图形系统变量的设置情况。

11.5.15 使用计算器（CAL 命令）

通过在命令行计算器中输入表达式，用户可以快速解决数学问题或定位图形中的点。

“CAL”命令是一个运行三维计算器实用程序，以计算矢量表达式（点、矢量和数值的组合）以及实数和整数表达式。计算器除执行标准数学功能外，还包含一组特殊的函数，用于计算点、矢量和 AutoCAD 几何图形。“CAL”命令可以透明使用。

1. 将 CAL 用作桌面计算器

在 AutoCAD 中可以使用“CAL”命令进行加、减、乘和除的计算。

2. 在 CAL 中使用变量

在“CAL”命令中利用变量可以将计算的结果保存到内存中，直至文件被关闭。

3. 将 CAL 作为点和矢量计算器

点用于定义在空间中的位置，而矢量用于定义空间中的方向或位移。在 CAL 命令中可以使用点的坐标或矢量参与运算。

4. 在“CAL”命令中使用捕捉模式

在“CAL”命令中也可以使用捕捉模式返回某特征点的坐标参与运算。

11.6　图形文件格式的转换

CAD 在完成绘图之后，保存时所选的文件类型有四种，分别是 DWG、DWS、DWT 和 DXF。

（1）DWG　AutoCAD 的图形文件，是二维图形档案，也是 CAD 图纸文件的标准文件格式。通常情况下，CAD 文件默认保存为此种格式。它可以和多种文件格式进行转化，如“.dwf”等。

（2）DWS　AutoCAD 图形标准检查文件。为了保护自己的文档，可以将 CAD 图形用“.dws”的格式保存。“.dws”格式的文档，只能查看，不能修改。

（3）DWT　AutoCAD 的模板文件，把图层、标注样式等都设置好后另存为“.dwt”格式，在 AutoCAD 安装目录下找到“.dwt”文件放进去，以后使用新建文档时，提示选择模板文件，选择所需要的文件即可，或者将文件取名为“acad.dwt”（AutoCAD 默认模板），替换默认模板，以后只要新建文件选择该模板打开即可。

（4）DXF　此格式可以将图形输出为“.dxf”（图形交换格式）文件。DXF 文件是包含图形信息的文本文件，其他的 AutoCAD 系统可以读取文件中的信息。如果其他人正在使用能够识别“.dxf”文件的 AutoCAD 程序，那么以“.dxf”格式保存的图形就可以共享该图形。

在与其他格式的图形进行数据交换时，AutoCAD 可以对几种不同的图形格式进行转换，以便用户更方便地共享和使用图形数据。

11.6.1　插入或导入不同格式的文件

AutoCAD 可以通过【插入（I）】下拉菜单插入底图和其他格式的文件（见图 11-8），也可以输入“IMPORT”命令或者从下拉菜单【文件（F）】→【输入（R）】菜单项激活“输入文件”对话框，将不同格式的文件导入到当前图形中。

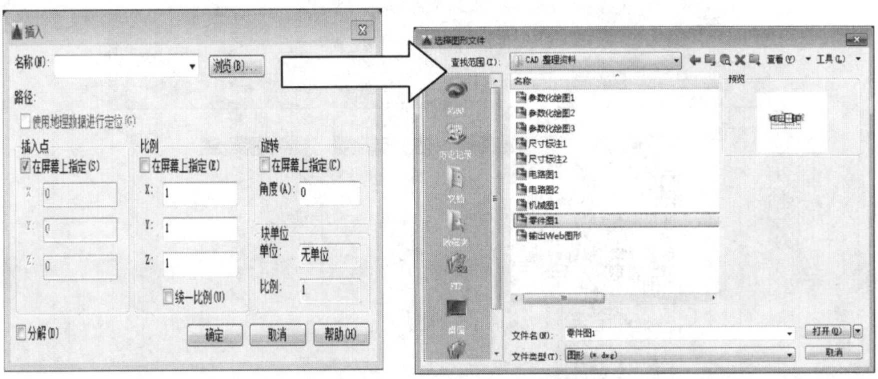

图 11-8　插入法导入图形文件

通过“输入文件”对话框可导入的图形文件格式如图 11-9 所示。

图 11-9　通过“输入文件”对话框可导入的图形文件格式

除了可以插入或导入不同格式的图形文件外，在 AutoCAD 中也可以输入“EXPORT”命令或者从下拉菜单【文件（F）】→【输出（E）】菜单项激活“输出数据”对话框，以其他文件格式保存图形中的对象。可输出的图形文件格式如图 11-10 所示。

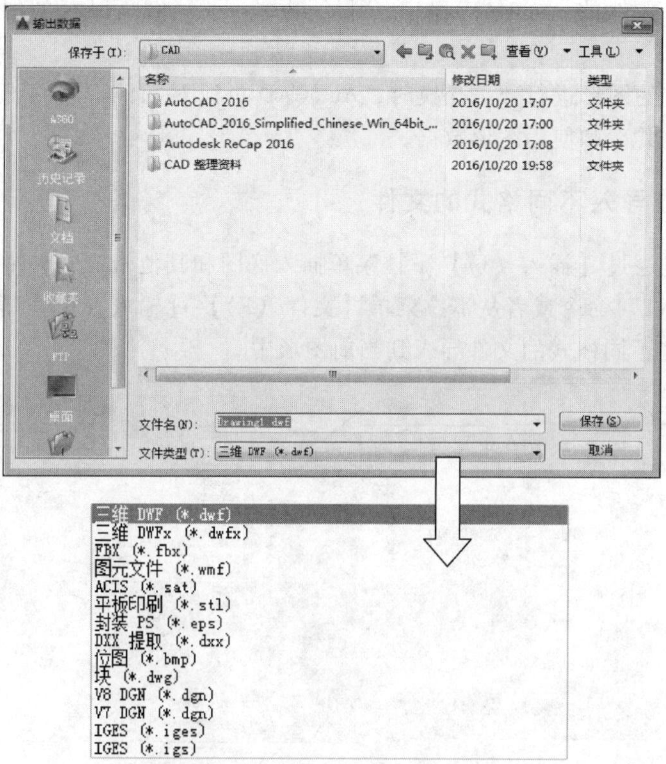

图 11-10　可输出的图形文件格式

11.6.2　利用剪切板进行格式转换

利用剪切板功能可以实现 AutoCAD 图形文件之间及与其他应用程序文件之间的数据交流，并可同时打开多个图形文件，通过按<Ctrl+Tab>组合键来切换。

在 AutoCAD 中通过 “CUTCLIP”（剪切）命令和 “COPYCLIP”（复制到剪切板）命令可将图形的某部分或其他应用程序文件中的某部分 “剪下”，剪下的图形将以原有的形式放入剪切板。

在 AutoCAD 中通过 “PASTECLIP”（粘贴）命令可将剪切板上的内容粘贴到当前图形中。粘贴时，插入基点不能自定，AutoCAD 自动将插入基点定在选择窗口的左下角点。

11.7　链接与嵌入数据

11.7.1　链接和嵌入的概念

对象链接和嵌入技术（OLE）是以 Windows 操作系统为平台的软件共有的特性，因此可在不同应用软件之间传递信息以及创建包含多个应用程序的合成文档。

OLE 的全称是 Object Link and Embed，即对象链接与嵌入。很多 Windows 应用程序都支持这种技术。OLE 技术是将应用程序 A 的某个文件 B 中的文本、表格或图形等指定对象传送到应用程序 C 的某个文件 D 中。应用程序 A 和文件 B 分别被称为源应用程序和源文件，而应用程序 C 和文件 D 分别被称为目标应用程序和目标文件。

当一个目标文件被服务器引用程序改变时，若要确保源文件不受影响，可用 OLE 特性的嵌入功能（Embed）实现。文件被嵌入后，它就与源文件断开联系。

11.7.2　在 AutoCAD 图形文件中嵌入 Word 文档的步骤

AutoCAD 具有支持 OLE 的功能，AutoCAD 的图形文件既可以作为源，又可以作为目标使用。

AutoCAD 作为源使用时，嵌入步骤如下：

1）打开指定的 Word 文档，选中需要的内容并复制到剪切板。

2）打开要进行粘贴的 AutoCAD 图形文件，在图形窗口单击右键，在快捷菜单中选择 “粘贴（P）” 命令（也可以直接用<Ctrl+V>组合键），将粘贴板中的信息嵌入到 AutoCAD 中，并显示如图 11-11 所示的 “OLE 文字大小” 对话框，可以进行文字大小、字体等设置。

3）如果要修改嵌入的 OLE 对象内容，双击该 OLE 对象，就可以自动进入 Word 应用程序进行编辑，编辑完成后保存修改的内容，再关闭 Word 应用程序。在 AutoCAD 中就能看到修改后的内容，原有的 Word 文档没有发生改变。

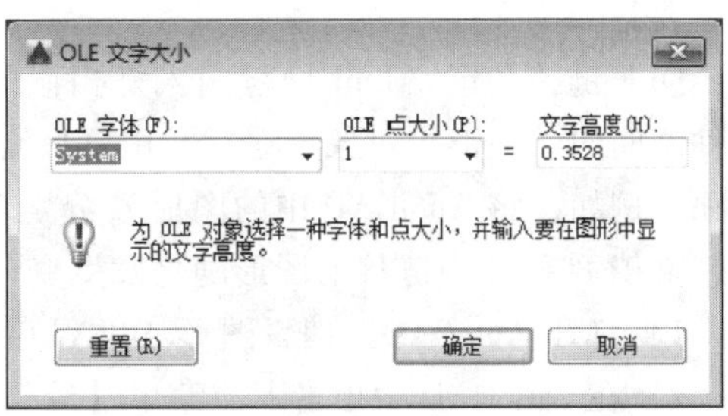

图 11-11　“OLE 文字大小” 对话框

AutoCAD 图形作为源使用时，可以将 AutoCAD 的图形嵌入或链接到其他应用程序创建的文档中。嵌入与链接的区别如下：

当 AutoCAD 图形（源）嵌入到其他软件的文档（目标）中时，实际上只是嵌入了图形的一个副本。副本保存在目标文档中，对副本所做的任何修改都不会影响原来的 AutoCAD 图形，同时对原来的 AutoCAD 图形（源）所做的任何修改也不会影响嵌入的副本。因此，嵌入与 AutoCAD 的块插入模式相似。

当一个 AutoCAD 图形（源）链接到其他软件的文档（目标）中时，不是在该文档中插入 AutoCAD 图形的副本，而是在 AutoCAD 图形与文档之间创建了一个链接引用关系。如果修改了原来的 AutoCAD 图形（源），只要更新链接，则修改后的结果就会反映在文档（目标）中。因此，链接与使用外部参照相似。

11.7.3 在 Word 文档中嵌入 AutoCAD 图形内容的步骤

AutoCAD 图形作为目标使用时，可以将其他软件的文档嵌入到 AutoCAD 图形（目标）中，如一个 Excel 电子表格文档（源）。电子表格的副本保存在 AutoCAD 图形（目标）中，对电子表格（源）所做的修改将不会影响原始的文件。但如果将电子表格（源）链接到 AutoCAD 图形（目标）中，并且以后在 Excel 中修改电子表格（源），则在更新链接后，修改后的结果就会反映在 AutoCAD 图形（目标）中。具体操作步骤如下：

1）打开要复制的 AutoCAD 图形文件，通过下拉菜单【编辑（E）】→【复制（C）】菜单项（也可以使用“COPYCLIP”命令）将图形复制到剪切板。

2）打开要粘贴的 Word 文档，通过下拉菜单【编辑（E）】→【选择性粘贴（S）】，在激活的“选择性粘贴”对话框（见图 11-12）中，选择“AutoCAD Drawing 对象”形式，把剪切板上的内容嵌入到文档中。

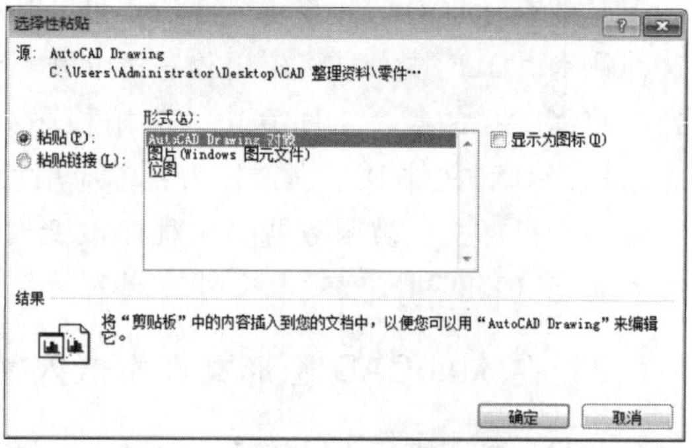

图 11-12 Word 中的“选择性粘贴”对话框

3）编辑修改 OLE 对象的步骤与前面的操作类似。

11.7.4 嵌入功能的特点

1）嵌入对象的目标文件一般比较大。

2）在目标文件中双击嵌入对象，则可以自动打开相应的源应用程序对其进行编辑，而不需要打开源文件。

OLE 链接功能（Link）与嵌入是相似的，唯一的区别在于链接是建立在源文件和目标文件之间的。在链接对象建立后，用户只需要编辑源文件并存盘，就更新了所有相关的链接对象。例如，将 AutoCAD 中的图形 A 分别链接到两个 Word 文档 B 和 C 后，再修改 A 并存盘，文档 B 和 C 中链接的图形随之发生变化。具体步骤如下：

1）打开 AutoCAD，编辑图形 A 并保存。

2）在 AutoCAD 中单击下拉菜单【编辑（E）】→【复制链接（L）】菜单项（也可以使用“COPYLINK”命令），把当前视口中的整个图形复制到剪切板上，关闭 AutoCAD。

3）激活 Word 文档 B，打开“编辑（E）”菜单中的“选择性粘贴（S）”对话框，选择“粘贴链接”的对象为“AutoCAD Drawing”对象，单击“确定”后，剪切板中的图形被链接到文档 B 中，保存文档。

4）对 Word 文档 C 的操作同步骤 3）。

5）如要编辑链接的图形。在文档 B 或 C 中双击链接的图形，自动打开 AutoCAD［也可以右键单击链接图形，选择菜单中【AutoCAD Drawing】对象（O）→【Edit】选项］，进行所需的编辑操作。用“Save”命令保存图形后退出 AutoCAD。

6）在文档 B 和 C 中可以看到链接的图形被自动更新。自动更新功能是通过“链接”对话框（在“编辑（E）”菜单中）选择“自动更新（A）”单选按钮实现的。

7）保存更新后的文档 B 和 C 并退出 Word。

命令说明如下：

1）在 AutoCAD 中使用“链接”功能，必须使用“PASTESPEC”命令或下拉菜单【编辑（E）】→【选择性粘贴（S）】→【粘贴链接（L）】菜单项实现，而仅使用【粘贴】或“PASTE”命令，只能嵌入数据但不进行链接。

2）使用下拉菜单【插入（I）】→【OLE 对象（O）】菜单项或“INSERTOBJ”命令也可以将源文件链接到 AutoCAD 中。

思考与练习题

1. 怎样利用设计中心查看和组织图形信息？
2. 怎样插入保存在磁盘中的块？
3. 如何复制文件中的对象？
4. 对于 AutoCAD 2016 如何使用 Autodesk 收藏夹？
5. 图形文件四种格式之间的区别是什么？
6. AutoCAD 2016 怎样链接与嵌入 Excel 表格？

第12章 参数化绘图

12

12.1 参数化绘图概述

传统的交互绘图软件系统都用固定的尺寸值定义几何元素，输入的每一条线都有确定的坐标位置。若图形的尺寸有变动，则必须删除原图重画。而在机械产品中系列化的产品占有相当的比重。对系列化的机械产品，其零件的结构形状基本相同，仅尺寸不同，若采用交互绘图，则对系列产品中的每一种产品均需重新绘制，重复绘制的工作量极大。参数化绘图适用于结构形状比较定型，并可以用一组参数来约定尺寸关系的系列化或标准化的图形绘制。参数化绘图有两大类型：程序参数化和交互参数化绘图。

参数化与变量化建模技术是现代CAD技术发展的一个里程碑，在机械类三维软件（例如Pro/E、UG、CAXA等）中早已使用，而AutoCAD软件在之前的版本中一直没有参数化绘图功能，在2009年4月发行的AutoCAD 2010版新增该功能，并且可以与动态图块联合使用。而相对于AutoCAD 2010，AutoCAD 2016在二维截面参数化草图绘制有了新的方法、规律和技巧，更加丰富、完善了其功能。

新的强大的参数化绘图功能，可通过基于设计意图的图形对象约束来大大提高生产力。几何和尺寸约束帮助确保在对象修改后还保持特定的关联及尺寸。由于AutoCAD 2016中参数化绘图具有尺寸驱动功能，所以草图在修改尺寸后，图形的大小会随着尺寸的变化而变化。这样就不需要在绘制草图的过程中输入准确的尺寸，从而节省时间，提高绘图效率。

12.2 几何约束

按照工程技术人员的设计习惯，在草绘时或草绘后，希望对绘制的草图增加一些平行、相切、相等、竖直或对齐等约束来帮助定位几何。在AutoCAD 2016系统的草图环境中，用户随时可以对草图进行约束，以便进行定位。几何约束表示图元自身的几何位置的确认和几何图元之间的关系设定。下面对几种几何约束进行详细介绍。

12.2.1 几何约束的种类

使用几何约束可以指定草图对象之间的相互关系，通过约束图形中的几何图形来保持设计规范和要求，“几何约束”面板（在“参数化”选项“几何”区域）如图12-1所示。

用户可以根据设计意图手动建立各种约束关系，AutoCAD中的几何约束种类见表12-1。

表 12-1　几何约束种类

按钮	约　束
	重合约束:可以使对象上的点与某个对象重合,也可以使它与另一对象上的点重合
	平行约束:使两条直线位于彼此平行的位置
	相切约束:使两对象(圆与圆、直线与圆等)相切
	共线约束:使两条或多条直线段沿同一直线方向
	垂直约束:使两条直线位于彼此垂直的位置
	平滑约束:将样条曲线约束为连续,并与其他样条曲线、直线、圆弧或多段线保持 G2 连续性
	同心约束:将两个圆弧、圆或椭圆约束到同一个中心点
	水平约束:使直线或点对位于与当前坐标的 *X* 轴平行的位置
	对称约束:使选定对象受对称约束,相对于选定直线对称
	固定约束:约束一个点或一条曲线,使它固定在相对于世界坐标系的特定位置和方向
	竖直约束:使直线或点对位于与当前坐标系的 *Y* 轴平行的位置
	相等约束:将选定圆弧和圆弧的尺寸重新调整为半径相同,或将选定直线的尺寸重新调整为长度相同

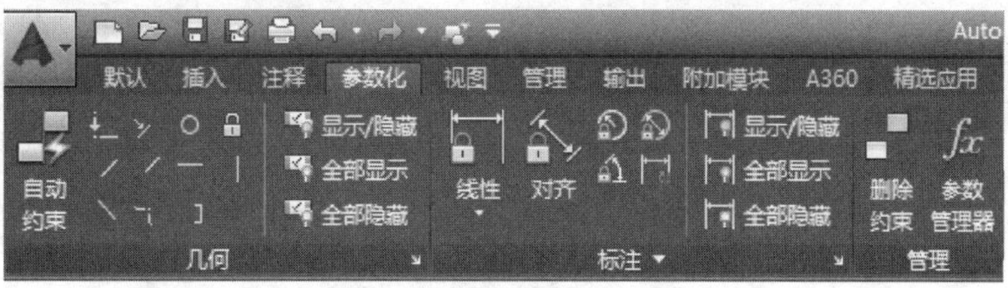

图 12-1 “几何约束” 面板

12. 2. 2　添加几何约束

添加几何约束仅需选择一个几何约束工具（如 “平行”），然后选择两个希望保持平行关系的对象，几何约束就产生了。所选的第一个对象非常重要，因为第二个对象将根据第一个对象的位置进行平行调整。所有的几何约束都遵循上述规则。

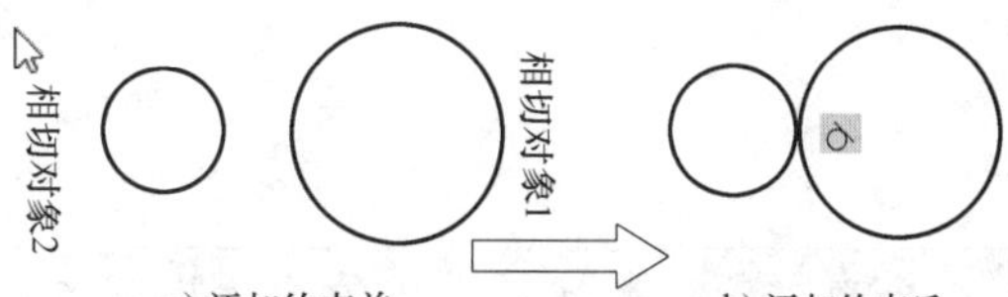

a) 添加约束前　　b) 添加约束后

图 12-2　圆的相切约束

下面以图 12-2 所示的相切约束为例，简要介绍创建约束的步骤。

1）打开图 12-2a 所示图形。

2）在图 12-1 所示的 “几何约束” 面板中单击 “相切” 按钮。

3）选取相切约束对象。在命令行提示

“选择第一个对象”后，选取图 12-2a 所示的大圆，然后在命令行提示“选择第二个对象”后选取图 12-2a 所示的小圆，结果如图 12-2b 所示。

注意：在选取相切的约束对象时，选取的第一个对象系统默认为固定，那么选取的第二个对象会向第一个对象的位置移动。

12.2.3　几何约束设置

在使用 AutoCAD 绘图时，可以通过单独或全局来控制几何约束符号的显示与隐藏。下面通过实例使用两种方法来介绍几何约束设置操作。

(1) 通过“几何约束”面板

1) 打开图 12-3a 所示的图形。

2) 显示约束符号；在图 12-4 所示的“几何约束”面板中单击“全部显示”按钮，系统会将所有的几何约束类型显示出来，结果如图 12-3b 所示。

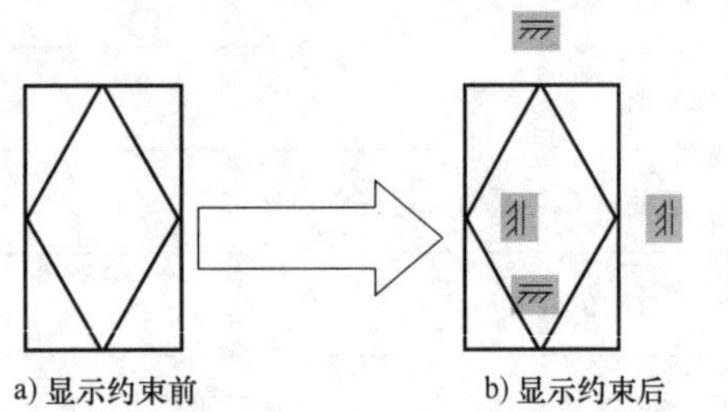

图 12-3　设置约束

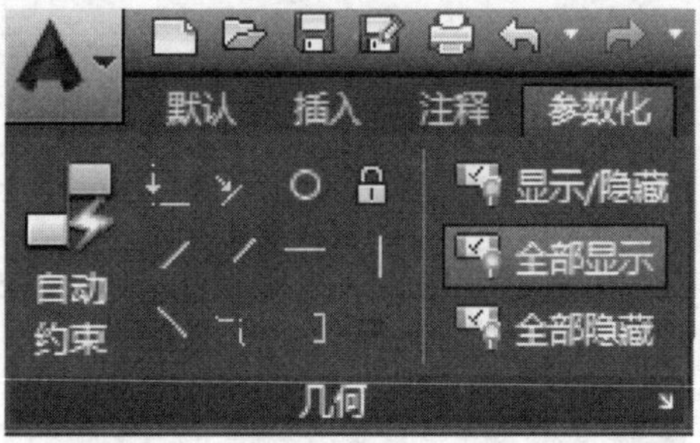

图 12-4　“几何约束”面板

3) 隐藏单个对象约束符号；在绘图区域中选中图 12-5a 所示的约束符号单击右键，在弹出的快捷菜单中选择“隐藏”命令。

4) 隐藏后的结果如图 12-5b 所示。

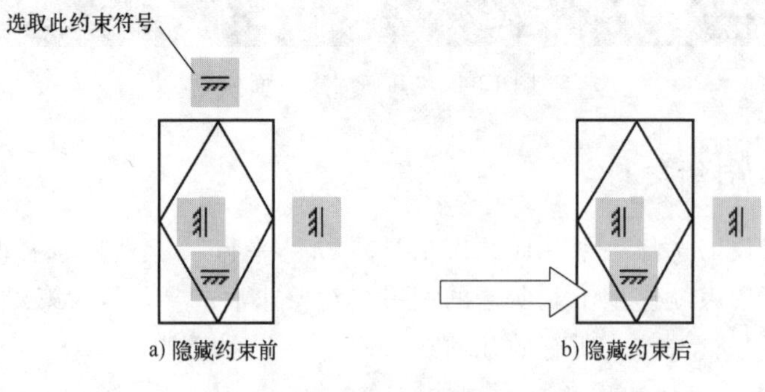

图 12-5　设置约束

注意：若单击图 12-4 所示的“几何约束”面板中的“全部隐藏”按钮，则又会返回至图 12-3 所示的结果。

(2) 通过“约束设置”对话框

1）打开图 12-3a 所示的图形文件。

2）显示约束符号；在图 12-4 所示的“几何约束”面板中单击“全部显示”按钮，系统会将所有对象的几何约束类型显示出来，结果如图 12-6 所示。

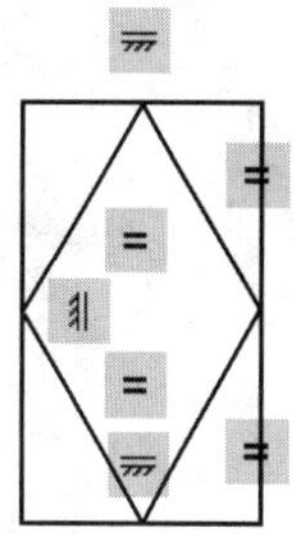

图 12-6　显示约束

3）选择命令；再选择下拉菜单【参数（P）】→【约束设置（S）】命令（或在命令行输入 CONSTRAINTSETTINGS，然后按<Enter>键），此时系统会弹出如图 12-7 所示的“约束设置”对话框。

4）在“约束设置”对话框中取消选中的“相等（Q）”复选框，然后单击“确定”按钮，结果如图 12-8 所示。

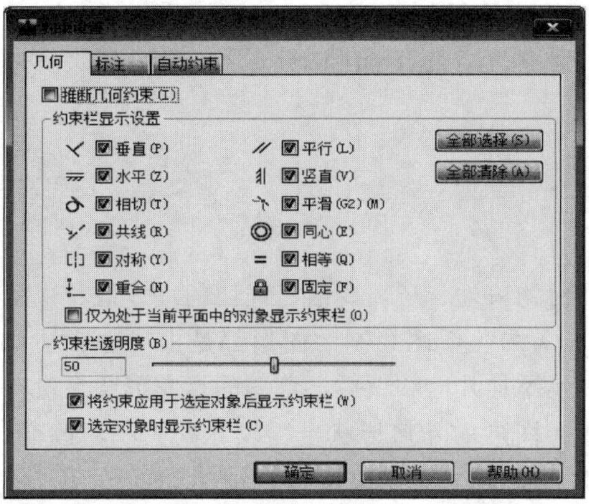

图 12-7　“约束设置”对话框

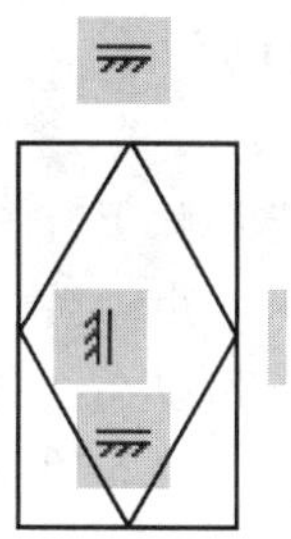

图 12-8　通过“约束设置”对话框隐藏约束

“约束设置”对话框中的部分区域和按钮功能如下：

“约束栏显示设置”区域：控制图形编辑器中是否为对象显示约束栏或约束点标记。

“全部选择（S）”按钮：用于显示全部几何约束的类型。

“全部清除（A）”按钮：用于清除全部选定的几何约束的类型。

“仅为处于当前平面中的对象显示约束栏（O）”复选框：仅为当前平面上受几何约束的对象显示约束栏。

“约束透明度（B）”复选框：设置图形中约束栏的透明度。

注意：通过“约束设置”对话框中的约束栏隐藏某些对象的约束类型后，如果再单击“几何约束”面板中的全部显示按钮将其显示，那么此时仍然不显示；只有在“约束设置”对话框中重新选中相应的约束栏，才可以将隐藏的约束类型显示出来。

12.2.4　删除几何约束

通过如下例子来简要说明如何删除几何约束。

1）打开图 12-9a 所示的图形文件。

2）显示约束符号；在“几何约束”面板中单击“全部显示”按钮，系统会将所有对象的几何约束类型显示出来，结果如图 12-9a 所示。

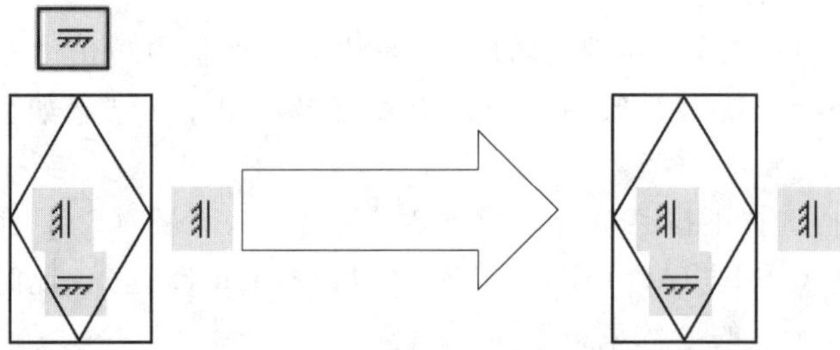

a) 删除约束前　　　　　　　　b) 删除约束后

图 12-9　删除约束

3）单击图 12-9a 所示的水平约束，选中后，约束符号颜色加亮。

4）单击右键，在快捷菜单中选择“删除”命令（或按下<Delete>键），系统删除所选中的约束，结果如图 12-9b 所示。

12.3　尺寸约束

一个完整的草图除了有图元的几何形状、几何约束外，还需要给定确切的尺寸值，也就是添加相应的尺寸约束。由于 AutoCAD 2016 中的参数化绘图绘制的图形都是由尺寸驱动草图的大小决定的，所以在绘制图元的几何形状以及添加几何约束后，草图的真实形状还没有完全固定，当添加好尺寸约束后改变尺寸的大小，图形的几何形状会因尺寸的大小而改变，也就是尺寸驱动草图。AutoCAD 中的几何体和尺寸参数之间始终保持一种驱动的关系。例如，绘制一条长度适当的线段，然后修改它的尺寸参数来确定它。根据尺寸对几何体进行驱动，当改变尺寸参数值时，几何体将自动进行相应更新。

12.3.1　尺寸约束的种类

使用尺寸约束可以限制几何对象的大小，“尺寸约束”面板（在“参数化”选项“标注”区域）如图 12-10 所示。

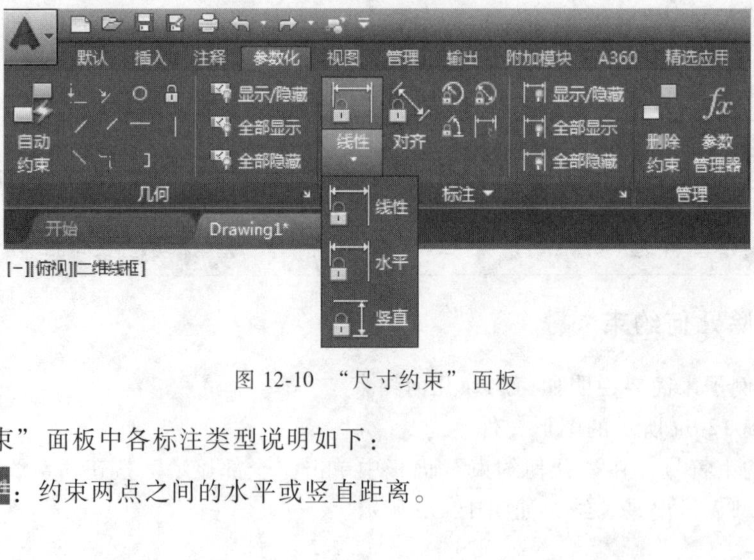

图 12-10　“尺寸约束”面板

“尺寸约束”面板中各标注类型说明如下：

1）：约束两点之间的水平或竖直距离。

2）

：约束对象上的点或不同对象上两个点之间 *X* 方向上的距离。

3）

：约束对象上的点或不同对象上两个点之间 *Y* 方向上的距离。

4）

：约束不同对象上两个点之间的距离。

5）：约束圆或圆弧的半径。

6）：约束圆或圆弧的直径。

7）：约束直线段或多段线段之间的角度，由圆弧或多段线圆弧扫掠得到的角度，或对象上三个点之间的距离。

8）：将关联标注转换为标注约束。

12.3.2　添加尺寸约束

下面以图 12-11 所示的水平尺寸为例，简要介绍创建尺寸约束的步骤。

1）打开如图 12-11a 所示的图形文件。

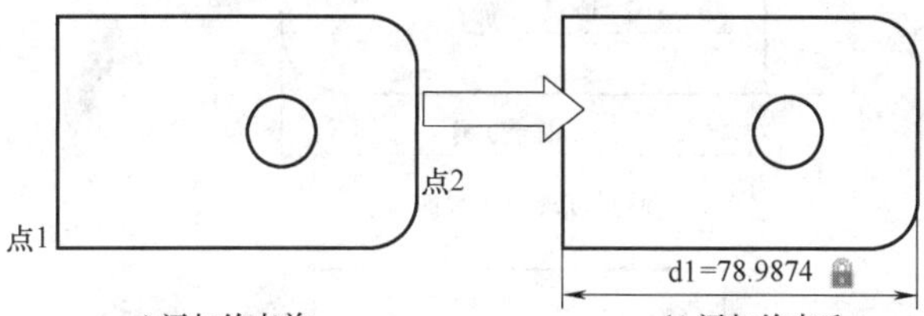

a) 添加约束前　　b) 添加约束后

图 12-11　水平尺寸约束

2）在图 12-11a 所示的“标注”面板中单击“水平”按钮。

3）选取水平尺寸约束对象。在命令行提示“指定第一个约束点或［对象（O）］<对象>”后，选取图 12-11a 所示的点 1；在命令行提示“指定第二个约束点”后，选取图12-11a 所示的点 2，在系统命令行提示“指定尺寸线位置”后，在合适的位置单击以放置尺寸，然后按<Enter>键，结果如图 12-11b 所示。

> **注意：**在选择尺寸约束对象时，也可以在命令行“指定第一个约束点或［对象（O）］<对象>”的提示下输入字母“O”，然后按<Enter>键；选取尺寸约束对象，然后在合适的位置单击以放置尺寸；若按<Enter>键，也可以创建尺寸约束。

4）修改尺寸值。选中图 12-11b 所示的尺寸双击后，然后在激活的尺寸文本框中输入数值 80 并按<Enter>键，结果如图 12-12 所示。

5）参照第 2）步到第 4）步，创建图 12-13 所示的尺寸约束。

12.3.3　设置尺寸约束

在使用 AutoCAD 绘图时，可以控制约束栏的显示，使用“约束设置”对话框内的“标注”选项卡，可控制显示标注约束时的系统配置。下面通过一个实例来简要介绍尺寸约束的设置。

1）打开图 12-14a 所示的图形文件。

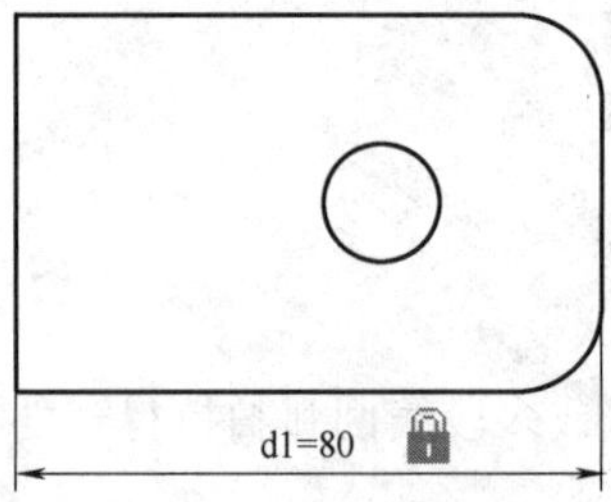

图 12-12　修改尺寸

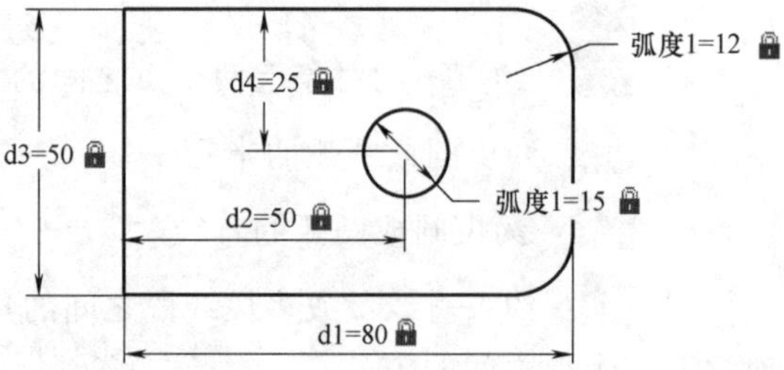

图 12-13　尺寸约束

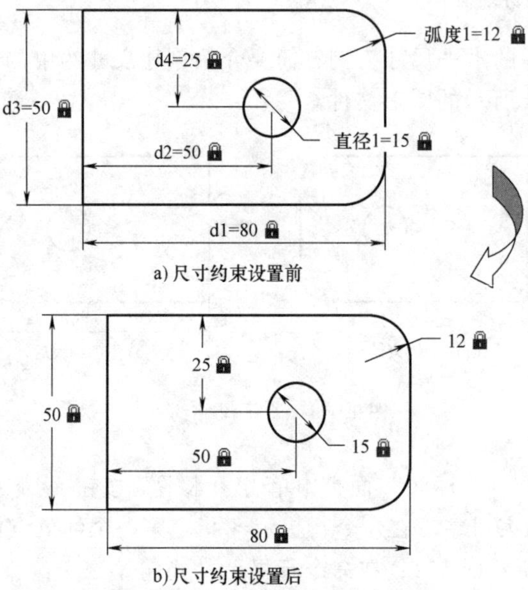

a) 尺寸约束设置前

b) 尺寸约束设置后

图 12-14　尺寸约束设置

2）选择命令。选择下拉菜单【参数（P）】→【约束设置（S）】命令（或在命令行中输入“CONSTRAINTSETTINGS”命令，然后按<Enter>键），此时系统弹出“约束设置”对话框。

3）在“约束设置”对话框中单击“标注”选项卡。

4）在“标注约束格式”区域的“标注名称格式（N）”下拉列表中选择“值”命令，然后单击“确定”按钮，结果如图 12-14b 所示。

“标注”选项卡各选项说明如下：

1）“标注约束格式”区域：可以设置标注名称格式和锁定图标的格式。

2）“标注名称格式（N）”选项：该下拉列表选项可以为标注约束时显示文字指定格式，分为“名称”“值”及“名称和表达式”三种形式。

3）“为注释性约束显示锁定图标”复选框：选中该复选框，可以对已标注的注释性约束的对象显示锁定图标。

4）“为选定对象显示隐藏的动态约束（S）”：显示选定时已设置为隐藏的动态约束。

12.3.4　删除尺寸约束

通过如下例子来简要说明如何删除尺寸约束。

1）打开图 12-15a 所示的图形文件。

2）选择图 12-15a 所示的半径，单击右键，在弹出的快捷菜单中选择“删除”命令（或按下<Delete>键），系统删除所选中的约束，结果如图 12-15b 所示。

注意： 在删除尺寸约束时也可以通过单击“参数化”选项组中的“删除约束”按钮，然后单击所要删除的尺寸，按<Enter>键来实现。

单击“参数化”选项组中的“删除约束”按钮，然后选择图形中的对象（图 12-16a 所示的圆弧），则系统会将该对象中的几何约束和尺寸约束同时删除，结果如图 12-16b 所示。

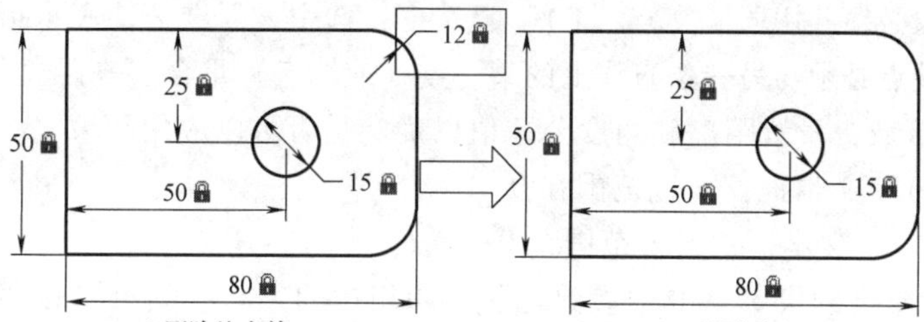

a) 删除约束前　　b) 删除约束后

图 12-15　删除尺寸约束

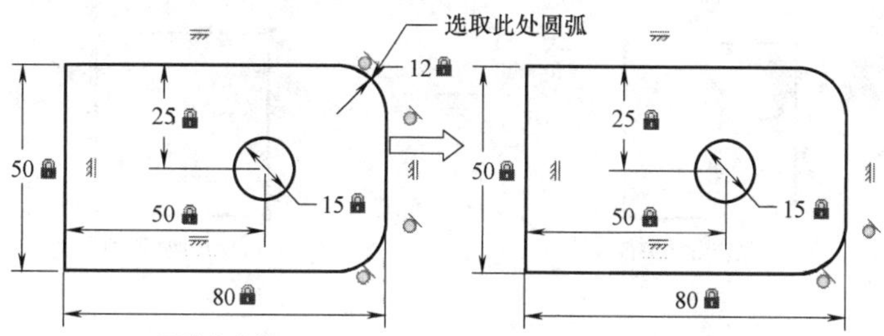

a) 删除约束前　　b) 删除约束后

图 12-16　删除约束

12.4　自动约束

在使用 AutoCAD 绘图时，使用“约束设置”对话框内的“自动约束”选项卡，可将设定公差范围内的对象自动设置为相关约束。下面通过一个实例来简要介绍自动约束的设置。

1）打开图 12-17 所示的图形文件。

2）显示约束符号。在“几何约束”面板中单击“全部显示”按钮，系统会将所有对象的几何约束类型显示出来。

3）选择命令。选择下拉菜【单参数（P）】→【约束设置（S）】命令（或在命令行中输入“CONSTRAINTSETTINGS”命令，然后按<Enter>键），此时系统会弹出“约束设置”对话框。

4）在“约束设置”对话框中单击“自动约束”选项卡。

5）在“公差”区域“距离（I）”文本框中输入数值1；在“角度（A）”文本框中输入数值2，然后单击“确定”按钮。

“自动约束”选项卡各选项说明如下：

①“自动约束”区域：该列表中显示自动约束的类型及优先级。可以通过“上移（U）”和“下移（D）”按钮调整优先级的先后顺序；还可以单击“√”符号选择或去掉某种约束类型。

②“相切对象必须共用同一交点（T）”复选框：选中该复选框，表示指定的两条曲线必须共用一个点（在距离公差内指定）才能应用相切约束。

③“垂直对象必须共用同一交点（P）”复选框：选中该复选框，表示指定直线必须相交或者一条直线的端点必须与另一条直线上的某一点（或端点）重合（在距离公差内指定）。

④“公差”区域：设置距离和角度公差值以确定是否可以应用约束。

⑤“距离（I）”文本框：设置范围在0~1。

⑥“角度（A）”文本框：设置范围在0~5°。

6）定义自动重合约束。单击“参数化”选项组中的“自动约束”按钮，然后在系统命令行“选择对象或［设置（S）］”的提示下，按住<Shift>键选取图12-17a所示的两条边线，然后按<Enter>键，结果如图12-17b所示。

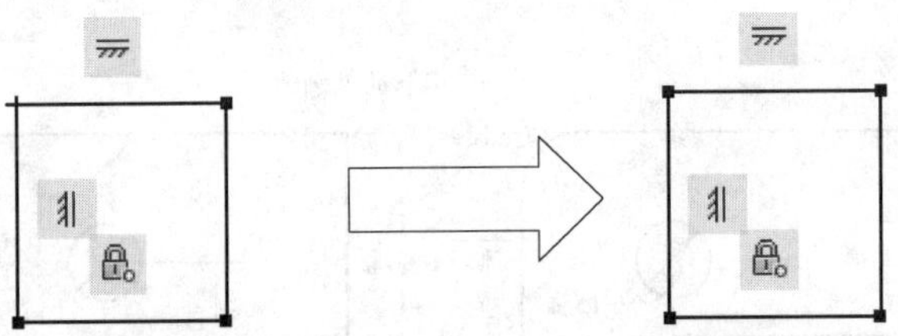

a) 自动重合约束前　　b) 自动约束重合后

图12-17　自动重合约束

7）定义自动垂直约束。单击“参数化”选项组中的“自动约束”按钮，然后在系统命令行“选择对象或［设置（S）］”的提示下，按住<Shift>键选取图12-18a所示的两条边线，然后按<Enter>键，结果如图12-18b所示。

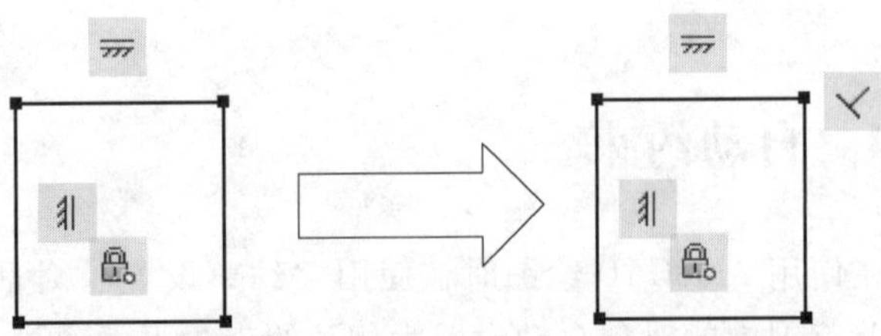

a) 自动垂直约束前　　b) 自动垂直约束后

图12-18　自动垂直约束

思考与练习题

1. AutoCAD 参数化绘图中的“参数化”是什么意思？

2. 如何向动态块添加几何约束和约束参数？

3. 几何约束和尺寸约束之间的联系与区别是什么？

4. 如何建立 AutoCAD 尺寸约束模型？

5. 在 AutoCAD 中如何隐藏约束和去掉约束？两者之间有什么区别？

6. 使用参数化绘图中的几何约束练习绘制图 12-19。

7. 使用参数化绘图尺寸约束练习绘制图 12-20。

8. 使用参数化绘图的几何约束和尺寸约束功能练习绘制图 12-21。

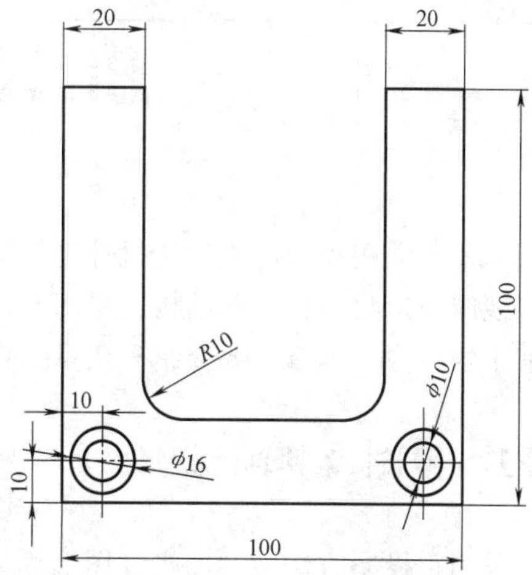

图 12-19　练习题 6

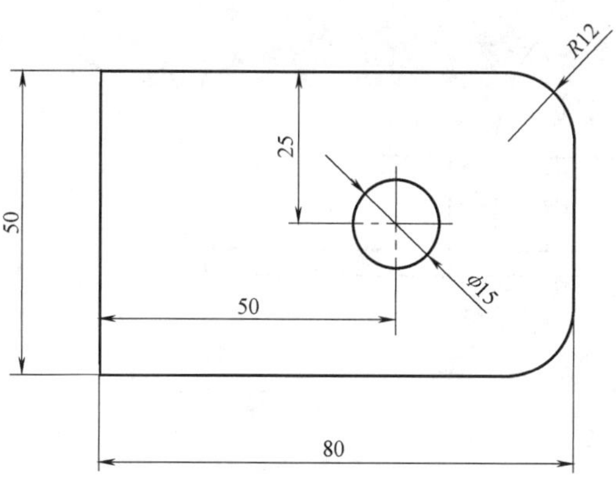

图 12-20　练习题 7

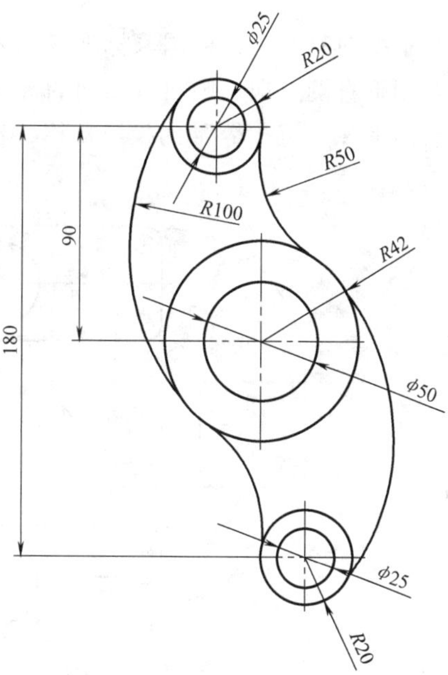

图 12-21　练习题 8

第 13 章 机件表达方法的绘制

工程上常用投影法来表达机件的结构形状。一般情况下，采用视图表达物体的外形；采用剖视图表达物体的内部结构；采用断面图表达机件的某断面形状；采用局部放大图表达部分细小的结构。本章主要介绍利用 AutoCAD2016 进行绘制的方法。

13.1 视图及其画法

采用正投影方法绘制的机件图形称为视图，视图分为基本视图、向视图、斜视图和局部视图。

13.1.1 基本视图

基本视图有六个，由国家标准《技术制图》所规定，如图 13-1 所示。六个基本视图从六个互相垂直的方向反映机件的外部形状，六个视图之间有尺寸和位置的约束，存在“长对正、高平齐、宽相等”的投影规律，作图时必须遵循这一规律。

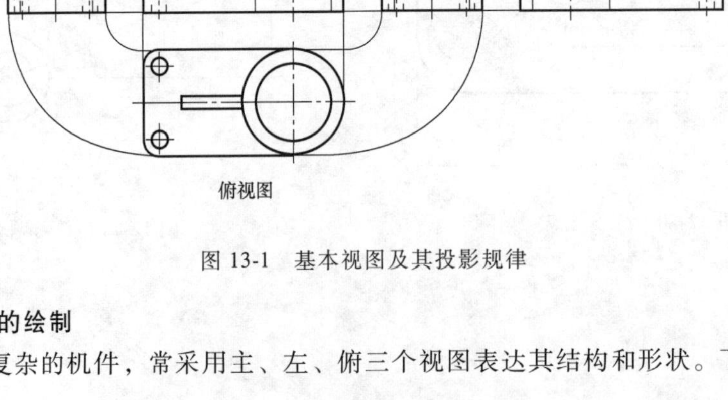

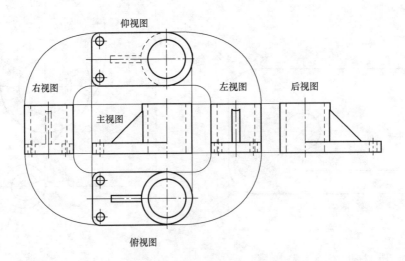

图 13-1 基本视图及其投影规律

1. 三视图的绘制

对于不太复杂的机件，常采用主、左、俯三个视图表达其结构和形状。下面简单介绍三视图的画法。

（1）作图方法　利用 AutoCAD 画视图时，常采用以下几种方法保证视图之间的对应关系。

1）用“构造线”命令画定位线和基本轮廓。

2）平行线法：用偏移命令量取尺寸。

3）辅助线法：为保证俯、左视图之间的“宽相等”，常采用作 45°辅助斜线的方法。

4）对象追踪：有了一个视图后，采用自动追踪的功能，可画出“长对正、高平齐”的线。

5）视图旋转法：为保证宽相等，也可采用复制视图并旋转 90°，再采用“对象追踪”绘制视图。

6）输入坐标法：通过输入坐标的形式控制图形的位置和大小，以满足投影关系。

作图时可根据图形的复杂程度，灵活选用适当的方法作图。

（2）绘图过程　现以绘制图 13-1 所示的基本视图中的主、左、俯三视图为例，介绍绘图过程。

1）根据机件的大小进行电子图纸设置（设置方法参见第 3 章），或直接选用已设置的样板图。

2）用“构造线”命令画出定位线，如图 13-2 所示。

3）用“偏移”命令作平行线，画出底板的三视图，如图 13-3 所示。

4）用“修剪”命令裁剪多余的图线。如图 13-4 所示。

5）绘制竖板主视图，并用追踪线画出与主视图“宽相等”的左视图，如图 13-5 所示。

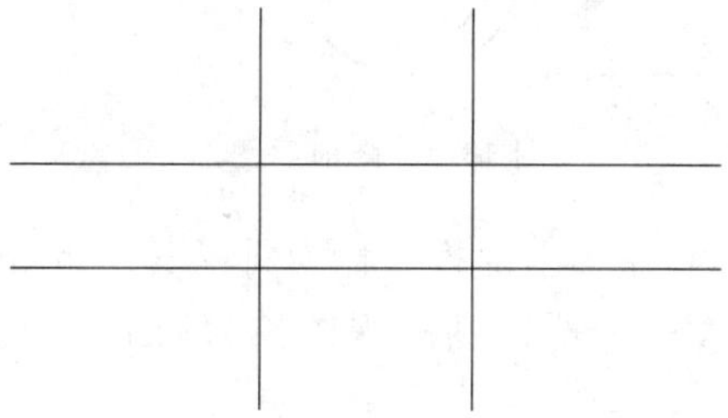

图 13-2　画定位线

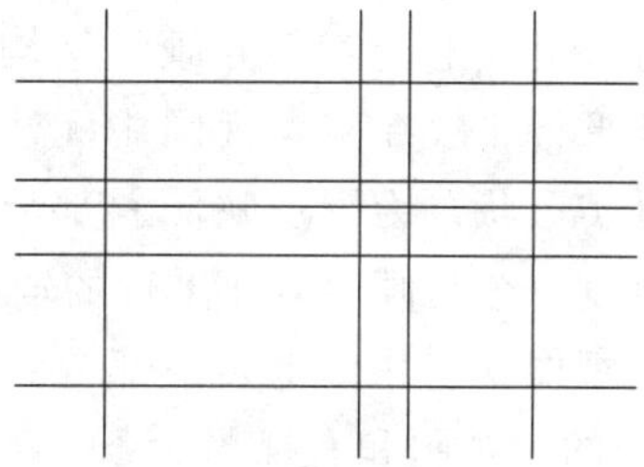

图 13-3　画底板三视图

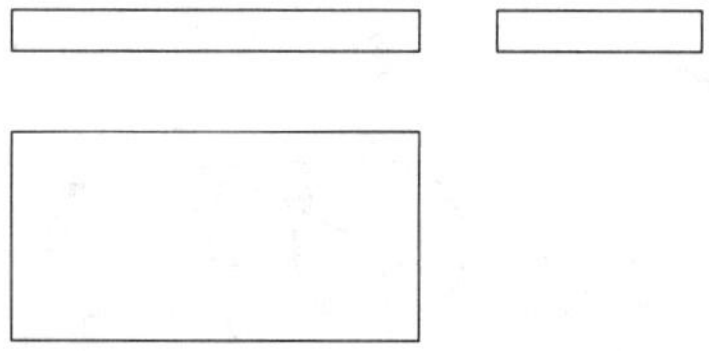

图 13-4　修剪结果

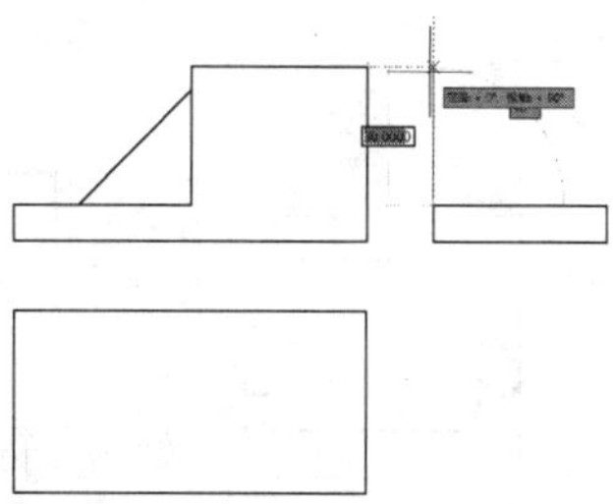

图 13-5　追踪对齐视图

6）用辅助线法画出与俯视图“长对正”的俯视图，如图 13-6 所示。

7）画出孔、肋板、圆角等细节的三视图，如图 13-7 所示。

8）整理、删除多余的图线，并将相应的线型放在相应的图层上，最后完成全图，如图 13-8 所示。

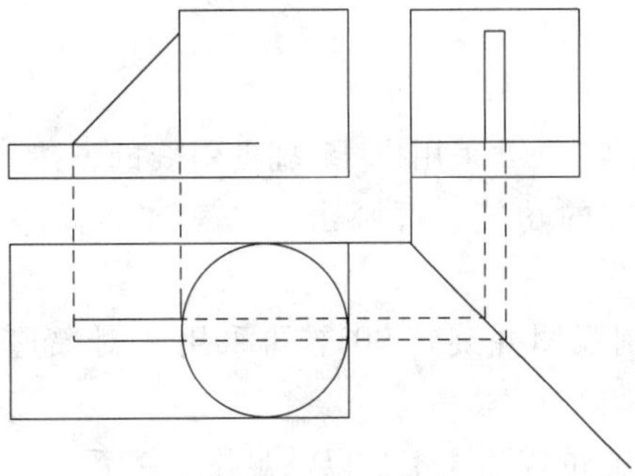

图 13-6　辅助线法

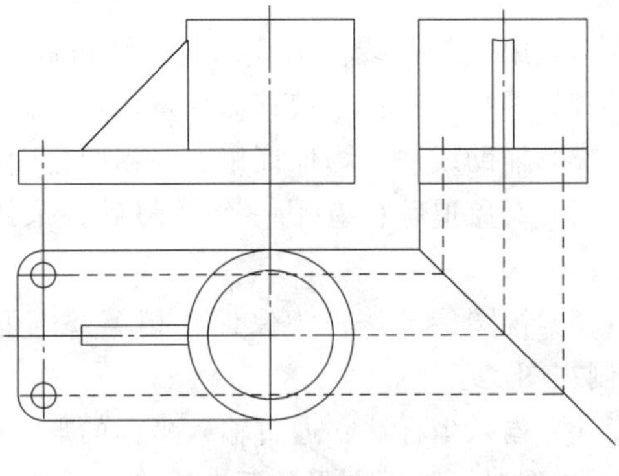

图 13-7　画出孔等结构

2. 六个基本视图的绘制

由图 13-1 中可以看出，主、左、俯三视图以外的右、仰、后三个视图分别与这三个视图对称。所以，在作图时，可以利用镜像命令复制已有的图形，再根据可见性和投影关系做适当修改，即可绘制出六个基本视图。

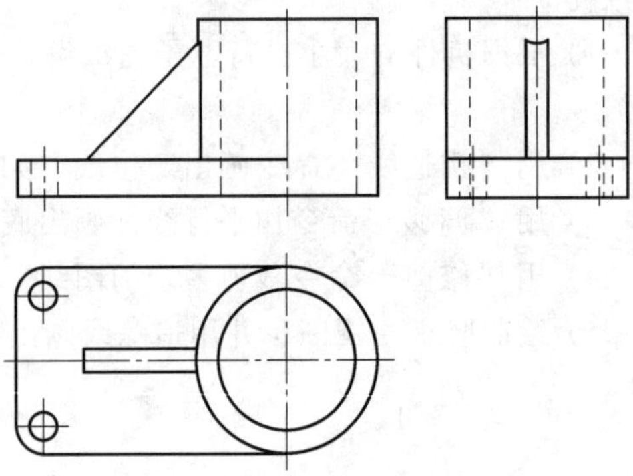

图 13-8　修饰后图形

13.1.2　局部视图和斜视图

在有些机件上会有部分倾斜结构无法与基本投影面平行，故在基本视图中无法反映该倾斜面的真实形状，为了反映倾斜部分的真实形状，可增设一个与倾斜表面平行的辅助投影面，在该投影面上的投影称为斜视图，如图 13-9 中的 *A* 向视图。将物体上某一部分结构向基本投影面投射所得到的视图称为局部视图，如图 13-9 中的俯视图和右视图。

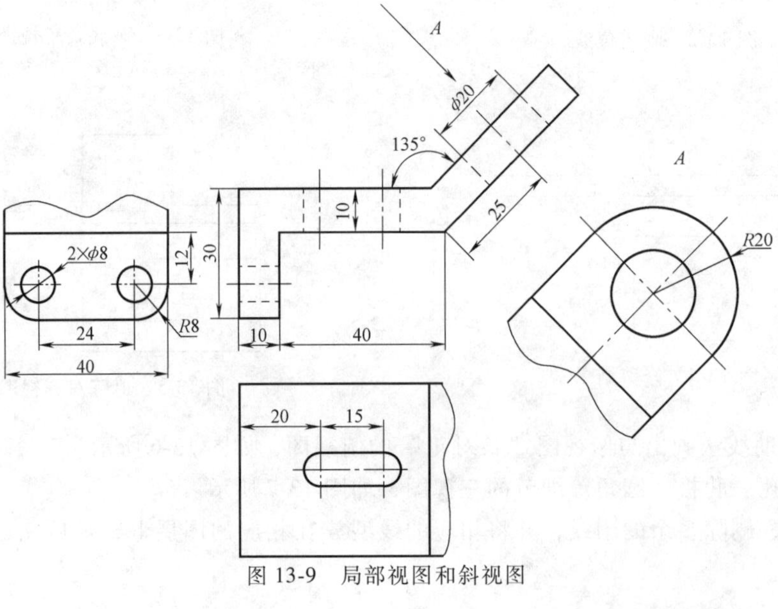

图 13-9　局部视图和斜视图

画斜视图时应解决两个问题：一是基本视图中倾斜部分的画法；二是斜视图的画法。其作图可采用以下三种方法：

1）可将光标捕捉和栅格显示旋转到与倾斜面平行的方向，再打开正交模式，就可以方便地绘制与倾斜面平行或垂直的直线。

2）倾斜部分可以先按水平或垂直位置作图，再用旋转或对齐命令调整到倾斜的位置。

3）将极轴追踪的增量角设置为与倾斜部分倾角一致，再利用极轴追踪和自动追踪辅助绘图。

【例 13-1】 绘制图 13-9 所示的视图。

1）先画出与基本投影面平行部分的视图，如图 13-10 所示。

2）设置极轴追踪角度 45°，绘制主视图中的倾斜部分。

在状态栏上的“极轴追踪”按钮上单击右键，在弹出的快捷菜单中选择“正在追踪设置”选项，并在随之出现的“草图设置”对话框中设置增量角 45，如图 13-11 所示。

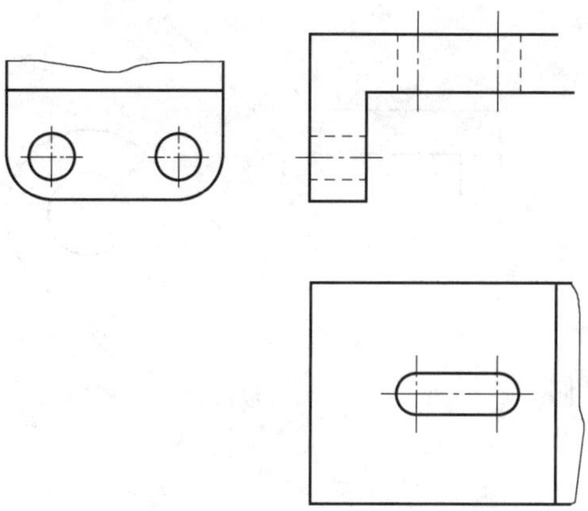

图 13-10　与基本投影平行部分的视图

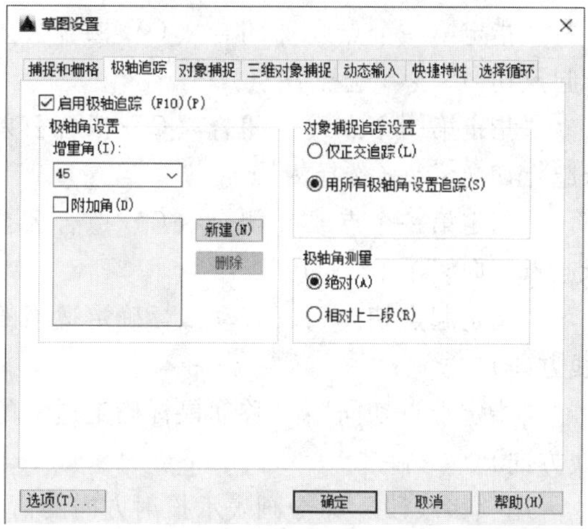

图 13-11　捕捉角度的设置

用“直线”命令绘制出主视图的倾斜部分，由 1 点起至 2、3、4、5 各点，过 2 点绘制中心线，再用“偏移”命令画出孔的虚线，如图 13-12 所示。

3）用画线和画圆命令绘制 *A* 向视图。

同样的，在“极轴追踪”打开的情况下，首先用“圆”命令绘制 *A* 向视图中的圆。*A* 向视图中圆心是由图 13-12 中 2 点沿−45°方向追踪到适当的位置确定的，再以该圆心为基准绘制出其他部分，如图 13-13 所示。

4）画波浪线和标注符号，如图 13-14 所示。

用“样条曲线”命令画波浪线，其命令输入有以下三种方法：

1）图标菜单：单击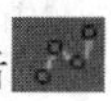。

2）下拉菜单：【绘图（D）】→【样条曲线（S）】。

3）命令行输入：SPLINE。

命令行提示如下：

“命令：_ spline”

“指定第一个点或［对象（O）］”：（选择 *B* 点）

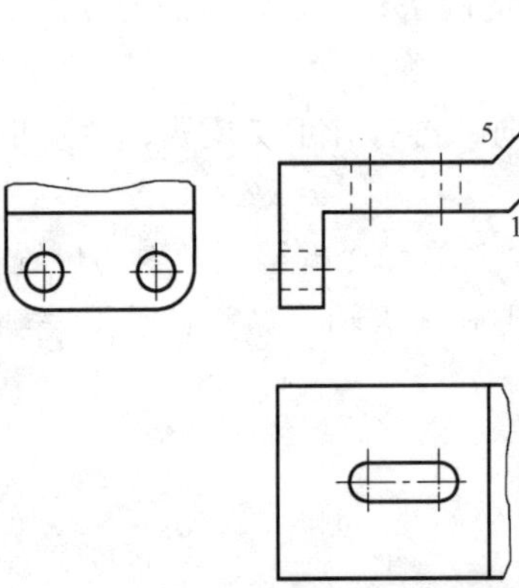

图 13-12　主视图上倾斜结构的作图

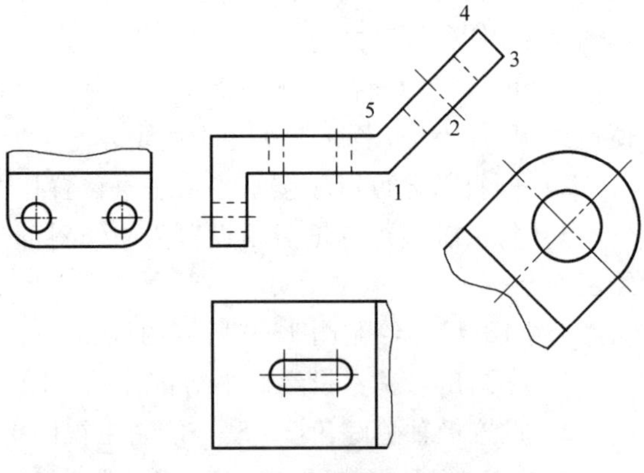

图 13-13　绘制斜视图

“指定下一点”：(选择 *C* 点)

“指定第一个点或［闭合（C）/拟合公差（F）］<起点切向>”：(选择 *D* 点)

“指定第一个点或［闭合（C）/拟合公差（F）］<起点切向>”：(选择 *E* 点)

“指定第一个点或［闭合（C）/拟合公差（F）］<起点切向>”：(空响应)

“指定起点切向”：(移动鼠标确定适当的起点切线方向)

“指定端点切向”：(移动鼠标确定适当的端点切线方向)

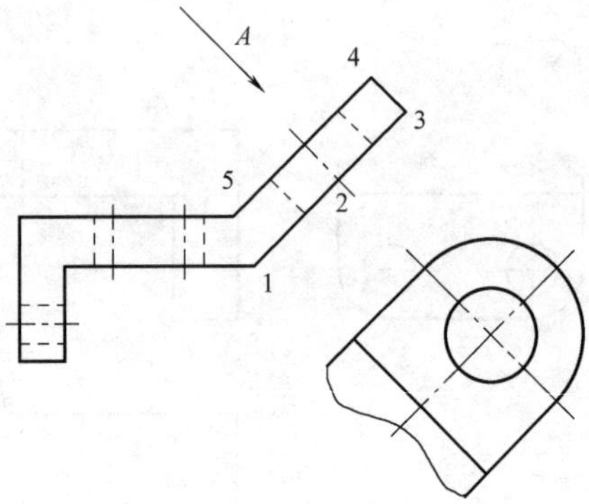

图 13-14　画波浪线及标注视图

用“多线段”命令画表示投射方向的箭头，其命令输入有如下三种方法：

1）图标菜单：单击（“绘图”工具栏如图 12-1a 所示）按钮。

2）下拉菜单：【绘图（D）】→【多段线（P）】。

3）命令行输入：PLINE。

命令行提示如下：

“命令”：_ pline

“指定起点”：(指定点 *F*)(当前线宽为 0. 0000)

“指定下一点［圆弧（A）/闭合（C）/半宽（H）/长度（L）/放弃（U）/宽度（W）］”：(指定点 *G*)

“指定下一点［圆弧（A）/闭合（C）/半宽（H）/长度（L）/放弃（U）/宽度（W）］”：W（设置线宽）

“指定起点宽度<0. 0000>”：1（起点宽度为 1）

“指定起点宽度<0. 0000>”：0（起点宽度为 0）

“指定下一点［圆弧（A）/闭合（C）/半宽（H）/长度（L）/放弃（U）/宽度（W）］”：(指定点 *C*)

“指定下一点［圆弧（A）/闭合（C）/半宽（H）/长度（L）/放弃（U）/宽度（W）］”：（空响应）

5）检查、整理，完成全图。

13.2　剖视图、断面图及其画法

工程上常用剖视图表达机件的内部结构，如图 13-15 所示；用断面图表达机件某个截面的形状，如图 13-16 所示。画剖视图和断面图时需要在剖面区域内画上剖面符号。根据机件材质不同，剖面符号也不同。国家标准规定：金属材料的剖面符号一般画成与水平线方向成 45°的等距细实线。在工程制图中，也将剖面符号简称为剖面线。

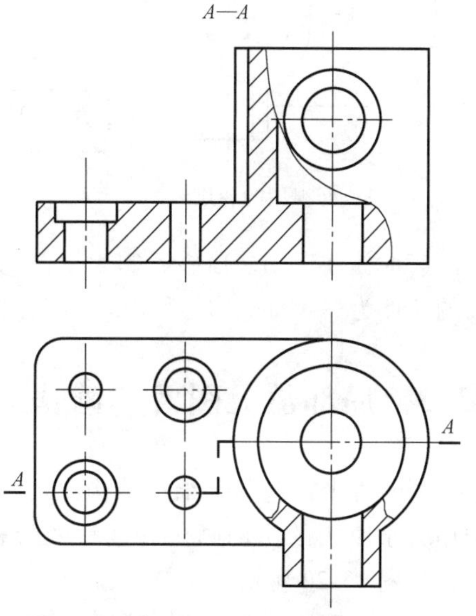

图 13-15　剖视图

1. 剖面符号的绘制

在 AutoCAD 中，一般采用“图案填充”命令（HATCH）在剖面区域快速绘制剖面符号。

2. 绘制剖视图实例

绘制如图 13-15 所示的剖视图。绘制剖视图时，应先绘制轮廓线，再绘制剖面符号。绘制剖面符号的过程，通常由选择填充图案的类型、选择图案、选择剖面区域、预览、调整角度比例等步骤组成。

（1）视图轮廓线　视图轮廓线如图 13-17 所示。

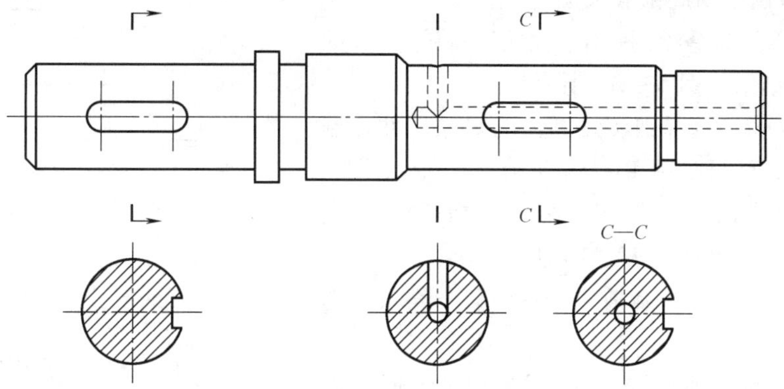

图 13-16　断面图

（2）绘制剖面符号　单击按钮，设置“边界图案填充”对话框；单击按钮，在图上拾取 1、2、3、4 点，每拾取一点，则围绕该点的边界呈高亮显示，如图 13-18 所示，单击“确定”按钮，完成主视图剖面符号的填充。

为了便于图形编辑，通常将各视图的剖面符号分别进行填充，重复上述步骤拾取 5、6 点，填充俯视图的剖面符号。全图填充的结果如图 13-19 所示。

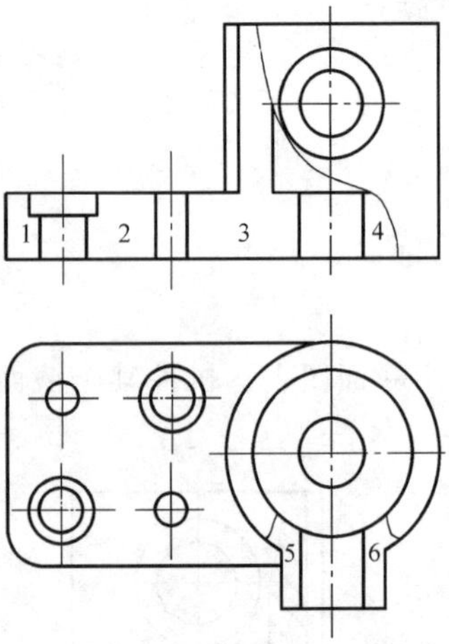

图 13-17　剖视图的轮廓线

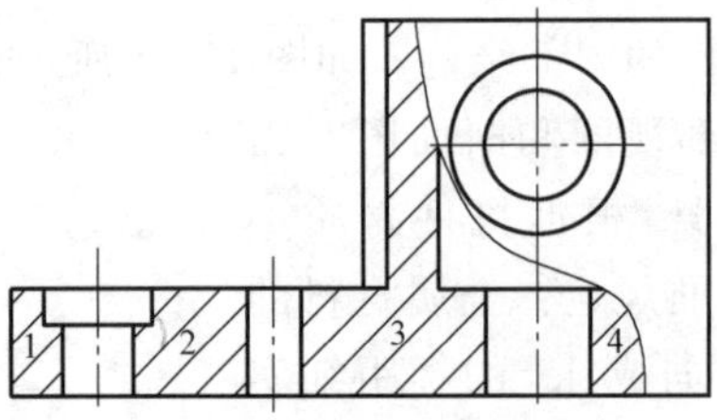

图 13-18　选择填充区域

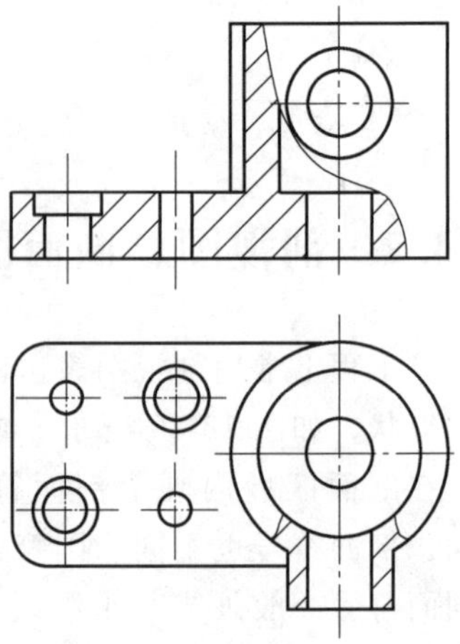

图 13-19　填充结果

（3）标注　用多段线绘制表示剖切位置的剖切符号，设置线宽为 0.5~0.7mm，每段线段的长度为 3~5mm，最后完成全图，如图 13-16 所示。

13.3　局部放大图及其画法

当机件上某些局部细小结构在视图上表达不够清楚或不便于标注尺寸时，可将该部分结构用大于原图的比例画出，这种图形称为局部放大图，如图 13-20 所示。

下面以图 13-20 为例说明局部放大图的画法。

1. 根据原图绘制局部放大图

1）用“圆”命令绘制一细实线圆，将被放大的部分圈出来，结果如图 13-21a 所示。

2）用交叉窗口选择细实线圆内的对象，并复制到适当的位置，结果如图 13-21b 所示。

3）用“样条曲线”命令在适当的位置画局部放大图的波浪线，结果如图 13-21b 所示。

4）用“修剪”命令裁剪多余的线段，结果如图 13-21c 所示。

5）用绘图的“缩放”命令将图 13-21c 所示的图形放大到所需比例，结果如图 13-21d 所示。

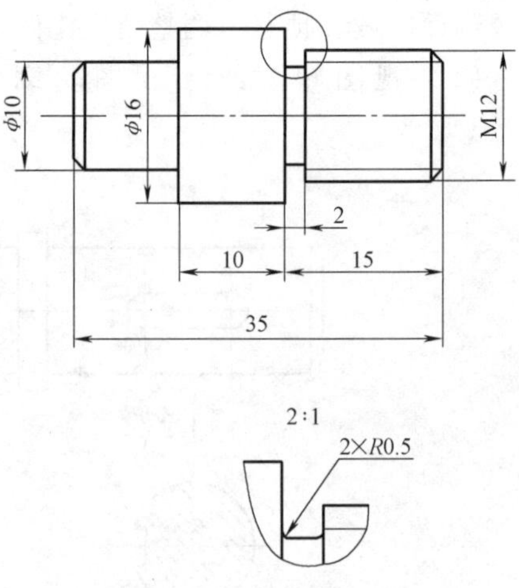

图 13-20　局部放大图

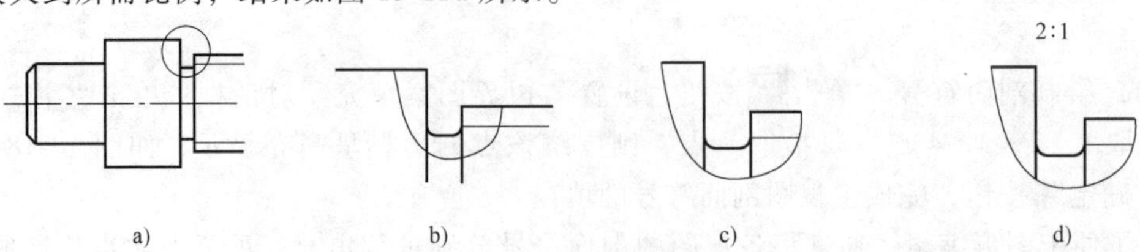

图 13-21　局部放大图的画法

2. 局部放大图的尺寸标注

图样上所注尺寸应为实际尺寸，因此在局部放大图上，应根据图形放大比例，修改尺寸样式中的测量比例。为了不影响其他尺寸的标注，建议建立“替代”样式，以标注局部放大图上的尺寸。单击A按钮，打开“标注样式管理器”对话框，如图 13-22 所示；单击“替代”按钮，打开“修改标注样式：标准”对话框，如图 13-23 所示；在“主单位”选项卡上“测量单位比例”选项的比例因子下拉式列表框中输入 0.5（放大比例的倒数），单击“确定”按钮，返回标注样式管理器；单击“关闭”按钮返回图形窗口。用标注命令标注局部放大图尺寸，如图 13-20 所示。需要标注原图尺寸时，再打开“标注样式管理器”对话框，并将原标注样式设置为当前标注样式，关闭对话框后即可按原图比例标注尺寸。

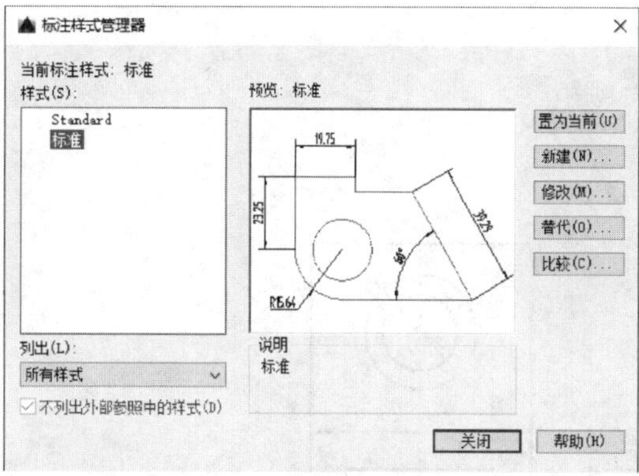

图 13-22　“标注样式管理器”对话框

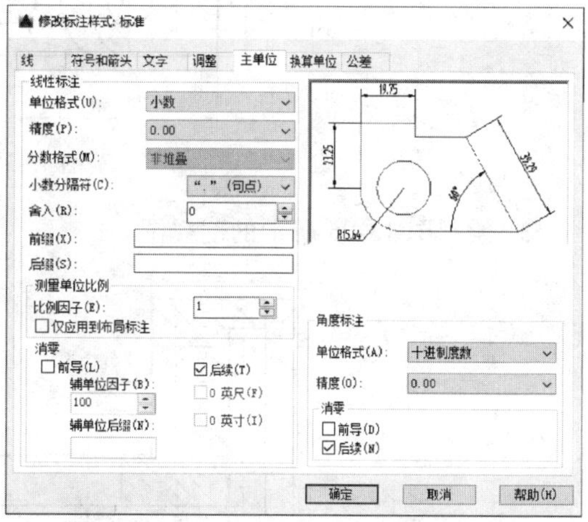

图 13-23　“修改标注样式：标准”对话框

思考与练习题

1. 绘制图 13-24 所示的组合体的三视图。

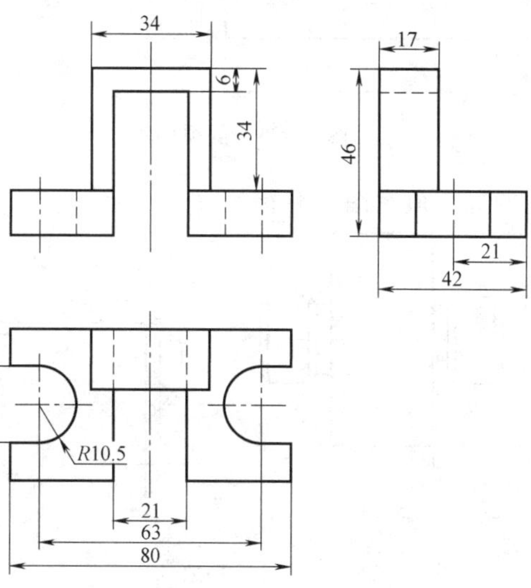

图 13-24　组合体的三视图

2. 绘制图 13-25 所示的向视图。

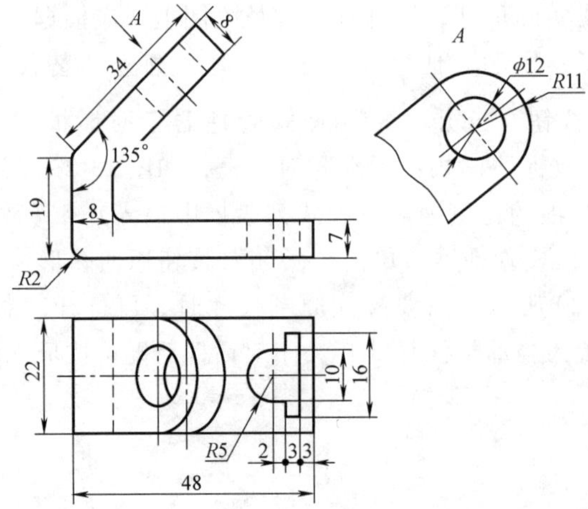

图 13-25　向视图

3. 绘制图 13-26 所示的剖视图。

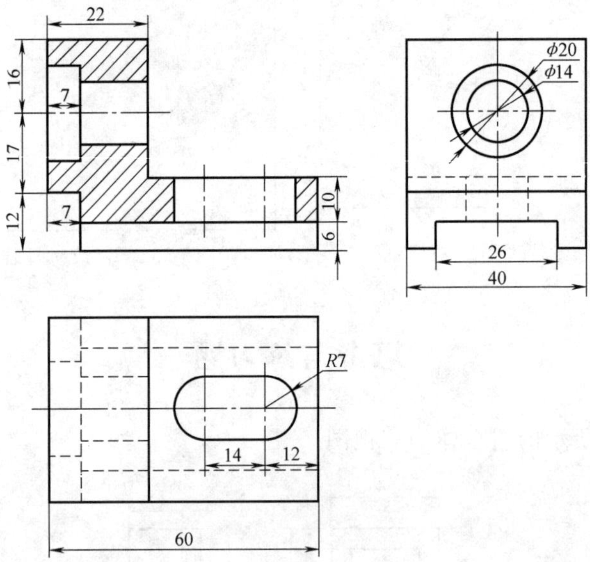

图 13-26　剖视图

4. 绘制图 13-27 所示的局部放大图，并标注尺寸。

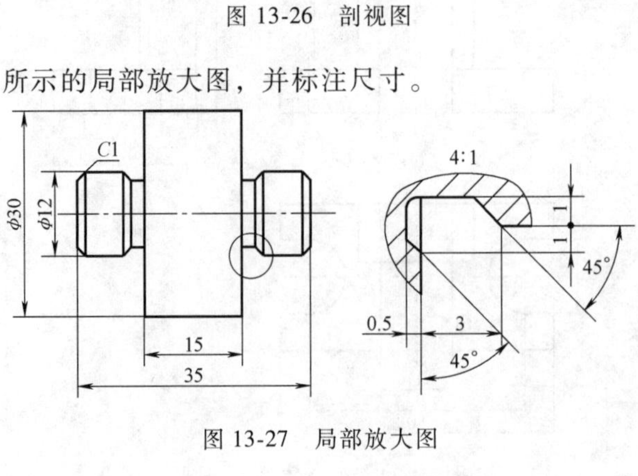

图 13-27　局部放大图

第 14 章 轴测图的绘制

14

轴测图是工程上常用的一种辅助图样。与多面正投影视图相比，它的直观性好，人们容易理解，阅读它不需要专门的训练。因此，在建筑、广告设计、产品外形设计等只需表达外形，而对描述物体的精确程度要求又不高的场合，轴测图得到了大量的应用。

14.1 轴测模式的设置

14.1.1 轴测面、轴测轴与轴间角

在轴测图中，平行于坐标平面的面的投影称为轴测面，与 *XY* 坐标平面平行的面的投影称为顶轴测面；与 *XZ* 坐标平面平行的面的投影称为右轴测面；与 *YZ* 坐标平面平行的面的投影称为左轴测面；坐标轴的投影称为轴测轴；轴测轴之间的夹角称为轴间角。轴测面、轴测轴和轴间角的构成如图 14-1 所示。

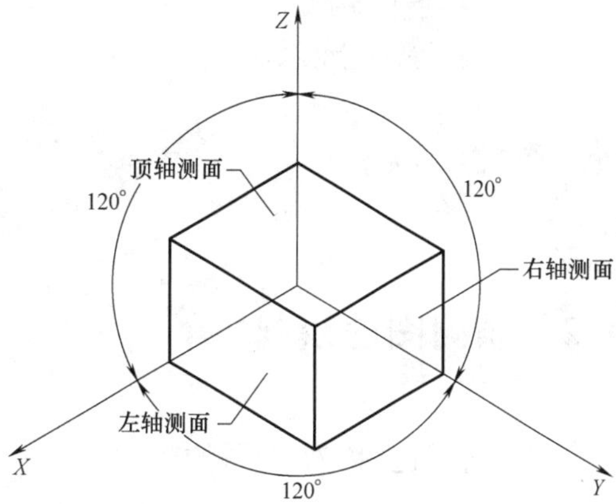

图 14-1　轴测面、轴测轴和轴间角的构成

AutoCAD 为绘制轴测图创建了一个特定的环境。在这个环境中，系统提供了绘制正等轴测图的辅助工具，这就是轴测图绘制模式，简称轴测模式。

14.1.2 轴测模式的设置

<访问方法>

菜单：【工具（T）】→【绘图设置（F）】图标 。

弹出“草图设置”对话框如图 14-2 所示，在“捕捉和栅格”选项卡中的“捕捉类型”区域选中“等轴测捕捉”命令，如图 14-3 所示。

状态栏：单击【等轴测草图】 。

命令行：SNAP→样式（S）→等轴测（I）。

<切换轴测面的操作>

1. 在轴测模式下，用<F5>键或<Ctrl+E>键，可按“等轴测平面左”“等轴测平面上”和“等轴测平面右”的顺序循环切换。

2. 在“状态栏”图标 右侧单击图标 后，单击相应的图标，如图 14-4 所示。

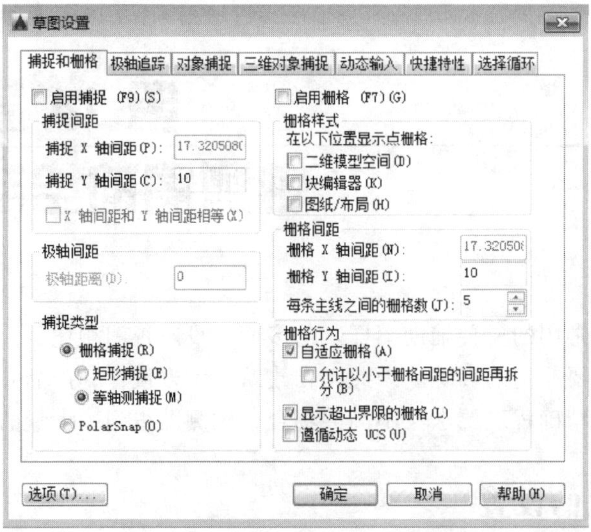

图 14-2 “草图设置”对话框

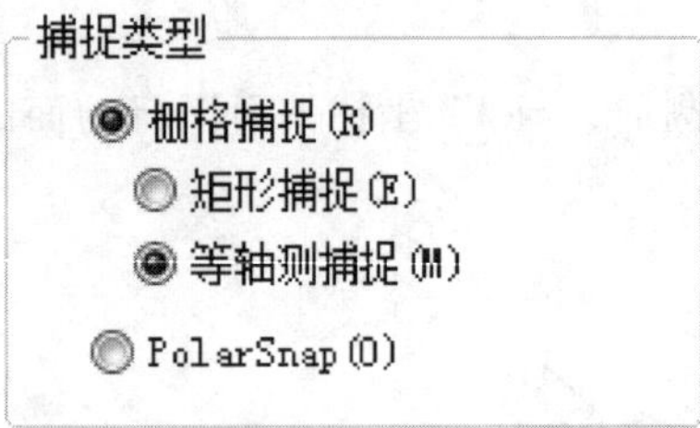

图 14-3 等轴测捕捉

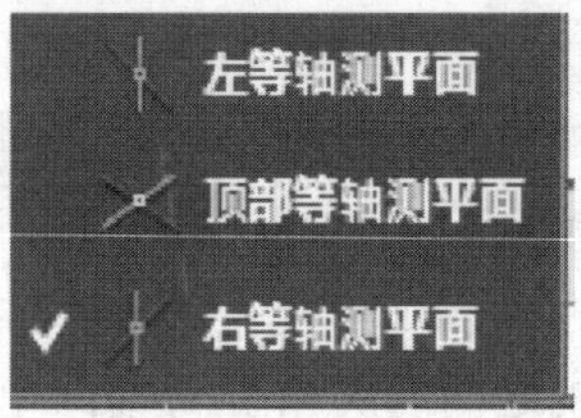

图 14-4 切换轴测面

14.2 轴测图的绘制

14.2.1 平面立体轴测图的绘制

下面以图 14-5 所示图形为例说明平面立体轴测图的绘制。

<操作步骤>

步骤 1：进入“等轴测捕”捉模式后，单击“正交”按钮，用直线命令绘制长方体。绘制时，循环切换到相应的等轴测平面内，并沿轴测方向直接输入长度即可，如图 14-6 所示。

步骤 2：确定 2、3、5、6 点的位置。在距 1 点 20mm 处绘制直线，确定 2 点的位置；由 2 点利用直线可确定 3 点的位置；在距 4 点 10mm 处绘制直线，确定 5 点的位置，在距 5 点 20mm 处绘制直线可确定 6 点的位置；在距 7 点 10mm 处绘制直线，确定 8 点的位置；由 8 点利用 20mm 直线可确定 9 点的位置，如图 14-7 所示。

步骤 3：连接点 2 和 6、5 和 6、5 和 8、8 和 9、3 和 9 以及 6 和 9 点的直线，如图 14-8 所示。

步骤 4：用“修剪”命令剪切掉左上角的几何体，如图 14-9 所示。

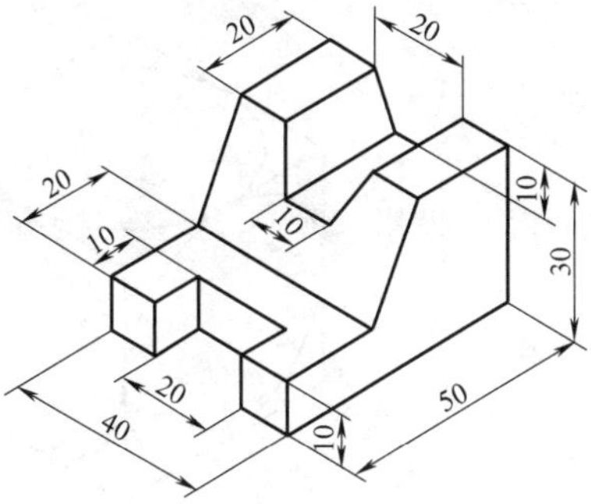

图 14-5　平面立体轴测图

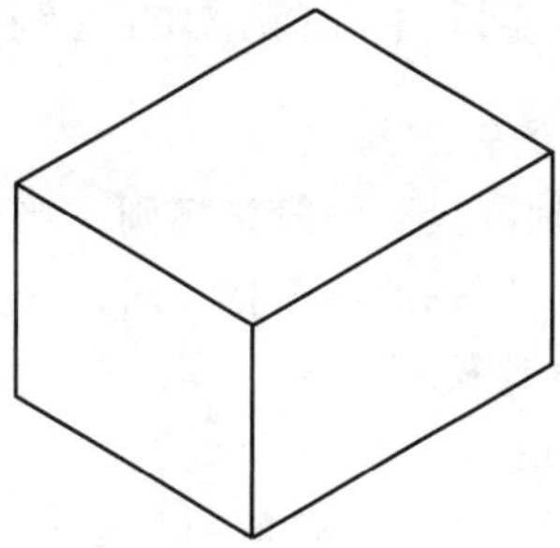

图 14-6　绘制长方体

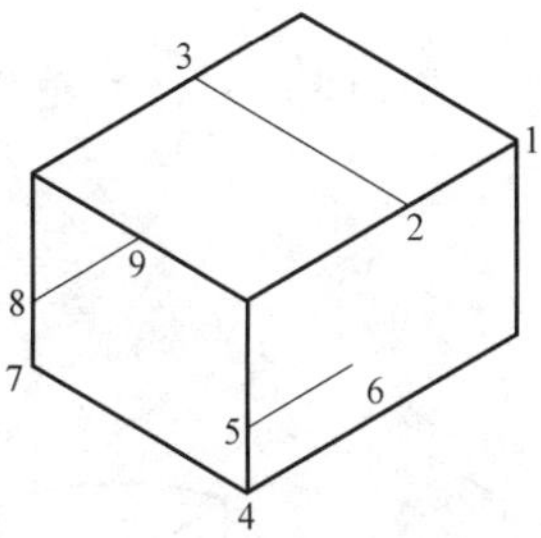

图 14-7　确定点的位置

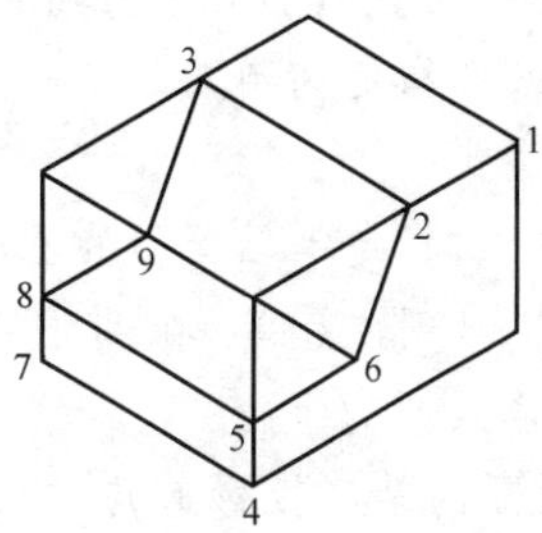

图 14-8　连接点之间的直线

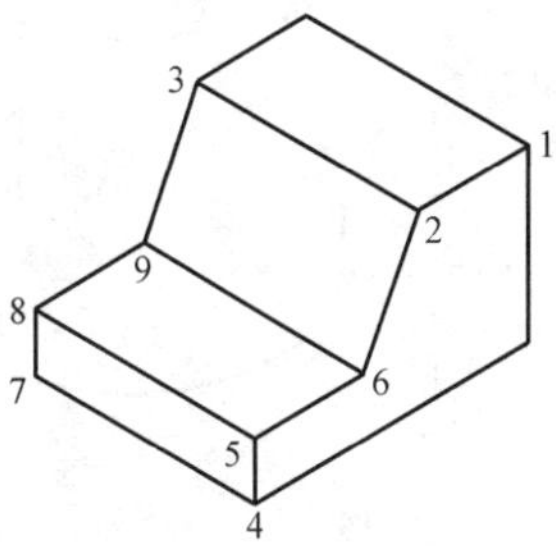

图 14-9　除去几何体

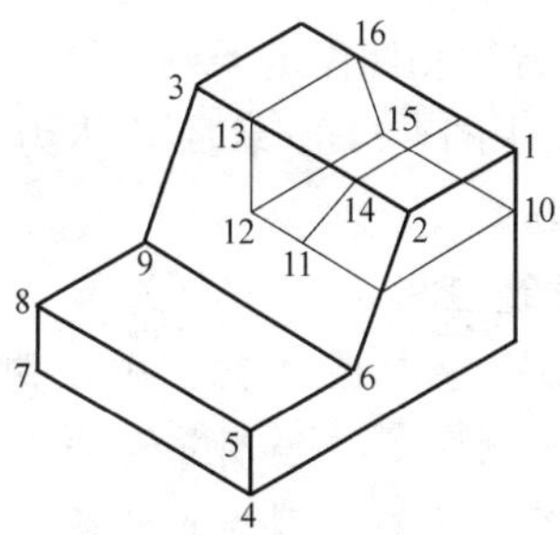

图 14-10　确定上侧缺口点的位置

步骤 5：绘制上侧缺口。参照步骤 2 来确定点的位置，如图 14-10 所示。

步骤 6：剪切上侧缺口。参照步骤 3 和步骤 4 来连接和修剪，如图 14-11 所示。

步骤 7：绘制下侧缺口。参照上面的步骤来完成，完成图形绘制，如图 14-12 所示。

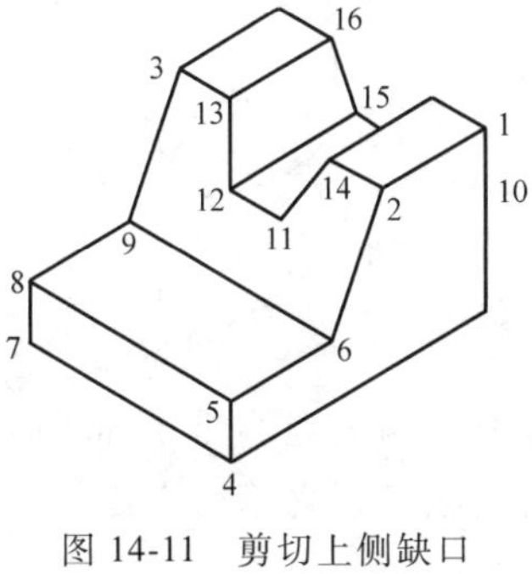

图 14-11　剪切上侧缺口

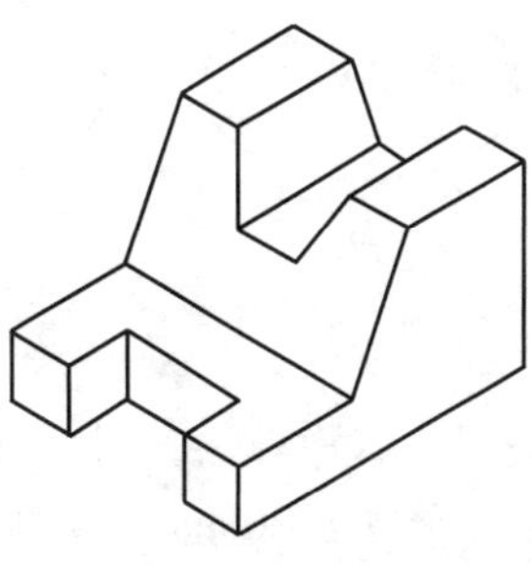

图 14-12　整理完成图形

14.2.2 回转体轴测图的绘制

1. 圆的轴测图

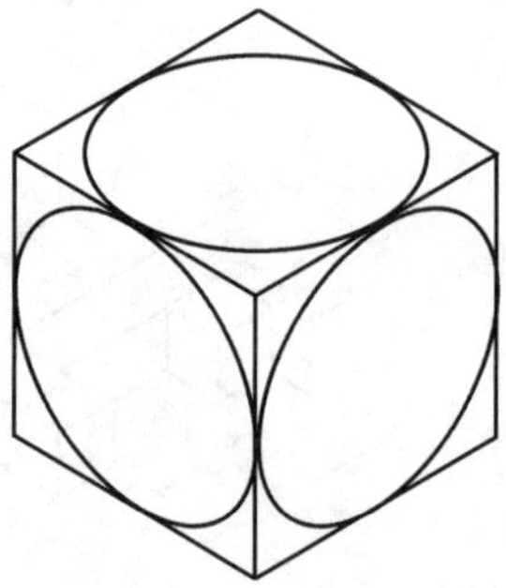

图 14-13 圆的正等轴测图

圆的轴测投影一般是椭圆，当圆位于不同的轴测面时，投影的椭圆长、短轴的位置将不同，如图 14-13 所示。

<操作过程>

步骤 1：设置轴测模式。

步骤 2：设定当前的轴测面。

步骤 3：调用“椭圆”命令。

单击【绘图】→【椭圆】命令，命令提示如下：

“ELLIPSE 指定椭圆弧的轴端点或［中心点（C）等轴测圆（I）］：”（输入“I”，按<Enter>键）

“ELLIPSE 指定等轴测圆的圆心：”（指定圆心）

“ELLIPSE 指定等轴测圆的半径或［直径（D）］：”（输入圆的半径）

在绘制圆的轴测投影时应注意：必须选择“等轴测圆（I）”选项，必须随时切换到合适的轴测面，使之与圆所在的平面项对应。

2. 回转体轴测图的绘制

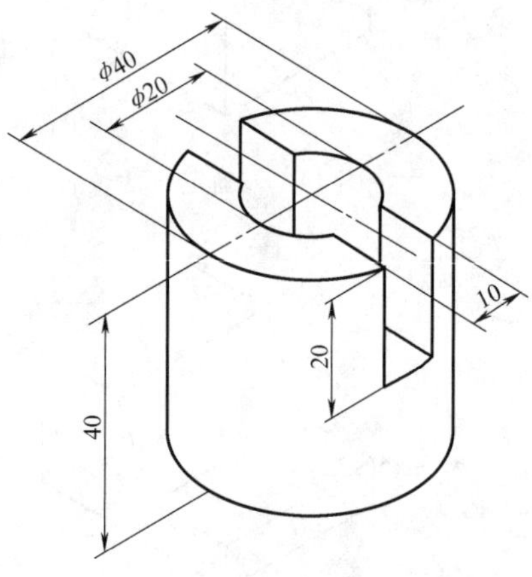

图 14-14 回转体轴测图

下面以图 14-14 所示回转体为例来介绍如何绘制回转体轴测图。

<操作过程>

步骤 1：绘制圆柱筒。先绘制出两端面的椭圆，然后画出轮廓线。在绘制轮廓线时，是从象限点到象限点，而不是从切点到切点，最后修剪去不可见的部分，如图 14-15 所示。

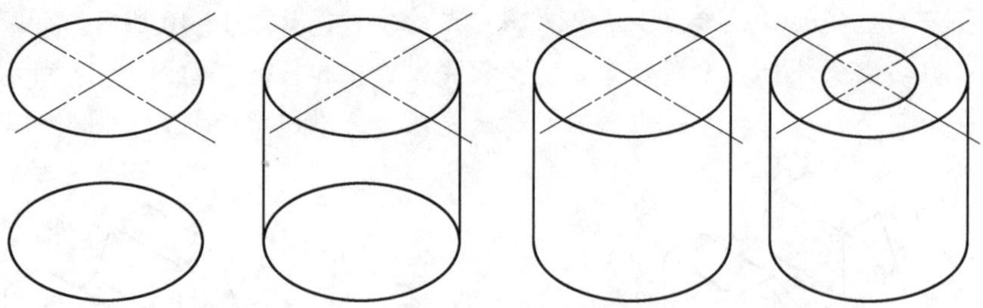

a) b) c) d)

图 14-15 绘制圆柱过程

步骤 2：绘制缺口。在圆柱筒的上端面沿中心线对称绘制两条距离为 10mm 的直线，将下端面的大圆在向上 20mm 处复制，从上端面直线与圆的交点绘制向下的直线，修剪去多余的直线，如图 14-16 所示。

3. 带圆角的立体

绘制圆角的轴测图时，不能用“圆角”命令，而是用“椭圆”命令绘制出圆的轴测投影，如图 14-17a 所示，再用“修剪”命令剪切多余部分；最后画出轮廓线，完成图形，如图14-7b所示。

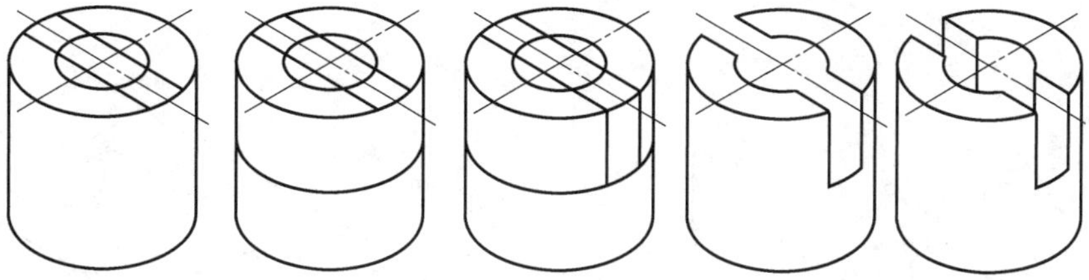

图 14-16　缺口的绘制过程

14.2.3　组合体轴测图的绘制

组合体是由若干个基本的图形对象（如直线、圆、圆弧等）按照一定的位置关系组合而成的。因此，组合体的轴测图也是由这些基本的图形对象的轴测图组成。

下面以图 14-18 所示组合体轴测图为例来讲解如何绘制组合体轴测图。

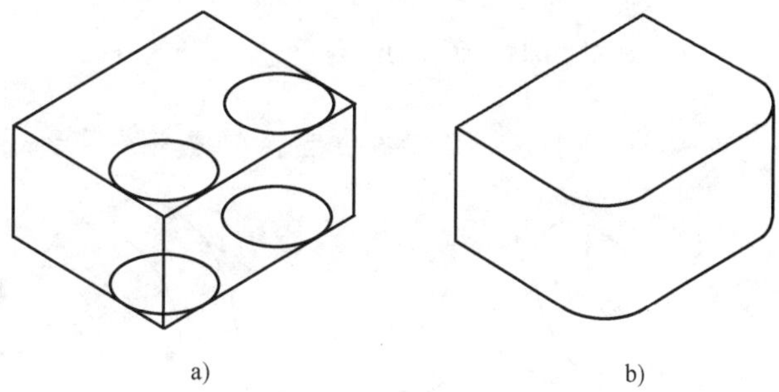

图 14-17　圆角轴测图的画法

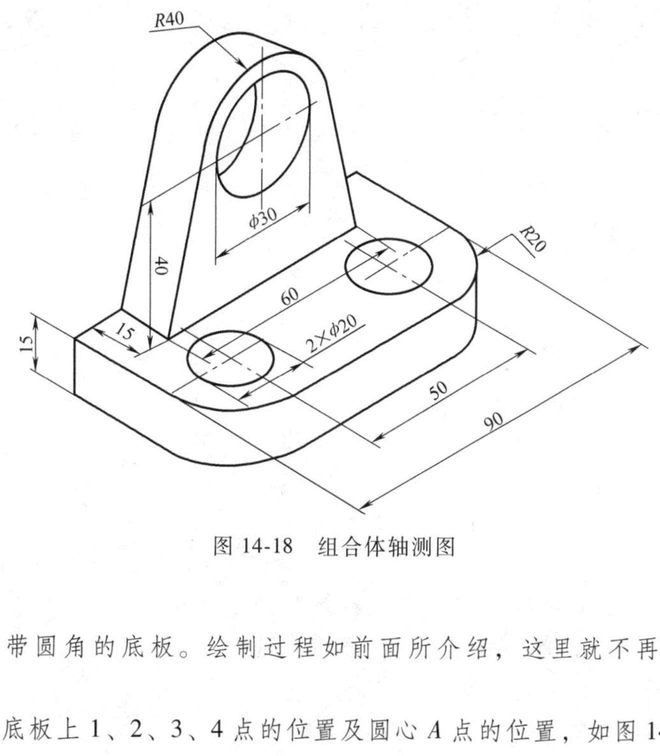

图 14-18　组合体轴测图

<操作过程>

步骤 1：绘制带圆角的底板。绘制过程如前面所介绍，这里就不再重述，如图 14-19 所示。

步骤 2：确定底板上 1、2、3、4 点的位置及圆心 *A* 点的位置，如图 14-20 所示。

步骤 3：绘制竖板顶部圆，如图 14-21 所示。

步骤 4：绘制竖板。由 1、2、3、4 点绘制直线与顶部圆相切，修剪不用的线，如图 14-22所示。

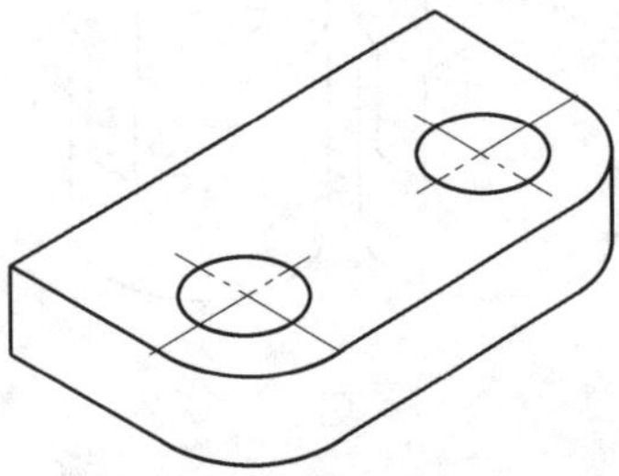

图 14-19　底板的绘制

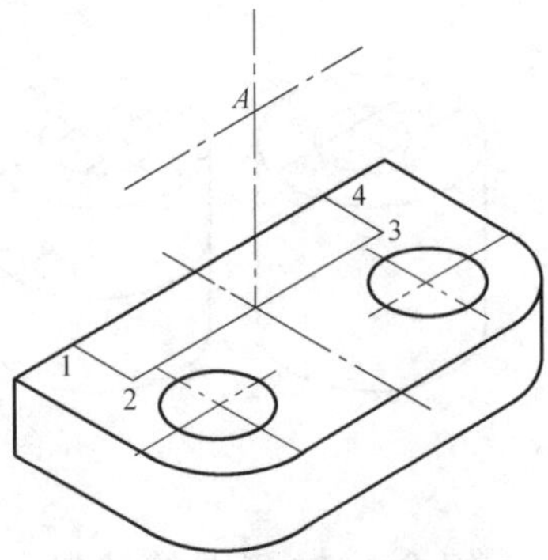

图 14-20　确定点的位置

步骤 5：在竖板上绘制圆柱孔，整理完成图形，如图 14-23 所示。

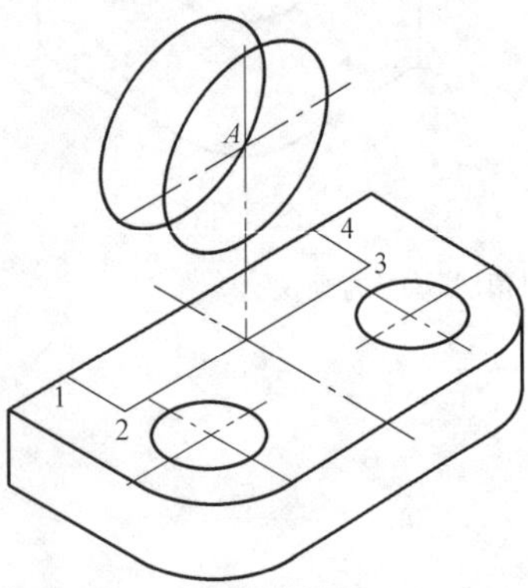

图 14-21　竖板顶部圆

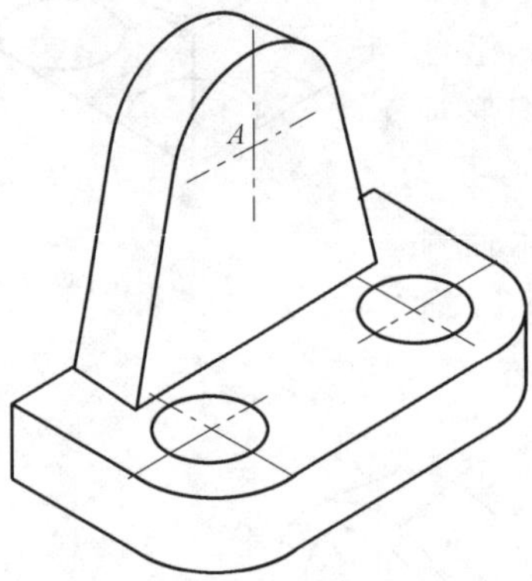

图 14-22　绘制竖板

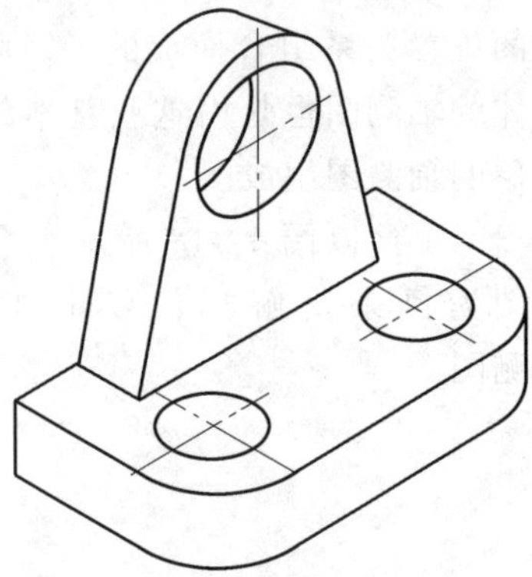

图 14-23　整理完成图形

14.3　轴测图的标注

14.3.1　轴测图上文字的标注

在轴测面上的文字应沿一轴测轴方向排列，且文字的倾斜方向与另一轴测轴平行。因此，在轴测图上书写文字时应控制两个角度：一是文字的旋转角度，二是文字的倾斜角度。两角度对文本效果的影响如图 14-24 所示。

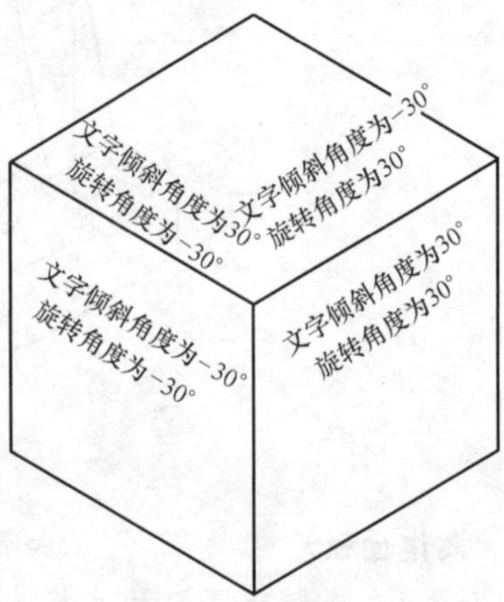

图 14-24　轴测图中文字旋转和倾斜角度

文字的倾斜角度由文字的样式决定。在轴测图中文字有两种倾斜角度：30°和-30°，因此要建立两个文字样式，以备输入文字时选择。

文本的旋转角度，是在输入文本时确定的。如果是单行文本输入，则在命令提示中，需要指定文字的旋转角度时输入旋转角度；如果是用多行文本输入，则在文本编辑对话框“倾斜角度”文本框中输入相应的旋转角度。

注意：

1）文字倾斜角度是相对倾斜角度为 0°（正体）而言的，逆时针时为“-”，顺时针为“+”；而对文本旋转角度是相对系统的 X 坐标而言的，逆时针为“+”，顺时针为“-”。

2）文本书写时可先按正常文本书写，再在对象特性对话框中修改文字样式和旋转角度。

14.3.2　轴测图上尺寸的标注

标注轴测图上的尺寸时，其尺寸界线沿轴测轴方向倾斜，尺寸数字的方向也应与相应的轴测轴方向一致。而用“基本尺寸标注”命令标注的尺寸，其尺寸界线及尺寸数字总是与尺寸线垂直。因此，在尺寸标注后，需要调整尺寸界线及文字的倾斜角度。

轴测图上尺寸数字的倾斜角度见表 14-1。

表 14-1　轴测图上尺寸数字的倾斜角度

尺寸所属轴测面	尺寸线平行轴测轴	文字倾斜角度
右	*X*	30°
左	*Z*	30°
顶	*Y*	30°
右	*Z*	-30°
左	*Y*	-30°
顶	*X*	-30°

尺寸界线的倾斜角度是指尺寸界线相对于 *X* 轴的夹角，与轴测轴 *X* 平行的尺寸界线倾斜角度为 30°，与轴测轴 *Y* 平行的尺寸界线倾斜角度是-30°，与轴测轴 *Z* 平行的尺寸界线倾斜角度是 90°。

现以图 14-25 所示轴测图为例说明轴测图尺寸标注的方法和步骤。

<操作过程>

步骤 1：建立两种文字样式，样式名称分别是“30”和“-30”。“30”样式中设定倾斜角度为“30°”；“-30”样式中设定倾斜角度为“-30°”。

步骤 2：新建两种尺寸样式，尺寸样式名分别是“dim30”和“dim-30”，“dim30”样式中文字样式采用“30”，“dim-30”中文字样式采用“-30”。

步骤 3：选择“dim30”尺寸样式，用“对齐”命令标注尺寸“30、25、40”；选择“dim

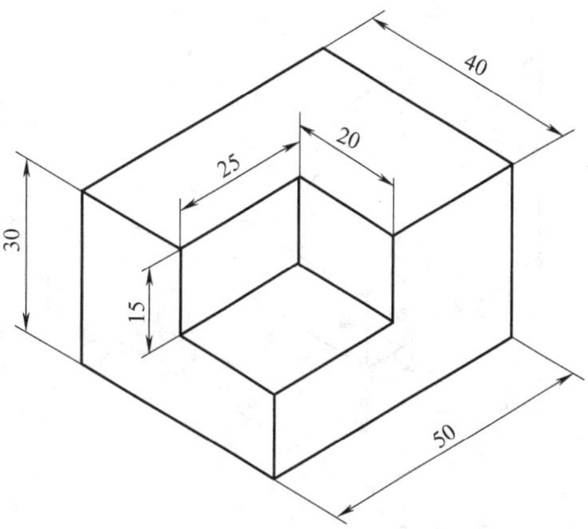

图 14-25　标注轴测图尺寸

-30”尺寸样式，用“对齐”命令标注尺寸“50、20、15”，如图 14-26a 所示。

步骤 4：用“编辑标注”（ ）命令的“倾斜（O）”选项修改尺寸界线的倾斜角度，使尺寸界线的方向与轴测轴的方向一致。其中“40、15”倾斜角度为 30°，“30、50”倾斜角度为-30°，“20、25”倾斜角度为 90°，如图 14-26b 所示。

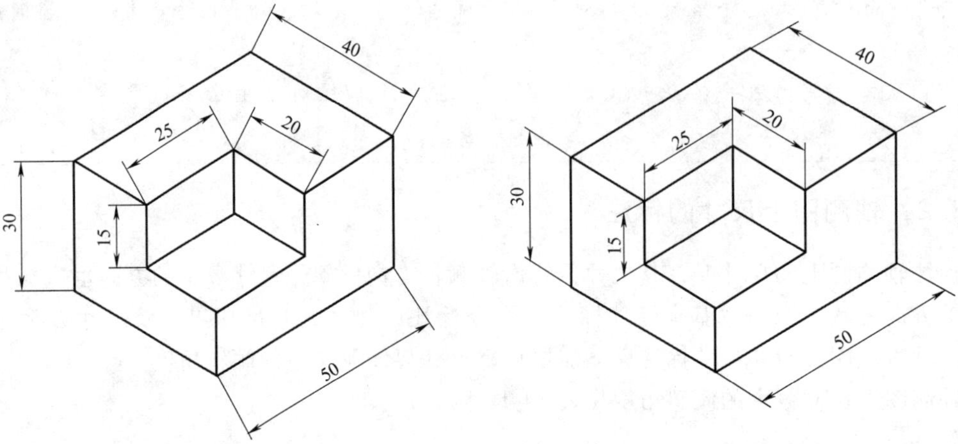

a)　　　　b)

图 14-26　轴测图的尺寸标注

思考与练习题

1. 绘制图 14-27 所示的轴测图。
2. 绘制图 14-28 所示的轴测图。
3. 绘制图 14-29 所示的轴测图。

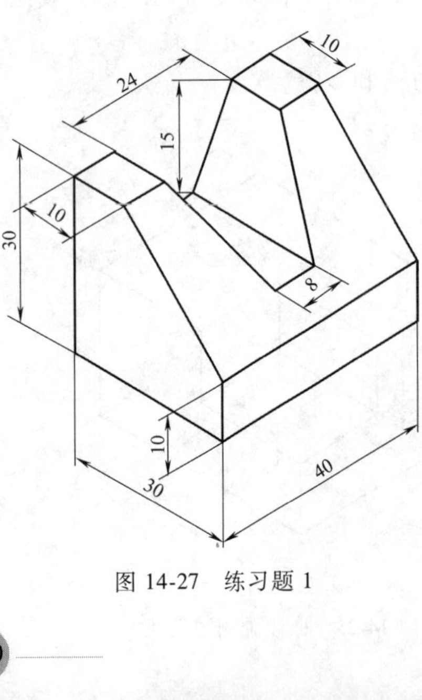

图 14-27　练习题 1

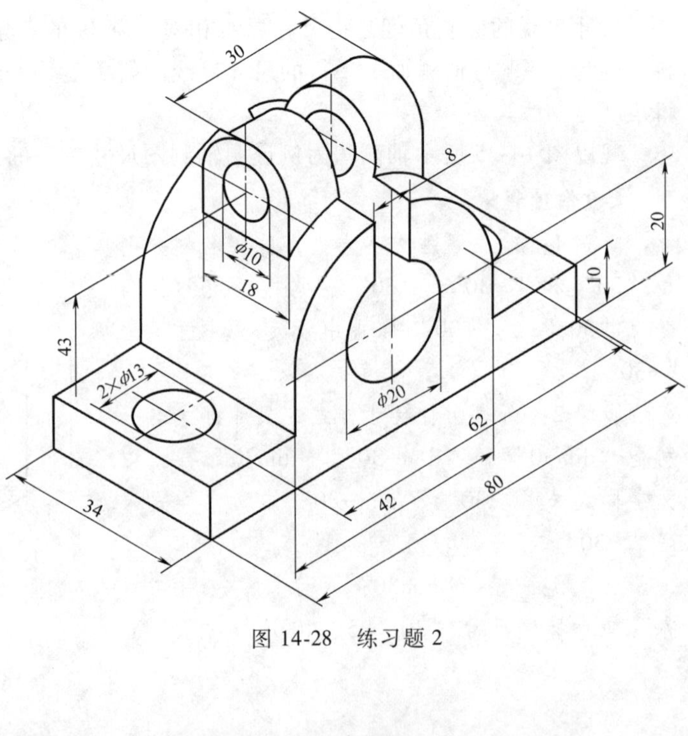

图 14-28　练习题 2

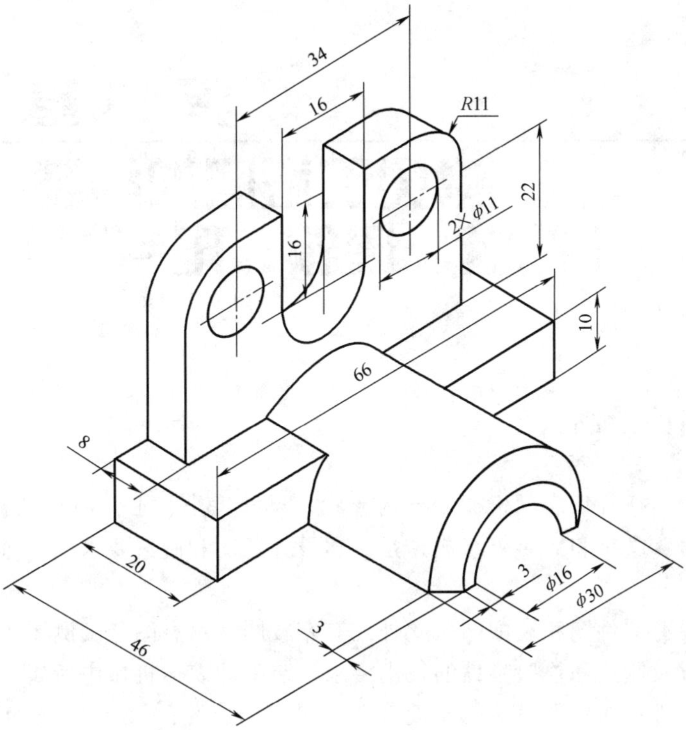

图 14-29　练习题 3

第 15 章 常见工程图的绘制（机械、建筑、电气等）

15

15.1 机械图的绘制

机械制图是用图样确切表示机械的结构形状、尺寸大小、工作原理和技术要求的图样。图样由图形、符号、文字和数字等组成，是表达设计意图和制造要求以及进行经验交流的技术文件。

机械图样主要有零件图和装配图，此外还有布置图、示意图和轴测图等。零件图表达零件的形状、大小以及制造和检验零件的技术要求；装配图表达机械中所属各零件与部件间的装配关系和工作原理；布置图表达机械设备在厂房内的位置；示意图表达机械的工作原理，如表达机械传动原理的机构运动简图、表达液体或气体输送线路的管道示意图等。

机械图的绘制是工程设计的主要部分，也是最耗时的部分，是整个工程设计的核心，通过 CAD 绘图，能够让施工人员直观地了解后期施工的方法、过程及建议。所以，一名合格的设计人员应该需熟练掌握 CAD 工程制图的绘制。

15.1.1 零件图的绘制

在机械工程中，产品或部件都是由许多相互联系的零件按一定的要求装配而成的，制造产品或部件必须首先制造组成它的零件，零件图是用于表达零件结构形状、大小和技术要求的图样，又是指导生产和检验零件的主要图样，其中包含了制造和检验零件的全部技术资料。

零件图是反映设计者意图及指导生产的重要技术文件，它除了要将零件的内、外结构形状和大小表达清楚之外，主要对零件的材料、加工、检验和测量提出了必要的技术要求。因此，一张完整的零件图一般应包含四项内容，即一组视图、完整的尺寸、技术要求和标题栏。

1）一组视图。能够清晰、完整地表达出零件内外形状和结构的视图，包括主视图、俯视图、剖视图、剖面图、断面图和局部放大视图等。

2）完整的尺寸。零件图中应正确、完整、清晰合理地标注出制造零件所需的全部尺寸。

3）技术要求。零件图中必须用规定的代号、数字、文字注释与字母来说明制造和检验零件时在技术指标上应达到的要求，例如表面粗糙度、尺寸公差、形状和位置公差以及表面处理和材料热处理等。技术要求的文字一般写在标题栏上方图纸空白处。

4）标题栏。位于零件图右下角，用于填写零件的序号、代号、名称、数量、材料和备注等。标题栏的尺寸和格式已经标准化，具体标准可参见相关手册。

1. 零件图绘制的过程及方法

在绘制零件图时，必须遵守机械制图国家标准的规定。以下是零件图一般绘图过程及需要注意的一些基本问题：

1）创建零件图模板。在绘制零件图之前，应根据图纸幅面大小和格式的不同，分别创建符合机械制图国家标准的机械图样模板，其中包括图纸幅面、图层、使用文字的一般样式和尺寸标注的一般样式等。这样在绘制零件图时，就可以直接调用创建好的模板进行绘图，有利于提高工作效率。

2）绘制零件图。在绘制过程中，应根据结构的对称性、重复特性等，灵活运用镜像、阵列、复制等编辑命令，以避免重复劳动，从而提高绘图效率，同时还要利用正交、捕捉等功能命令，以保证绘图的精确性。

3）添加工程标注。可以首先添加一些操作比较简单的尺寸标注，如线型标注、角度标注、直径和半径标注等；然后添加复杂的标注，如尺寸公差标注、几何公差标注及表面粗糙度标注等；最后注写技术要求。

4）填写标题栏。

5）保存图形文件。

绘制零件图就是绘制零件图的各视图，绘图时要保证视图布局匀称、美观且符合投影规律，即所谓“长对正，高平齐，宽相等”的原则。

使用 AutoCAD 绘制零件图的方法有坐标定位法、辅助线法和对象捕捉追踪法等。下面对其简要说明：

1）坐标定位法。在绘制一些大而复杂的零件图时，为了满足图面布局及投影关系的需要，经常通过给定视图中各点的精确坐标值来绘制作图基准线，以确定各个视图的位置，然后再综合运用其他方法完成图形的绘制。该方法的优点是绘制图形比较准确，然而计算各点的精确坐标值比较费时。

2）辅助线法。通过构造线命令，绘制一系列的水平与垂直辅助线，以保证视图之间的投影关系，并利用图形的绘制与编辑命令完成零件图。

3）对象捕捉追踪法。利用 AutoCAD 提供的对象捕捉与对象追踪功能，来保证视图之间的投影关系，并利用图形的绘制与编辑命令完成零件图。

2. 尺寸标注和其他标注

（1）尺寸标注　零件上各部分的大小是按照图样上所标注的尺寸进行制造和检验的。零件图中的尺寸不但要按前面的要求标注得正确、完整、清晰，而且必须标注得合理（所注的尺寸既要符合零件的设计要求，又要满足工艺要求）。为了合理地标注尺寸，必须对零件进行结构分析，根据分析先确定尺寸基准，然后选择合理的标注形式，结合零件的具体情况标注尺寸。

（2）尺寸公差标注　零件图中有许多尺寸需要标注尺寸公差，如果在设置尺寸标注样式时，在“标注样式管理器”对话框的“公差”选项卡中选择了公差的方式，则标注的所有尺寸均含有偏差数值。因此在创建模板文件时，应将标注样式中的公差方式设置为“无”。为了标注出带有公差的尺寸，下面简单介绍尺寸公差标注的四种常用方法。

1）直接输入尺寸公差。

① 作出如图 15-1a 所示的图形。

② 选择下拉菜单【标注（N）】→【线性（L）】命令。

③ 在图形区域中分别选取图 15-1a 所示的边线为尺寸界线的原点。

④ 在命令行［多行文字（M）/文字（T）/角度（A）/水平（H）/垂直（V）/旋转（R）］的提示下，输入字母 M，并按<Enter>键，系统弹出“文字编辑器”选项板。

⑤ 输入“8+0.1^-0.02”后选取公差文字“+0.01^-0.02”，单击右键，在弹出的快捷菜单中选择“堆叠”选项，再单击“文字编辑器”选项板上的“关闭”按钮。

⑥ 移动光标在绘图区的合适位置单击，以确定尺寸的放置位置，结果如图 15-1b 所示。

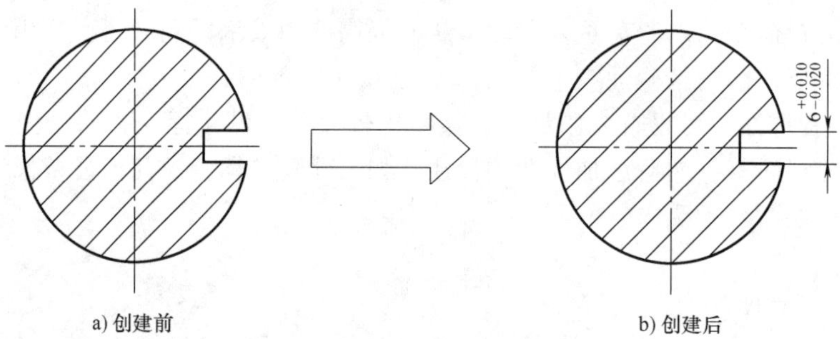

图 15-1　创建尺寸公差标注 1

注意：在修改尺寸标注文字时，也可以输入字母“T”，系统提示“输入标注文字<28>”；此时输入“8\H0.7x\S+0.01^-0.02”，其中“H0.7x”表示公差字高，比例系数为 0.7（x 为大、小写均可）。由于这种方法标注出来的尺寸为非关联尺寸，不便于以后对尺寸进行编辑修改，因此一般不使用该方法进行尺寸公差标注。

2）通过设置标注样式创建尺寸公差。

① 作出图 15-1a 所示的图形。

② 选择命令。选择下拉菜单【格式（O）】→【标注样式（D）】命令（或选择下拉菜单【标注（N）】→【标注样式（D）】命令），系统弹出“标注样式管理器”对话框。

③ 设置标注样式。单击“替代（O）”按钮，系统弹出“替代当前样式”对话框，单击“公差”选项卡，在“公差格式”选项组的“方式（M）”下拉列表中选择“极限偏差”选项；在“精度（P）”下拉列表中选择“0.000”选项；在“上偏差（V）”文本框中输入值 0.01；在“下偏差（W）”文本框中输入值 0.02；在“垂直位置（S）”下拉列表中选择“中”选项；将“高度比例（H）”设置为 0.7，完成后单击“确定”按钮，最后单击“标注样式管理器”对话框中的“关闭”按钮。

④ 创建尺寸公差标注。选择下拉菜单【标注（N）】→【线性（L）】命令；选取图 15-1a 所示的边线为尺寸界线的原点；在绘图区单击后即可创建出尺寸公差的标注。

注意： 此时得到的尺寸公差标注与期望的并不一样，因此需要对其进行编辑修改。

a. 分解尺寸公差。选择下拉菜单【修改（M)】→【分解（X)】命令，将标注的尺寸分解。

b. 修改尺寸公差。选择下拉菜单【修改（M)】→【对象（O)】→【文字（T)】→【编辑（E)】命令，选取被分解的尺寸，在弹出的“文字编辑器”选项板中按图 15-1b 所示的标注进行修改，再单击“文字编辑器”面板上的“关闭”按钮。

3）使用“特性”窗口添加尺寸公差。

① 作出图 15-2a 所示的图形。

② 选择下拉菜单【标注（N)】→【线性（L)】命令，添加图 15-2b 所示的线性标注。

③ 添加尺寸公差的标注。选择下拉菜单【修改（M)】→【特性（P)】命令（或者双击标注的尺寸)，系统弹出“特性”窗口，选中图 15-2b 中的线性标注，在公差栏的“显示公差”下拉列表中选择“极限偏差”；在“公差上偏差”文本框中输入值 0.01；在“公差下偏差”文本框中输入值 0.02；在“水平放置公差”下拉列表中选择“中”；在“公差精度”下拉列表中选择“0.000”，在“公差消去后续零”下拉列表中选择“是”，在公差文字高度文本框中输入值 0.7，标注结果如图 15-2c 所示。

注意： 只有尺寸值不是输入的且没有被修改过（标注尺寸的“特性”窗口中的文字替代文本框为空)，才能用此方法添加尺寸公差的标注。

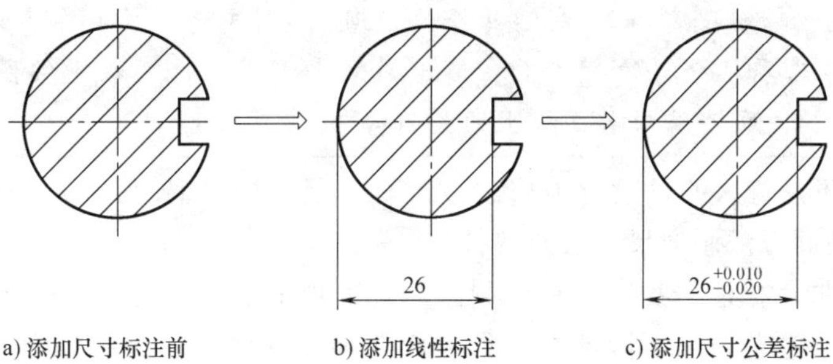

图 15-2 创建尺寸公差标注 2

4）使用替代命令添加尺寸公差。

① 作出图 15-2a 所示的图形。

② 选择下拉菜单【标注（N)】→【线性（L)】命令添加图 15-2b 所示的线性标注。

③ 添加尺寸公差的标注。

a. 选择命令。选择下拉菜单【标注（N)】→【替代（V)】命令。

b. 更改控制偏差的系统变量 DIMTOL 值。在输入要替代的标注变量名或“消除替代（C)”的提示下，输入 DIMTOL。

c. 打开偏差输入模式。在“输入标注变量的新值<关>”的提示下输入值 1 。

d. 修改偏差精度。在“输入要替代的标注变量名”的提示下，输入 DIMTDEC。

e. 设置偏差精度。在“输入标注变量的新值<0>”的提示下，输入值 2（精确到小数点后第二位）。

f. 修改偏差文字高度比例系数。在“输入要替代的标注变量名”的提示下，输入 DIMTFAC。

g. 设置高度比例系数。在“输入标注变量的新值<1.0000>”的提示下，输入值 0.7（高度比例系数为 0.7）。

h. 输入上偏差值。在“输入要替代的标注变量名”的提示下，输入 DIMTP（更改上偏差值）；输入上偏差值 0.01。

i. 输入下偏差值。在“输入要替代的标注变量名”的提示下，输入 DIMTM（更改下偏差）；在“输入标注变量的新值<1.0000>”的提示下，输入值 0.02（输入下偏差值为 -0.02，要注意的是下偏差默认值为负数，如果要标注正数值，只要在数值前面加一个负号即可）。

j. 结束公差设置。在“系统输入要替代的标注变量名”的提示下，直接按<Enter>键。

k. 选择要添加公差的尺寸标注。根据系统选择对象提示（选择新的标注样式应用的对象），选取标注的线性尺寸为 26。

l. 按<Enter>键结束尺寸公差的标注。

注意：此时得到的尺寸公差标注与期望的并不一样，因此需要对其进行编辑修改。

① 分解尺寸公差。选择下拉菜单【修改（M）】→【分解（N）】命令，将标注的尺寸分解。

② 修改尺寸公差。选择下拉菜单【修改（M）】→【对象（O）】→【文字（T）】→【编辑（E）】命令，选取被分解的尺寸，在弹出的文字编辑器选项板中按图 15-2c 所示的标注进行修改，再单击文字编辑器面板上的关闭按钮。

只有尺寸值不是输入的且没有被修改过（标注尺寸的“特性”窗口中的文字替代文本框为空），才能用此方法添加尺寸公差的标注。

（3）表面粗糙度标注　我国《机械制图》标准规定了九种表面粗糙度符号，但在 AutoCAD 中并没有提供这些符号，因此在进行表面粗糙度标注之前，必须对其进行创建。将表面粗糙度符号定义为带有属性的块并进行标注。

将表面粗糙度符号定义为带有属性的块并进行标注，按照第 10 章 10.1 节的方法创建表面粗糙度符号及块，以后在需要的地方插入该块。指定插入点，再根据命令行输入属性值的提示，输入要标注的表面粗糙度值。

（4）基准符号与几何公差的创建

1）创建基准符号的标注。在零件图的工程标注中还有几何公差的基准符号，因此可以参照标注表面粗糙度符号的方法，将其创建为一个带属性的图块，以后使用时调用即可。以图 15-3 所示符号为例介绍几何公差基准符号的创建及标注方法。

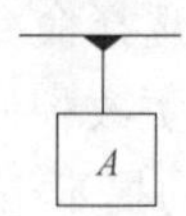

图 15-3　定义属性的基准符号

① 创建基准符号图块。选择下拉菜单【绘图（D）】→【块（K）】→【定义属性（D）】命令，系统弹出“属性定义”对话框，在“属性”选项组的“标记（T）”文本框中输入属性标记 A；在提示（M）文本框中输入插入块时系统的提示信息“输入基准符号”；在“默认

(L)”文本框中输入属性的值为 A；在“文字设置”选项组中设置文字高度值为 7，在“插入点”选项区域中选取“在屏幕上指定（O)”；在“文字设置”选项组的“对正（T)”下拉列表中选择“正中”选项，单击“确定”按钮，将“A”放置到合适位置。

② 写块。在命令行中输入“WBLOCK”并按<Enter>键，系统弹出“写块”对话框，在“源”选项组中选中“对象（O)”选项，在“文件名和路径（F)”下拉列表中输入图块的名称及路径；单击“选择对象（T)”左侧的按钮，选择绘制的基准符号及其属性值；单击“拾取点（K)”左侧的按钮，选取基准符号水平线的中点为插入基点；完成设置后，单击“确定”按钮。

③ 插入定义的基准符号图块。选择下拉菜单【插入（I)】→【块（B)】命令，弹出“插入”对话框，单击“浏览（B)”按钮，在打开的“选择图形文件”对话框中选择上一步存储的块，单击“确定”按钮。根据命令行“指定插入点”或“基点（B）比例（S）X Y Z 旋转（R)”的提示，在图形上需要标注基准符号的位置处单击，输入基准符号 A。

注意：如果基准符号不在期望的位置上，可以通过“移动”命令进行移动。

2）创建几何公差的标注。零件图中几何公差的标注分两种情况：带引线的几何公差标注与不带引线的几何公差标注。下面对两种标注情况分别进行介绍。

① 带引线的几何公差的标注。下面以图 15-4 所示标注为例来说明创建带引线的几何公差标注的一般方法。

a. 设置引线样式。在命令行输入“QLEADER”命令后按<Enter>键，在系统命令行“指定第一个引线点或［设置（S)］<设置>”的提示下，按<Enter>键；在系统弹出的“引线设置”对话框中，选择“注释类型”选项组中的“公差（T)”选项，然后单击对话框中的“确定”按钮。

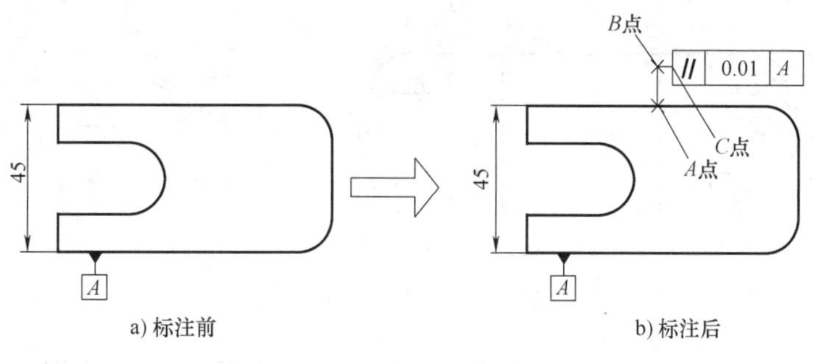

图 15-4　带引线的几何公差标注

b. 创建带引线的几何公差的标注。在系统“指定第一个引线点或［设置（S)］<设置>”的提示下，选择引出点 *A*；在系统“指定下一点”的提示下，选择点 B；在系统“指定下一点”的提示下，选择点 *C*；在系统弹出的“形位公差”（正文中修改为几何公差）对话框中，选择几何公差符号“//”，输入公差值 0. 01，再输入基准符号 *A*，然后单击“确定”按钮，结果如图 15-4b 所示。

② 不带引线的形位公差的标注。下面以图 15-5 所示标注来说明创建不带引线的几何公差标注的一般方法。

//	0.01	*A*

图 15-5　不带引线的几何公差标注

a. 选择命令。选择下拉菜单【标注（N)】→【公差（T)】命令。

b. 创建几何公差标注。系统弹出“形位公差”对话框，在“符号”选项区域单击小黑框■，系统弹出“特征符号”对话框，在该对话框中选择几何公差符号“//”；在“公差1”选项区域中间的文本框中，输入几何公差值 0.01；在“基准 1”选项区域前面的文本框中，输入基准符号 *A*；单击“形位公差”对话框中的“确定”按钮；移动光标在合适的位置单击，便可完成几何公差标注。

利用上述方法绘制的零件图如图 15-6 所示。

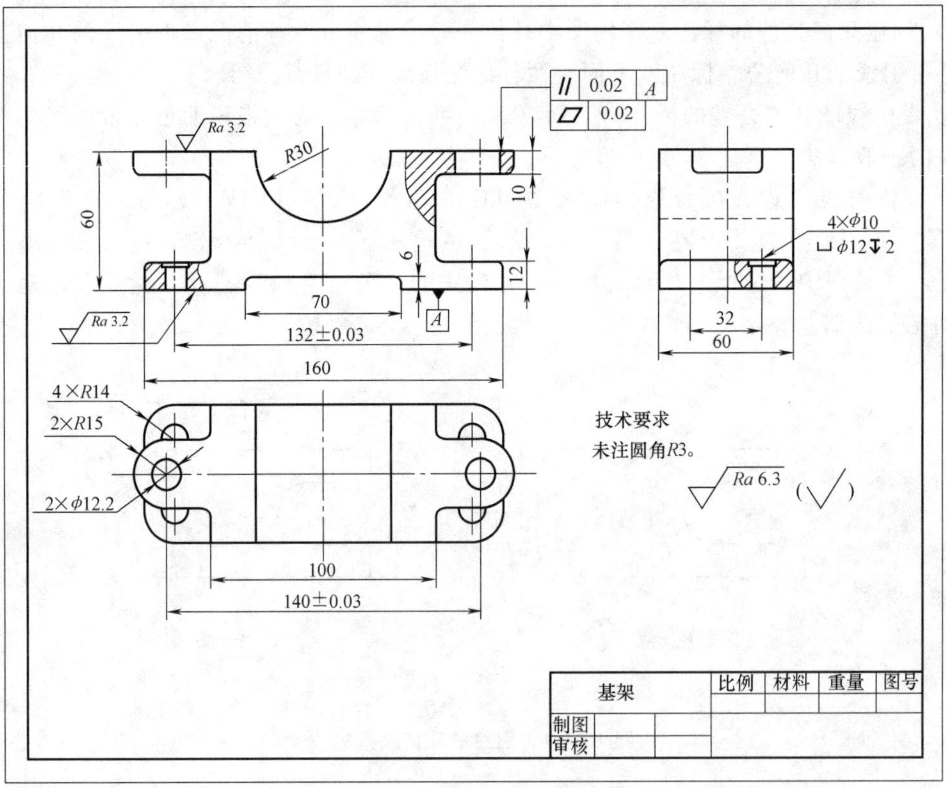

图 15-6　零件图

15.1.2　装配图的绘制

装配图是用来表达部件或机器的工作原理、零件之间的装配关系和相互位置以及装配、检验、安装所需的尺寸数据的技术文件。在设计过程中，一般都先画出装配图，再由装配图所提供的结构形式和尺寸拆画零件图；同时也可以根据已完成的零件图来拼画装配图。

1. 装配图的绘制方法

（1）用“复制—粘贴法”绘制装配图

1）绘制装配图所需的全部零件图。

2）不标注零件图的尺寸。

3）设置装配图的图幅及绘图环境等。

4）将各零件图复制粘贴到装配图中。

5）按装配关系修改粘贴后的图形。

6）标注装配尺寸，填写明细、技术要求。

（2）用插入图块的方法绘制装配图

1）绘制装配图所需的全部零件图，不标注尺寸。

2）将各零件图分别定义成块。

3）设置装配图的图幅及绘图环境等。

4）用插入图块的方法分别将各零件块插入。

5）将块打散，按装配关系修改图形。

6）标注装配尺寸，填写明细栏、技术要求等。

（3）用插入文件的方法绘制装配图

1）绘制全部零件图，不标尺寸，不画图框。

2）每个零件图分别定义插入基点，并保存为文件。

3）设置装配图的图幅及绘图环境等。

4）用插入图块的方法分别将各零件块插入，在“插入”图块对话框中单击“浏览”按钮，再选择文件。

5）将文件打散，按装配关系修改图形。

6）标注装配尺寸，填写明细栏、技术要求等。

2. 创建基本视图

创建基本视图，即主视图、左视图和俯视图、剖视图、断面图等。

3. 装配图的标注

对于用 AutoCAD 进行机械绘图，装配图的标注和零件图的标注基本一致，前面在零件图的绘制部分详细介绍了标注，在此装配图的标注可参照零件图的标注，这里不再详细说明。

4. 填写标题栏并保存文件

1）切换图块。在“图层”工具栏中选择“文字层”图层。

2）添加文字。选择下拉菜单【绘图（D）】→【文字（X）】→【多行文字（M）】命令，在标题栏指定区域选取两点以指定输入文字的范围，字体格式为“汉字文本样式”，输入“基架”，单击“确定”按钮。

3）选择下拉菜单【文件（F）】→【保存（S）】命令，将图形命名为“XX. dwg”，单击“保存”按钮。

利用上述方法绘制的机械装配图如图 15-7 所示。

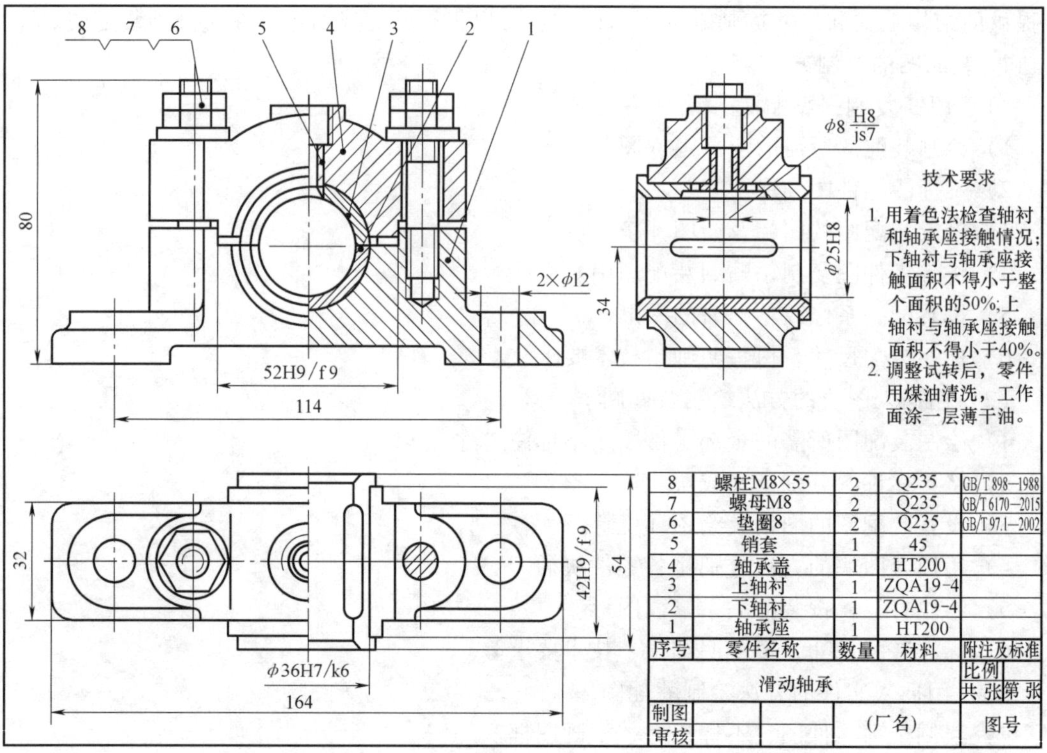

图 15-7 装配图

15.2 建筑图的绘制

建筑制图不仅用来表达建筑物的外表形态、内部布置、地理环境以及施工要求，还可以用来反映设计意图与施工依据。建筑制图的细节部分比较多，绘制过程也比较复杂，当采用 AutoCAD 进行建筑绘图的时候，不仅可以保证制图的质量，还可以大大提高制图的效率。

一副完整的建筑设计制图，应包括以下几个部分：

(1) 建筑图形　根据产品或部件的具体结构，选用适当的表达方法，用平面或者立体图来表达建筑体的长度与宽度尺寸。

(2) 多线　主要用来绘制墙体。

(3) 必要的尺寸　必要的尺寸包括墙线尺寸、门窗尺寸、楼梯尺寸等设施设计。

(4) 技术要求　主要用来对图形中各图形元素的名称、使用方法、注意事项等进行说明。

(5) 块　在建筑制图中，块的使用非常普通，例如建筑制图中的门、窗、花草等都可以以块的形式插入到建筑制图当中。

15.2.1 多线的使用与编辑

1. 多线样式

多线的外观由多线样式决定，在多线样式中可以设定多线中线条的数量、每条线的颜色和线型以及线间的距离等，还能指定多线两个端头的样式，如弧形端头及平直端头等。

2. 绘制多线

MLINE 命令用于绘制多线。多线是由多条平行直线组成的对象，最多可包含 16 条平行线。线间的距离、线的数量、线条颜色及线型等都可以调整。该命令常用于绘制墙体、公路或管道等。

3. 编辑多线

MLEDIT 命令用于编辑多线。

<访问方法>

菜单栏：【修改（M）】→【对象（O）】→【多线（M）】。

命令行：MLEDIT。

<操作过程>

命令启动后，系统将弹出“多线编辑工具”对话框。该对话框以下面四列显示图像样例。

第一列处理十字交叉的多线；第二列处理 T 形相交的多线；第三列处理角点连接和顶点；第四列处理多线的剪切或结合。

图 15-8 所示为多线编辑工具界面。

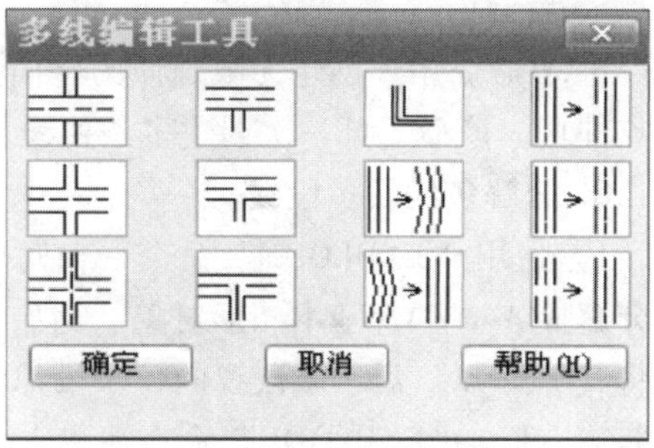

图 15-8　多线编辑工具

单击任意一个图像样例，再单击“确定”按钮，退出对话框，用户可进一步进行相应的多线编辑。

（1）十字闭合　用于在两条多线之间创建闭合的十字交点（第一条多线将被断开，而第二条多线保持原状）。

（2）十字打开　用于在两条多线之间创建打开的十字交点（第一条多线的所有元素将被断开，第二条多线的外部元素被断开而内部元素保持原状）。

（3）十字合并　用于在两条多线之间创建合并的十字交点（选择多线的次序并不重要，因为两条多线外部元素都将被断开而内部元素保持原状）。

（4）T 形闭合　用于在两条多线之间创建闭合的 T 形交点（第一条多线被修剪或延伸到与第二条多线的外线相交，第二条多线保持原状）。

（5）T 形打开　用于在两条多线之间创建打开的 T 形交点（第一条多线的所有元素将被断开，从而与第二条多线的外线呈交汇性的相交，但第二条多线的内部元素保持原状，两条多线的内部元素不相交）。

（6）T 形合并　用于在两条多线之间创建合并的 T 形交点（第一条多线的所有元素将被断开，从而与第二条多线呈交汇性的相交，且两条多线的内部元素相交）。

（7）角点结合　用于在多线之间创建角点结合（CAD 将多线修剪或延伸到它们的交点处）。

（8）添加顶点　用于向多线上添加一个顶点。

（9）删除顶点　用于从多线上删除一个顶点。

(10) 单个剪切　用于剪切多线上的选定元素。

(11) 全部剪切　将多线剪切为两个部分。

(12) 全部接合　用于将已被剪切的多线段重新接合起来。

其主要功能如下:

1) 改变两条多线的相交形式。例如，使它们相交成“十”字形或“T”字形。

2) 在多线中加入控制顶点或删除顶点。

将多线中的线条切断或结合。

4. 创建及编辑多段线

PLINE 命令用来创建二维多段线。多段线是由几段线段和圆弧构成的连续线条，它是一个单独的图形对象，具有以下特点:

1) 能够设定多段线中线段及圆弧的宽度。

2) 可以利用有宽度的多段线形成实心圆、圆环或带锥度的粗线等。

3) 能在指定的线段交点处或对整个多段线进行倒圆角、倒斜角处理。

4) 编辑多段线的命令是 PEDIT，该命令可以修改整个多段线的宽度值或分别控制各段的宽度值，此外，还能将线段、圆弧构成的连续线编辑成一条多段线。

5. 绘制射线

RAY 命令用于创建无限延伸的单向射线。操作时，用户只需指定射线的起点及另一通过点即可。该命令可一次创建多条射线。

6. 分解多线及多段线

1) 使用“EXPLODE”命令（简写 X）可将多线、多段线、块、标注和面域等复杂对象分解成 AutoCAD 基本图形对象。例如，连续的多段线是一个单独对象，使用 EXPLODE 命令将其“炸开”后，多段线的每一段都将成为一个独立的对象。

2) 键入“EXPLODE”命令或单击“修改”面板上的按钮，系统将提示“选择对象”，选择图形对象后，AutoCAD 将会自动进行图形分解。

15.2.2　建筑图的绘制及综合应用

下面以图 15-9 所示的案例设计过程来说明 AutoCAD 在建筑图绘制中的应用。

1. 创建样板图形

1) 选择下拉菜单【文件（F）】→【新建（N）】命令，在弹出的“选择样板”对话框中，打开图 15-9 所示的样板文件，然后单击“打开（O）”按钮。

2) 创建建筑图层。

① 选择下拉菜单【格式（O）】→【图层（L）】命令。

② 创建“尺寸和文本”层。在“图层特性管理器”对话框中单击“新建图层”按钮，将新图层命名为“尺寸和文本”层，颜色设置为“青色”，线型设置为“Continuous”，线宽设置为“0.09 毫米”。

③ 创建“门窗”层。颜色设置为“绿色”，线型设置为“Continuous”，线宽设置为“0.09 毫米”。

④ 创建“墙体”层。颜色设置为“蓝色”，线型设置为“Continuous”，线宽设置为“0.30 毫米”。

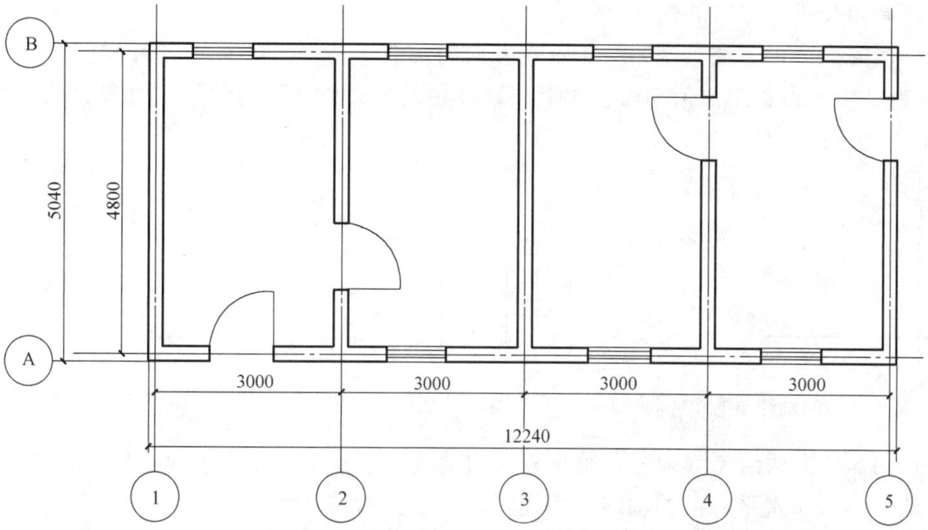

图 15-9　建筑平面图

⑤ 创建“网轴线”层。颜色设置为“红色”，线型设置为“CENTER”，线宽设置为“0.09 毫米”。

3）创建文字样式和尺寸标注样式。

① 创建新的文字样式。

② 创建新的尺寸样式。

a. 选择下拉菜单【格式（O）】→【标注样式（D）】命令，在“标注样式管理器”对话框中单击“新建（N）”按钮，在“创建新标注样式”对话框的“新样式名（N）”文本框中，输入“建筑样式 1”，然后单击“继续”按钮。

b. 在“符号和箭头”选项卡的“箭头”选项区域中，将“箭头样式”设置为“建筑标记”，将“箭头大小（I）”设置为“1.5”，将“圆心标记”设置为“标记（M）”，在“标记（M）”文本框中输入值 1，其他的参数接受系统的默认值。

c. 在“文字”选项卡中，将“文字样式（Y）”设置为“样式 1”，将“文字高度（T）”设置为“2”，其他的参数接受系统的默认值。

d. 在“主单位”选项卡中，将“程度（P）”设置为“0”，将“小数分隔符（C）”设置为“。”（句点），将“比例因子（E）”设置为 100（则在后面的画图过程中，各个尺寸应比实际缩小 100 倍），其他的参数接受系统的默认值。

e. 将新创建的“建筑样式 1”设置为“当前”。

2. 绘制建筑平面图

（1）绘制轴线和柱网

1）切换图层。在“图层”工具栏中选择“网轴线”图层。

2）选择下拉菜单【绘图(D)】→【直线(L)】命令，绘制图 15-10 所示的水平和垂直方向的“轴线 A”和“轴线 1”，其长度应略大于建筑的总体长度和宽度，在两条线之间的起点位置部分交叉（水平方向的轴线长度大约为 130，垂直方向的轴线长度大约为 70）。

3）绘制建筑平面图基本的轴线网格。

① 绘制四条垂直方向的轴线。

a. 用“偏移”的方法绘制第一条垂直方向的轴线。选择下拉菜单【修改(M)】→【偏移(S)】命令，输入偏移距离值 30，选择图 15-10 中的“轴线 1”为偏移的对象，然后在“轴线 1”的右侧单击一点。

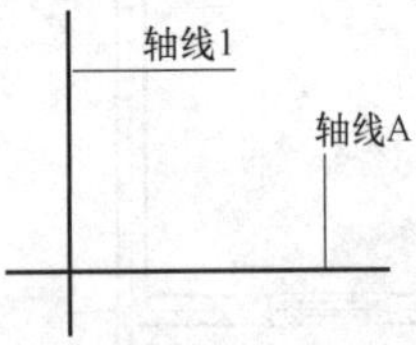

图 15-10　绘制轴线 A

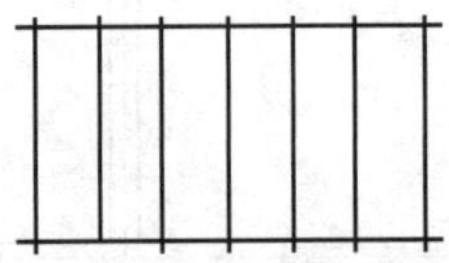

图 15-11　添加基本轴线网格和轴线 1

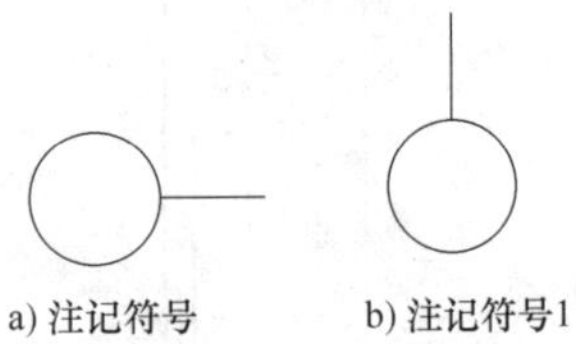

图 15-12　创建注记符号

b. 用同样的方法绘制其余三条垂直方向的轴线，偏移距离分别为 60、90 和 120。

② 绘制第二条水平方向的轴线。用同样的方法选择“轴线 A”为偏移对象，偏移距离为 48，如图 15-11 所示。

4）创建如图 15-12 所示的轴线注记符号。

① 将图层切换至“尺寸和文本”图层，运用【绘图（D）】→【直线（L）】命令和【绘图（D）】→【圆（C）】→【圆心、直径（D）】命令完成轴线注标记符号的创建，圆的直径为 8，直线长度值为 8。

② 采用【绘图（D】→【块（K）】→【定义属性（D）】命令，在“标记（T）”文本框中输入属性的标记为 A，在“默认（L）”的文本框中输入属性为 A；采用【绘图（D）】→【块（K）】→【创建（M）】命令创建带属性的块，将块的“名称（N）”设置为“注记符号”。

③ 采用【绘图（D）】→【块（K）】→【定义属性(D)】命令，在“标记（T）”文本框中输入属性的标记为 1，在“默认（L）”文本框中输入属性的值为 1；用【绘图(D)】→【块(K)】→【创建(M)】命令创建带属性的块，将块的“名称（N）”设置为“注记符号 1”。

④ 用【插入（I）】→【块（K）】命令将轴线注记符号设置到相关轴线端部，纵向为 1、2、3、4、5，横向为 A、B，完成后的结果如图 15-13 所示。

（2）绘制墙体

1）设置多线样式。

2）选择下拉菜单【绘图(D)】→【多线(U)】命令，在系统“指定起点或［对正（J）/比例（S）/样式（ST）］”的提示下输入“J”按 <Enter>键，选择对正类型为“无（Z）”选项，用交点捕捉的方法，开始沿轴线绘制多线。选择下拉菜单【修改(M)】→【对象(O)】→【多线(M)】命令，在系统弹出的“多线编辑工具”的对话框中，选择适当的多线相交编辑方式对墙体进行修整，完成后的图形如图 15-14 所示。

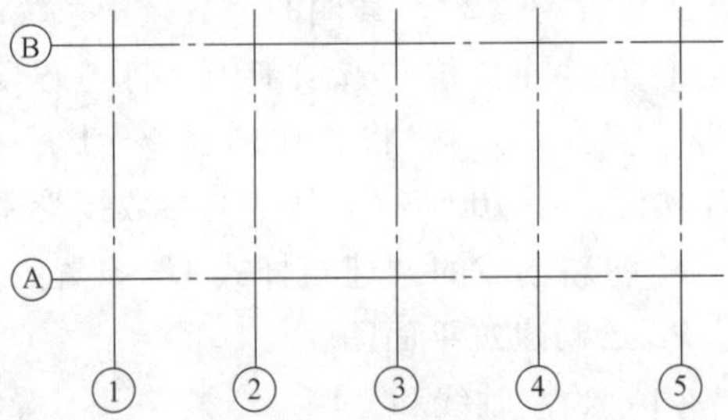

图 15-13　标注轴线注记符号的轴线网格

（3）绘制门窗

1）创建图 15-15 所示的门图块。

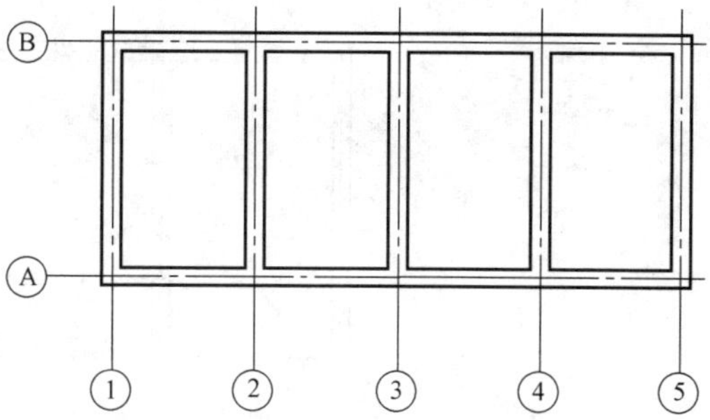

图 15-14　绘制墙体轮廓

① 将图层切换到“门窗”图层，选择下拉菜单【绘图（D）】→【矩形（G）】命令，绘制宽度为 10、长度为 0.4 的矩形作为门窗；确认“极轴追踪”和“对象捕捉”按钮处于高亮显示状态，捕捉矩形左上端点和矩形的下水平边，用【绘图（D）】→【圆弧（A）】→【起点、端点、半径（R）】命令绘制半径值为 10 的圆弧。

② 选择下拉菜单【绘图（D）】→【直线（L）】命令，以矩形右下端点为中心点绘制长度值为 3.5 的竖直线，用“CHPROP”命令将此线改为“墙体”图层。用复制的方法得到另一条竖直线，其中点位于圆弧的下端点上。

③ 选择下拉菜单【绘图（D）】→【块（K）】→【创建（M）】命令，以 A 点为插入点，建立名为“门”的单元图块。

2）创建图 15-16 所示的窗图块。

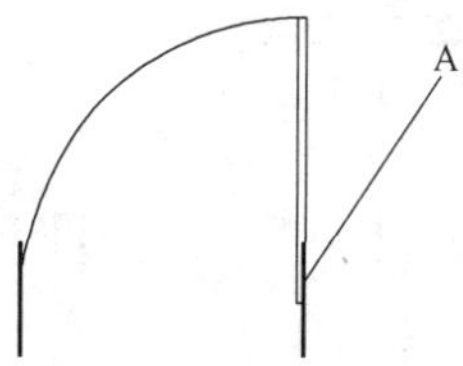

图 15-15　创建门图块

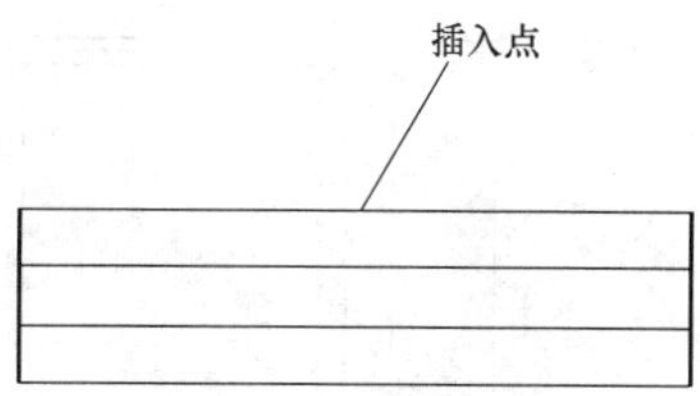

图 15-16　创建窗图块

① 将图层切换至“门窗”图层，用【绘图（D）】→【直线（L）】命令绘制长度值为 10 的水平直线。

② 用【修改（M）】→【偏移（S）】命令偏移复制第二条直线，偏移距离值为 0.8，然后用相同的方法偏移其余的两条直线。

③ 用【绘图（D）】→【直线（L）】命令绘制两条垂直直线将两端封闭，用“CHPROP”命令将短线改为“墙体”图层。

④ 选择下拉菜单【绘图（D）】→【块（K）】→【创建（M）】命令，以窗平面上面一边中点为插入点，建立名为“窗”的单元图块。

3）插入门、窗图块。

① 用【插入（I）】→【块（K）】命令将各个门、窗图块插入到合适的位置。

② 用“EXPLODE”命令打散所有窗块，选择下拉菜单【修改（M）】→【修建（T）】命令，将所有多余的墙线和网轴线修剪掉，修剪完成的结果如图 15-17 所示。

（4）尺寸标注

1）将图层切换至“尺寸和文本”，确认“样式”工具栏中文字样式为“样式 1”，尺寸样式为“建筑样式 1”。

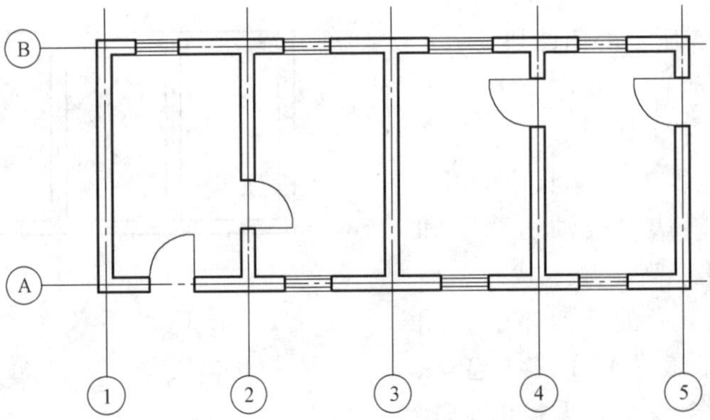

图 15-17 完成门窗设置的平面图

2）用【标注（N）】→【线性（L）】命令完成图 15-18 所示的线性标注。

3. 保存文件

选择下拉菜单【文件（F）】→【保存（S）】命令，将此图形命名为“建筑平面图的设计.dwg”，单击“保存（S）”按钮。

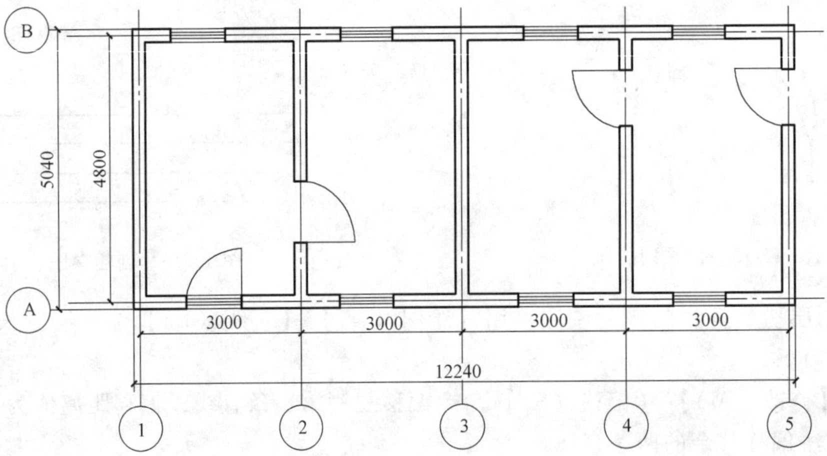

图 15-18 标注尺寸的建筑图

15.3 电气图的绘制

用 AutoCAD 软件绘制电气图非常便捷、高效。绘制电气图的基本依据是电气制图与电气简图用图形符号的国家标准表示。

15.3.1 电气图概述

电气图就是用各种电气符号、带注释的围框、简化的外形来表示系统、设备、装置和元件等之间的相互关系和连接关系的一种简图。电气图一般由电路图、技术说明和标题栏三部分组成。

1. 电气图的组成

（1）电路图　用导线将电源和负载以及相关的控制元件按一定要求连接起来构成闭合回路，以实现电气设备的预定功能，这种电气回路称为电路。

（2）技术资料　电气图中的文字说明和元件明细表等总称为技术资料。

（3）标题栏　标题栏一般出现在电路图的右下角，其中注明工程名称、图名、图号、设计人、制图人、审核人的签名和日期等。

（4）电气符号　电气符号包括图形符号、文字符号和回路标号等，它们相互关联、互为补充，以图形和文字的形式从不同角度为电气图提供各种信息。

（5）图形符号　一般由符号要素、一般符号和限定符号组成。

（6）文字符号　表示电气设备、装置和电气元件的名称、状态和特征的字符代码，它一般标注在电气设备、装置和电气元件的图形符号上或其近旁。

（7）回路标号　回路种类、特征的文字和数字标号称为回路标号，也称为回路线号，其作用是便于实际接线和在有故障时便于线路的检查。

2. 常用电气符号介绍

（1）刀开关　刀开关是一种最简单的手动电器，它由静插座、手柄、触刀、铰接支座和绝缘底板组成。按级数不同，刀开关分单极（单刀）、双极（双刀）和三级（三刀）三种，在电气图中图形符号如图 15-19 所示。

（2）断路器（空气开关）　低压断路器又称自动空气开关，它是既有手动开关作用，又能自动进行失压、欠压过载和短路保护的电器。断路器可用来分配电能，频繁地起动异步电动机，对电源线路及电动机等实行保护，当它们发生严重的过载或短路及欠压等故障时能自动切断电路。在电气图中文字符号为 QF，图形符号如图 15-20 所示。

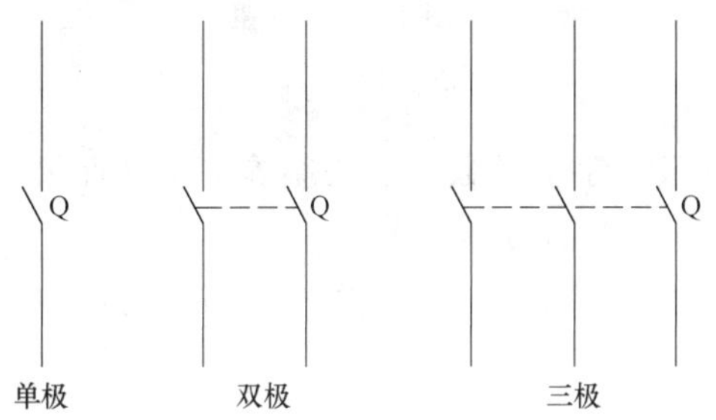

图 15-19　刀开关

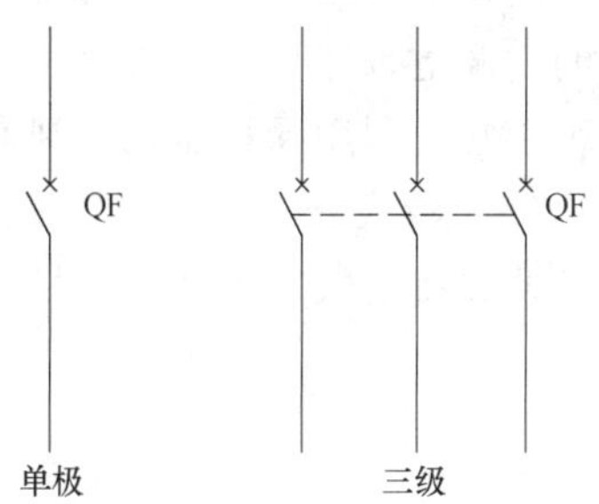

图 15-20　断路器

（3）交流接触器　交流接触器主要由电磁机构与触头系统组成；电磁机构又由线图、动铁心与静铁心组成；触头系统由主触头和辅助触头组成，主触头用于通断主电路，辅助触头主要用于控制电路中。交流接触器在电气图中的文字符号为 KM，图形符号如图 15-21 所示。

（4）热继电器　热继电器是利用电流通过元件所产生的热效应原理而反时限动作的继电器。热继电器在电气图中的文字符号为 FR，图形符号如图 15-22 所示。

（5）中间继电器　中间继电器的原理是将一个输入信号变成多个输出信号或将信号放大（即增大触头容器）。其实质是电压继电器，但它的触头数量较多，触头容量较大，动作

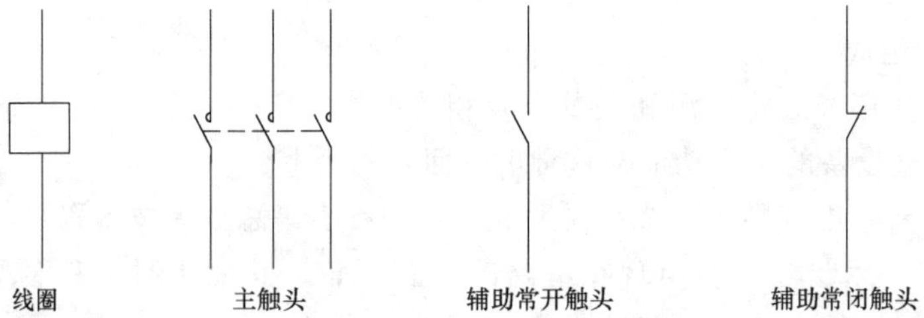

图 15-21　交流接触器

灵敏。中间继电器在电气图中文字符号为 KA，图形符号如图 15-23 所示。

图 15-22　热继电器

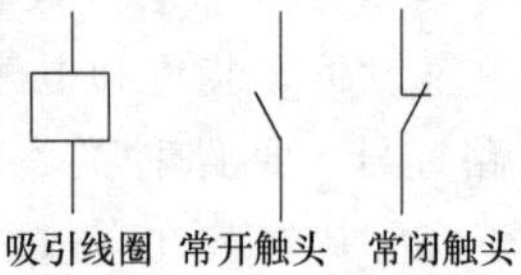

图 15-23　中间继电器

(6) 按钮　按钮通常用于发出操作信号，接通或断开电流较小的控制电路，以控制电流较大的电动机或其他电气设备的运行。按钮由按钮帽、动触点、静触点和复位弹簧等构成。按钮在电气图中文字符号为 SB，图形符号如图 15-24 所示。

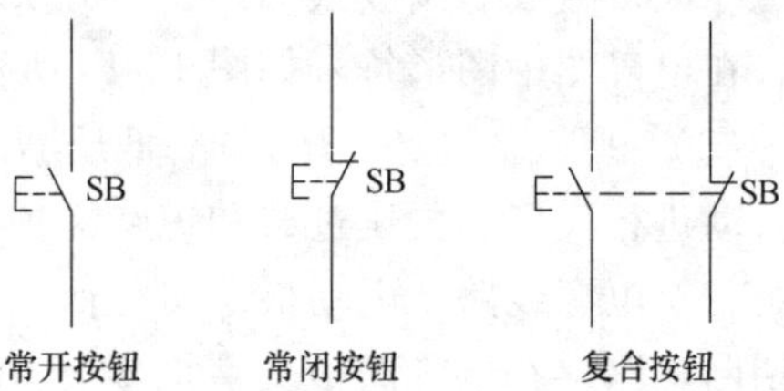

图 15-24　按钮

(7) 指示灯　红绿指示灯的作用有：一是指示电气设备的运行与停止状态；二是监视控制电路的电源是否正常；三是利用红灯监视跳闸回路是否正常，利用绿灯监视合闸回路是否正常。

(8) 转换开关　万能转换开关由操作机构、面板、手柄及数个触头座等主要部件组成。转换开关在电气图中文字符号为 SA，图形符号如图 15-25 所示。

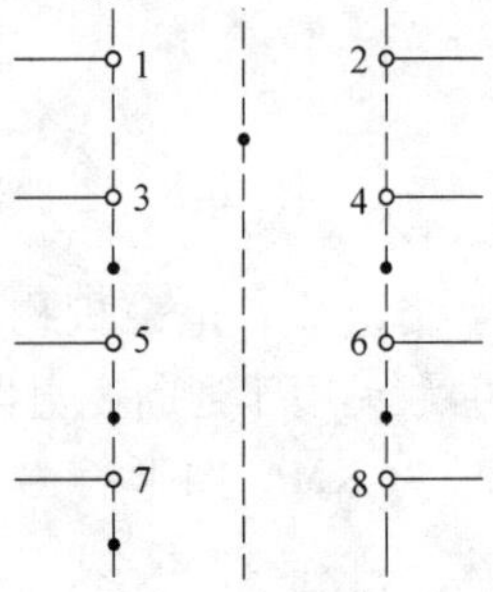

图 15-25　转换开关

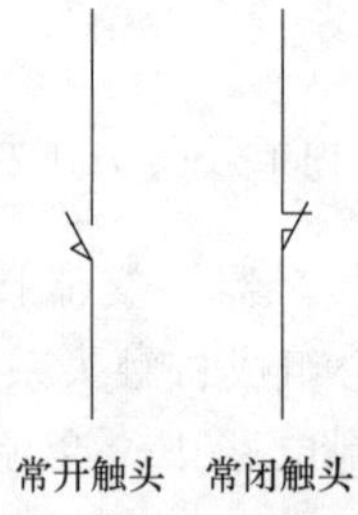

图 15-26　行程开关

(9) 行程开关　它是位置开关（又称限位开关）的一种，是一种常用的小电流主令电器。利用生产机械运动部件的碰撞使其触头动作来实现接通或分断控制电路，达到一定的控制目的。通常，这类开关被用来限制机械运动的位置或行程，使运动机械按一定位置或行程自动停止、反向运动、变速运动或自动往返运动等。行程开关在电气图中的文字符号为 SQ，图形符号如图 15-26 所示。

（10）熔断器　熔断器也称为熔丝，它是一种安装在电路中，保证电路安全运行的电气元件。熔断器其实就是一种短路保护器，广泛用于配电系统和控制系统，主要进行短路保护或严重过载保护。熔断器在电气图中文字符号为 FU，图形符号如图 15-27 所示。

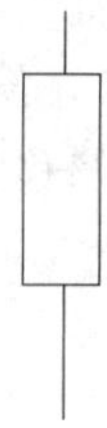

图 15-27　熔断器

15.3.2　功率管功放电路图的绘制

图 15-28 所示为电动机控制电路设计图，下面简要介绍其创建的一般操作过程。

步骤 1：绘制如图 15-29 所示的图形。

1）绘制直线 *AB*。将图层切换到“轮廓线层”，选择下拉菜单【绘图（D）】→【直线（L）】命令，选取点 *A* 作为直线的起点，在系统状态栏将“正交模式”按钮高亮显示，然后在命令行中输入长度值 100，按两次<Enter>键。

2）绘制矩形。用【绘图（D）】→【矩形（G）】命令绘制矩形，设定矩形长度和宽度分别为 4 和 10；选择下拉菜单【修改（M）】→【移动（V）】命令，选择矩形顶边中点为基点，利用捕捉命令，使基点与直线 *AB* 的 *A* 点重合。

3）绘制半圆。选择下拉菜单【绘图（D）】→【圆（C）】→【两点（2）】命令，以直线 *AB* 的端点 *B* 作为圆上一点，将鼠标光标竖直向上移动，输入圆的直径为 3，按<Enter>键；绘制如图 15-28 所示的圆，用【修改（M）】→【修剪（T）】命令完成对圆的修剪。

4）阵列图形。选择下拉菜单【修改（M）】→【阵列】→【矩形阵列】命令，完成后的图形如图 15-29 所示。

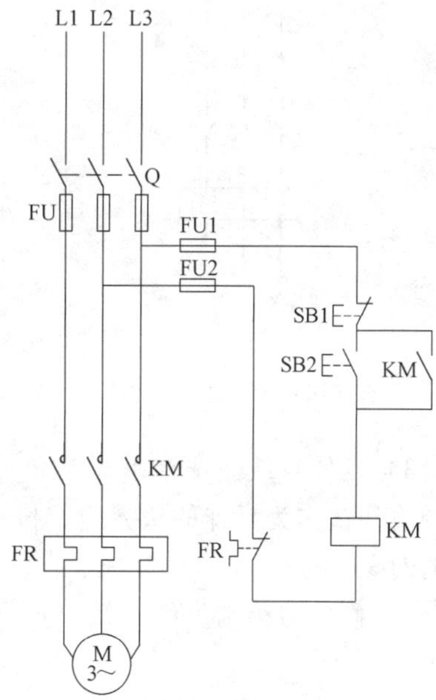

图 15-28　电动机控制电路设计图

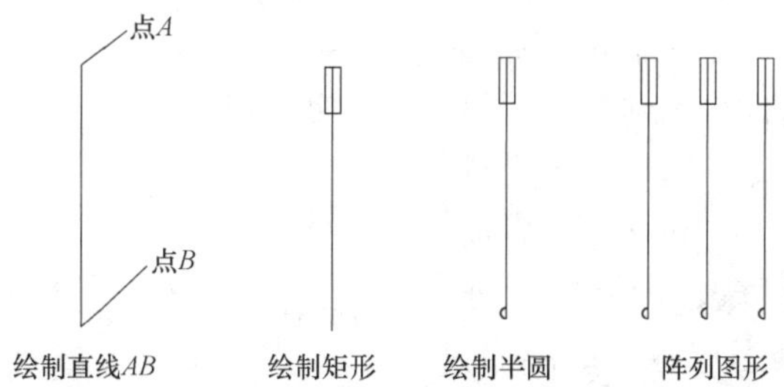

图 15-29　触头绘制

步骤 2：完成图 15-30 所示的主电路图的绘制。

1）用【绘图（D）】→【直线（L）】命令绘制如图 15-30 所示的直线（长度大致即可），

并使直线与图形中的三个半圆相切。

2）绘制直线。选择下拉菜单【修改（M）】→【偏移（S）】命令，选取直线 1 为偏移对象，偏移距离分别为 10、30、40 和 70，绘制如图 15-31a 所示的水平线。

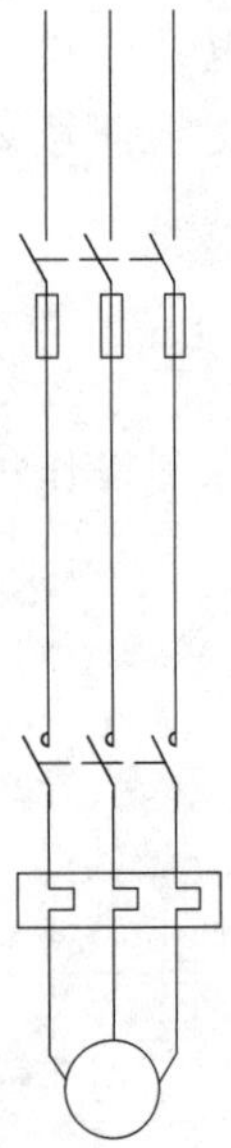

图 15-30　绘制主电路图

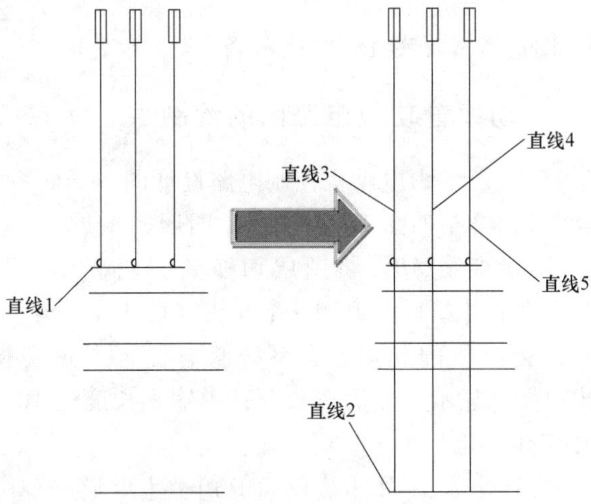

图 15-31　上部绘制

3）延伸直线。选择下拉菜单【修改（M）】→【延伸（D）】命令，选取图 15-31b 中所示的直线 2 作为延伸的边界边，按<Enter>键结束选取；选取直线 3、直线 4 和直线 5 作为延伸的对象，按<Enter>键完成操作。

4）修剪与绘制直线，结果如图 15-32 所示。

① 用【修改（M）】→【修剪（T）】命令完成对直线的修剪，完成后并删除多余的水平线。

② 用【绘图（D）】→【直线（L）】命令绘制两条竖直线，将中间的部分封闭起来；绘制斜线，选择下拉菜单【绘图（D）】→【直线（L）】命令，选取点 1 为斜线的起点，输入坐标值（@16<135）后按两次<Enter>键；再用【修改（M）】→【阵列】→【矩形阵列】命令完成斜线的阵列，其中行数设为 1，列数设为 3，间距值均为 15，完成后的图形如图 15-32 所示。

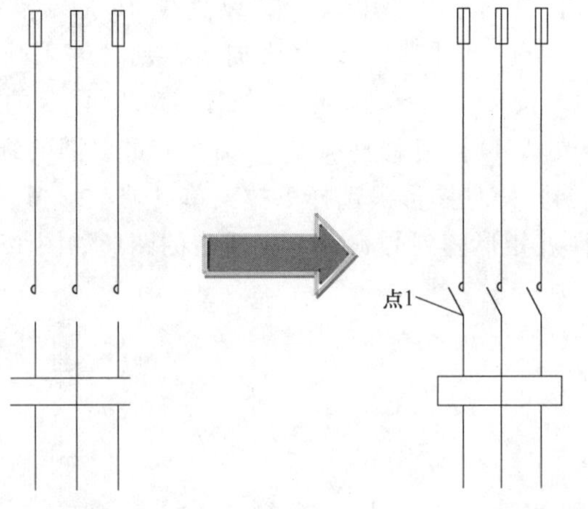

图 15-32　中部绘制

③ 选择下拉菜单【修改（M）】→【偏移（S）】命令，选取直线 1 为偏移对象，偏移距离为 17，绘制竖直线；以矩形的另一条竖

直边线为参考，绘制另一条竖直线，偏移距离为15；用修改完成对直线的修剪，如图15-33所示。

5）用【绘图（D）】→【直线（L）】命令绘制多条直线。

6）以点2绘制两斜线。选择【绘图（D）】→【直线（L）】命令，选取点2作为直线的起点，输入坐标值（@8<300）后按两次<Enter>键；选择下拉菜单【修改（M）】→【镜像（I）】命令；选取绘制的第一条斜线作为镜像对象，按<Enter>键结束选取，选取中间直线作为中心线，结果如图15-33所示。

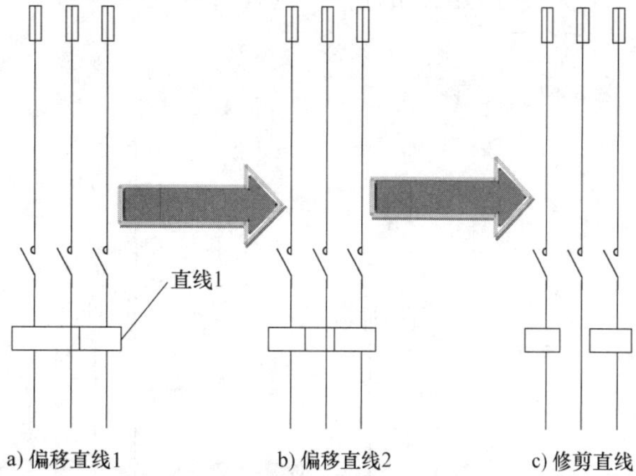

图15-33　修剪图形

7）绘制圆并修剪直线。选择【绘图（D）】→【圆（C）】→【两点（2）】命令，按照与上步骤绘制的两条斜线相接完成圆的绘制；并用【修改（M）】→【修剪（T）】命令完成对直线的修剪，结果如图15-34所示。

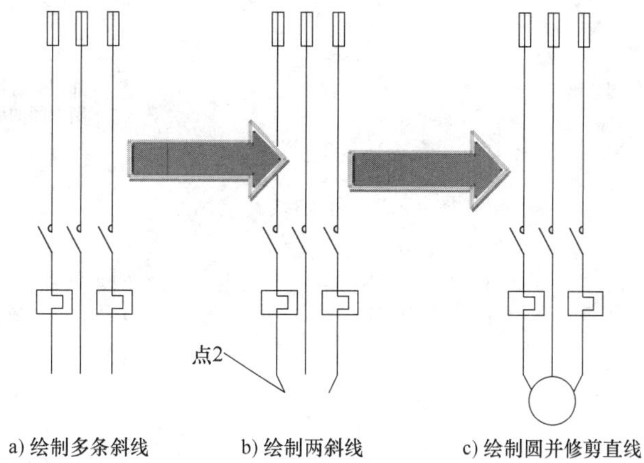

图15-34　下部绘制

8）复制直线。选择下拉菜单【修改（M）】→【复制（Y）】命令。选取图15-35中的3条直线（即倾斜的3条斜线）为要复制的对象，在命令行提示“指定基点或【位移】<位移>:”后，指定任意点*A*作为基点；在命令行提示“指定第二个点或<使用第一个点作为位移>:”后，指定图中的*B*点作为位移的第二点，按<Enter>键结束复制。

9）利用以上绘制直线的方法绘制出顶端一竖直线，并用【修改（M）】→【阵列】→【矩形阵列】命令完成直线的阵列，其中行数设置为1，列数设置为3，间距均为15；在“虚线层”中绘制中间的虚线，如图15-35所示。

步骤3：绘制如图15-36所示的控制电路，中间基本都是线的绘制过程，与上述绘制方法相同，这里不再说明详细绘制过程。

步骤 4：创建文字标注。选择【样式（O）】→【文字样式（S）】命令，完成后的图形如图 15-37 所示。

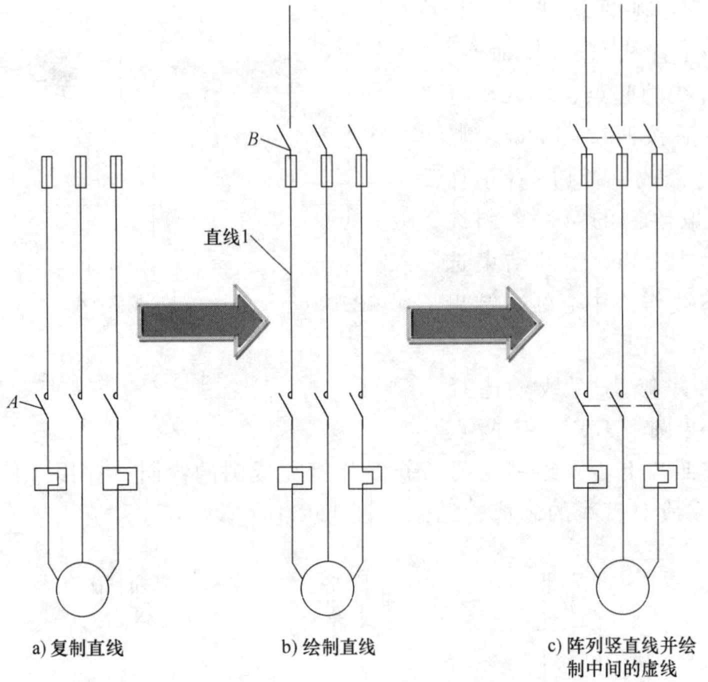

图 15-35　上端线路绘制

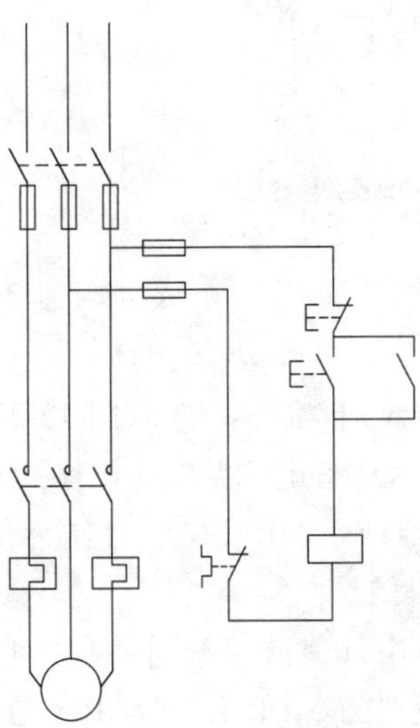

图 15-36　控制电路绘制

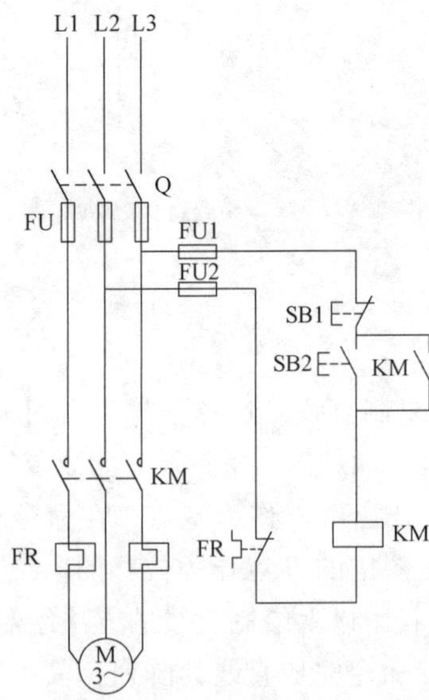

图 15-37　文字标注

思考与练习题

1. 简述 AutoCAD 绘制机械零件图与装配图的联系与区别？
2. 绘制图 15-38 所示的零件图。

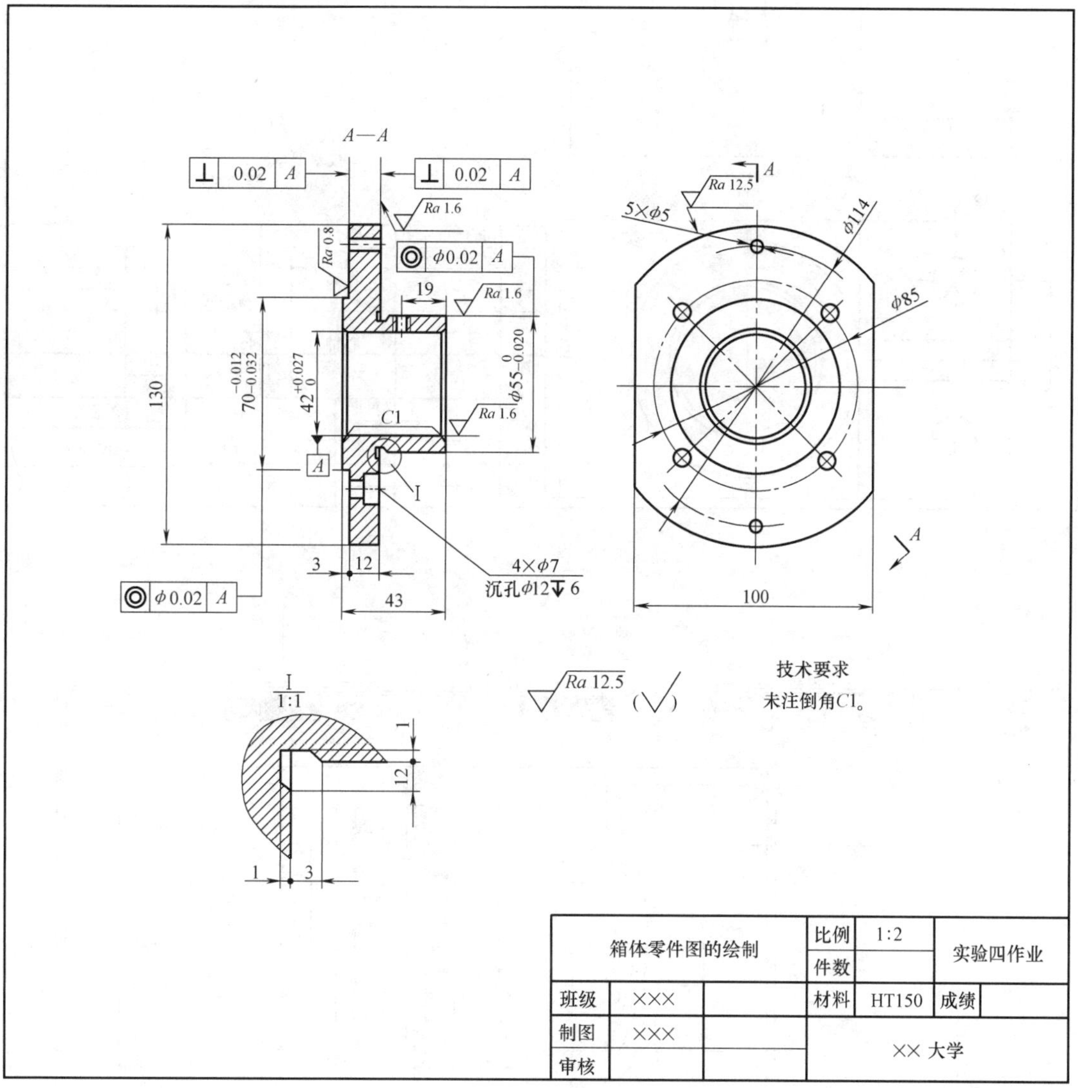

图 15-38　练习题 2

3. 绘制图 15-39 所示的机械装配图。
4. 绘制图 15-40 所示的建筑图。
5. 绘制图 15-41 和图 15-42 所示的电路图。

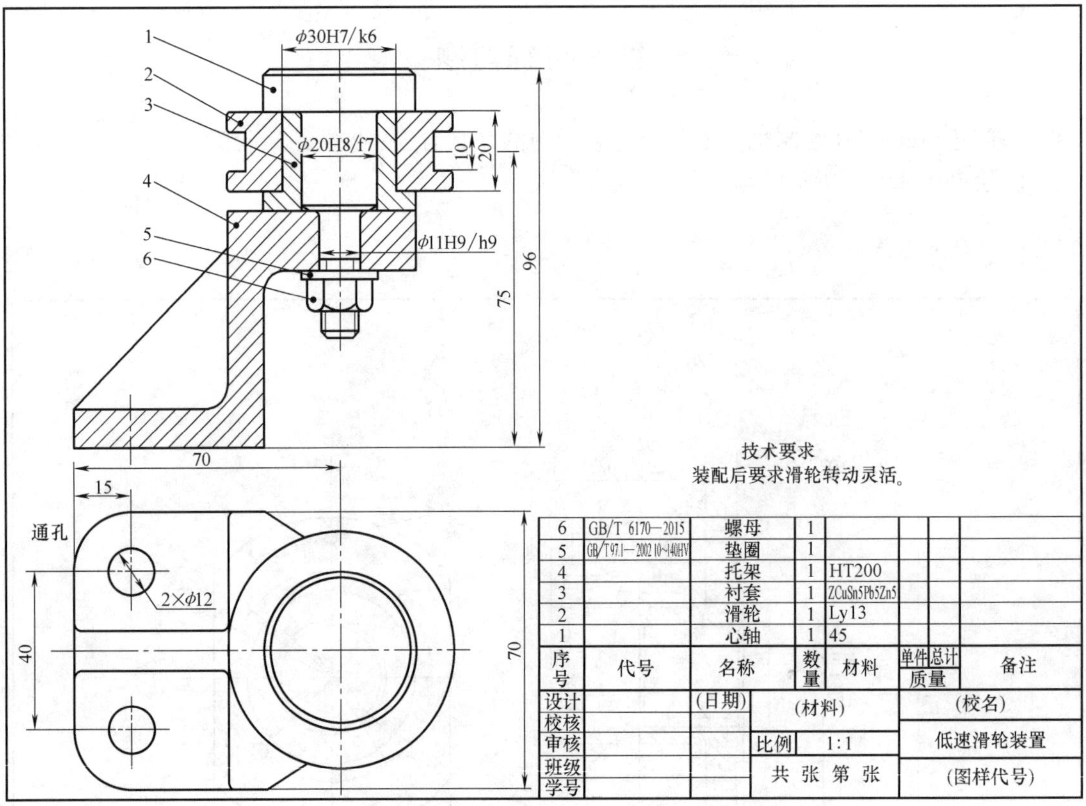

1
2
3
4
5
6
ϕ30H7/k6
ϕ20H8/f7
ϕ11H9/h9
10
20
75
96
70
15
通孔
2×ϕ12
40
70
技术要求
装配后要求滑轮转动灵活。
6 GB/T 6170—2015 螺母 1
5 GB/T 97.1—2002 10-140HV 垫圈 1
4 托架 1 HT200
3 衬套 1 ZCuSn5Pb5Zn5
2 滑轮 1 Ly13
1 心轴 1 45
序号 代号 名称 数量 材料 单件 总计 质量 备注
设计 (日期) (材料) (校名)
校核
审核 比例 1:1 低速滑轮装置
班级 共 张 第 张 (图样代号)
学号

图 15-39　练习题 3

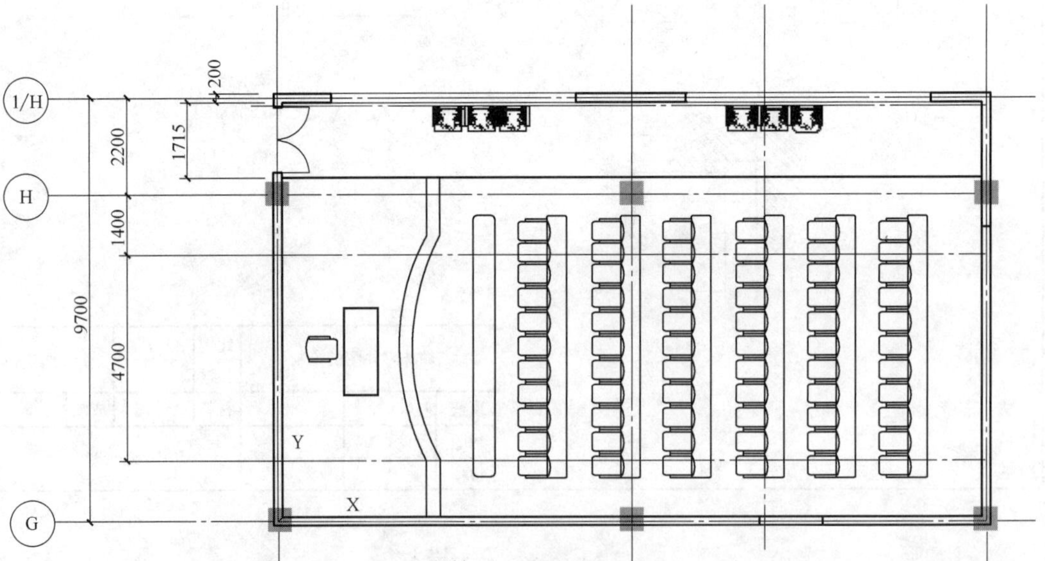

图 15-40　练习题 4

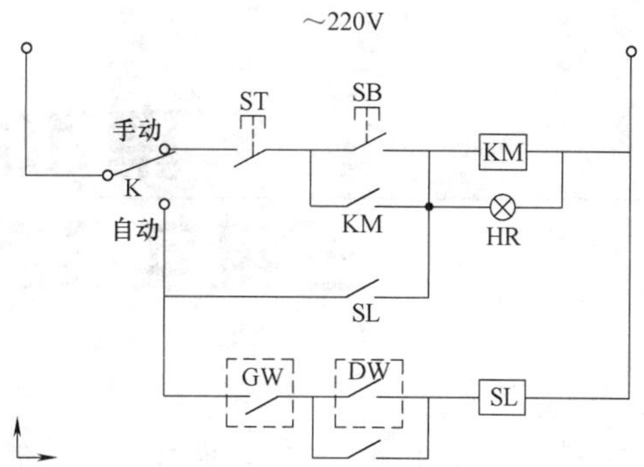

图 15-41　练习题 4

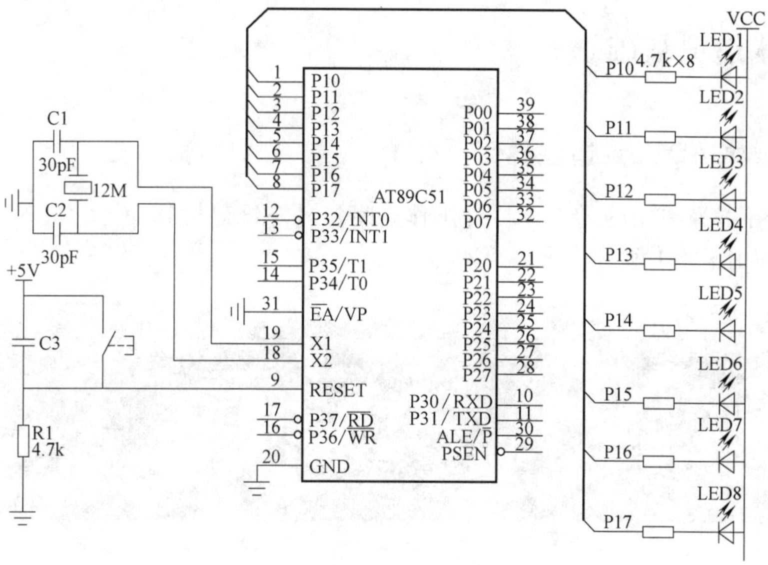

图 15-42　练习题 4

第 16 章 三维实体造型

AutoCAD2016 不仅提供了强大的二维绘图功能，而且还具有很强的三维造型功能。利用 AutoCAD 的三维造型可以生成复杂物体的实体模型。本章主要介绍 AutoCAD 的三维造型功能及其相关的命令。

16.1 实体造型基础

16.1.1 AutoCAD 三维造型界面

通过单击下拉菜单中的【工具】→【工作空间】→【三维建模】命令，进入 AutoCAD 的三维建模界面，如图 16-1 所示。

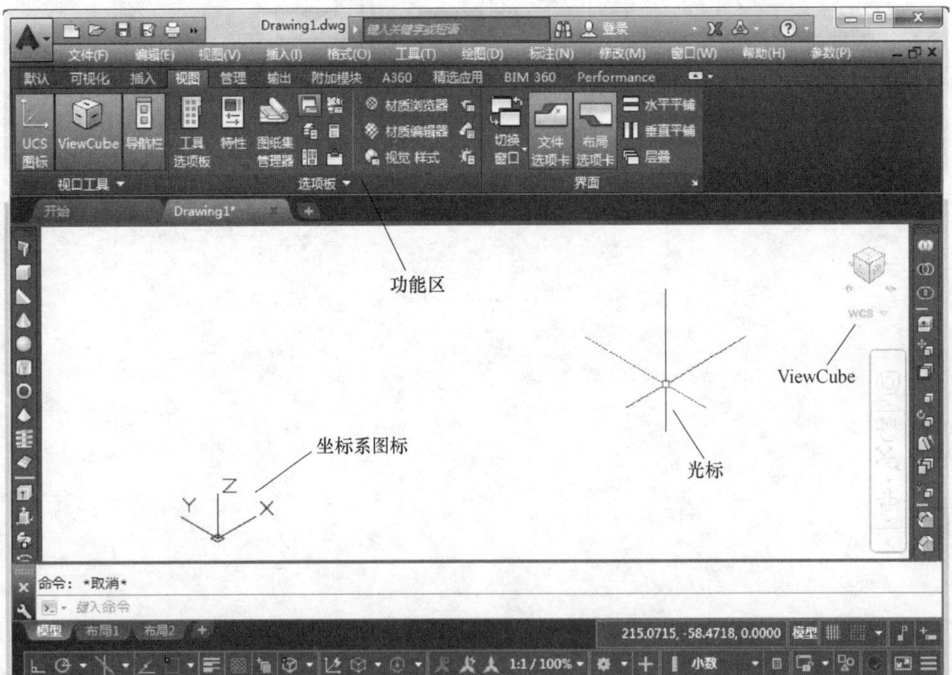

图 16-1 AutoCAD 三维造型界面

AutoCAD 三维造型界面主要由以下几部分组成：

（1）光标 由平行于 X 轴、Y 轴、Z 轴的短直线组成的三维光标。

（2）坐标系图标　坐标系显示为三维图标，系统默认显示在当前坐标系的原点位置，而不显示在绘图区域的左下角位置。

（3）功能区　显示由命令和控件组成的面板的界面元素，这些命令和控件可沿程序的应用程序窗口水平或垂直固定。

（4）ViewCube　三维导航工具，便于将视图按不同的方位显示。

16.1.2　三维模型的显示

应用 AutoCAD 进行三维建模时，用户可以控制三维模型的显示效果。AutoCAD2016 提供了多种显示方式，如消隐、二维线框、三维线框、三维隐藏、真实、概念等。

1. 消隐

默认状态下，系统是以线框方式显示三维模型。消隐是消除三维模型线框图中隐藏在表面后的线条，增强图形的立体感，如图 16-2 所示。

2. 视觉样式

视觉样式用来控制立体边和面的显示，包括以下设置：

（1）二维线框　二维线框命令显示用直线和曲线表示边界的对象。光栅、OLE 对象、线型和线宽均可见，如图 16-3 所示。

（2）三维线框　将三维模型显示为直线和曲线表示的对象，效果如图 16-4 所示。

（3）三维隐藏　显示用三维线框表示的对象并隐藏表示后面的直线，效果如图 16-5 所示。

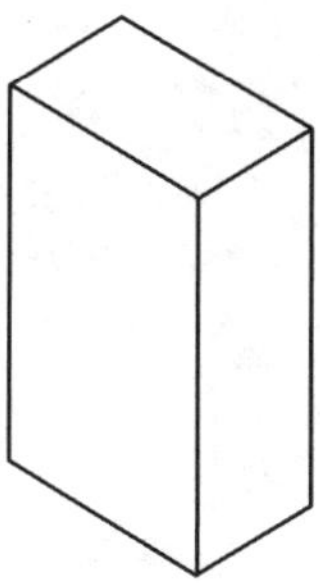

图 16-2　消隐

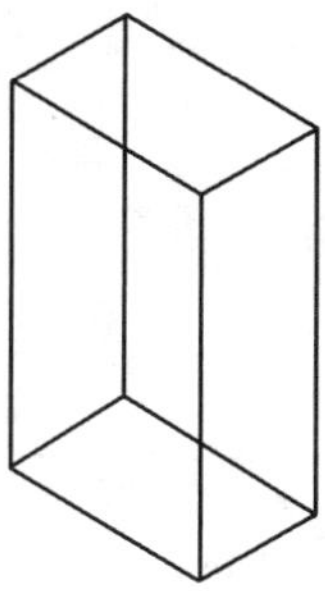

图 16-3　二维线框

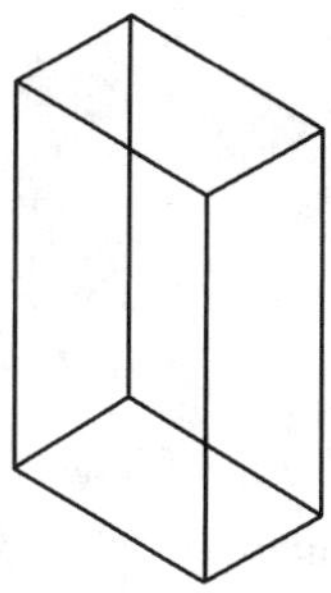

图 16-4　三维线框

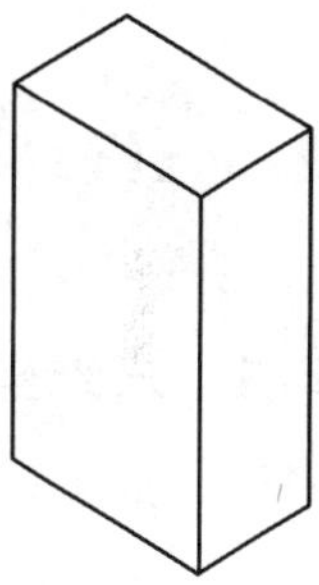

图 16-5　三维隐藏

（4）真实　着色多边形平面间的对象，并使对象的边平滑化，将显示已附着到对象的材质，效果如图 16-6 所示。

（5）概念　着色多边形平面间的对象，并使对象的边平滑化。着色样式为冷色和暖色之间的过渡，而不是从深色到浅色的过渡。效果缺乏真实感，但是可以方便查看模型的细节，效果如图 16-7 所示。

（6）着色　对多边形平面间的对象进行着色，效果如图 16-8 所示。

（7）带边缘着色　对多边形平面间的对象进行着色，并显示出线框，效果如图 16-9 所示。

（8）灰度　利用单色面颜色模式形成灰度效果，效果如图 16-10 所示。

（9）勾画　显示人工绘制的草图的效果，如图 16-11 所示。

（10）X 射线　将会更改各表面的透明性，使对应的表面具有透明效果。效果如

图 16-12所示。

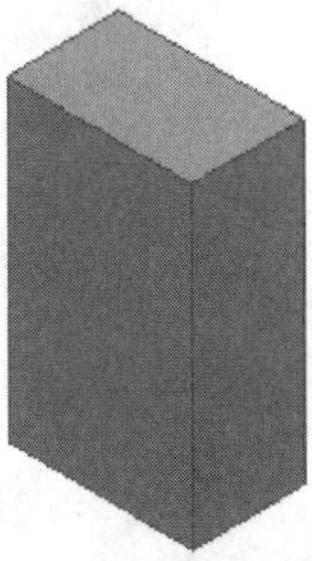

图 16-6　真实

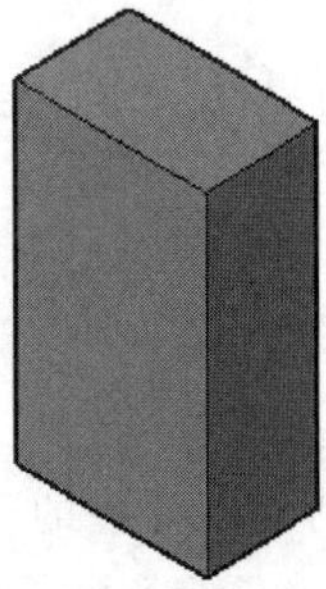

图 16-7　概念

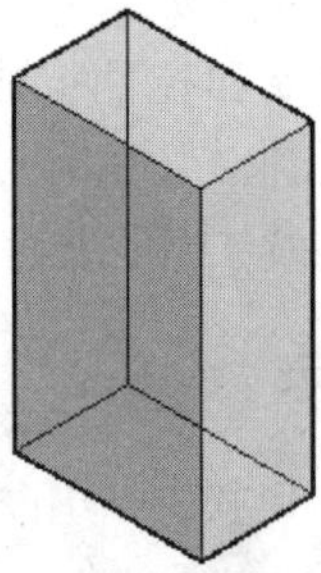

图 16-8　着色

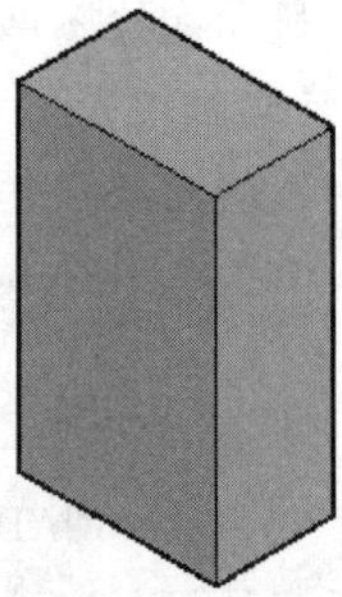

图 16-9　带边缘着色

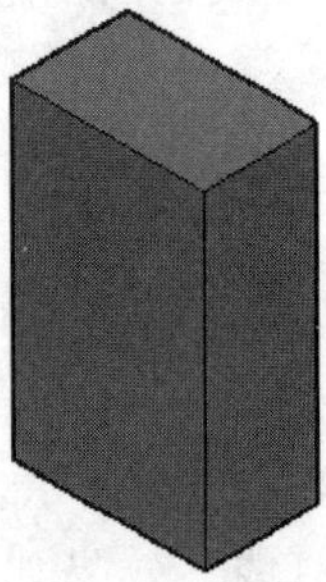

图 16-10　灰度

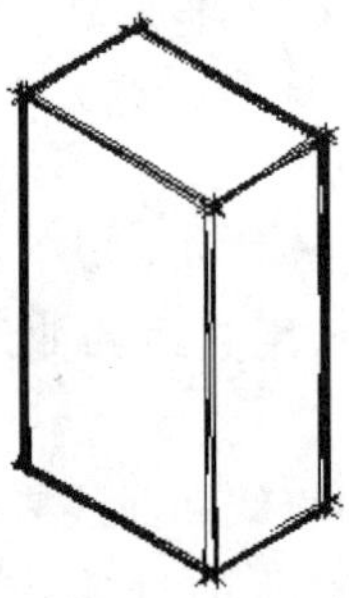

图 16-11　勾画

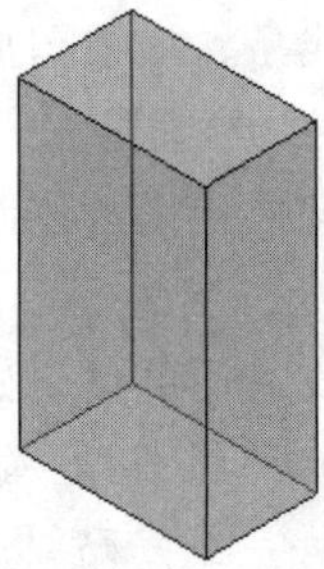

图 16-12　X 射线

16.2　三维环境的设置

16.2.1　三维坐标系

建立三维模型就需要建立三维坐标系。只有正确地掌握三维坐标系的相关知识，才能正确地画出三维实体模型。AutoCAD 使用的是笛卡儿坐标系，分为两种类型：一种是由系统默认的坐标系，即世界坐标系（WCS），又称为通用坐标系或绝对坐标系。对于二维图形来说，世界坐标系就可以满足绘图需要；另一种是用户坐标系（UCS），用户根据自己的需要而创建的坐标系。

16.2.2　用户坐标系

用户坐标系是用户根据自己的需要设置的坐标系，是可移动的坐标系。

<访问方法>

选项卡：常用或【视图】→【坐标】-【UCS】。

工具栏：【UCS】→【UCS】图标。

命令行：UCS。

<选项说明>

执行上述命令后，系统会弹出如图 16-13 所示的“UCS”对话框。该对话框包括以下选项卡。

（1）命名UCS　“命名UCS”选项卡用于显示已有的UCS和设置当前坐标系。选项卡中列出了当前图形中定义的坐标系。如果当前UCS未被命名，则“未命名”始终是第一个条目。“世界坐标系”始终包含在其中，它既不能被重命名，也不能被删除。

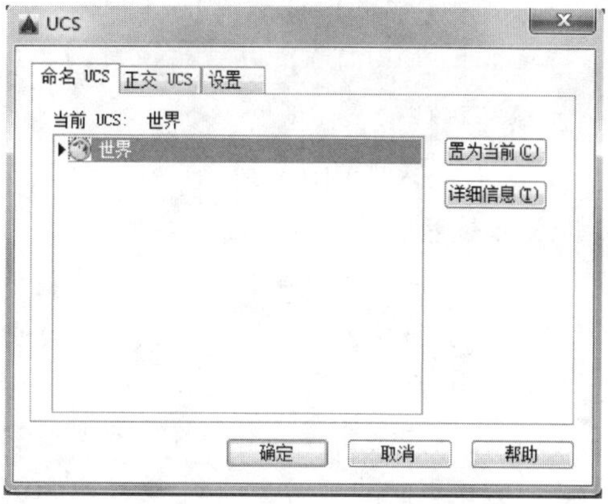

图16-13　“UCS”对话框

若将某一个坐标系设置为当前坐标系，可先选中某一坐标系，再单击“置为当前”按钮。对某个坐标系修改名字，可单击该坐标系，然后，单击鼠标右键，选择“重命名”按钮，再输入新的名称即可。

“详细信息”按钮的作用是了解指定坐标系相对于某一坐标系的详细信息。

（2）正交UCS　“正交UCS”选项卡用于将UCS设置成某一正交模式。深度列用来定义用户坐标系的*XY*平面上的正投影与通过用户坐标系原点的平行平面间的距离。双击“深度”按钮，会弹出对话框，在“顶端深度”文本框中输入值或单击“选择新原点”按钮以指定新的深度或新的原点。

（3）设置　“设置”选项卡用于显示和修改与视口一起保存的UCS图标设置和UCS设置。包括以下复选框：

“开”：显示当前视口中的UCS图标。

“显示于UCS原点”：在当前视口中当前坐标系的原点处显示UCS图标。如果不选择，或坐标系原点在视口中不可见，则将在视口的左下角显示UCS图标。

“应用到所有活动视口”：将UCS图标设置应用到当前图形中的所有活动视口。

“允许选择UCS图标”：控制当光标移到UCS图标上时，图标是否亮显，以及是否可以单击以选择它并访问UCS图标夹点。

“UCS与视口一起保存”：将坐标系设置与视口一起保存。如果不选择该复选框，视口将反映当前视口的UCS。

“修改UCS时更新平面视图”：修改视口中的坐标系时恢复平面视图。

16.3　三维基本体的生成

三维基本体的生成包括两种方式：由二维图形对象创建三维实体；直接创建基本三维实体。

16.3.1　由二维图形对象创建三维实体

1. 拉伸

在AutoCAD中，将二维对象沿指定的方向拉伸指定距离来创建三维实体或三维面。

<访问方法>

选项卡：【常用】→【建模】→【拉伸】。

菜单：【绘图（D）】→【建模（M）】→【拉伸（X）】。

工具栏：。

命令行：EXTRUDE。

<操作过程>

该命令用于通过拉伸二维或三维曲线创建三维实体或曲面，可以拉伸开放或闭合的对象以创建三维曲面或实体。开放曲线可创建曲面，闭合曲线可创建实体或曲面。执行上述命令后，可按以下两种方式拉伸实体。

（1）按指定的高度拉伸对象　如图 16-14 所示，命令行提示如下信息：

1）选择要拉伸的对象或［模式（MO）］：选择图中封闭的二维图形，如图 16-14a 所示，按<Enter>键。

2）指定拉伸的高度或［方向（D）/路径（P）/倾斜角（T）/表达式（E）］：输入 T。

3）指定拉伸的倾斜角度或［表达式（E）］：输入拉伸角度值 0，并按<Enter>键。

4）指定拉伸的高度或［方向（D）/路径（P）/倾斜角（T）/表达式（E）］：输入拉伸高度值 700，并按<Enter>键，如图 16-14b 所示。

5）视图—三维视图—西南等轴测。

6）视图—视觉样式—概念，效果如图 16-14c 所示。

高度值为正值时，将沿着+Z 轴方向拉伸；若高度值为负值时，将沿着-Z 轴方向拉伸。拉伸的倾斜角度的范围为-90°~+90°。用直线“LINE”命令创建的封闭二维图形，必须用“REGION”命令转化为面域后，才能将其拉伸为实体。

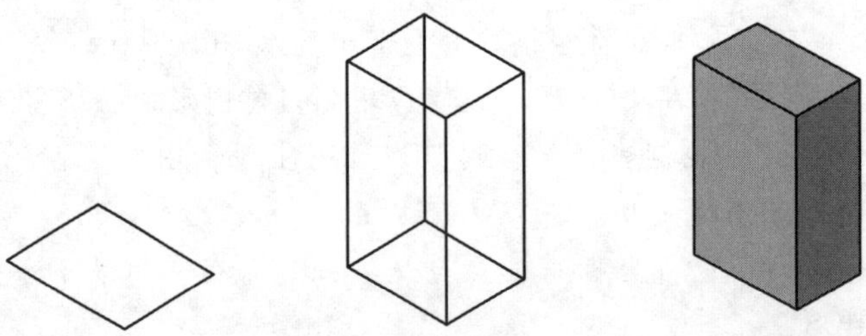

a)　b)　c)

图 16-14　按指定的高度拉伸对象

（2）沿路径拉伸对象　如图 16-15 所示，命令行提示如下信息：

1）选择要拉伸的对象或［模式（MO）］：选择图 16-15a 中的圆，按<Enter>键。

2）指定拉伸的高度或［方向（D）/路径（P）/倾斜角（T）/表达式（E）］：输入 P，按<Enter>键。

3）选择拉伸路径或［倾斜角（T）］：选取图 16-19b 中的直线，拉伸后效果如图 16-15c 所示。

4）视图-视觉样式-概念，效果如图 16-15d 所示。

拉伸路径可以是任意的直线或曲线，可以是开放的，也可以是封闭的，但它不能与被拉伸的对象共面。路径若是曲线，则曲线不能带尖角，因为尖角曲线会使拉伸实体自相交，从

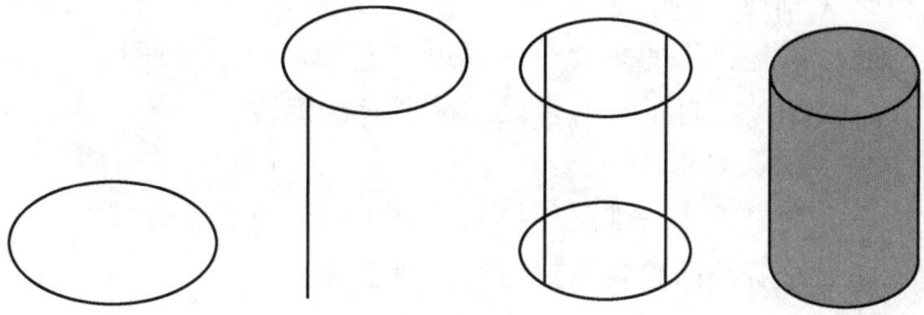

a)　　b)　　c)　　d)

图 16-15　按指定路径拉伸对象

而导致拉伸失败。若路径是开放的，则路径的起点应与被拉伸的对象在同一平面内，否则拉伸时，系统会将路径移到拉伸对象所在平面的中心处。若路径是一条样条曲线，则样条曲线的一个端点切线应与拉伸对象所在平面垂直，否则，样条会被移到断面的中心，并且起始断面会旋转到与样条起点处垂直的位置。

2. 旋转

将一个二维图形绕着某一个轴旋转一定角度所形成实体的方法称为三维实体的旋转。

<访问方法>

选项卡：【常用】→【建模】→【旋转】。

菜单：【绘图（D）】→【建模（M）】→【旋转（R）】。

工具栏：。

命令行：REVOLVE。

<操作过程>

选择要旋转的对象或［模式（MO）］：指定图 16-16a 中的斜线，按<Enter>键。

指定轴起点或根据以下选项之一定义轴［对象（O）XYZ］<对象>：绘制如图 16-16a 所示的右侧直线，并选取上端点。

指定轴端点：选取该右侧直线的下端点。

指定旋转角度或［起点角度（ST）/反转（R）/表达式（EX）］<360>：按<Enter>键，默认为 360，如图 16-16b 所示。

视图—三维视图—西南等轴测。

视图—视觉样式—概念，效果如图 16-16c 所示。

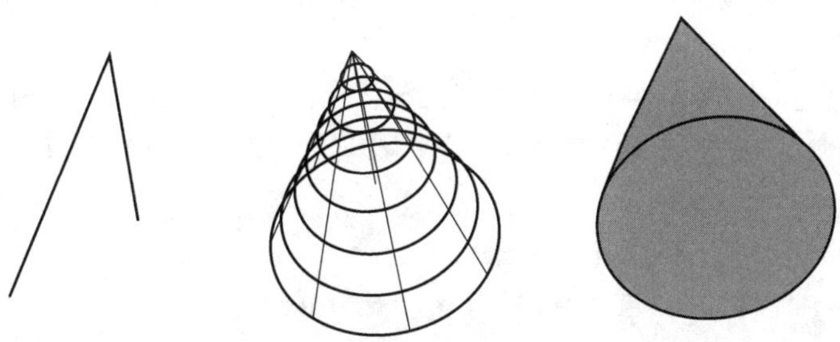

a)　　b)　　c)

图 16-16　旋转对象

旋转轴既可以是 *X* 轴或 *Y* 轴，也可以是一个已存在的直线对象，或是某个指定的直线。用于旋转的二维对象可以是封闭的多段线、多边形或其他图形及面域。旋转时，三维对象、包含在块中的对象、有交叉或自干涉的多段线都不能被旋转。

3. 扫掠

通过沿开放或闭合的二维或三维路径扫掠开放或闭合的平面曲线创建实体。若平面轮廓是开放的，则生成曲面；若平面轮廓是封闭的，则生成实体。

<访问方法>

选项卡：【常用】→【建模】→【扫掠】。

菜单：【绘图（D）】→【建模（M）】→【扫掠（P）】。

工具栏：。

命令行：SWEEP。

<操作过程>

选择要扫掠的对象或［模式（MO）］：选择图 16-17a 所示的圆弧，按<Enter>键。

选择扫掠路径或［对齐（A）/基点（B）/比例（S）/扭曲（T）］<对象>：选择图 16-17a 所示的直线，得到图 16-17b 所示的曲面。

视图-视觉样式-概念，效果如图 16-17c 所示。

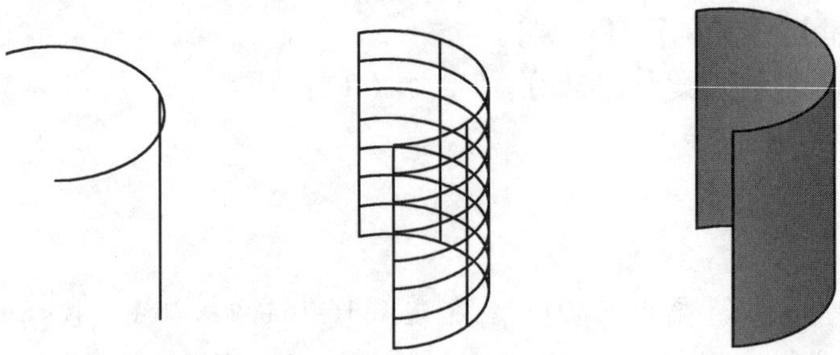

a) b) c)

图 16-17 扫掠对象

16.3.2 直接创建基本三维实体

AutoCAD 中可以通过“绘图-建模命”命令直接创建三维实体，这些三维实体为常用的基本体，包括长方体、圆柱体、球体、多段体、楔体、圆锥体、棱锥体、圆环体等。

1. 长方体

该命令用于创建长方体，且长方体的底面与当前用户坐标系的 *XY* 平面平行。在 *Z* 轴方向上指定长方体的高度，沿 *Z* 轴正方向高度值为正值，反之，则为负值。

<访问方法>

选项卡：【常用】→【建模】→【长方体】。

菜单：【绘图（D）】→【建模（M）】→【长方体（B）】。

工具栏：。

命令行：BOX。

<操作过程>

指定第一个角点或中心［(C)］：在绘图区选择一点。

指定其他角点或［立方体（C)/长度（L)］：指定另一角点。如果该角点与第一个角点的 Z 坐标不同，系统将以这两个角点作为长方体的对角点创建长方体。如果第二个角点与第一个角点位于同一高度，需要指定高度。

指定高度或［两点（2P)］：输入 500，按<Enter>键，得到图 16-18 所示的图形。

<选项说明>

“中心（C)”：用指定中心的方式确定长方体的底面。

“立方体（C)”：创建一个长、宽、高相同的长方体。

“长度（L)”：根据长、宽、高创建长方体。

2. 圆柱体

该命令用于创建以圆或椭圆为底面的圆柱体。圆柱体的底面始终位于与工作平面平行的平面上。

<访问方法>

选项卡：【常用】→【建模】→【圆柱体】。

菜单：【绘图（D)】→【建模（M)】→【圆柱体（C)】。

工具栏：。

命令行：CYLINDER。

<操作过程>

指定底面的中心点或［三点（3P)/两点（2P)/切点、切点、半径（T)/椭圆（E)]：指定点或输入对应的选项。

指定底面半径或［直径（D)］<默认值>：指定底面半径 100，按<Enter>键，或者输入 D，指定直径或按<Enter>键指定默认的底面半径值。

指定高度或［两点（2P)/轴端点（A)］| <默认值>：指定高度 300、输入选项或按<Enter>键指定默认高度值，得到图 16-19 所示的图形。

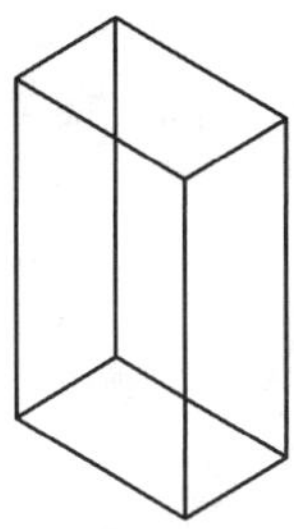

图 16-18　长方体

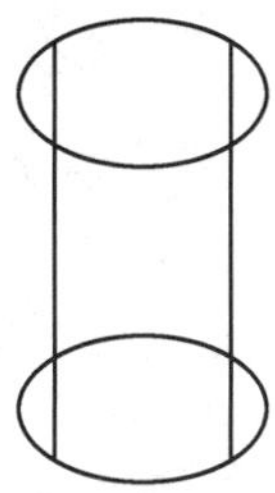

图 16-19　圆柱体

<选项说明>

点（3P)：通过指定三个点来定义圆柱体的底面周长和底面。选择该选项后，会提示：

指定第一个点：指定点。

指定第二个点：指定点。

指定第三个点：指定点。

指定高度或［两点（2P)/轴端点（A)］<默认值>：指定高度、输入选项或按<Enter>

键指定默认高度值。

两点（2P）：通过指定两个点来定义圆柱体的底面直径。

切点、切点、半径（T）：定义具有指定半径，且与两个对象相切的圆柱体底面。选择该选项后，系统会提示：

指定对象上的点作为第一个切点：选择对象上的点。

指定对象上的点作为第二个切点：选择对象上的点。

指定底面半径<默认值>：指定底面半径，或按<Enter>键指定默认的底面半径值。有时会有多个底面符合指定的条件。程序将绘制具有指定半径的底面，其切点与选定点的距离最近。

指定高度或［两点（2P）/轴端点（A）］｜<默认值>：指定高度、输入选项或按<Enter>键指定默认高度值。

椭圆（E）：指定圆柱体的椭圆底面。

3. 球体

该命令可以生成球体。

<访问方法>

选项卡：【常用】→【建模】→【球体】。

菜单：【绘图（D）】→【建模（M）】→【球体（S）】。

工具栏：。

命令行：SPHERE。

<操作过程>

指定中心点或［三点（3P）/两点（2P）/切点、切点、半径（T）］：指定点或输入选项。

指定半径或直径［（D）］：指定半径值为50或输入D，再输入直径100，得到如图16-20a所示的球体。

视图—视觉样式—概念，效果如图16-20b所示。

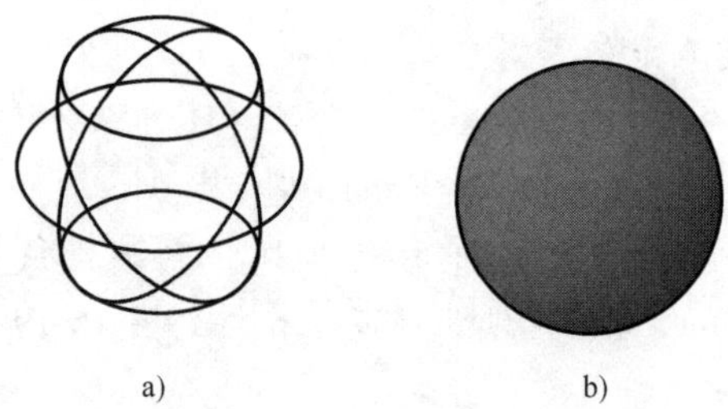

a)　　b)

图16-20　球体

<选项说明>

指定中心点：指定球体的中心点。指定中心点后，将放置球体以使其中心轴与当前UCS的 *Z* 轴平行。

三点（3P）：通过在三维空间的任意位置指定3个点来定义球体的圆周。

两点（2P）：通过在三维空间的任意位置指定两个点来定义球体的圆周。

切点、切点、半径（T）：通过指定半径定义可与两个对象相切的球体。指定的切点将投影到当前UCS。

4. 多段体

该命令生成多段立体。

<访问方法>

选项卡：【常用】→【建模】→【多段体】。

菜单：【绘图（D）】→【建模（M）】→【多段体（P）】。

工具栏：。

命令行：POLYSOLID。

<操作过程>

指定起点或［对象（O）/高度（H）/宽度（W）/对正（J）］<对象>：输入 W，按<Enter>键。

指定宽度：50，按<Enter>键。

指定起点或［对象（O）/高度（H）/宽度（W）/对正（J）］<对象>：指定某一点。

指定下一个点或［圆弧（A）放弃（U）］：指定第二个点。

指定下一个点或［圆弧（A）放弃（U）］：指定第三个点，按<Enter>键，得到如图 16-21a 所示的图形。

视图—视觉样式—概念，效果如图 16-21b 所示。

<选项说明>

对象（O）：选择已有图形，并将其转换为多段体。

高度（H）：设置多段体的高度。

宽度（W）：设置多段体的宽度。

对正（J）：设置多段体的对正方式，即左对正、居中或右对正，默认为居中。

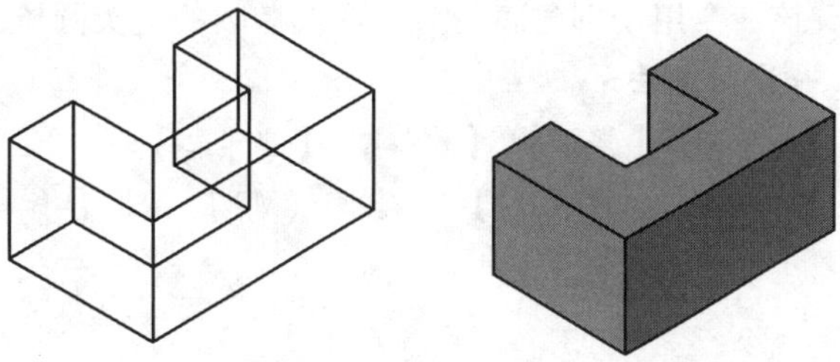

a)　　b)

图 16-21　多段体

5. 楔体

该命令用于创建面为矩形或正方形的实体楔体。楔体的底面与当前 UCS 的 *XY* 平面平行，斜面正对第一个角点。楔体的高度与 *Z* 轴平行。

<访问方法>

选项卡：【常用】→【建模】→【楔体】。

菜单：【绘图（D）】→【建模（M）】→【楔体（W）】。

工具栏：。

命令行：WEDGE。

<操作过程>

指定第一个角点或［中心（C）］：指定点或输入 C 指定中心点。

指定其他角点或［长方体（C）/长度（L）］：指定楔体的另一个角点或输入相应选项。若使用与第一个角点不同的 *Z* 值指定楔体的其他角点，那么将不显示高度提示。

指定高度或［两点（2P）］<默认值>：指定高度 200，或为“两点”选项输入 2P。输入正值，将沿当前 UCS 的 *Z* 轴正方向绘制高度。输入负值，将沿 *Z* 轴负方向绘制高度，得到如图 16-22a 所示的图形。

视图—视觉样式—概念，效果如图 16-22b 所示。

<选项说明>

“中心（C）”：使用指定的中心点创建楔体。

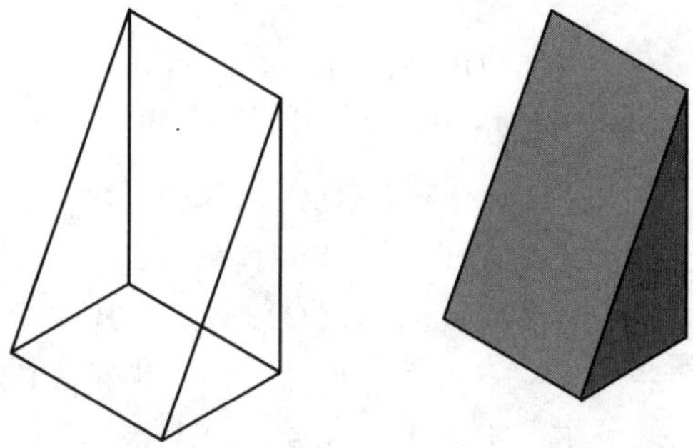

a)　　b)

图 16-22　楔体

"长方体（C）"：创建等边楔体。选择该选项后，系统会提示："指定长度"：输入值或拾取点以指定 *XY* 平面上楔体的长度和旋转角度。

"长度（L）"：指定长、宽、高创建楔体。长度与 *X* 轴对应，宽度与 *Y* 轴对应，高度与 *Z* 轴对应。如果拾取点与指定长度，则还要指定在 *XY* 平面上的旋转角度。

"两点（2P）"：指定楔体的高度为两个指定点间的距离。

6. 圆锥体

该命令用于创建底面为圆形或椭圆的尖头圆锥体或圆台。

<访问方法>

选项卡：【常用】→【建模】→【圆锥体】。

菜单：【绘图（D）】→【建模（M）】→【圆锥体（O）】。

工具栏：。

命令行：CONE。

<操作过程>

指定底面的中心点或［三点（3P）/两点（2P）/切点、切点、半径（T）/椭圆（E）］：指定点或输入选项。

指定底面半径或［直径（D）］<默认值>：指定底面半径为 50，按<Enter>键，或输入 D，输入 100，或按<Enter>键指定默认的底面半径值。

指定高度或［两点（2P）/轴端点（A）/顶面半径（T）］<默认值>：指定高度 100，按<Enter>键，或按<Enter>键指定默认高度值，得到如图 16-23a 所示的图形。

视图—视觉样式—概念，效果如图 16-23b所示。

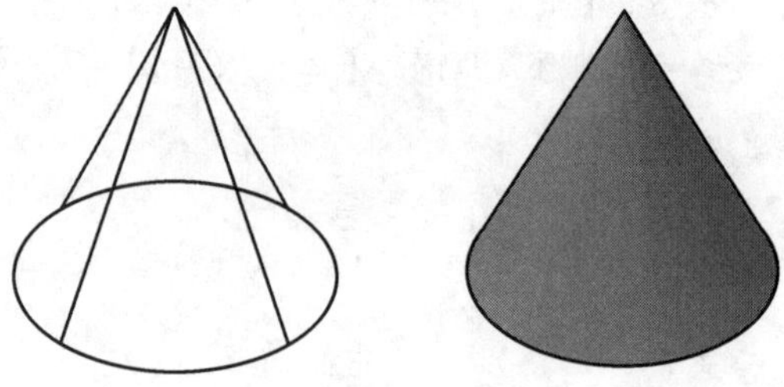

a)　　b)

图 16-23　圆锥体

<选项说明>

"三点（3P）"：通过指定 3 个点来定义圆锥体的底面周长或底面。

"两点（2P）"：通过指定两个点来定义圆锥体的底面直径。

"切点、切点、半径（T）"：定义具有指定半径，且与两个对象相切的圆锥体底面。

"椭圆（E）"：指定圆锥体的椭圆底面。

"直径（D）"：指定圆锥体的底面直径。

"顶面半径（T）"：创建圆台时指定圆台的顶面半径。

7. 棱锥体

该命令用于创建最多具有 32 个侧面的棱锥体。可以创建倾斜至一个点的棱锥体，也可以创建从底面倾斜至平面的棱台。

<访问方法>

选项卡：【常用】→【建模】→【棱锥体】。

菜单：【绘图（D）】→【建模（M）】→【棱锥体（Y）】。

工具栏：。

命令行：PYRAMID。

<操作过程>

指定底面的中心点或［边（E）/侧面（S）］：指定底面中心点或输入选项。

指定底面半径或［内接（I）］<200>：指定底面半径 100，按<Enter>键，或输入 I 将棱锥面更改为外切，或按<Enter>键指定默认的底面半径值。

指定高度或［两点（2P）/轴端点（A）/顶面半径（T）］<100>：指定高度 300，按<Enter>键，或按<Enter>键指定默认高度值，使用“顶面半径”选项来创建棱锥平截面。得到如图 16-24a 所示的图形。默认底面半径未设置任何值。执行任务时，底面半径的默认值始终是先前输入的任意实体图元的底面半径值。

视图—视觉样式—概念，效果如图 16-24b 所示。

<选项说明>

“边（E）”：拾取两点指定棱锥面底面一条边的长度。

“侧面（S）”：指定棱锥面的侧面数。可以输入 3~32 的整数。

“内接（I）”：指定棱锥面底面内接于（在内部绘制）棱锥面的底面半径。

“两点（2P）”：将棱锥面的高度指定为两个指定点间的距离。

“轴端点（A）”：指定棱锥面轴的端点位置。该端点是棱锥面的顶点。轴端点可以位于三维空间中的任何位置。轴端点定义了棱锥面的长度和方向。

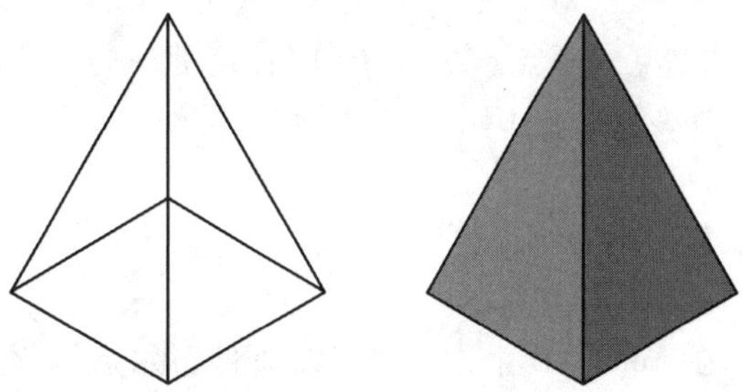

a)　　b)

图 16-24　棱锥体

“顶面半径（T）”：指定棱锥面的顶面半径，并创建棱锥体平截面。

8. 圆环体

该命令生成圆环立体。

<访问方法>

选项卡：【常用】→【建模】→【圆环体】。

菜单：【绘图（D）】→【建模（M）】→【圆环体（T）】。

工具栏：。

命令行：TORUS。

<操作过程>

指定中心点或［三点（3P）/两点（2P）/切点、切点、半径（T）］：指定点或输入选项。指定中心点后，将放置圆环体以使其中心轴与当前 UCS 的 *Z* 轴平行。圆环体与当前工作平面的 *XY* 平面平行且被该平面平分。

指定半径或直径［(D)］：指定半径 100，按<Enter>键，或输入 D，输入 200，按<Enter>键。

指定圆管半径或［两点（2P）/直径（D）］：输入 30，得到如图 16-25a 所示的图形。

视图—视觉样式—概念，效果如图 16-25b 所示。

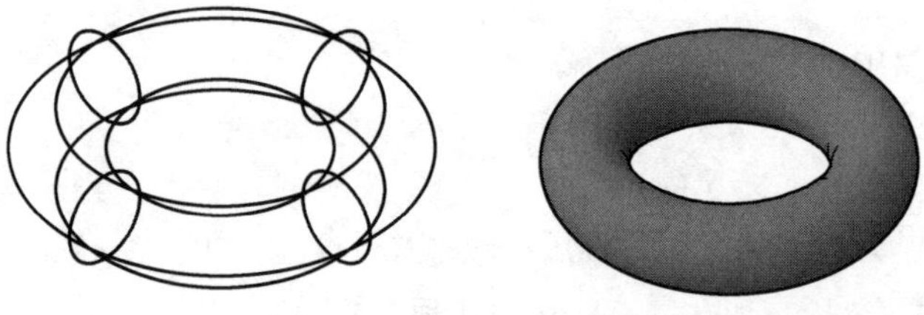

a)　　　　b)

图 16-25　圆环体

<选项说明>

“三点（3P）”：用指定的 3 个点定义圆环体的圆周。3 个指定点也可以定义圆周所在平面。

“两点（2P）”：用指定的两个点定义圆环体的圆周。第一点的 Z 值定义圆周所在平面。

“切点、切点、半径（T）”：使用指定半径定义可与两个对象相切的圆环体。指定的切点将投影到当前 UCS。

16.4　布尔运算

在 AutoCAD 中，用户可以通过布尔运算将两个或多个基本实体结合而形成新的形体。三种基本的布尔运算是并集、差集、交集运算。

16.4.1　并集运算

并集运算是将两个或多个实体（或面域）组合成一个新的复合实体。该命令要求选择的实体必须有公共部分。下面以图 16-26 所示几何体为例来说明操作步骤。

<访问方法>

选项卡：【常用】→【实体编辑】→【并集】。

菜单：【修改（M）】→【实体编辑（N）】→【并集（U）】。

工具栏：。

命令行：UNION。

<操作过程>

选择对象：选择图 16-26a 中的长方体作为第一个要组合的实体对象。

选择对象：选择图 16-26a 中的球体作为第二个要组合的实体对象。

按<Enter>键结束操作，效果如图 16-26b 所示。

16.4.2　差集运算

差集运算是从选定的实体中减去另一个实体，从而得到一个新实体。

<访问方法>

选项卡：【常用】→【实体编辑】→【差集】。

菜单：【修改（M）】→【实体编辑（N）】→【差集（S）】。

工具栏：。

命令行：SUBTRACT。

<操作过程>

选择对象：选择图 16-27a 中的长方体作为要从中减去的实体对象，按<Enter>键。

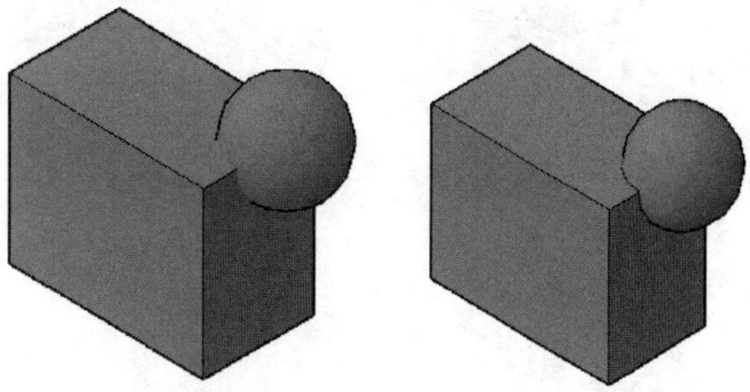

a) 并集前　　b) 并集后

图 16-26　并集运算

选择对象：选择图 16-27a 中的球体作为要减去的实体对象，按<Enter>键结束命令，效果如图 16-27b 所示。

16.4.3　交集运算

交集运算是指创建一个由两个或多个相交实体的公共部分形成的实体。

<访问方法>

选项卡：【常用】→【实体编辑】→【交集】。

菜单：【修改（M）】→【实体编辑（N）】→【交集（I）】。

工具栏：。

命令行：INTERSECT。

<操作过程>

选择对象：选择图 16-28a 中的长方体作为第一个实体对象。

选择对象：选择图 16-28a 中的球体作为第二个实体对象。

按<Enter>键结束操作，效果如图 16-28b 所示。

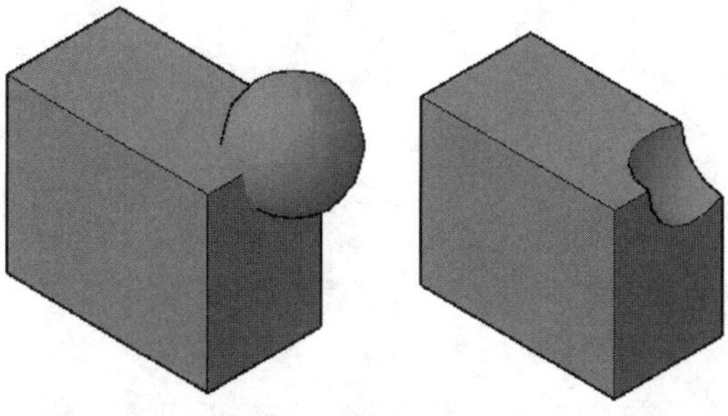

a) 差集前　　b) 差集后

图 16-27　差集运算

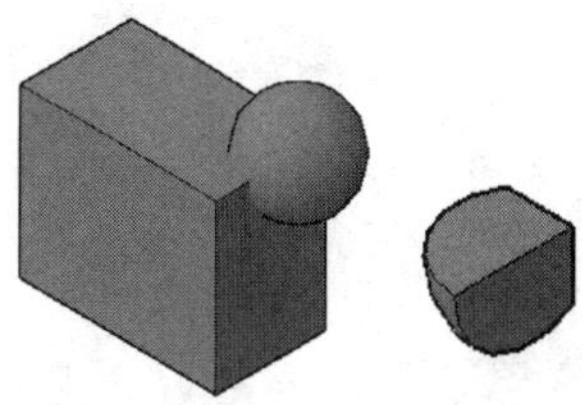

a) 交集前　　b) 交集后

图 16-28　交集运算

16.4.4 干涉检查

干涉检查是对两组对象或一对一地检查所有实体来检查实体模型中的干涉（三维实体相交或重叠的区域），可在实体相交处创建和高亮显示临时实体。

<访问方法>

菜单：【修改（M）】→【三维操作（3）】→【干涉检查（I）】。

命令行：INTERFERE。

<操作过程>

在命令行提示“选择第一组对象或［嵌套选择（N）设置（S）]:”后，选择图 16-29a 所示的长方体为第一个实体对象，按<Enter>键。

在命令行提示“选择第二组对象或［嵌套选择（N）检查第一组（K）］<检查>:”后，选择图 16-29b 所示的球体为第二个实体对象，按<Enter>键。系统弹出如图 16-30 所示的“干涉检查”对话框。

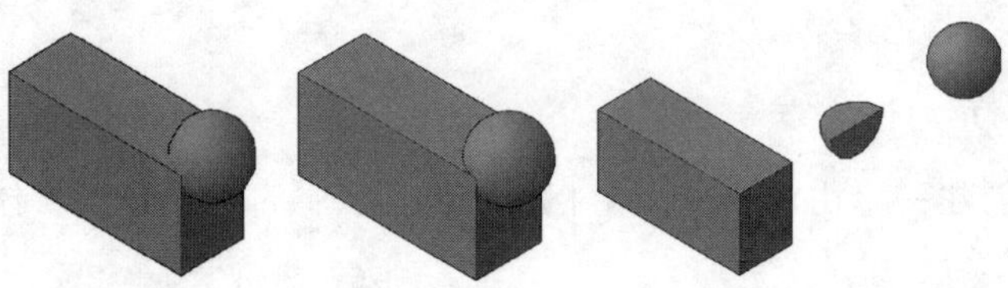

a) 干涉检查前　b) 干涉检查后(未移动干涉体)　c) 干涉检查后(移动干涉体)

图 16-29　干涉检查

对图形进行完干涉检查后，取消选中 关闭时删除已创建的干涉对象(D) 复选框，单击“关闭”按钮。结果如图16-29b所示。

选择下拉菜单【修改】→【移动】，分别将长方体和球体移动到合适位置，结果如图 16-29c所示。

选择下拉菜单【修改】→【三维操作】→【干涉检查】命令后，在命令行中输入“S”，系统弹出“干涉设置”对话框，可在该对话框中设置干涉对象的显示，如图 16-31 所示。

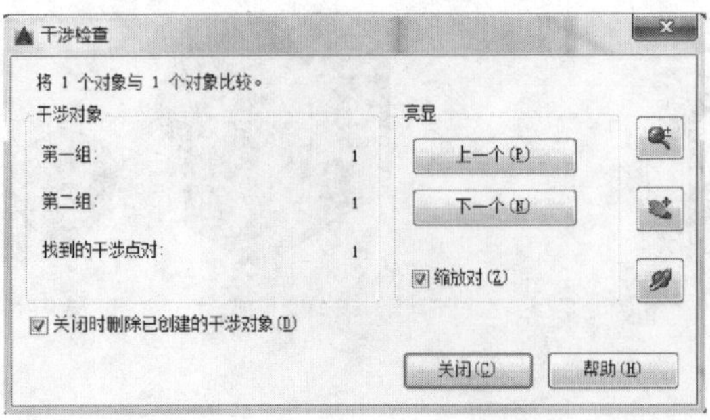

图 16-30 “干涉检查”对话框

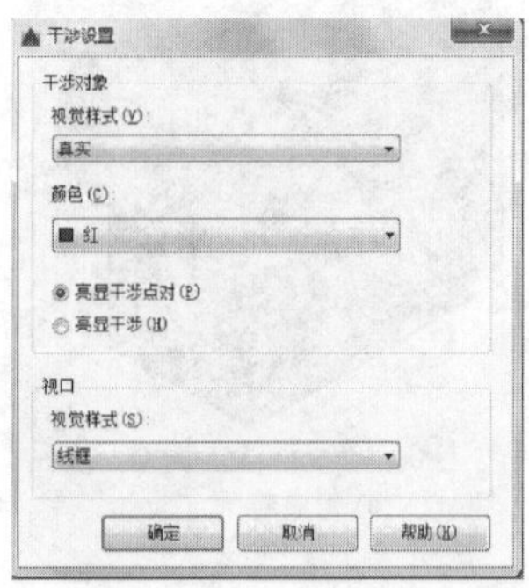

图 16-31 “干涉设置”对话框

16.5　三维实体的编辑

16.5.1　三维移动

三维移动是指将选定的对象自由移动至所需位置。

<访问方法>

选项卡：【常用】→【修改】→【三维移动】。

菜单：【修改（M）】→【三维操作（3）】→【三维移动（M）】。

工具栏：。

命令行：3DMOVE。

<操作过程>

选择对象：选择图 16-32a 中的圆锥体作为要移动的实体对象，按<Enter>键结束操作。

指定基点或［位移（D）］<位移>：用端点捕捉圆锥底圆圆心。

指定第二个点或<使用第一个点作为位移>：用端点捕捉的方法选择圆柱上端面的圆心效果如图 16-32b 所示。

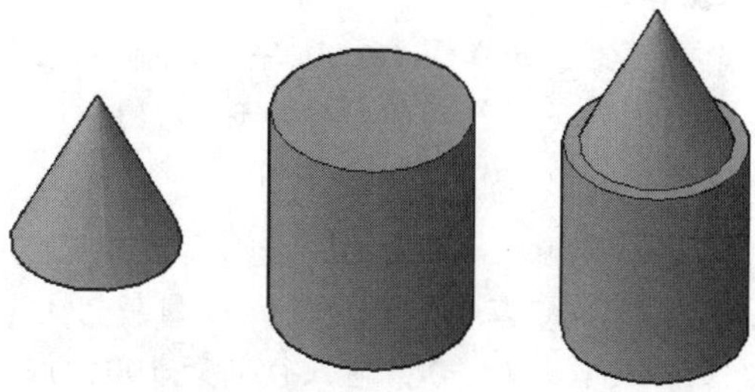

a) 三维移动前　　b) 三维移动后

图 16-32　三维移动

16.5.2　三维旋转

三维旋转是指将选定的对象绕空间轴旋转指定的角度。

<访问方法>

选项卡：【常用】→【修改】→【三维旋转】。

菜单：【修改（M）】→【三维操作（3）】→【三维旋转（R）】。

工具栏：。

命令行：3DROTATE。

<操作过程>

选择对象：选择图 16-33a 中的三维图形作为要旋转的实体对象，按<Enter>键结束操作。

指定基点：指定上端面的左前角点为基点。

拾取旋转轴：拾取 Z 轴。

指定旋转角度：-90，按<Enter>键。效果如图 16-33b 所示。

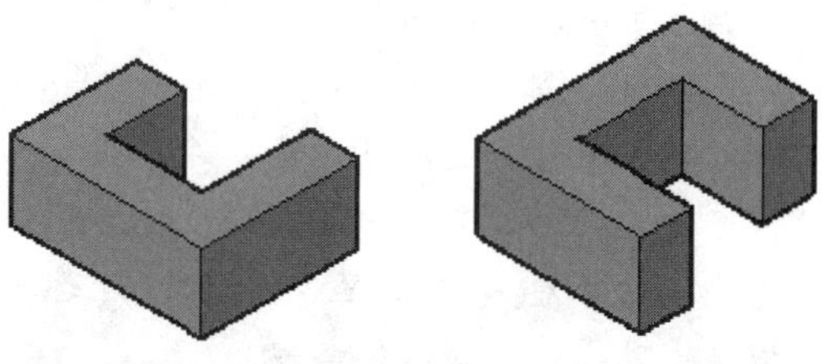

a) 三维旋转前　　b) 三维旋转后

图 16-33　三维旋转

16.5.3 三维阵列

三维阵列包括矩形阵列和环形阵列，与二维阵列相似。

1. 矩形阵列

<访问方法>

选项卡：【常用】→【修改】→【三维阵列】。

菜单：【修改（M）】→【三维操作（3）】→【三维阵列（3）】。

工具栏：。

命令行：3DARRAY。

<操作过程>

选择对象：选择图 16-34a 中的球体作为阵列对象，按<Enter>键结束操作。

输入阵列类型［矩形（R）/环形（P）］<矩形>：输入字母 R 后，按<Enter>键。

输入行数（---）<1>：输入阵列行数 2，按<Enter>键。

输入列数（｜｜｜）<1>：输入阵列行数 3，按<Enter>键。

输入层数（...）<1>：输入阵列层数 1，按<Enter>键。

指定行间距（---）：输入行间距 100，按<Enter>键。

指定列间距（｜｜｜）：输入列间距 100，按<Enter>键。

效果如图 16-34b 所示。

2. 环形阵列

<访问方法>

选项卡：【常用】→【修改】→【三维阵列】。

菜单：【修改（M）】→【三维操作（3）】→【三维阵列（3）】。

工具栏：。

命令行：3DARRAY。

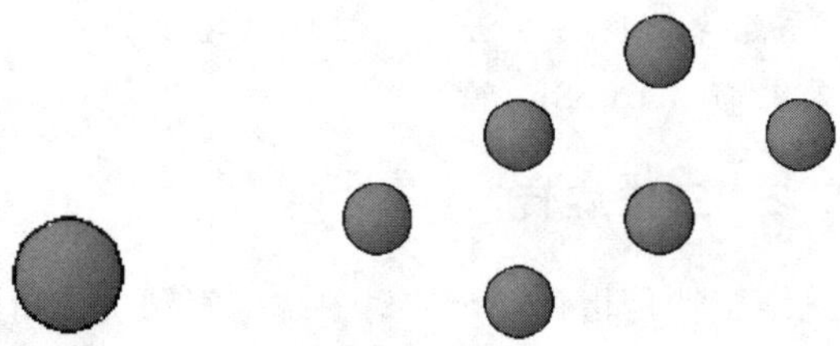

a) 三维矩形阵列前　　b) 三维矩形阵列后

图 16-34　三维矩形阵列

<操作过程>

选择对象：选择图 16-35a 中的球体作为阵列对象，按<Enter>键结束操作。

输入阵列类型［矩形（R）/环形（P）］<矩形>：输入字母 P 后，按<Enter>键。

输入阵列中的项目数目：输入 4，按<Enter>键。

指定要填充的角度（+=逆时针，-=顺时针）<360>：按<Enter>键，选 360。

旋转阵列对象？［是（Y）/否（N）］<Y>：按<Enter>键。

指定阵列的中心点：选择球心。

指定旋转轴上的第二点：选择另一点，按<Enter>键。效果如图 16-35b 所示。

16.5.4 三维镜像

三维镜像是将选择的对象在三维空间相对于某一平面进行镜像。

a) 三维环形阵列前　　b) 三维环形阵列后

图 16-35　三维环形阵列

<访问方法>

选项卡：【常用】→【修改】→【三维镜像】。

菜单：【修改（M）】→【三维操作（3）】→【三维镜像（D）】。

工具栏：。

命令行：MIRROR3D。

<操作过程>

选择对象：选择图 16-36a 中的圆柱体作为镜像对象。

指定镜像线的第一点：指定直线的第一个端点。

指定镜像线的第二点：指定直线的第二个端点。

是否删除源对象？[是（Y）/否（N）] <否>：按<Enter>键。效果如图 16-36b 所示。

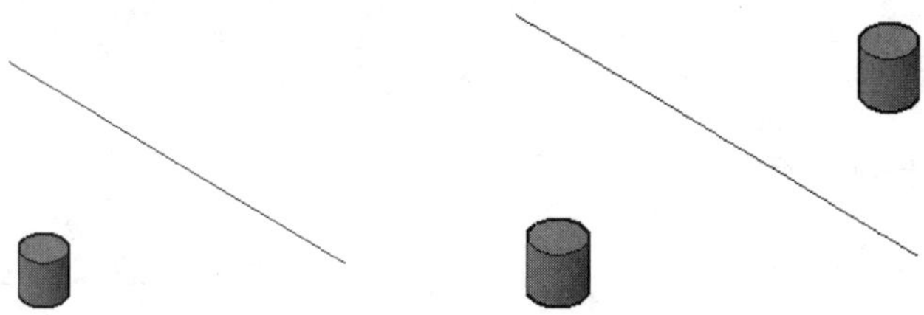

a) 三维镜像前　　b) 三维镜像后

图 16-36　三维镜像

16.5.5　三维对齐

三维对齐是以一个对象为基准，将另一个对象与该对象对齐。

<访问方法>

选项卡：【常用】→【修改】→【三维对齐】。

菜单：【修改（M）】→【三维操作（3）】→【三维对齐（A）】。

工具栏：。

命令行：3DALIGN。

<操作过程>

选择对象：选择图 16-37a 中的右侧第二个长方体作为要移动的对象，按<Enter>键。

指定基点或［复制（C）］：用端点捕捉方法选择该长方体的底面 A 点。

指定第二个点或［继续（C）］<C>：用端点捕捉方法选择 B 点。

指定第三个点或［继续（C）］<C>：用端点捕捉方法选择 C 点。

指定第一个目标点：用端点捕捉方法选择第一个长方体的 A1 点。

指定第二个目标点或［提出（X）］<X>：用端点捕捉方法选择 B1 点。

指定第三个目标点或［提出（X）］<X>：用端点捕捉方法选择 C1 点。效果如图 16-37b 所示。

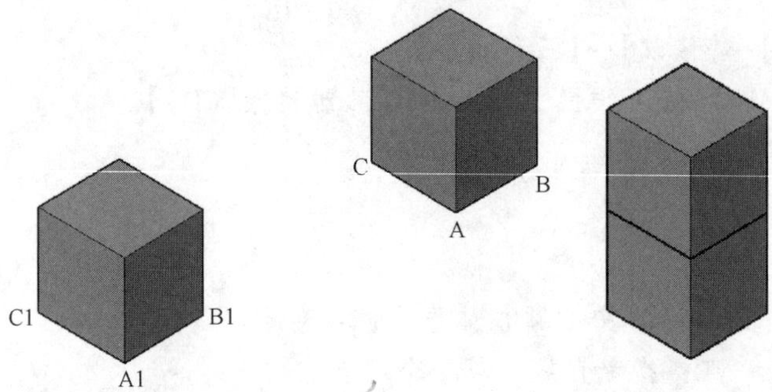

a) 三维对齐前　　b) 三维对齐后

图 16-37　三维对齐

16.5.6　三维实体倒方角

该命令将选定对象的边截掉而成一个方角，是二维倒角命令的三维推广。

<访问方法>

选项卡：【常用】→【修改】→【倒角】。

菜单：【修改（M）】→【实体编辑（N）】→【倒角边（C）】。

工具栏：。

命令行：CHAMFER。

<操作过程>

选取第一条直线：选取图 16-38a 中长方体的前表面的上边线。

输入曲面选择选项［下一个（N）当前（OK）］<当前 OK>：选取长方体的前表面作为

要倒角的基面，按<Enter>键。

指定基面倒角距离或［表达式（E）］：输入倒角数值30，按<Enter>键。

指定其他曲面倒角距离或［表达式（E）］：输入相邻面上的倒角距离30，按<Enter>键。

选择边或［环（L）］：选择在基面上要倒角的边线，也可连续选择。效果如图16-38b所示。

16.5.7　三维实体倒圆角

该命令以给定半径的圆柱面光滑过渡选定的立体棱线。

<访问方法>

选项卡：【常用】→【修改】→【圆角】。

菜单：【修改（M）】→【实体编辑（N）】→【圆角边（F）】。

工具栏：。

命令行：FILLET。

<操作过程>

选取第一条直线：选取图16-39a所示长方体的上表面最前边，按<Enter>键。

输入R，再输入圆角半径数值20，按<Enter>键。效果如图16-39b所示。

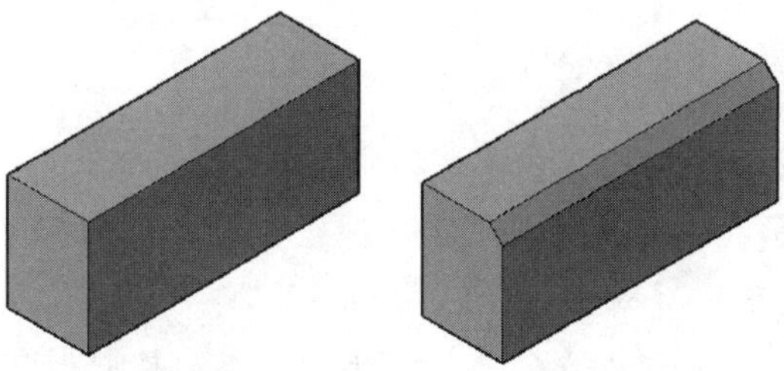

a) 三维倒方角前　　b) 三维倒方角后

图16-38　三维倒方角

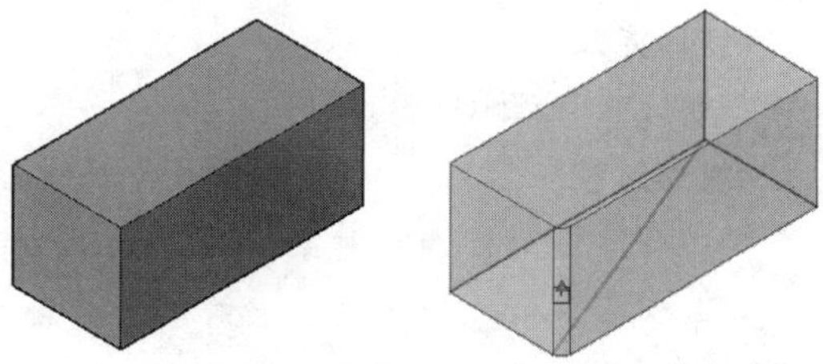

a) 三维倒圆角前　　b) 三维倒圆角后

图16-39　三维倒圆角

16.5.8　三维实体剖切

三维实体剖切命令可以将实体沿剖切平面完全剖开，从而观察实体内部的结构。剖切时，首先选择要剖切的三维对象，然后确定剖切平面的位置，最后指明需要保留的实体部分。

<访问方法>

选项卡：【常用】→【实体编辑】→【剖切】。

菜单：【修改（M）】→【三维操作（3）】→【剖切（S）】。

工具栏：。

命令行：SLICE。

<操作过程>

选择要剖切的对象：选取图16-40a中的实体，按<Enter>键。

在命令行提示“指定切面的起点或［平面对象(O)曲面(S)z轴(Z)视图(V)xy(XY)yz(YZ)zx(ZX)三点(3)］<三点>:”后，输入ZX后，按<Enter>键，即将与当前UCS的ZX平面平行的某个平面作为剖切平面。

在命令行提示“指定ZX平面上的点<0, 0, 0>:”后选择图16-40a所示的圆筒上表面圆心，按<Enter>键，即剖切平面平行于ZX平面且通过指定的点。

在命令行提示“在所需的侧面上指定点或［保留两个侧面(B)］<保留两个侧面>:”后，在要保留的一侧单击，如图16-40b所示。

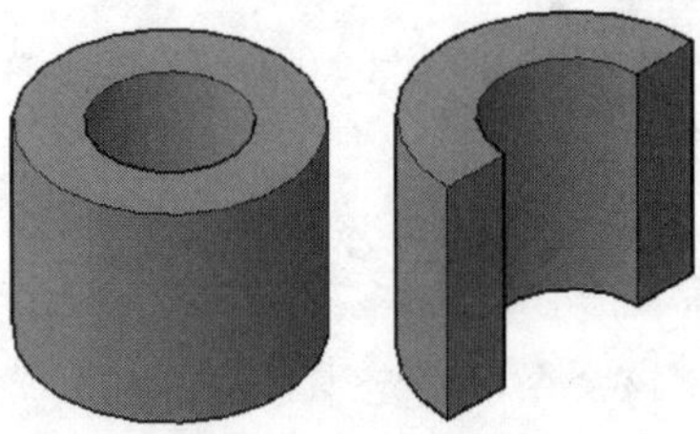

a) 剖切前　　b) 剖切后

图16-40　三维实体剖切

16.5.9　三维实体的截面

创建三维实体的截面就是将实体沿某一个特殊的分割平面进行切割，从而创建一个相交的截面图形。这种方法可以显示复杂模型的内部结构。它与剖切实体方法的不同之处在于：创建截面命令将在切割截面的位置生成一个截面的面域，且该面域位于当前图层。截面面域是一个新创建的对象，因此创建截面命令不会以任何方式改变实体模型本身。对于创建的截面面域，可以非常方便地修改它的位置、添加填充图案、标注尺寸或在这个新对象的基础上拉伸生成一个新的实体。

<访问方法>

命令行：SECTION。

<操作过程>

在命令行提示“选择对象”后选取图16-41a中的实体，按<Enter>键。

在命令行提示“指定截面上的第一个点，依照“［对象(O) Z轴(Z) 视图(V) XY(XY) YZ(YZ) ZX(ZX) 三点(3)］<三点>:”后输入YZ后，按<Enter>键，即将与当前UCS的YZ平面平行的某个平面作为剖切平面。

在命令行提示“指定YZ平面上的点<0, 0, 0>:”后选择图16-41b所示的圆心，按<Enter>键，即剖切平面平行于YZ平面且通过指定的点。

选择下拉菜单【修改】→【移动】命令，将生成的截面移动到实体的另一侧，如图16-41c所示。

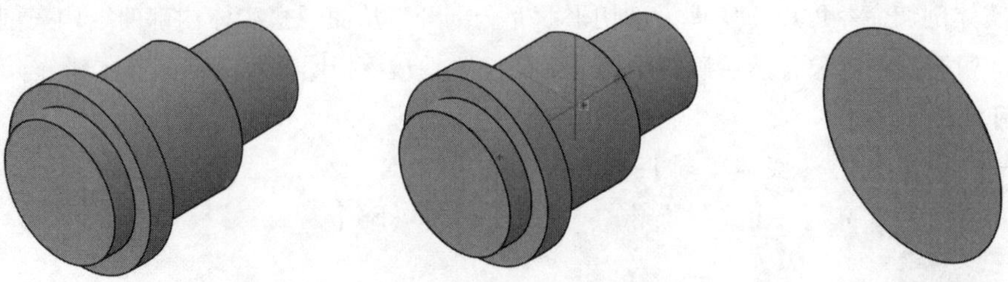

a) 三维实体　　b) 选取剖切点　　c) 实体的截面

图16-41　三维实体的截面

16.5.10 三维实体到平面图的转换

三维实体到平面图的转换可以很方便地生成平面投影图，从而得到立体的二维平面工程图。尤其对于复杂模型，该方法更加便利。

（1）打开已生成的三维实体图　进入图纸空间打开三维实体图，如图 16-42 所示。由于要使用的由实体产生视图的命令应在图纸空间中使用，所以，首先要进入图纸空间。

单击屏幕下方“布局 1”标签，再单击屏幕下方状态行上的“图纸”按钮使之显示为“模型”，即在图纸空间中打开模型空间的窗口，结果如图 16-43 所示。

这样，又可以使用在模型空间中所使用的命令（通常图形绘制和编辑操作都是在模型空间中进行，图纸空间主要是在出图布局中使用）。

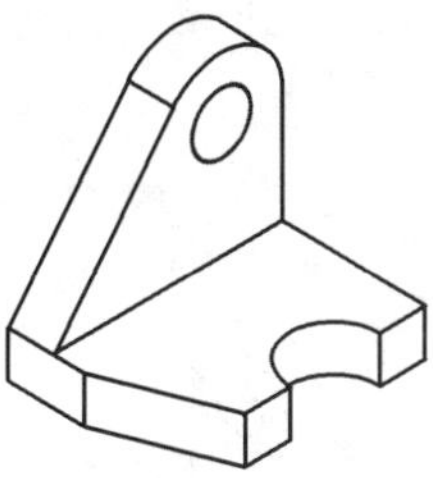

图 16-42　三维实体

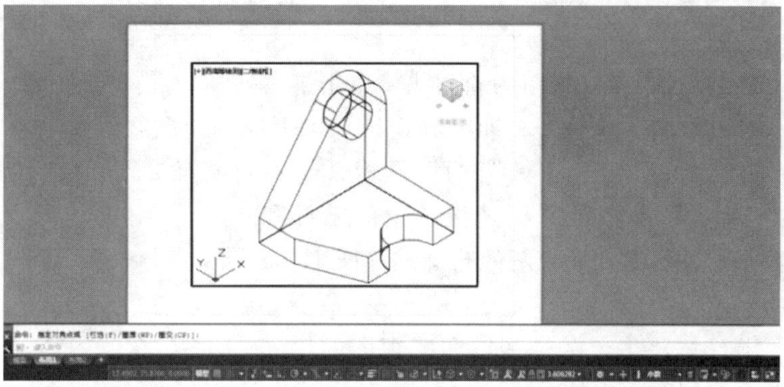

图 16-43　图纸空间中“模型”窗口

（2）生成轮廓线

1）生成轴测图的轮廓线。执行下拉菜单命令：【绘图】→【建模】→【设置】→【轮廓】。执行命令后操作过程如下：

在命令行提示“SOLPROF 选择对象：”后选择支座实体。

在命令行提示“SOLPROF 选择对象：”后按<Enter>键。

在命令行提示：“是否在单独的图层中显示隐藏的轮廓线？[是（Y）否（N）] <是>：”后按<Enter>键。

在命令行提示：“是否将轮廓线投影到平面？ [是（Y）否（N）]<是>：”后按<Enter>键。

在命令行提示：“是否删除相切的边？[是（Y）否（N）]<是>：”后按<Enter>键。

已选定一个实体。此时，已产生轴测图的轮廓线。

2）生成主视图的轮廓线。执行下拉菜单命令：【视图】→【三维视图】→【前视图】，屏幕显示主视图的轮廓线，如图 16-44a 所示。再执行下拉菜单命令：【绘图】→【建模】→【设置】→【轮廓】，操作步骤与轴测图轮廓线的生成方法相同，便可得到主视图的轮廓线。

3）生成左视图的轮廓线。执行下拉菜单命令：【视图】→【三维视图】→【左视图】，屏幕显示左视图的轮廓线，如图 16-44b 所示。再执行下拉菜单命令：【绘图】→【建模】→【设置】→【轮廓】，操作步骤与轴测图轮廓线的生成方法相同，便可得到左视图的轮廓线。

4）生成俯视图的轮廓线。执行下拉菜单命令：【视图】→【三维视图】→【俯视图】，

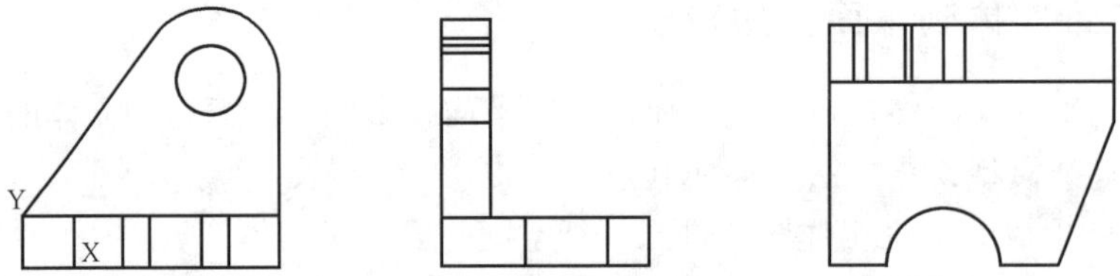

a) 主视图　　b) 左视图　　c) 俯视图

图 16-44　建立三视图

屏幕显示俯视图的轮廓线，如图 16-44c 所示。再执行下拉菜单命令：【绘图】→【建模】→【设置】→【轮廓】，操作步骤与轴测图轮廓线的生成方法相同，便可得到俯视图的轮廓线。

5）观察各个视图的轮廓线。单击屏幕下方“模型”标签返回到模型空间，使用“移动”命令将实体移开，即可看到计算机生成的轮廓线。此时，计算机会自动将可见轮廓线放在名为“PV-＊＊＊”的图层上，将不可见轮廓线放在“PH-＊＊＊”图层上，其中“＊＊＊”是由计算机随机产生的字母和数字。轴测图和三视图的轮廓线如图 16-45 所示。

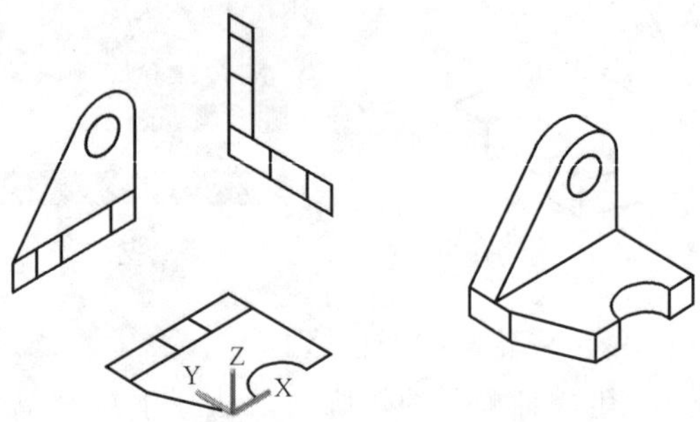

图 16-45　轴测图和三视图的轮廓线

（3）将生成的轴测图和三视图的轮廓线复制到新的文件中

1）轴测图。首先要改变用户坐标，要把屏幕平面变成 *XOY* 坐标面。单击“视图 UCS”按钮，结果如图 16-46a 所示。然后，保存轴测图。保存图形方法有两个：一是将轴测图复制到剪切板上，然后将其粘切到一个新的图形文件上；二是将其定义成图块保存在磁盘上。

使用剪贴板复制的方法如下：单击“标准工具栏”上的“复制”按钮，然后选择轴测图对象，再新建一个图，而后将该轴测图粘贴到新图上。

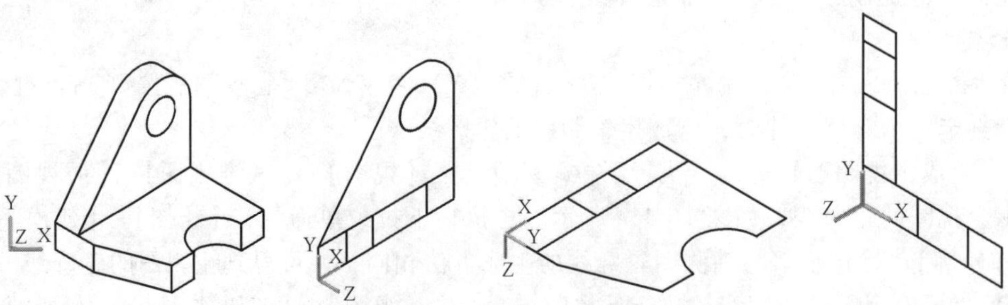

a) 轴测图UCS　　b) 主视图UCS　　c) 俯视图UCS　　d) 左视图UCS

图 16-46　建立 UCS 坐标

2）主视图、左视图、俯视图。建立用户坐标系，这个用户坐标系的 *XOY* 坐标面必须和主视图、左视图、俯视图的坐标面平行。一般应采用“三点 UCS”  建立用户坐标系，分别指定原点、*X* 轴上某一个点、*Y* 轴上某一个点，用于确定 *X*、*Y* 轴的方向，其结果如图 16-46b、c、d 所示。再用复制命令将生成的轮廓线复制到新图中。

（4）修改图线线型　此时，这四个图中的可见轮廓线均在一个名为“PV-＊＊＊”的图层上，不可见的轮廓线在名为“PH-＊＊＊”的图层上。每一个视图中可见轮廓线和不可见轮廓线都是一个图块（整体），要修改时，要首先使用“分解”命令打散。注意三个视图并在一起时，应保证三视图的“对等”关系。经过修改后的三视图和轴测图如图 16-47 所示。

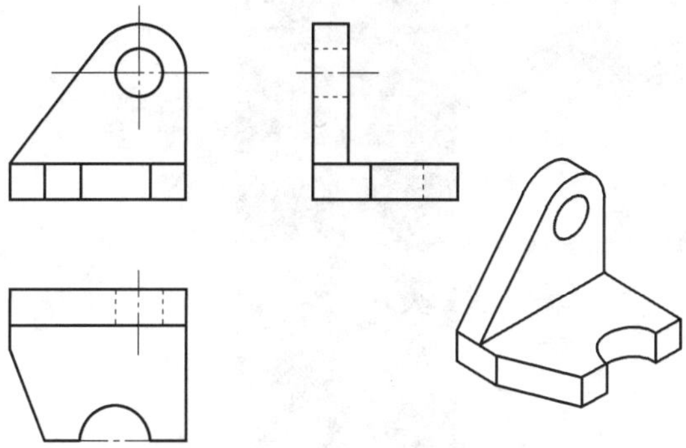

图 16-47　修改后的三视图和轴测图

16.6　三维模型的渲染

16.6.1　材质的设置

该命令设置三维实体的材质。

<访问方法>

菜单：【工具（T）】→【选项板】→【工具选项板（T）】。

<操作过程>

（1）打开工具选项板　执行命令后，系统会弹出如图 16-48 所示的“工具选项板”对话框。

（2）建立“金属-材质样式”选项卡

1）在任一选项卡上单击右键，系统弹出快捷菜单，在快捷菜单中选择“新建选项板（E）”选项，系统新建一个空的选项板，将名称改为“金属-材质样式”，如图 16-49 所示。

2）选择菜单【视图（V）】→【渲染（E）】→【材质浏览器（B）】命令，系统弹出如图 16-50 所示的“材质浏览器”对话框。

3）在“材质浏览器”对话框中选择 🏠▾ 节点下的 Autodesk 库 选项，然后在 Autodesk 库 ▾ 节点下选择 金属漆 选项。

4）在“材质浏览器”对话框中，在 缎...红 上单击右键，在系统弹出的快捷菜单中依次选择“添加到-活动的工具选项板”选项，该材质即被添加到新建的“金属-材质样式”选项卡中，如图 16-51 所示，然后关闭“材质浏览器”即可。

（3）打开金属选项卡　在“工具选项板”窗口中选择“金属-材质样式”选项卡。

（4）选取实体对象　在“工具选项板”窗口中，在 缎...红 上单击右键，在系统弹出

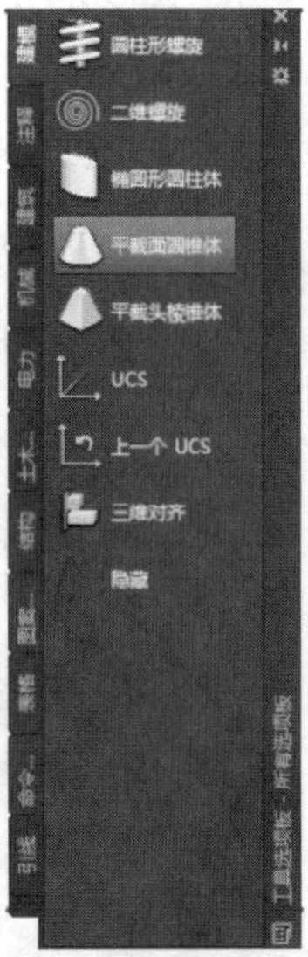

图 16-48 “工具选项板”对话框

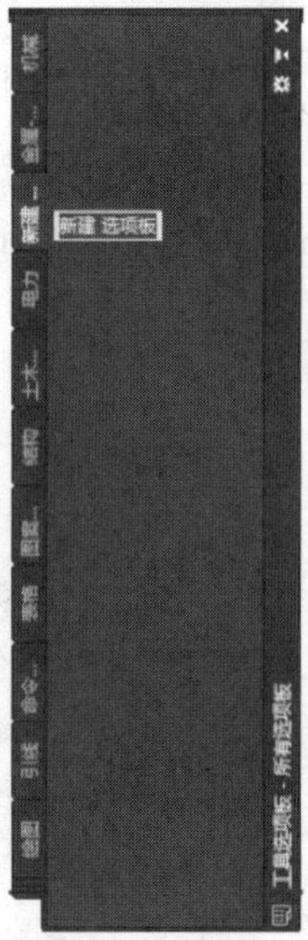

图 16-49 新建选项卡

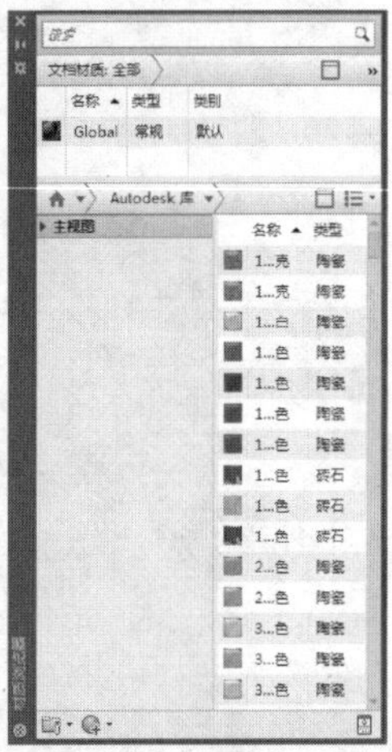

图 16-50 “材质浏览器”对话框

图 16-51 已添加的新材质

的快捷菜单中选择“将材质应用到对象”命令，在绘图区域中选取整个实体对象。

(5) 调整真实查看效果 选择菜单：【视图 (V)】→【视觉样式 (S)】→【真实 (R)】命令，查看真实渲染效果，结果如图 16-52 所示。

a) 添加材质前　　b) 添加材质后

图 16-52 已添加的新材质

16.6.2 灯光的设置

1. 点光源

点光源是位于指定位置的很小的光源。

<访问方法>

菜单：【视图（V）】→【渲染(E)】→【光源(L)】→【新建点光源(P)】。

命令行：POINTLIGHT。

<操作过程>

指定源位置<0, 0, 0>：输入点光源的位置坐标为（100, 150, 0），按<Enter>键。

输入要更改的选项［名称（N)/强度(I)/状态(S)/阴影(W)/衰减(A)/颜色(C)/退出(X)］<退出>：按<Enter>键，如图16-53所示。

双击上一步创建的点光源，弹出“特性”对话框，在该对话框中设置特性参数。

选择下拉菜单：【视图】→【渲染】→【渲染】，查看渲染效果，如图16-54所示。

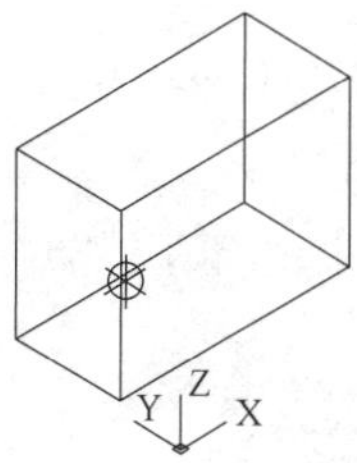

图16-53 新建点光源

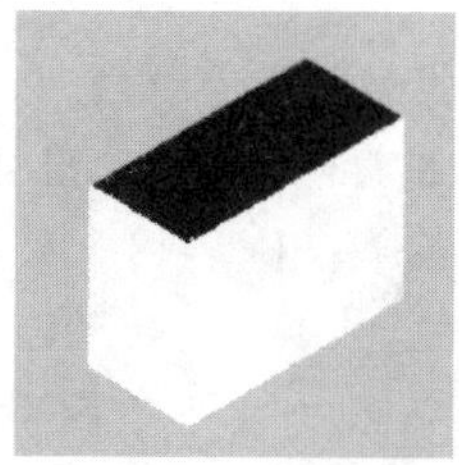

图16-54 渲染后效果

2. 聚光源

聚光源是中心位置为最亮点的锥形聚焦光源。

<访问方法>

菜单：【视图（V）】→【渲染(E)】→【光源(L)】→【新建聚光灯(S)】。

命令行：SPOTLIGHT。

<操作过程>

指定源位置<0, 0, 0>：选择任意一点作为输入点光源，按<Enter>键。

指定目标位置<0, 0, -10>：选取图中某一点作为目标点，如图16-55所示，按<Enter>键。

在命令行提示“输入要更改的选项［名称（N）强度因子（I）状态（S）光度（P）聚光角（H）照射角（F）阴影（W）衰减（A）过滤颜色（C）退出（X）］<退出>:”后按<Enter>键，如图16-55所示。

双击上一步创建的聚光源，弹出“特性”对话框，在该对话框中设置特性参数。

选择下拉菜单：【视图】→【渲染】→【渲染】，查看渲染效果，如图16-56所示。

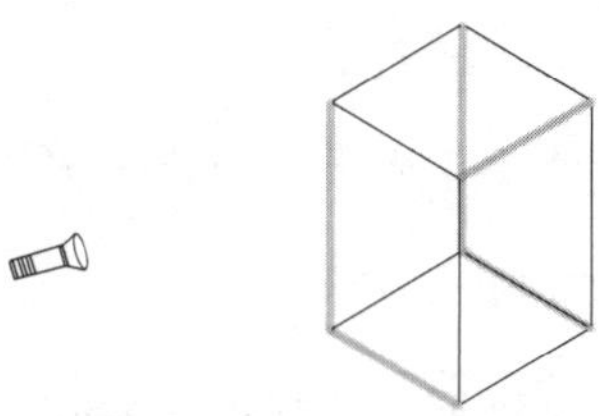

图16-55 新建聚光灯

图16-56 渲染后效果

3. 平行光源

平行光源是距离模型无限远的一束光柱。

<访问方法>

菜单:【视图 (V)】→【渲染(E)】→【光源(L)】→【新建平行光(D)】。

命令行: DISTANTLIGHT。

<操作过程>

指定光源来向<0, 0, 0>或 [矢量 (V)]: 输入平行光源的位置坐标为 (100, 300, 200), 按<Enter>键。

指定光源去向<1, 1, 1>: 选取上表面最前面直线的中点作为目标点, 如图 16-57 所示。

在命令行提示“输入要更改的选项 [名称 (N) 强度因子 (I) 状态 (S) 光度 (P) 阴影 (W) 过滤颜色 (C) 退出 (X)] <退出>” 后, 按<Enter>键。

选择下拉菜单:【视图】→【渲染】→【光源】→【光源】列表, 弹出“模型中的光源”对话框。

在“平行光 1 选项卡上单击右键”, 系统弹出快捷菜单, 选择“特性” 命令, 设置参数。

选择下拉菜单:【视图】→【渲染】→【渲染】, 查看渲染真实效果, 如图 16-58 所示。

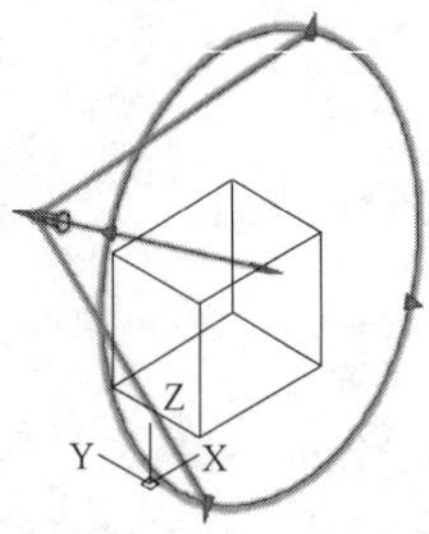

图 16-57 渲染前

图 16-58 渲染后效果

4. 阳光特性

阳光特性是用来修改太阳的特性。太阳光是模拟太阳光源效果的光源, 可以用于显示结构投射的阴影如何影响周围的区域。

<访问方法>

菜单:【视图 (V)】→【渲染(E)】→【光源(L)】→【阳光特性(U)】。

命令行: SUNPROPERTIES。

<操作过程>

在“阳光特性” 对话框中设置参数, 如图 16-59 所示。

选择下拉菜单:【视图】→【渲染】→【渲染】, 查看渲染效果, 如图 16-60 所示。

16.6.3 渲染三维对象

渲染是运用几何图形、光源和材质来真实表达产品的效果。选择下拉菜单【视图】→【渲染】→【渲染】, 系统会弹出“渲染” 对话框, 查看渲染真实效果。

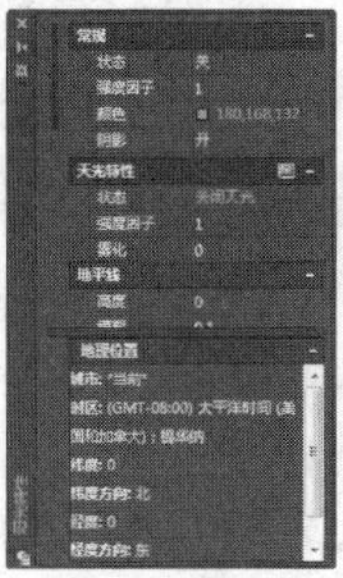

图 16-59　“阳光特性”对话框

图 16-60　渲染后效果

1. 渲染背景设置

系统默认情况下，窗口中渲染背景是黑色的，而有些用户的需要，要对渲染背景进行重新设置，步骤如下：

1）选择【视图】→【命名视图】命令，弹出“视图管理器”对话框，如图 16-61 所示。

2）单击“新建”按钮，弹出“新建视图/快照特性”对话框，如图 16-62 所示。

3）设置视图名称：输入“背景”。

4）设置背景类型：在“背景”区域中选择“纯色”选项，系统弹出“背景”对话框，如图 16-63 所示。

5）设置背景颜色。单击“背景”对话框中的“颜色”文本框，在系统弹出的“选择颜色”对话框中选择“真颜色”选项卡，输入 RGB 数值 189、189、255。

6）单击三次“确定”按钮，返回“视图管理器”对话框。

7）选中上一步创建的背景视图，单击“置为当前”选项卡，单击“确定”按钮。

8）渲染。选择菜单【视图（V）】→【渲染(E)】→【渲染(E)】，系统弹出渲染对话框，查看渲染真实效果，结果如图 16-64 所示。

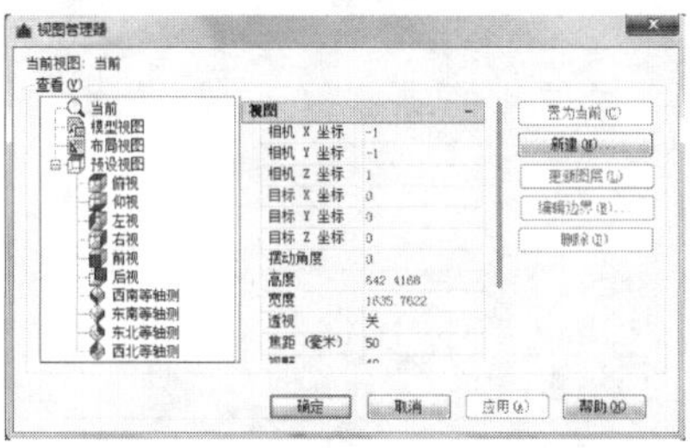

图 16-61　“视图管理器”对话框

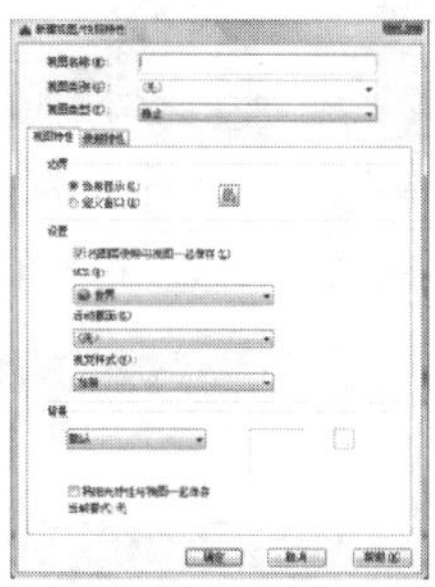

图 16-62　“新建视图/快照特性”

2. 高级渲染设置

渲染设置包括基础与高级两部分，基础部分包含了模型的渲染方式、材质和阴影的处理方式等。高级部分包含了光线追踪、间接发光、诊断与处理。可以在该选项板中设置渲染的参数。具体步骤如下：

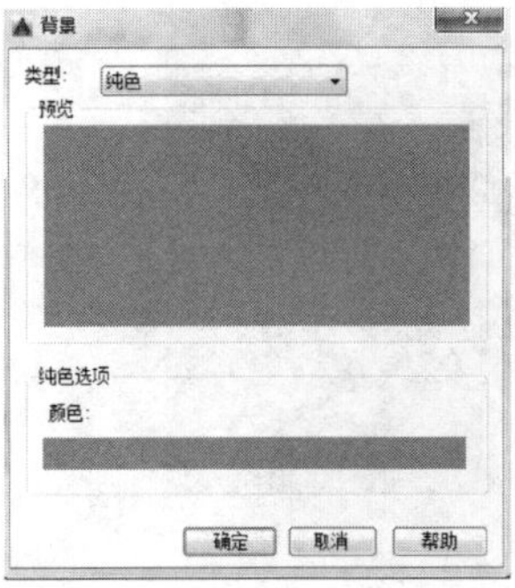

图 16-63　“背景”对话框

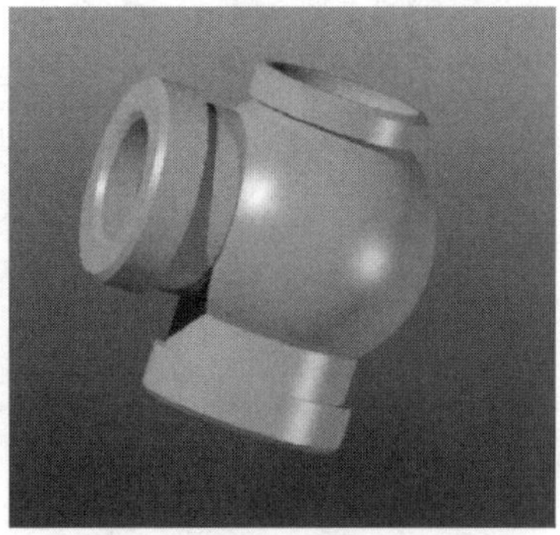

图 16-64　渲染效果

<访问方法>

菜单:【视图(V)】→【渲染(E)】→【高级渲染设置(D)】。

<操作过程>

1) 选择命令后弹出“高级渲染设置”对话框，如图 16-65 所示。

2) 根据实际的需要修改“高级渲染设置”对话框的相应参数。

3. 输出渲染图像

输出渲染图像是将渲染的结果保存为图片文件。

<访问方法>

菜单:【视图(V)】→【渲染(E)】→【渲染(R)】。

<操作过程>

1) 选择命令后，弹出“渲染”对话框。

2) 在弹出的“渲染”对话框中选择“文件”→“保存”命令，系统弹出“渲染输出文件”对话框，如图 16-66 所示。

3) 在“保存于”下拉列表中选择保存路径，在“文件名”文本框中输入保存的名称，在“文件类型”下拉列表中选择保存的类型(如 jpg)，单击“保存”按钮，系统弹出“JPG 图像选项”对话框，如图 16-67 所示。

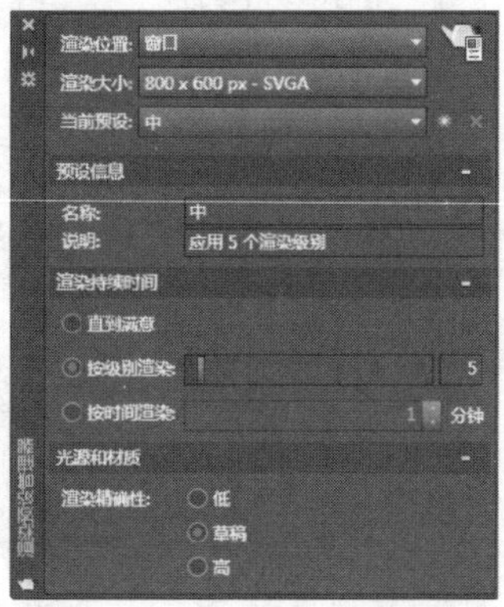

图 16-65　“高级渲染设置”对话框

4) 在弹出的“JPG 图像选项”对话框中设置生成图片的质量和大小，单击“确定”按钮，完成图像的输出，如图 16-68 所示。

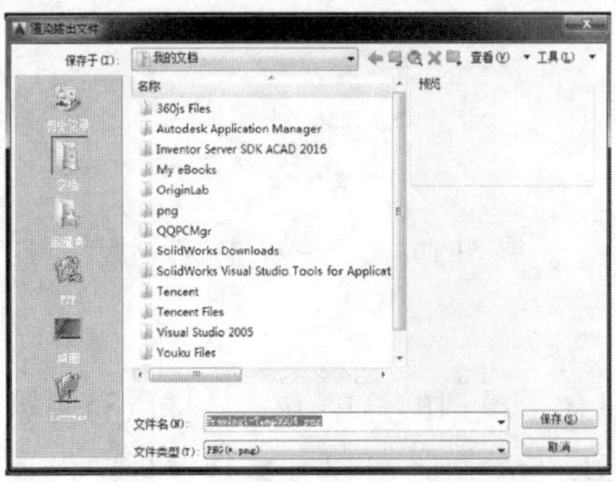

图 16-66　“渲染输出文件”对话框

图 16-67　“JPG 图像选项”对话框

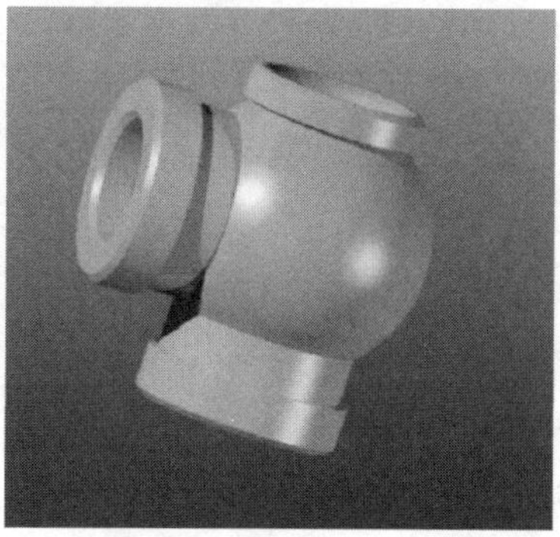

图 16-68　输出渲染图像

16.7　三维建模实例

【例 16-1】 根据图 16-69 所示的三视图，生成三维实体。

16.7.1　形体分析法

使用形体分析法将该组合体分解成三个部分：一个底板，两个支承竖板。

16.7.2　设置绘图环境参数

设置过程参考本书前面的内容。为了画图方便，打开“实体”“视图”“UCS”等工具栏，并泊放在屏幕适当位置。

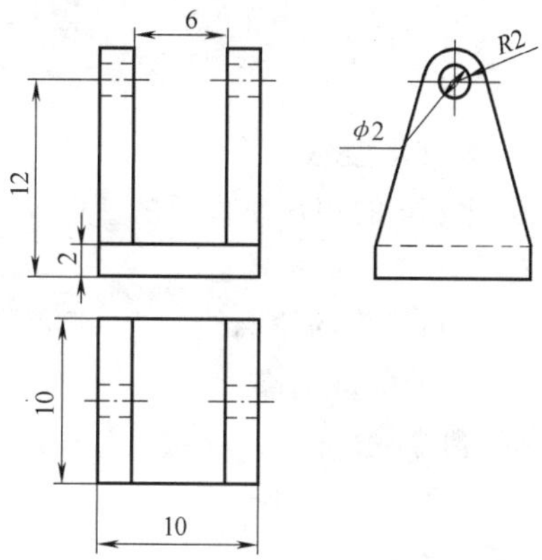

图 16-69　立体的三视图

16.7.3　三维造型

1. 画底板

(1) 建立实体

<访问方法>

单击长方体命令或在命令行输入 BOX。

<操作过程>

在命令行提示“BOX 指定第一个角点或 [中心 (C)]:”后，单击屏幕合适处确定底座板的第一个角点。

在命令行提示“指定其他角点或 [立方体 (C) 长度 (L)]:”后，输入@10，10，2（确定底座板的另一个角点）。

(2) 设置观察视点　选择【视图】→【三维视图】→【西南等轴测】命令，结果如图 16-70所示。

2. 建立用户坐标系

<访问方法>

单击“UCS-3”的“UCS 图标

<操作过程>

在命令行提示“指定新原点<0, 0, 0>:”后用光标捕捉点 1。

在命令行提示“在正 X 轴范围上指定点<110.1582, 74, 9705, 0.0000>:”后用光标捕捉点 2。

在命令行提示“在 UCS XY 平面的正 Y 轴范围上指定点<110.1582, 74.9705, 0.0000>:”后用光标捕捉点 3。

效果如图 16-71 所示。

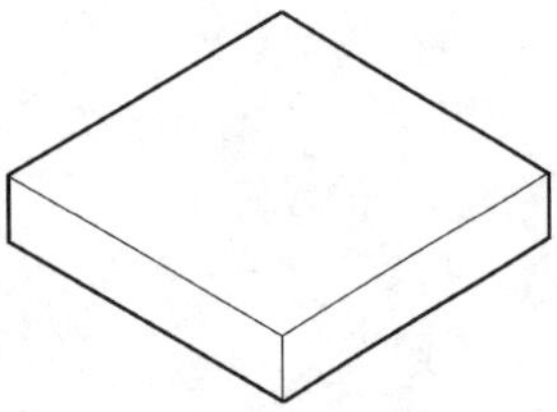

图 16-70 底板

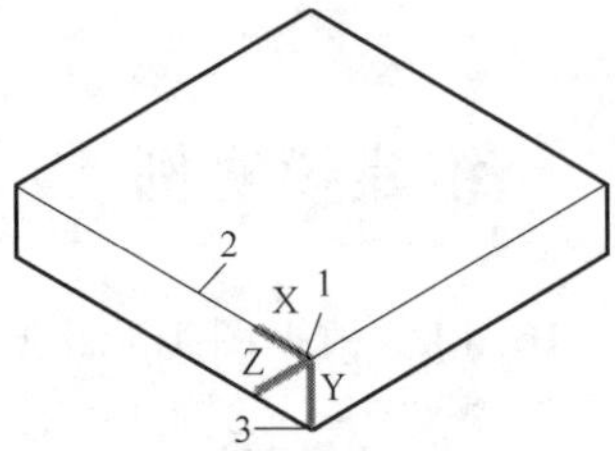

图 16-71 建立用户坐标系

3. 画支承竖板

在新建立的用户坐标系的 *XOY* 坐标面上绘制平面图形。以下输入的坐标都是相对于现在的这个用户坐标系的。

(1) 画竖板的轮廓线

1) 画 *R*2mm 的圆。

<访问方法>

命令行: CIRCLE。

<操作过程>

在命令行提示“指定圆的圆心或 [三点 (3P) 两点 (2P) 切点、切点、半径 (T)]:”后, 输入 5, -10, 按<Enter>键。

在命令行提示“指定圆的半径或 [直径 (D)]:”后, 输入 2, 按<Enter>键。

2) 画 *R*2mm 圆弧的两条切线。

<访问方法>

命令行: LINE。

<操作过程>

在命令行提示“指定第一个点:”后, 用光标捕捉点 1。

在命令行提示“指定下一点或 [放弃 (U)]: 后, 使用捕捉切点方式捕捉 *R*2mm 圆的与 1 点同侧圆弧上的某点。

在命令行提示“指定下一点或 [放弃 (U)]: 后”, 按<Enter>键 (结束第一条切线的绘制)。

同理, 绘制 *R*2mm 圆的另一条切线。

3) 修剪掉 *R*2mm 圆的下半圆弧。

<访问方法>

命令行：TRIM。

<操作过程>

在命令行提示“选择对象或<全部选择>:”后，选择 *R*2mm 圆弧的一条切线。

在命令行提示“选择对象”后，选择 *R*2mm 圆弧的第二条切线。

在命令行提示“选择对象”：后，按<Enter>键。

在命令行提示“［栏选（F）窗交（C）投影（P）边（E）删除（R）放弃（U）］:”后，选择 *R*2mm 圆的下方要修剪掉的部分，按<Enter>键。

4）封闭图形。画直线 14，执行“LINE”命令，指定点 1，指定点 4，按<Enter>键，结果如图 16-72 所示。

5）将封闭线变为多段线。

<访问方法>

菜单：【修改】→【对象】→【多段线】。

<操作过程>

在命令行提示“选择多段线或［多条（M）］:”后，选择圆弧。

在命令行提示“是否将其转换为多段线？<Y>:”后，按<Enter>键。

在命令行提示“输入选项［闭合（C）合并（J）宽度（W）编辑顶点（E）拟合（F）样条曲线（S）非曲线化（D）线型生成（L）反转（R）放弃（U）］：后，输入 J。

在命令行提示”选择对象:”后，选择其余的三条直线。

在命令行提示“输入选项［打开（O）合并（J）宽度（W）编辑顶点（E）拟合（F）样条曲线（S）非曲线化（D）线型生成（L）反转（R）放弃（U）］:”后，按<Enter>键。

（2）画竖板圆孔轮廓线

<访问方法>

命令行：CIRCLE。

<操作过程>

在命令行提示：“指定圆的圆心或［三点（3P）两点（2P）切点、切点、半径（T）］:”后，输入 5，-10，按<Enter>键。

在命令行提示“指定圆的半径或［直径（D）］<2.0000>:”后，输入 1，按<Enter>键。

结果如图 16-73 所示。

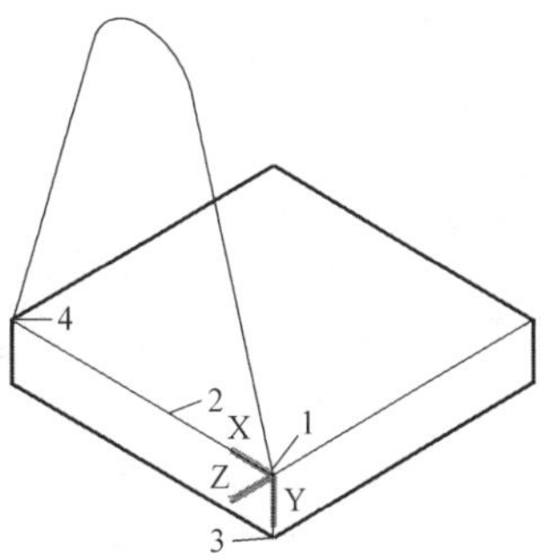

图 16-72　封闭的支承竖板轮廓线

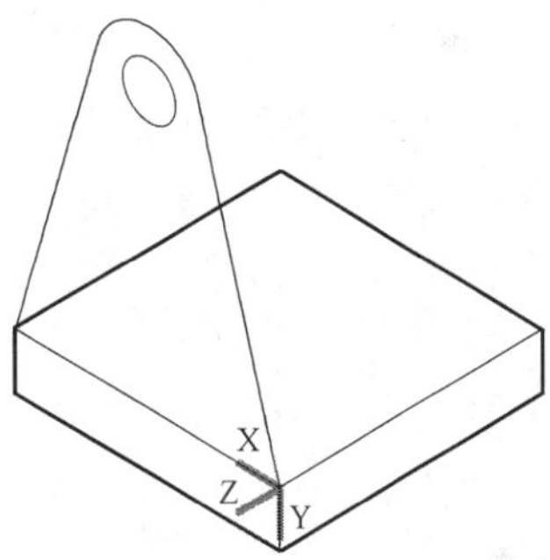

图 16-73　已建立好的支承竖板轮廓线

(3) 拉伸形成实体

<访问方法>

菜单:【绘图】→【建模】→【拉伸】。

<操作过程>

在命令行提示"选择要拉伸的对象或[模式(MO)]:"后,选择竖板轮廓线,按<Enter>键。

在命令行提示"指定拉伸的高度或[方向(D)路径(P)倾斜角(T)表达式(E)]<2.0000>:"后,输入-2(沿着Z轴负方向拉伸),按<Enter>键。

结果如图16-74所示。

(4) 支承板中减去圆柱孔

<访问方法>

菜单:【修改】→【实体编辑】→【差集】。

<操作过程>

在命令行提示"选择对象"后,选择竖板的大轮廓形成的立体,按<Enter>键。

在命令行提示"选择对象"后,选择要减去的圆柱体,按<Enter>键。

选择菜单【视图】→【视觉样式】→【消隐】,结果如图16-75所示。

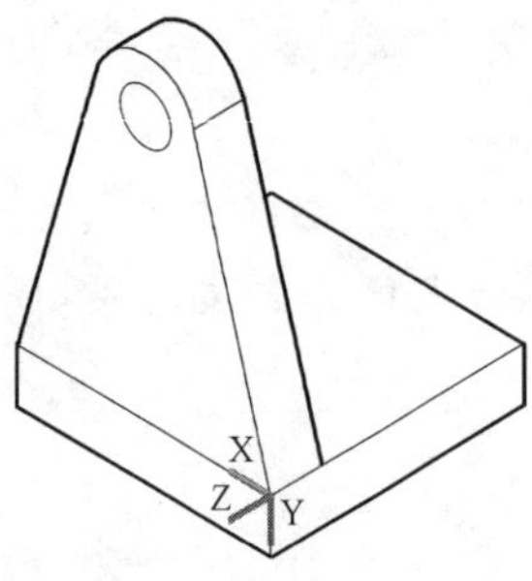

图16-74 拉伸好的支承竖板

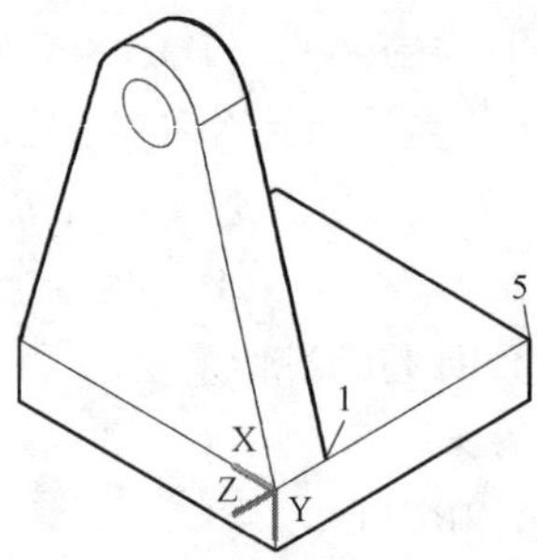

图16-75 减去圆柱后的支承竖板

(5) 画另一侧支承竖板 由于两个支承竖板结构相同,因此,可以将已画好的支承板复制到另一侧。

<访问方法>

命令行:COPY。

<操作过程>

在命令行提示"选择对象:"后,选择已画好的支承板。

在命令行提示"指定基点或[位移(D)模式(O)]<位移>:"后,指定点1。

在命令行提示"指定第二个点或[阵列(A)]<使用第一个点作为位移>:"后,指定点5。

另一侧竖板如图16-76所示。

(6) 并集运算

<访问方法>

菜单:【修改】→【实体编辑】→【并集】。

<操作过程>

在命令行提示“选择对象:”后，选择一个底板和两个竖板，按<Enter>键。

选择菜单【视图】→【视觉样式】→【消隐】，结果如图 16-77 所示。

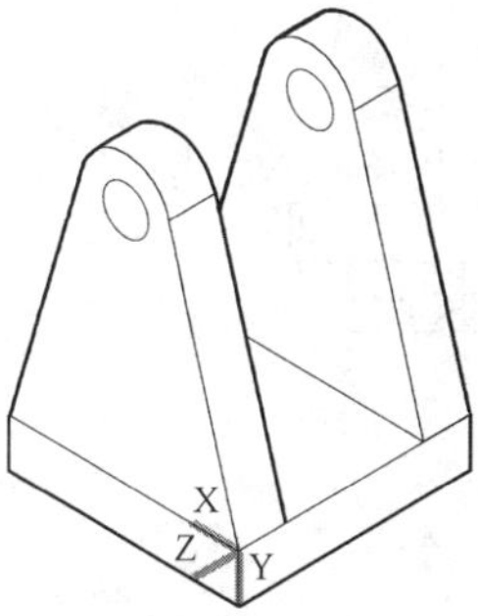

图 16-76　另一侧竖板

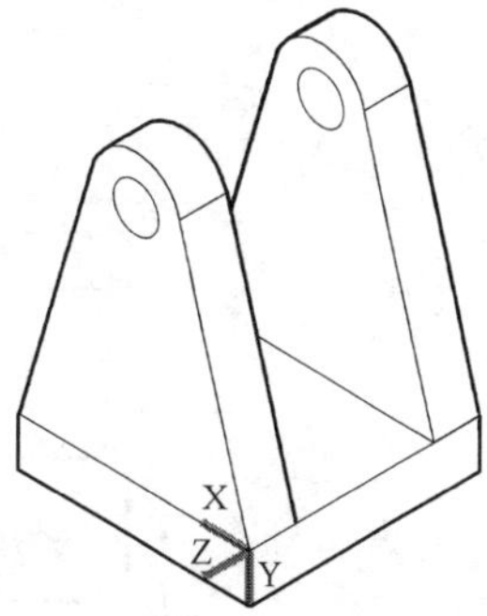

图 16-77　完成后的三维实体

思考与练习题

1. 根据图 16-78 所示的立体的两视图，建立三维实体。

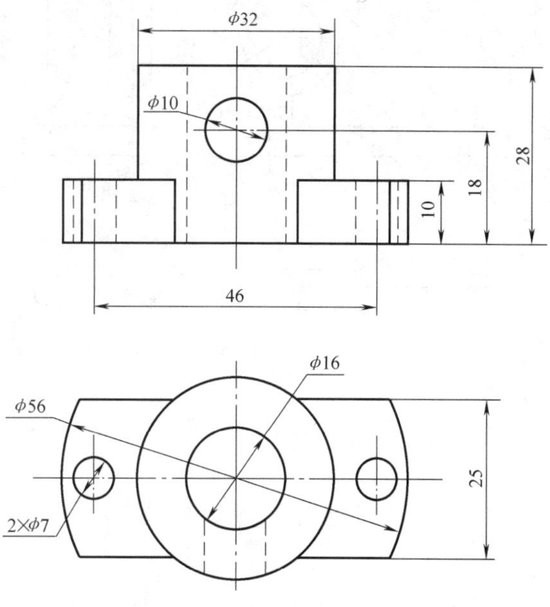

图 16-78　立体的两视图

2. 根据图 16-79 所示的立体的三视图，建立三维实体。
3. 根据图 16-80 所示的立体的三视图，建立三维实体。

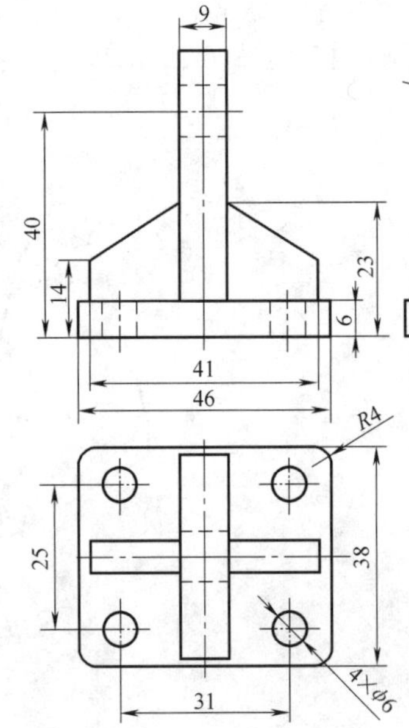

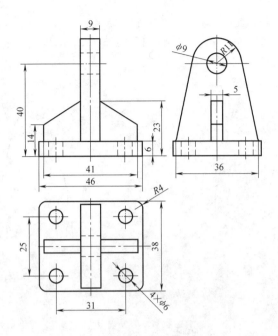

图 16-79 立体的三视图

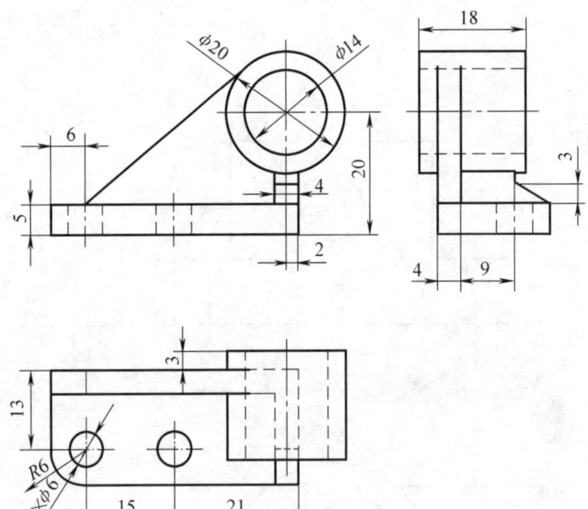

图 16-80 立体的三视图

第 17 章 图形输出以及与Internet连接

17

17.1 工程图的打印输出

AutoCAD 提供了图形输入与输出接口。用 AutoCAD 绘制好图形后，可以使用多种方法输出，包括将图形打印在图纸上或者创建文件供其他应用程序使用。其中将图形打印在图纸上主要使用绘图仪、打印机、喷绘机等设备。

17.1.1 输出设备

1. 绘图仪

绘图仪是能按照设计人员要求自动绘制图形的设备，它可将计算机的输出信息以图形的形式输出。主要可绘制各种管理图表和统计图、大地测量图、建筑设计图、电路布线图、各种机械图与计算机辅助设计图等。现代的绘图仪已具有智能化的功能，它自身带有微处理器，可以使用绘图命令，具有直线和字符演算处理以及自检测等功能。这种绘图仪一般还可选配多种与计算机连接的标准接口。

2. 打印机

打印机是计算机的输出设备之一，用于将计算机处理结果打印在相关介质上。衡量打印机好坏的指标有三项：打印分辨率、打印速度和噪声。打印机的种类很多，按打印元件对纸是否有击打动作，分为击打式打印机与非击打式打印机。

3. 喷绘机

喷绘机是一种大型打印机系列的产品，没有印刷、写真机清晰度高，但是现在推出的喷绘机，清晰度有很大的提高。喷绘机使用溶剂型或 UV 固化型墨水，其中溶剂型墨水具有强烈的气味和腐蚀性，在打印的过程中墨水通过腐蚀而渗入到打印材质的内部，使得图像不容易掉色，所以具有防水、防紫外线、防刮等特性。它一般用在广告行业上，用于大型户外广告，喷头可以选择多个，喷头越多，喷得就越快。

17.1.2 打印界面

打印是通过“打印”对话框来完成的。打印输出图形，首先要了解打印界面。

选择下拉菜单【文件 (F)】→【 打印(P)】命令（或者在命令行中输入 PLOT 命令，然后按<Enter>键），可实现图形的打印。执行”PLOT“命令后，系统弹出 17-1 所示的“打印-模型”对话框。

对话框中各主要命令功能如下：

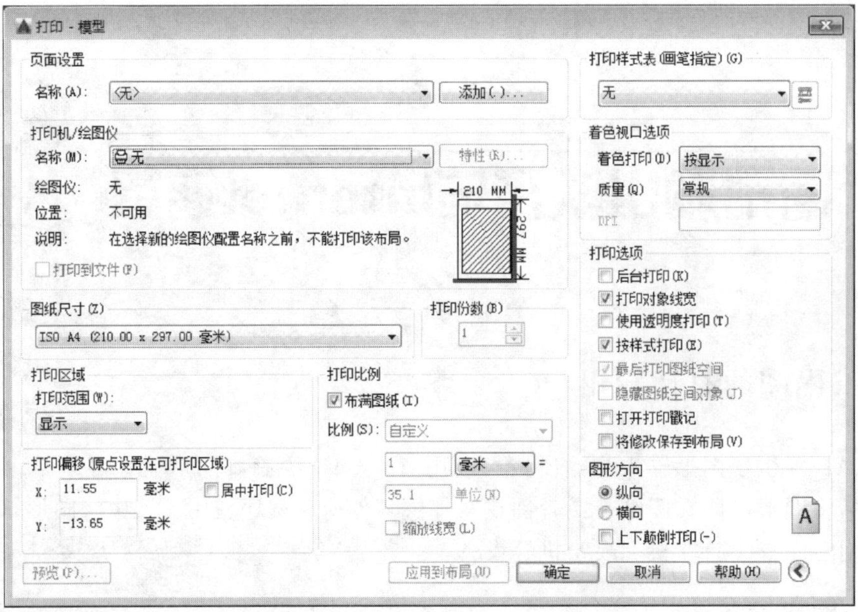

图 17-1 “打印-模型”对话框

1）“页面设置”选项组：在该选项组中，选取图形中已命名或已保存的页面设置作为当前的页面设置，也可以在“打印”对话框中单击“添加”按钮，基于当前设置创建一个新的命名页面设置。

2）“打印机/绘图仪”选项组：在该选项组的“名称（M）”下拉列表中，选取一个当前已配置的打印设备。一旦确定了打印设备，AutoCAD 就会自动显示出与该设备有关的信息。单击“特性（R）”按钮，可以浏览和修改当前打印设备的配置和属性。如果选中“打印到文件（F）”复选框，可将图形输出到一个文件中，否则将图形输出到打印机或绘图仪中。

3）“图纸尺寸（Z）”选项区域：在该选项区域指定图纸尺寸及纸张单位（该选项区域内容与选定的打印设备有关）。

4）“打印份数（B）”选项区域：在该选项区域指定打印的数量。

5）“打印区域”选项区域：在该选项区域确定要打印图形的范围，其下拉列表中包含下面几个选项：

①“窗口”选项：选择此项，系统切换到绘图窗口，在指定要打印矩形区域的两个角点（或输入坐标值）后，系统将打印位于指定矩形窗口中的图形。

②“范围”选项：选择此项，将打印整个图形上的所有对象。

③“图形界限/布局”选项：如果从“模型”选项卡打印，下拉列表中将列出“图形界限”选项，选择此项，将打印由“LIMITS”命令设置的绘图图限内的全部图形。如果从某个布局（如“布局 2”）选项打印，则下拉列表中将列出“布局”选项，此时将打印指定图纸尺寸内的可打印区域所包含的内容，其原点从布局中的（0，0）点计算得出。

④“显示”选项：选择此项，将只打印当前显示的图形对象。

6）“打印偏移（原点设置在可打印区域）”选项组：在该选项组的 X 和 Y 文本框中输

入偏移量，用以指定相对于可打印组左下角的偏移。如果选中“居中打印（C）”复选框，则可以自动居中打印。

7）“打印比例”选项组：在该选项组的下拉列表中选择标准缩放比例，或者输入自定义值。布局空间的默认比例为 1 : 1。如果选中“布满图纸（I）”复选框，系统自动确定一个打印比例，以布满所选图纸尺寸。如果要按打印比例缩放线宽，可选中“缩放线宽（L）”复选框。

8）“打印样式表（画笔指定）（G）”选项区域（位于延伸区域）：在该选项区域的“打印样式表”下拉列表中选择一个样式表，将它应用到当前“模型”或布局中。如果要添加新的打印样式表，可在“打印样式表”下拉列表中选择“新建”选项，使用“添加颜色相关打印样式表”向导创建新的打印样式表。还可以单击“编辑”按钮，系统将弹出“打印样式编辑器”对话框，通过该对话框来编辑打印样式表。

9）“着色视口选项”选项组：在该选项组，可以指定着色和渲染视口的打印方式，并确定它们的分辨率及每英寸点数（DPI）。

10）“打印选项”选项组（位于延伸区域）：此选项组包括以下几个选项：

①“打印对象线宽”复选框：指定是否打印为对象或图层指定的线宽。

②“按样式打印（E）”复选框：指定是否在打印时将打印样式应用于对象和图层。如果选择该选项，则“打印对象线宽”也将自动被选择。

③“打开打印戳记”复选框：打开绘图标记显示。在每个图形的指定角点放置打印戳记。打印戳记也可以保存到日志文件中。单击“打印戳记设置”按钮，系统弹出“打印戳记”对话框，在该对话框中可以设置“打印戳记”选项。

11）“圆形方向”选项组（位于延伸区域）：在该选项组中，可以确定图纸的输出方向。选中“纵向”单选项，表示图纸的短边位于圆形页面的顶部；选中“横向”单选项表示图纸的长边位于图形页面的顶部；“上下颠倒打印”复选框用于确定是否将所绘图形反方向打印。

17.1.3　使用打印样式

打印样式是用来控制图形的具体打印效果的，它是一系列参数设置的集合，这些参数包括图形对象的打印颜色、线型、线宽、封口和灰度等内容。打印样式保存在打印样式表中，每个表都可以包含多个打印样式。打印样式分为颜色相关的打印样式和样式相关的打印样式两种。

（1）颜色相关的打印样式　颜色相关的打印样式将根据对象的绘制颜色来决定它们打印时的外观，在颜色相关的打印过程中，系统以每种颜色来定义设置。例如，可以设置图形中绿色的对象实际打印为具有一定宽度的宽线，且宽线内填充交叉剖面线。颜色相关的打印样式表保存在扩展名为 .“CBT”的文件中。

（2）样式相关的打印样式　样式相关的打印样式是基于每个对象或每个图层来控制打印对象的外观。在样式相关的打印中，每个打印样式表包含一种名为“普通”的默认打印样式，并按对象在图形中的显示进行打印。可以创建新的样式相关的打印样式表，其中的打印样式可以不限制数量。样式相关的打印样式表保存在扩展名为 .“STB”的文件中。

为了使用打印样式，在“打印-模型”对话框的“打印样式表（画笔指定）（G）”选项组中，选择打印样式表。如果图形使用命名的打印样式，则可以将所选打印样式表中的打印样式应用到图形中的单个对象或图层上。若图形使用颜色相关的打印样式，则对象或图层本身的颜色就决定了图形被打印时的外观。

17.1.4 打印预览

在最终输出打印图形之前，可以利用打印预览功能，检查一下设置的正确性，如图形是否都在有效的输出区域内等。选择下拉菜单【文件（F）】→【打印预览(V)】命令（或者在命令行中输入 PREVIEW 命令，然后按<Enter>键），可以预览输出结果，AutoCAD 将根据当前的页面设置、绘图设备的设置以及绘图样式表等内容在屏幕上显示出最终要输出的图纸样式。注意，在进行“打印预览”之前，必须指定绘图仪，否则系统命令行提示：未指定绘图仪，请用“页面设置”给当前图层指定绘图仪。

在预览窗口中，当光标变成了带有加号和减号的放大镜状时，向上拖动光标可以放大图像，向下拖动光标可以缩小图像，要结束全部的预览操作，可直接按<Esc>键。经过打印预览，确认打印设置正确后，可单击左上角的“打印”按钮，打印输出图形。

另外，在“打印”对话框中单击“预览（P）”按钮也可以预览打印，确认正确后，单击“打印”对话框中的“确定”按钮，AutoCAD 即可输出图形。

17.1.5 基本打印输出方法

1）选择【文件（F）】→【绘图仪管理器(M)】命令，设置一个新的虚拟打印机，如图 17-2 所示打开“绘图仪管理器”。

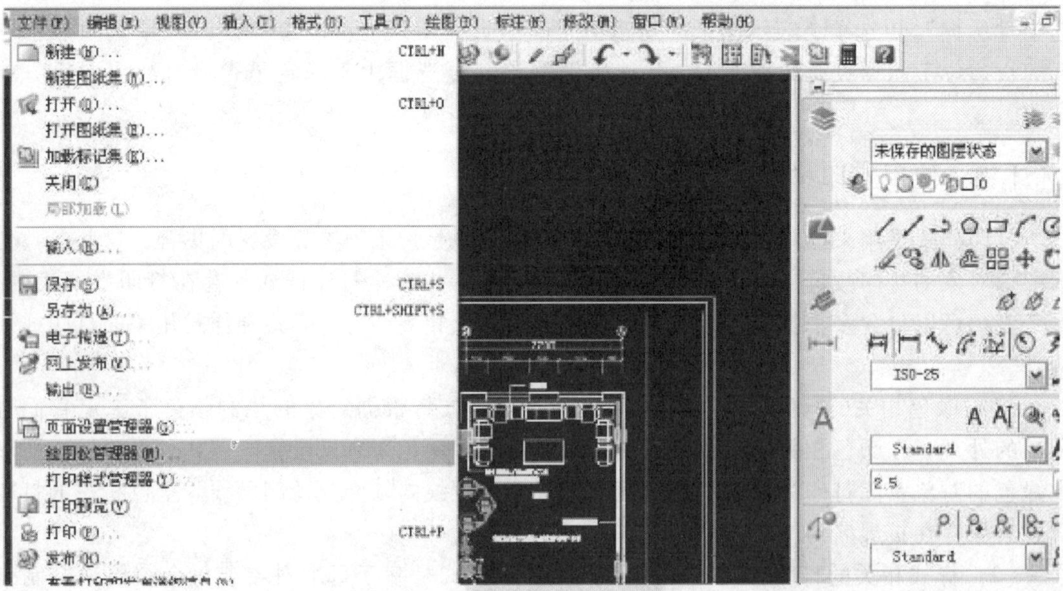

图 17-2 绘图仪管理器

2）双击“添加绘图仪向导”图标，单击“下一步（N）”，默认本机配置不需要更改任何选项，直至设置“绘图仪名称”。添加绘图仪如图 17-3 所示。

3）设置一个虚拟绘图仪的名称，记住这个名称，单击“下一步（N）”，完成此虚拟绘图仪设置的操作，设置绘图仪名称如图 17-4 所示。

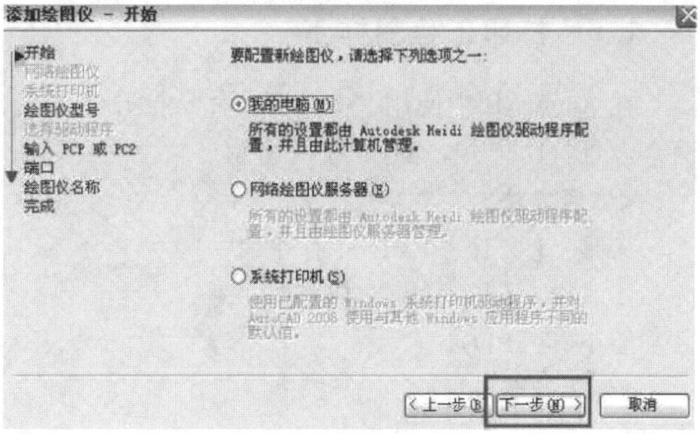

图 17-3　添加绘图仪

4）选择设置好的虚拟绘图仪，选择输出图纸的尺寸（常用选择 ISOA3 或 A4 图纸尺寸），设置打印范围，勾选“打印到文件（F）”选项，选择“居中打印（C）”，调整图形的方向（左下角的箭头按钮可以展开打印对话框中的更多选项），“打印-模型”对话框如图 17-5 所示。

5）单击“确定”按钮，选择图形保存的路径，保存成．“EPS”文件到指定路径。

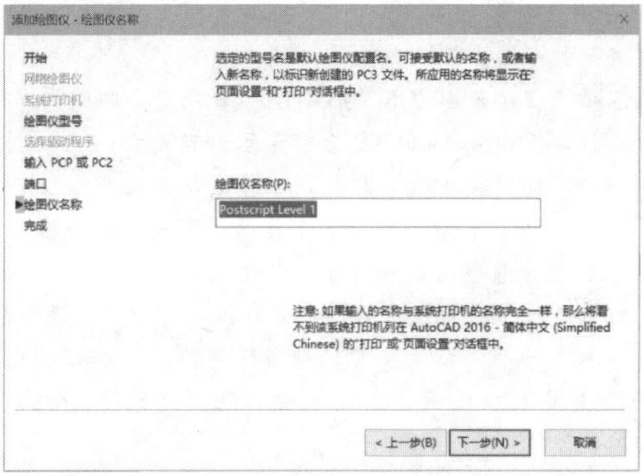

图 17-4　设置绘图仪名称

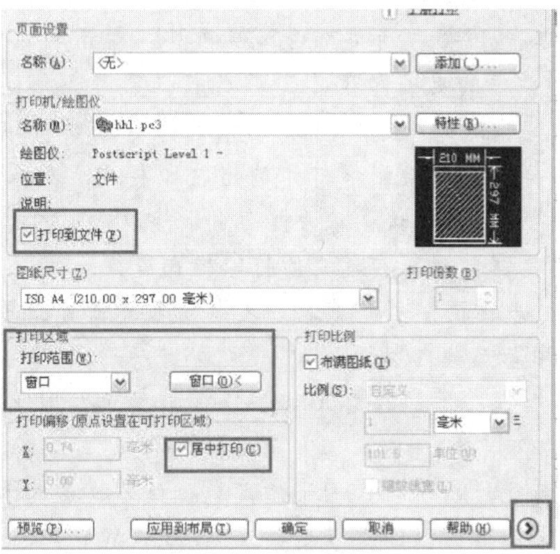

图 17-5　“打印-模型”对话框

17.1.6 打印工程图样

在AutoCAD中使用“PLOT”命令打开绘图管理器，打印输出工程图样，设置图纸幅面，设置打印样式，如图17-5所示。

<访问方法>

菜单：【文件（F）】→【打印(P)】。

工具栏：【标准】→【打印】图标。

命令行：PLOT。

<操作过程>

1）在“打印-模型”对话框的“打印机/绘图仪”区域，从“名称（M）”下拉列表中选择一种绘图仪。

2）在“图纸尺寸（Z）”区域的下拉列表框中选择图纸尺寸。

3）在“打印份数（B）”区域的下拉列表框中，输入要打印的份数。

4）“打印区域”区中“打印范围（W）”下拉列表框，用来指定图形中要打印的区域。指定打印范围的方式有三种：图形界限、显示和窗口。

①“图形界限”选项：打印范围为用“LIMITS”命令定义的图形界限。

②“显示”选项：打印范围为AutoCAD当前显示窗口。

③“显示”选项：打印范围在AutoCAD绘图工作区指定的矩形窗口。选择该选项AutoCAD暂时将“打印”对话框挂起，返回到绘图工作区指定一个矩形窗口。

5）“打印比例”区，用来设置绘图仪打印缩放比例。

①“布满图纸（I）”复选框：将选定的矩形窗口区域的图形填满整个图纸幅面。

②“比例（S）”下拉列表框：设置绘图仪打印比例值。可以在“比例（S）”下拉列表中选择一种AutoCAD预先定义的比例值；或者在“比例（S）”下拉列表中选择自定义选项，并输入比例值和单位。

6）“打印偏移”区，如果选中“居中打印（C）”复选框，绘图仪打印输出时按照图纸的尺寸居中打印。

7）选择打印样式。单击17-5所示的“打印-模型”对话框中右下角“更多选项”按钮，展开显示“打印”对话框的更多内容。

①“打印样式表（画笔指定）（G）”区：用来选择和编辑打印样式。下拉列表框中选择一个已经定义好的打印样式，为绘图仪打印输出打印样式。如果单击“编辑”按钮，则弹出图17-6所示“打印样式表编辑器”对话框，用于修改选定的打印样式表。

使用“打印样式表编辑器”对正在建立的打印样式进行编辑。“常规”选项卡列出打印样式表的一般说明信息。“表视图”和“表格视图”选项卡都能设置打印样式。

“表格视图”选项卡中各部分内容如下：

“打印样式（P）”列表框：显示的是AutoCAD标准颜色，即1~255号颜色，每一种颜色与一种AutoCAD实体颜色相对应。

“特性”区域：用来设置绘图仪打印图形的颜色、线宽、线型和笔号等打印特性。“线宽（W）”下拉列表框用来设置绘图仪打印线宽。“线宽（W）“下拉列表框中列有多种AutoCAD标准打印线宽，一般选择“使用对象线宽”，使得绘图仪打印线宽与AutoCAD实体线宽保持一致。

具体操作步骤如下：

在“打印样式（P）”列表框中选择 AutoCAD 实体某一颜色。

在“颜色（C）”下拉列表框选择一种颜色，即为绘图仪打印颜色。

打印黑白工程图样时应将 AutoCAD 实体所有颜色在“颜色（C）”下拉列表框中均设置为黑色。打印彩色工程图样时应将 AutoCAD 实体所有颜色在“颜色（C）”下拉列表框中均设置为“使用对象颜色”选项，使得绘图仪打印颜色与 AutoCAD 实体颜色保持一致。

图 17-6 “打印样式表编辑器”对话框

②“打印选项”区：只选择“按样式打印（E）”，以便用设置好的打印样式控制绘图仪打印输出效果。

③“图形方向”区：指定图形在图纸上的打印方向，根据需要确定“横向”或“竖向”。

④“预览（P）”按钮：单击打印输出效果。

⑤“确定”按钮：单击结束“PLOT”命令，等待绘图仪打印输出。

17.1.7 输出电子文档

使用 AutoCAD 的 ePlot 特性，可以向 Internet 互联网发送电子图形，在网络浏览器和 Autodesk Express Viewer 中打开、观察和打印，建立格式为“. DWF”的文件。

1. 建立 DWF 文件

<操作过程>

1）在绘图仪管理器“打印-模型”对话框的“打印机/绘图仪”区中，从“名称（M）”列表中选择打印设备配置文件“DWF6 ePlot. pc3”，此时“打印机/绘图仪”区域下方的“打印到文件（F）”复选框自动被选中。

2）在“打印区域”区中指定打印范围。

3）单击“确定”按钮，系统将弹出“浏览打印文件”对话框，用户可输入保存的电子文档的路径和文件名称。

2. 在外部浏览器中观察 DWF 文件

如果在系统中安装有 Autodesk Express Viewer，可以使用 Autodesk Express Viewer 观察 DWF 文件。

1）在 IE 浏览器或资源管理器中，打开 DWF 文件。

2）右键单击 DWF 文件，进行激活。

单击右键弹出快捷菜单，选择“平移”或“缩放”可以方便地实现移屏幕或缩焦变换。如果当前 DWF 文件包含有层信息，则选择“图层”，会显示层控制框，选择某个想要关闭的图层，然后在“开”域单击灯泡图标，可以将选中的层关闭。若要重新打开关闭的层，再次单击灯泡图标。在建立DWF文件时，只有当前UCB确定的命名视图被写入DWF文件。其他UCS方向确定的命名视图被排除在DWF文件之外。

17.2 模型空间、图纸空间和布局的概念

17.2.1 模型空间和图纸空间

AutoCAD提供了两种图形的显示模式，即模型空间和图纸空间。其中模型空间（Model Space）主要用于创建（包括绘制、编辑）图形对象；图纸空间则主要用于设置视图的布局，布局是打印输出的图纸样式，所以，创建布局是为图纸的打印输出做准备。在布局中，图形既可以处在图纸空间，又可以处在模型空间。

AutoCAD允许用户在模型空间和图纸空间两种显示模式下工作，并且可以在两种模式之间进行切换。通过单击状态栏的“模型”按钮，可以进行模型、图纸空间的切换，转换的方法和注意点如图17-7、图17-8和图17-9中的文字说明。

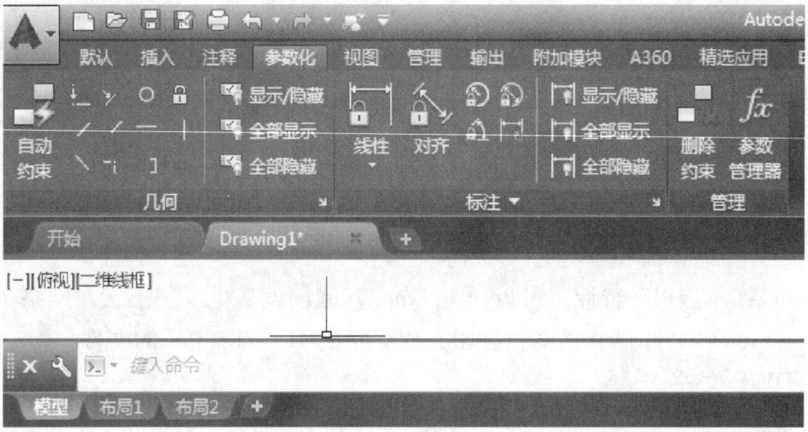

图17-7 图形处在模型空间模式

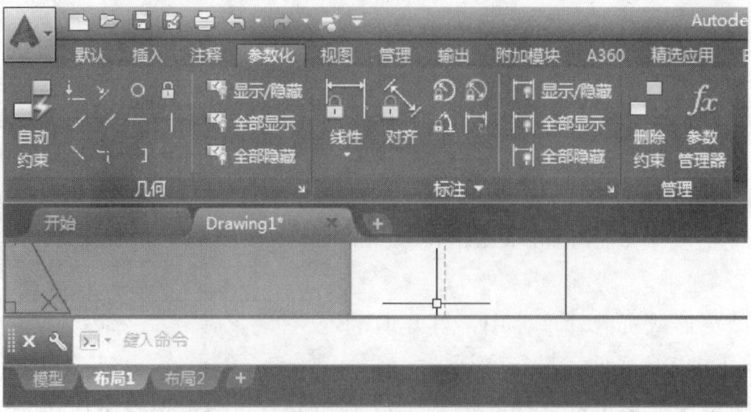

图17-8 在布局中，图形处在图纸空间

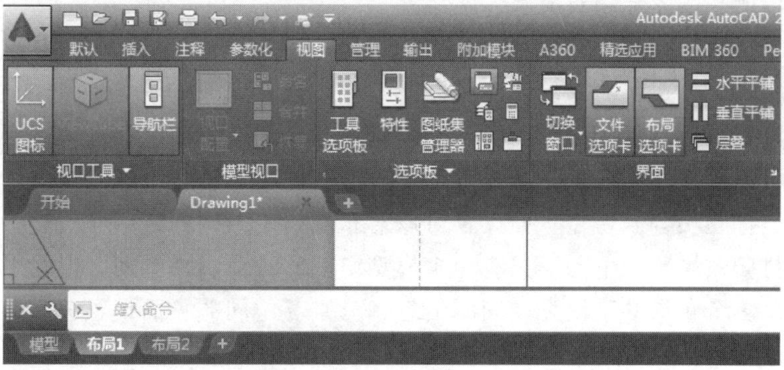

图 17-9　在布局中，图形处在模型空间

模型空间和图纸空间的布局说明如下：

① 当图形处在模型空间时，在命令行输入系统变量“TILEMODE”，并按<Enter>键，再输入数字 0，按<Enter>键，可切换到图纸空间；当处在图纸空间时，“TILEMODE”设为 1 可切换到模型空间。

② 在某个布局（“布局”选项卡）中，当图形处在模型空间时，在命令行输入“PSPACE”命令，并按<Enter>键，可切换到图纸空间；当处在图纸空间时，通过“MSPACE”命令可切换到模型空间。

③ 可以为一个图形创建多个布局，这些布局都会以标签的形式列在绘图区下部“模型”“布局 1”标签的后面。

④ 在某个布局中，当图形处在图纸空间时，滚动鼠标中键，则缩放整个布局；当图形处在模型空间时，滚动鼠标中键，则缩放布局中的图形。

⑤ 如果模型有几种视图，则应当考虑利用图纸空间。虽然图纸空间是为 3D 打印要求而设计的，但对 2D 布局也是有用的。例如，如果想以不同比例显示模型的视图，图纸空间是不可缺少的。图纸空间是一种用于打印的几种视图布局的特殊的工具。它模拟一张用户的打印纸，而且要在其上安排视图，用户借助浮动视口安排视图。

⑥ 在模型空间创建的视口是“固定”的，而在图纸空间创建的视口则是“浮动”的，即每个视口可以被移动、删除、比例缩放（指用“SCALE”命令），也可以通过拖动其夹点来调整视口大小，甚至各个视口可以交叉重叠，这些特点为图形的输出打印提供了极大的方便。

图纸空间是二维的图形环境，用于输出图样。大多数 AutoCAD 命令都能用于图纸空间，但是在图纸空间绘制的二维图形，在模型空间不能显示。

在布局中也可以建立视口，这些视口的位置和大小可以随时调整，视口之间也可以互相重叠，因此也称为“浮动”的视口。布局中视口的数量、形状、大小及位置可根据需要设定。打印输出时，所有打开的视口的可见内容都能被打印。

通过布局中的视口，可以观察、编辑在模型空间建立的模型。在布局的一个视口中对模型空间所做的修改，将影响各个视口的显示内容。

17.2.2　布局

布局模仿一张图纸，是图纸空间的作图环境，在图纸空间可以设置一个或多个布局，每一个布局与输出的一张图样相对应。

布局是依赖于图纸空间的，受到图纸空间的限制。在 AutoCAD 2016 中，可以迅速、灵活地创建多种布局。创建新的布局后，可以在其中创建浮动视口并添加图纸边框和标题栏。在布局中可以设置视口、打印设备的类型、图纸尺寸、图形方向以及打印比例等。

在布局中可以建立浮动视口，用以观察在模型空间建立的三维或二维实体。在布局中通常安排有注释、标题块等。通过页面设置可以对布局指定不同的打印样式表，同一个布局可以获得不同的打印效果。一个图形只有一个模型空间和一个图纸空间，但在图纸空间中可以设置多个布局。多个布局共享模型空间的信息，分别与不同的页面设置关联，实现输出结果的多样性。

在 AutoCAD 2016 中，可以用布局处理单份或多份图纸。创建一个或者多个不同打印布局后，每个打印布局中能够定义不同的视口，各个视口可用不同的打印比例，并能控制其可见性及是否打印。

1. 新建布局

可以选择下拉菜单【工具（T）】→【向导(Z)】→【创建布局(C)】命令（或者在命令行中输入命令“LAYOUT”，然后按<Enter>键）来创建布局，执行命令后，通过不同的选项可以用多种方式创建新布局，如从已有的模板开始创建、从已有的布局创建或直接从头开始创建。另外，还可用“LAYOUT”命令来管理已创建的布局，如删除、改名、保存以及设置等。

创建布局的过程如下：

1）打开一副 CAD 图。

2）选择下拉菜单【工具（T）】→【向导(Z)】→【创建布局(C)】命令，此时系统弹出“创建布局—开始”对话框，在该对话框的“输入新布局的名称（M）”文本框中输入新创建的布局的名称，如“新布局”。

3）单击“下一步（N）”按钮，在系统弹出的“创建布局—打印机”对话框中，选择当前配置的打印机（必须连上打印机打印）。

> **注意：**如果在打印机列表中选择“无”，则先不指定打印机，以后打印时再重新指定。如果指定了某个具体的打印机，在下一步选择图纸大小操作时，系统仅显示该打印机最大打印范围内的图纸规格。

4）单击“下一步（N）”按钮，在系统弹出的“创建布局—图纸尺寸”对话框中，选择打印图纸的大小，如 A4，图形单位是毫米。

5）单击“下一步（N）”按钮，在系统弹出的“创建布局—方向”对话框中，设置打印的方向，这里选中“横向（L）”单选项。

6）单击“下一步（N）”按钮，在系统弹出的“创建布局—标题栏”对话框中，选择图纸的边框和标题栏的样式。此对话框的预览区域中给出了所选样式的预览图像。在“类型”选项组中，可以指定所选择的标题栏图形文件是作为“块（O）”还是作为“外部参照（X）”插入到当前图形中。在此，选取系统默认的标题栏路径“无”选项（可以通过样板文件来创建布局）。

7）单击“下一步（N）”按钮，在系统弹出的“创建布局-定义视口”对话框中指定新建布局的默认视口的设置和比例等。在“视口设置”选项区域中选择“单个（S）”单选项，在“视口比例（Y）”下拉列表框中选择“按图纸空间缩放”选项。

8）单击“下一步（N）”按钮，在系统弹出的“创建布局-拾取位置”对话框中，单击“选择位置（L）”按钮，在系统命令行“指定第一个角点”的提示下，在图框的合适位置指定第一个角点，在系统命令行“指定对角点”的提示下，指定对角点后，系统弹出“创建布局—完成”对话框。

9）单击“下一步（N）”按钮，再单击“创建布局—完成”对话框中的“完成”按钮，完成新布局及默认视口的创建。

2. 管理布局

在创建完布局以后，AutoCAD 将按创建的页面设置显示布局。布局名称显示在“布局”选项卡上。可以在图 17-9 所示的“模型”按钮上单击右键，从系统弹出的图 17-10 所示的快捷菜单中选择相应的命令编辑布局。

3. 使用布局进行打印出图

使用布局进行打印出图的一般过程如下：

1）在模型空间创建布局。

2）激活一个图纸空间布局。

3）指定布局的页面设置，如打印设备、图纸尺寸、图形方向和打印比例等。

4）添加布局的图纸边框和标题栏。

5）在布局中创建并布置浮动视口。

6）设置每个浮动视口的比例。

7）在布局中添加其他必需的对象以及说明。

8）打印布局。

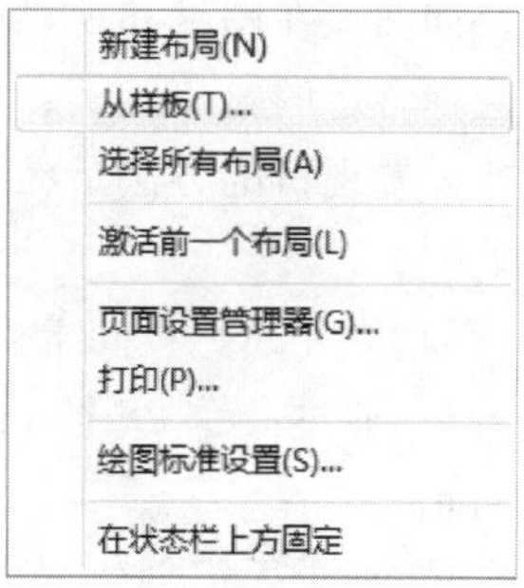

图 17-10　快捷菜单

> **注意：** 也可以不使用布局进行打印出图，而通过单击“模型”选项卡标签，进入模型空间进行打印出图。

17.3　设置布局中的视口

视口就像是观察图形的不同窗口。透过窗口可以看到图纸，所有在视口内的图形都能够打印。一个布局内可以设置多个视口，如图形中的俯视图、主视图、侧视图、局部放大图等可以安排在同一布局的不同视口中打印输出。视口可以是不同的形状，如圆形、多边形，多个视口内能够设置图纸的不同部分，并可设置不同的比例输出。这样，在一个布局内，灵活搭配视口，可以创建丰富的图纸输出，使其更加有说服力和可读性。

布局中的视口是在图纸空间中观察、修改在模型空间所建立的模型的窗口，是在布局中组织图形输出的重要手段。布局中的视口本身是图纸空间的 AutoCAD 对象，可被编辑；浮动视口之间还可以相互重叠。“视口”工具栏如图 17-11 所示。

各个视口的说明如下：

1）显示视口：在这里可以方便地设置内定的视口。

2）单个视口：在新建的布局中创建矩形的区域作为单个视口。

3）多边形视口：在布局内绘制一个规则或者不规则的多边形区域作为视口。

4）将对象转为视口：将用绘图工具绘制的封闭图形转换为视口。

5）裁剪现有视口：将现有的视口裁剪为多边形形状。

6）按图纸空间缩放：其实是设置布局里视口中图形的打印比例。

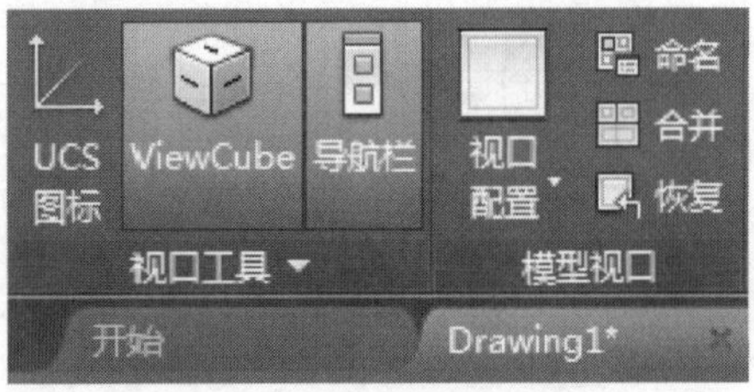

图 17-11 “视口”工具栏

在调整设置视口时先激活它，然后调整设置视口内的图形。在视口内双击可激活它（此时只能平移和缩放查看图形而不能编辑），这样就可以像在模型空间中一样编辑更改图形。

激活视口后，它的边框线变粗，此时可以用平移（Pan）、放缩（Zoom）命令进行粗调，如图形在图纸和视口中尽量居中，图形的大小不要超出视口和打印范围。在视口工具栏上选择合适的输出比例，如 2∶1。

设置视口的方法是在布局空间里创建图框和视口，然后调整视口的显示比例，具体操作如下：

1）先在模型空间上画图。

2）通过命令 PS 转到布局空间，然后在布局空间上画图框，按 1∶1 的比例画，单位为 mm。

3）如果无需创建多个视图，可以跳过本步骤。新建图层（命令 MV），在新图层上新建窗口，可建多个窗口，这些窗口可以随意移动、删除、拉伸等（关闭图层可以隐藏窗口边框）。

4）命令 MS 是在布局空间打开模型空间（非常重要），坐标变成模型空间的坐标，选中要调整打印比例的窗口，输入“Z，＊＊XP”，＊＊就是比例数，用 PAN 命令可调整该窗口显示的内容、图形的位置。其他窗口的打印比例设置与此类似，不同窗口的显示比例可以不同，显示内容也可以自己指定。

5）命令 PS 是转回布局空间（非常重要），开始打印，打印比例按 1∶1 设置，则可输出需要比例的图纸，而且同一张图纸各窗口的比例可以不同，而图框的尺寸是固定的。

> **注意：** 上述“Z，＊＊XP，＊＊就是比例数”的，含义是：1XP 表示按作图单位显示；2XP 表示按作图单位的 2 倍显示，以此类推。“1X”与“2X”的区别是，例如单位是 mm，模型空间作图比例为 1∶1；布局图框比例为 1∶1；布局视口显示比例为 1/100XP，打印比例为 1∶1，则图纸实际输出为 1mm∶100 单位的图纸。常用的图框可以做成模板。

17.3.1 在布局中建立浮动视口

VPORTS 命令用于在布局中建立多个浮动视口。

<访问方法>

菜单：【视图（V）】→【视口（V）】→【新建视口（E）】。

工具栏：【视口】或者【布局】→【显示视口对话框】图标。

命令行：VPORTS。

<操作过程>

发出命令后，AutoCAD 将显示“视口”对话框，如图 17-12 所示。

1）在“视口”对话框的“新建视口”选项卡中选择一种标准配置方案。

2）在“设置（S）”下拉列表框中，选择“二维”或“三维”选项。

①“二维”选项：各个视口中配置的都是当前屏幕所显示的图形。

②“三维”选项：一组默认的标准的三维视图被应用于配置每一个视口。如果需要出立体的三维视图，通常选择该选项。

3）在“预览”区域选择要改变视图配置的视口。

4）在“修改视图（C）”下拉列表框中的标准视图列表框中，选择一个要在该视口中显示的视图。标准视图列表框中包括前视、俯视、仰视、左视、右视、后视、轴测图等。如果当前图形中存在使用“VIEW”命令定义的视图，其名称也会显示在“修改视图（C）”下拉列表框中。

5）在“视觉样式（T）”中指定该视口中模型显示的视觉效果。

6）各个视图设置完成后，单击“确定”按钮结束视口对话框，在布局中指定视口矩形区域，或者选择默认的“布满（F）”选项，将当前的视口范围指定为新视口的创建范围。

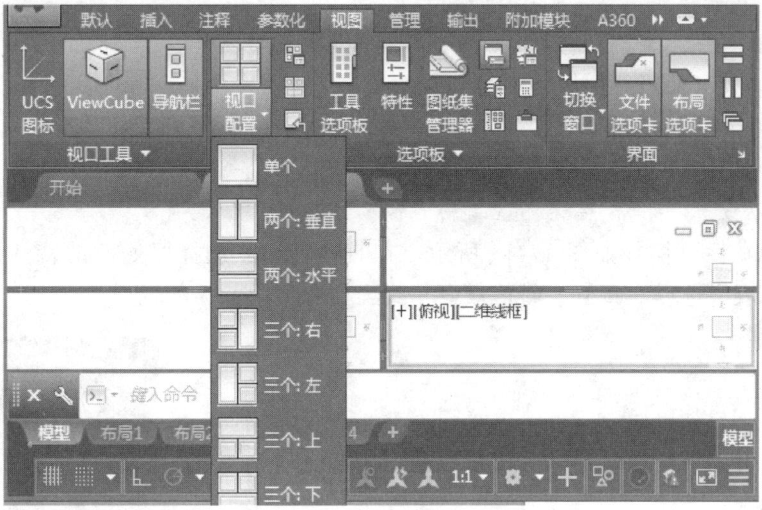

图 17-12　“视口”对话框

17.3.2　重新排列浮动视口

在布局的图纸空间，可以使用 ERASE、MOVE、SCALE 和 STRETCHT 等命令编辑视口。当移动浮动视口时，视口内的视图也随之移动。当改变浮动视口的边框大小时，视口中图形的显示比例不变，超出视口边框的部分被自动修剪。当浮动视口被删除时，视口边框和其中的视图都消失，也可以用夹点编辑浮动视口。

17.3.3　布局中模型空间和图纸空间之间的切换

为了方便，可以直接从布局的视口中访问模型空间，以进行编辑对象、冻结和解冻图层，以及调整视图等其他一些操作。

布局中模型空间和图纸空间之间的切换方法如下：

1）从布局的图纸空间切换到模型空间。在布局的图纸空间的任意视口中双击，即进入模型空间，并且使光标所在的视口成为当前视口，边界加粗显示。当只在当前视口中显示十字光标时，可以对模型空间的实体进行编辑。绘图区左下角的图纸空间 UCS 图标消失，各个视口中均显示模型空间的 UCS 图标，状态栏显示“模型”。在命令行输入 MS 也可以直接进行切换。

2）从布局的模型空间切换到图纸空间。在布局的浮动视口外任意区域双击，即切换到图纸空间。所有浮动视口的边框都用细线显示，十字光标在整个绘图区显示，绘图区左下角显示图纸空间 UCS 图标，各个浮动视口不显示 UCS 图标，状态栏显示“图纸”。在命令行输入 PS 也可以直接进行切换。

3）在布局中也可以单击状态行上的“图纸”或“模型”图标，在布局的图纸空间和模型空间之间进行切换。

17.3.4 改变视口的特性

使用特性窗口修改视口的特性，设置视口显示比例值。在图纸空间，先选择要修改特性的视口，再发出命令。

<访问方法>

菜单：【修改（M）】→【特性(P)】。

工具栏：【标准】→【特性】图标。

命令行：PROPERTIES。

快捷菜单：选择视口，在绘图区单击右键，再选择“特性（S）”命令。

激活的“特性”窗口如图 17-13 所示。在特性窗口，选择要修改的特性，然后输入新值，或者在列表中选择一新值，新值被赋予到当前布局中的浮动视口。

<命令说明>

1. 设置比例

为按精确比例打印图形，保持各视图间的比例关系，必须将每个视图相对于图纸空间变比例。设置相对于图纸空间变比例的方法有两种：

1）“标准比例”选项：从列表中选择一个标准比例值。

2）“自定义比例”选项：在文本框中输入一个新比例因子。

2. 视口比例锁定控制

在“显示锁定”下拉列表中选择“是”，锁定视口比例，布局默认的打印比例为 1∶1。

3. 打开或关闭浮动视口

在“开”选项，选择“是”或“否”以打开或关闭所选视口。浮动视口关闭后，视口内原来显示的内容消失，视口边框仍然显示，关闭的视口不能成为当前的视口。

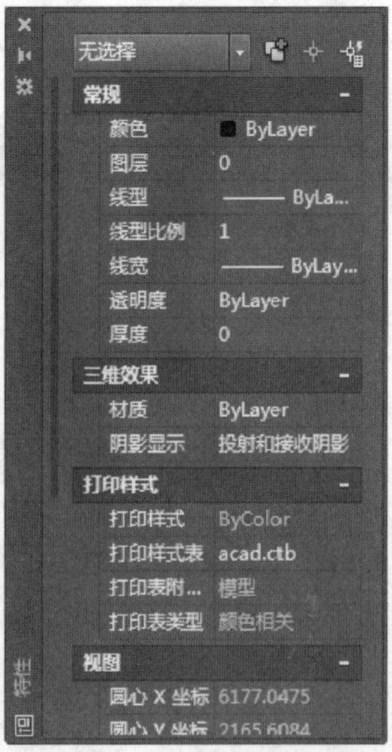

图 17-13 浮动视口的“特性”窗口

4. 消除视口中的隐藏线

在着色打印选项，选择“隐藏”，打印时消除指定视口中的三维实体隐藏线。该特性仅影响打印输出，不影响屏幕显示。

17.4　在布局中创建三维模型的多面正投影图和轴测图

轴测图是 AutoCAD 表示三维物体的方法之一，它本身是沿特定的投影方向产生的二维投影图，但该投影图能同时反映空间物体长、宽、高三个方向。因此，该投影具有立体感，其投影方向可用 AutoCAD 的 VPOINT 命令等确定。

在布局中创建三维实体模型的三视图和剖视图的方法有多种，可以使用“FLATSHOT”命令，也可以结合使用“VPORTS”命令和“SOLPROF”命令等。

17.4.1　使用 VIEWBASE 命令

<操作过程>

1）单击图形区域下面的“布局 1”选项卡，进入布局 1。此时屏幕上会自动显示一个内容与模型空间一致的视口，将此视口删除。

2）如果需要改变图纸尺寸等页面设置，可以使用“PAGESETUP”命令进行相关设置。

3）在命令行输入“VIEWBASE”命令创建一个或者多个基础视图（基础视图可以是主视图、俯视图、左视图、仰视图、后视图、右视图或者东南、西南、东北、西北方向正等轴测图中的任意一个方向）。建立如图 17-14 所示的多面正投影图和轴测图的命令序列如下：

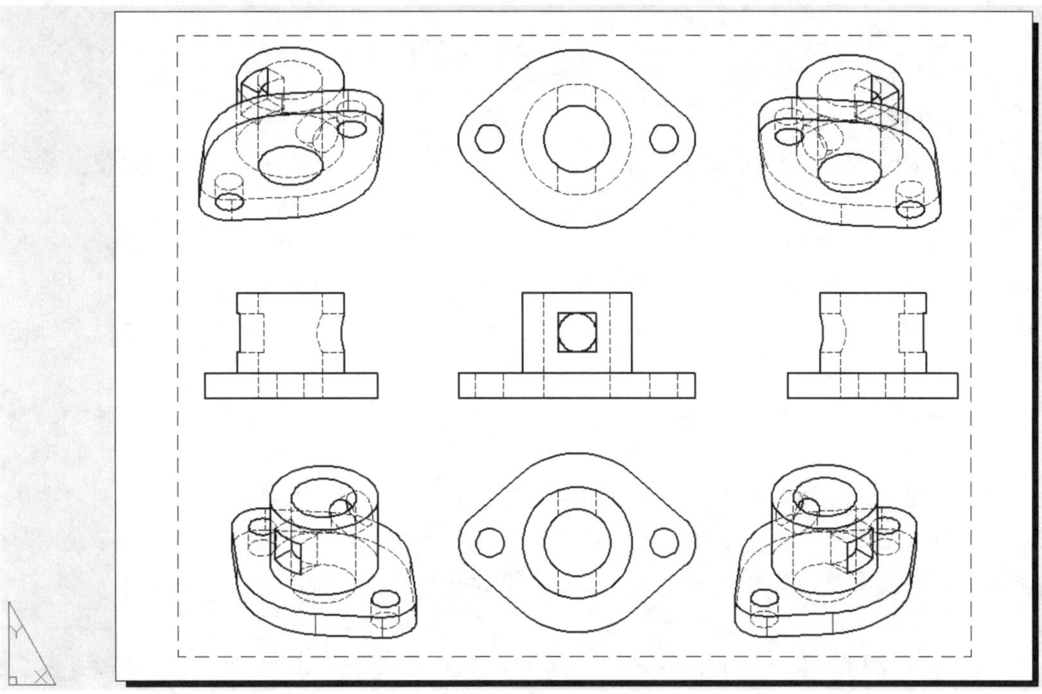

图 17-14　使用“VIEWBASE”命令建立的多面正投影图和轴测图布局

命令：VIEWBASE

类型 = 仅基础　样式 = 带隐藏边的线框　比例 =1：2

指定基础视图的位置或［类型(T)/表达(R)/方向(O)/样式(ST)/比例(SC)/可见性(V)]<类型>：T

输入视图创建选项［仅基础(B)/基础和投影(P)]<仅基础>：P

指定基础视图的位置或［类型(T)/表达(R)/方向(O)/样式(ST)/比例(SC)/可见性(V)]<类型>：(指定要建立的第一个基础试图——主视图的中心位置)

选择选项[表达(R)/方向(O)/样式(ST)/比例(SC)/可见性(V)/移动(M)/退出(X)]<退出>：(按<Enter>键接受当前默认的主视图方向)

指定投影视图的位置或 <退出>：(指定俯视图的中心位置)

指定投影视图的位置或［放弃 (U) /退出 (X)] <退出>：(指定左视图的中心位置)

指定投影视图的位置或［放弃 (U) /退出 (X)] <退出>：(指定仰视图的中心位置)

指定投影视图的位置或［放弃 (U) /退出 (X)] <退出>：(指定后视图的中心位置)

指定投影视图的位置或［放弃 (U) /退出 (X)] <退出>：(指定右视图的中心位置)

指定投影视图的位置或［放弃 (U) /退出 (X)] <退出>：(指定西南方向轴测图的中心位置)

指定投影视图的位置或［放弃(U)/退出(X)]<退出>：(指定西北方向轴测图的中心位置)

指定投影视图的位置或［放弃(U)/退出(X)]<退出>：(指定东南方向轴测图的中心位置)

指定投影视图的位置或［放弃(U)/退出(X)]<退出>：(指定东北方向轴测图的中心位置)

已成功创建 6 个基础视图和 4 个轴测视图。

<操作过程>

1）第一个基础视图理论上可以是任意方向的视图，但为了操作上的直观方便，通常选择前视图方向（即国家标准《工程制图》中的主视图方向)。

2）如果在“类型 (T)”选项中选择“基础和投影 (P)”，指定在建立了第一个基础视图以后继续创建投影视图，则后面创建的基本视图和已经建立的第一个视图始终保持国家标准《工程制图》中的“长对正，高平齐，宽相等”的关系，因而操作过程中指定的投影视图的位置只是一个大概的位置，并不需要精确。

3）完成多面正投影图和轴测图。打开当前文件中的“图层特性管理器”面板，如图 17-15 所示。与之前的图 17-14 中的图层相比，系统自动建立了可见、隐藏、可见窄线、隐藏窄线四个图层，分别应用于多面投影图中可见的粗实线、不可见的隐藏线、轴测图中回转面和平面可见的相切边线、不可见的相切边线，并自动加载了相应的线型和设置了线宽。通过对相应图层可见性的控制，从而控制图形当中各线型的显示情况。

4）“VIEWBASE” 命令中的选项说明如下：

①“类型 (T)” 命令：指定在创建基础视图后是退出命令还是继续创建投影视图。进一步提示：

“输入视图创建选项［仅基础(B)/基础和投影(P)]<基础和投影>：”。

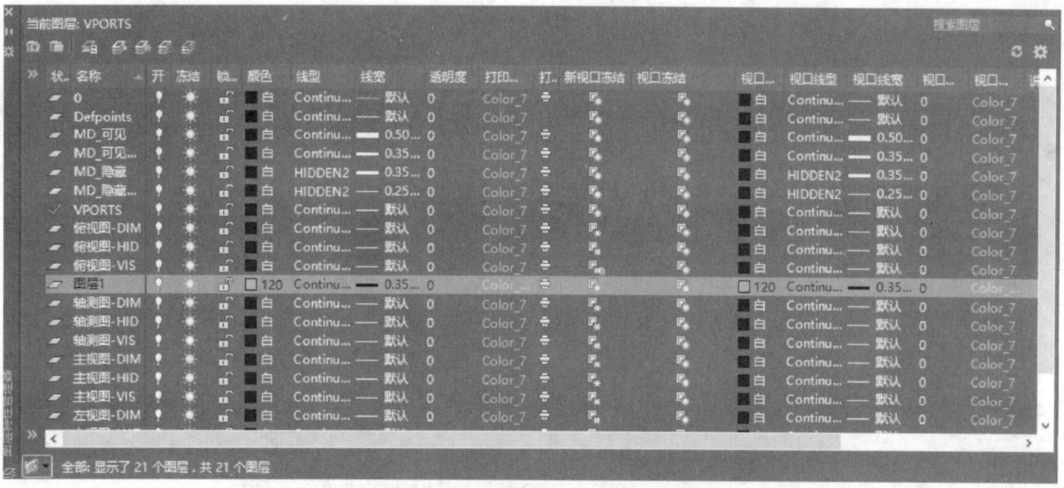

图 17-15　多面正投影图和轴测图创建以后系统自动设置的图层

②“表达（R）”命令：仅受 Inventor 模型支持，不支持 AutoCAD 中的三维模型。Inventor 是 Autodesk 公司开发的三维造型软件。

③“方向（O）”命令：指定基础视图的方向，默认方向是主视图的方向。进一步提示如下：

“选择方向[俯视(T)/仰视(B)/左视(L)/右视(R)/前视(F)/后视(BA)/西南等轴测(SW)/东南等轴测(SE)/东北等轴测(NE)/西北等轴测(NW)]<前视>:”。

④“样式（ST）”命令：指定基础视图的显示样式。进一步提示如下：

“选择样式[线框(W)/带隐藏边的线框(E)/着色(S)/带隐藏边的着色(H)]<带隐藏边的线框>:”。

⑤“比例（SC）”命令：指定基础视图的绝对比例，并且从此基础视图导出的投影试图都按照相同的比例绘制。

⑥“可见性（V）”命令：指定基础视图的可见性选项，如相切边是否显示等。

5）使用同一个“VIEWBASE”命令建立的第一个基础视图是其他投影视图的“父”视图，后建立的投影视图在比例、显示样式和可见性等方面和父视图保持一致。如果需要不一致的“子”视图，可以使用单独的“VIEWBASE”命令来创建。

6）如果需要以已有的某个基础视图作为“父”视图创建投影视图，可以使用“VIEWPROJ”命令，操作和“VIEWBASE”命令类似。

7）系统默认的投影类型是第一角投影，与国家标准《工程制图》一致。如果需要设置第三角投影，可以通过“VIEWSTD”命令打开“绘图标准”对话框，对新工程图的投影类型进行设置。

17.4.2　使用 SOLVIEW 命令和 SOLDRAW 命令

“SOLVIEW”命令用在布局中创建浮动视口、生成三维模型的多面正投影图和剖视图，并自动创建“VPORTS”的图层放置浮动视口的边框。

<访问方法>

选项卡:【常用】→【建模】面板 →【实体视图】图标。

命令行:SOLVIEW。

发出命令后,AutoCAD 将出现下列提示:"输入选项[UCS(U)/正交(O)/辅助(A)/截面(S)]:"。

<选项说明>

1) UCS (U):按指定的坐标系创建浮动视口,并在视口中创建实体在当前 UCS 的 *XOY* 面上的投影图。AutoCAD 进一步提示:

"输入选项 [命令(N)/世界(W)/? /当前(C)]<当前>:(指定使用的坐标系)";

"输入视图比例 <1>:(指定投影图在视口中的比例,或滚动鼠标滚轮动态指定)";

"指定视图中心:(指定视图中心位置,直到满意为止)"。

2) 辅助 (A):由已有的视图创建斜视图及视口。斜视图是将立体的倾斜部分结构向与该倾斜表面平行的投影垂直面上进行投影而得到的。AutoCAD 进一步提示:

"指定斜面的第一个点:(当前视口中确定与投影方向垂直的倾斜投影面上的一点)";

"指定斜面的第二个点:(在当前视口中确定与投影方向垂直的倾斜投影面上的另一点)";

"指定要从哪侧查看:(在上述两点确定的投影面位置线一侧拾取一点,指定投影方向)";

3) 截面 (S):创建实体的截面轮廓。执行该选项后,AutoCAD 依次提示:

"指定剪切平面的第一个点:(在当前视图中,指定剖切位置线上一点)";

"指定剪切平面的第二个点:(在当前视图中,指定剖切位置线上另一点)";

"指定要从哪侧查看:(在剖切位置线一侧指定一点,确定投影方向)";

"输入视图比例 <当前值>:(随后确定视图中心位置、视口角点位置的过程与 UCS 选项相同)";

4) 正交 (O):由已有的视图创建显示正交投影视图的视口,并显示指定的正交投影图。执行该选项,AutoCAD 提示:"指定视口要投影的那一侧:(选择已有视口要创建新投影的那一侧边)"。

用户通过选择已有视口的一个侧边,指定要显示的投影图的投影方向。

<操作过程>

在图 17-14 所示的三维模型基础上建立三视图、剖视图和轴测图的过程如下:

1) 单击图形区域下面的"布局 2"按钮,进入图纸空间的布局 2。此时屏幕上会自动显示一个内容与模型空间一致的视口,将此视口删除。

2) 如果需要改变图纸尺寸等页面设置,可以使用"PAGESETUP"命令进行相关设置。

3) 发出"SOLVIEW"命令创建并命名主视图视口。

命令:SOLVIEW

输入选项[UCS(U)/正交(O)/辅助(A)/截面(S)]:U

输入选项[命名(N)/世界(W)/? /当前(C)]<当前>:(指定在当前 UCS 的 XY 平面上创建主视图)

输入视图比例<1>：（指定视图的比例）

指定视图中心：（只是指定一个大概的中心位置，该提示将反复出现，允许调整直到满意为止）

指定视图中心<指定视口>：（按<Enter>键）

指定视口的第一个角点：（指定主视图视口的第一个角点，可使用自动捕捉）

指定视口的对角点：（指定主视图视口的另一个对角点）

输入视图名：主视图（输入当前视口的名称，如图 17-16a 所示）

输入选项[UCS(U)/正交(O)/辅助(A)/截面(S)]：O（将要以主视图为父视图创建俯视图）

指定视口要投影的那一侧：（选择主视图视口上方边框线上一点，表明投影方向是从上往下）

指定视图中心：（指定父视图中心位置并调整至满意。俯视图与主视图中心在垂直方向上保持对齐）

指定视图中心<指定视口>：（按<Enter>键）

指定视口的第一个角点：（指定俯视图视口的第一个角点）

指定视口的对角点：（指定俯视图视口的另一个对角点）

输入视图名：俯视图（输入当前视口的名称，如图 17-16b 所示）

输入选项[UCS(U)/正交(O)/辅助(A)/截面(S)]：S（要创建的左视图是剖视图）

指定剪切平面的第一个点：（在主视图中捕捉剖切平面上的第一个点）

指定剪切平面的第二个点：（在主视图中捕捉剖切平面上的第二个点）

指定要从哪侧查看：（选择主视图视口左侧边框线上一点，表明投影方向是从左向右）

输入视图比例<当前值>

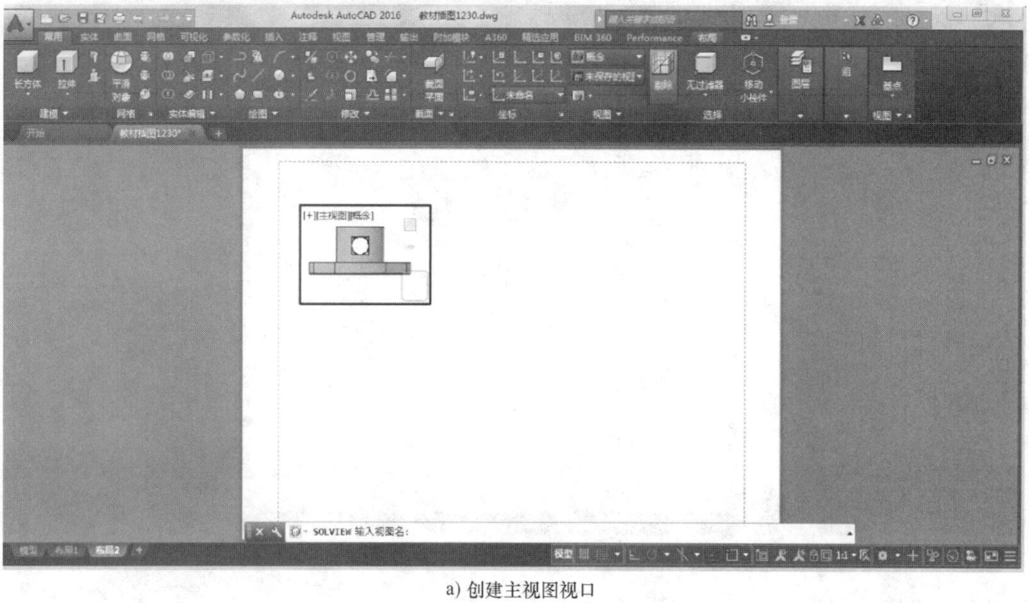

a) 创建主视图视口

图 17-16　创建各图视口

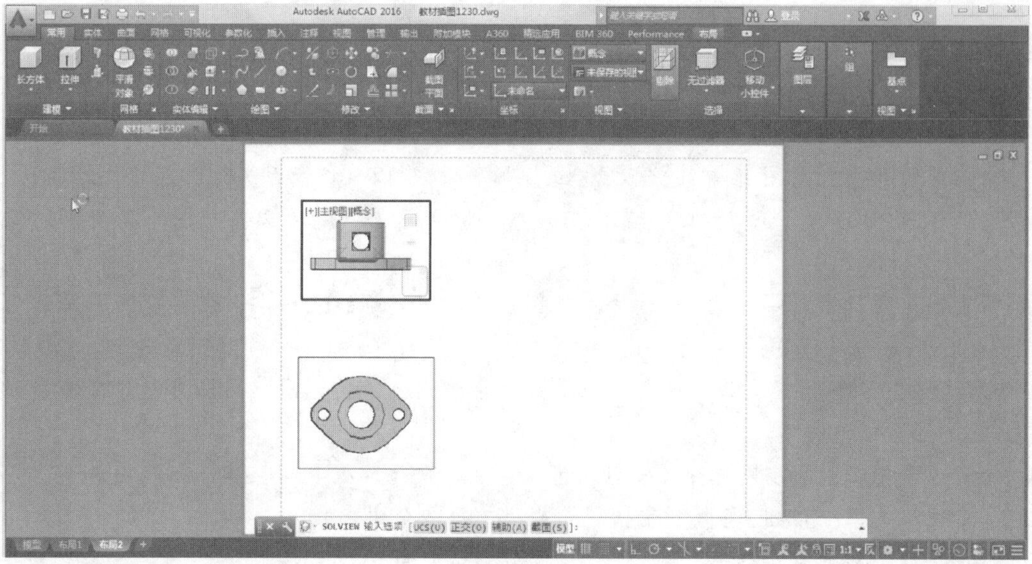

b) 创建俯视图视口

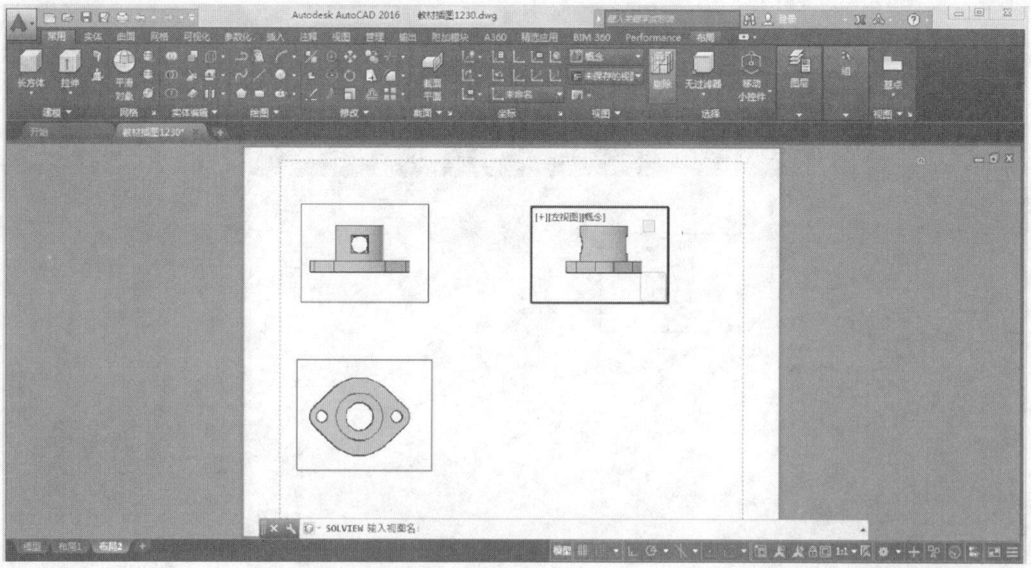

c) 创建左视图视口

图 17-16　创建各图视口（续）

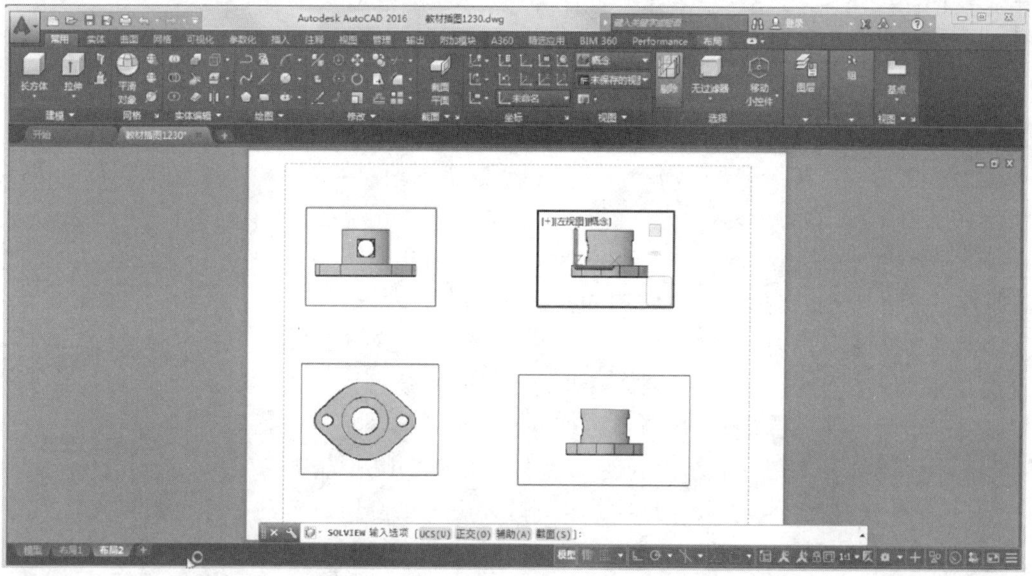

d) 创建轴测图视口(一)

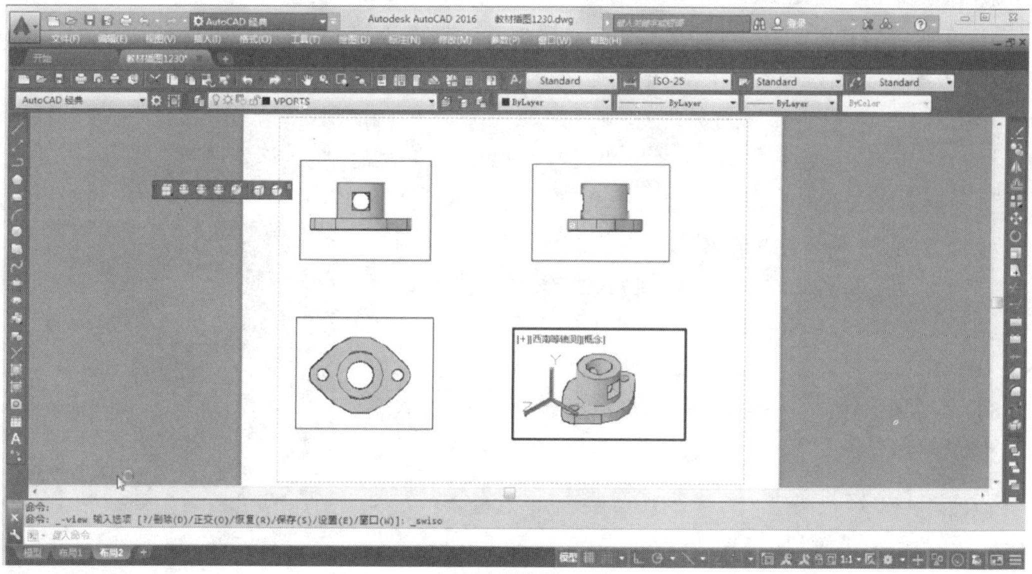

e) 创建轴测图视口(二)

图 7-16　创建各图视口（续）

指定视图中心：（指定左视图中心位置并调整至满意。左视图与主视图中心在水平方向上保持对齐）

指定视图中心<指定视口>：（按<Enter>键）

指定视口的第一个角点：（指定左视图视口的第一个角点）

指定视口的对角点：（指定左视图视口的一个对角点）

指定视口的对角点：(指定左视图视口的另一个对角点)

输入视图名：左视图（输入当前视口的名称，如图 17-16c)

输入选项[UCS(U)/正交(O)/辅助(A)/截面(S)]：U（建立轴测图视口，暂使用主视图方向，后面调整）

输入选项[命名(N)/世界(W)/？/当前(C)]<当前>：

输入视图比例<当前值>

指定视图中心：(指定轴测图中心位置并调整至满意)

指定视图中心<指定视口>：(按<Enter>键)

指定视口的第一个角点：(指定轴测图视口的第一个角点)

指定视口的对角点：(指定轴测图视口的一个对角点)

指定视口的对角点：(指定轴测图视口的另一个对角点)

输入视图名：轴测图（输入当前视口的名称，如图 17-16d 所示）

4）此时轴测图视口中显示的并不是轴测图，从【视图】选项卡→【视图】面板→【预设视图列表】或者【视图（V)】菜单→【三维视图（D)】中选择“西南等轴测”方向，则得到 17-16e 所示的图形。此时，系统已自动进入浮动视口中的模型空间（从四个浮动视口的左下角是否有坐标系标记可以看出，图 17-16 所示图形与图 17-14 所示图形的不同之处在于前者处于布局的模型空间，而后者则处于布局的图纸空间）。

5）在命令行输入“PS”或者在布局的模型空间视口外双击，切换到布局中的图纸空间。

6）在建立以上四个视口的过程中可能会有图形比例不一致的情况发生，可选中这四个视口，在图 17-17 所示的“特性”选项板中统一修改视口图形比例。使用“PROPERTIES”命令打开图 17-17 所示的“特性”选项板，从中指定一致的“自定义比例”并且将“显示锁定”设置为“是”，使得四个视口中图形比例相同。如图 17-16e 所示。

7）此时在布局视口中的图形都仍是参考模型空间同一个三维实体，并未真正转化为由点、线和线框构成的二维视图。需要在用“SOLVIEW”命令创建的布局视口中使用“SOLDRAW”命令生成投影图和剖视图。

8）在命令行输入“MS”或者在布局的任意图纸空间双击视口内部，进入布局中的模型空间。依次选择选项卡【常用】→【建模】面板→【实体视图】图标，或者在命令窗口键入“SOLDRAW ”；选择对象：指定对角点将四个视口都选中，按<Enter>键；四个视口中生成二维轮廓图。

9）使用“HATCHEIT”命令选择左视图视口中的系统自动填上的剖面线，将其修改为符合国家标准规定的 45°方向剖面线。

10）使用“LAYER”命令打开如图 17-18 所示的“图层特性管理器”面板，发现与原来的图 17-15 中的图层相比，系统自动创建了多个图层。其中名为“VPORTS”的图层，用于放置布局中视口的边框线。对于已经命名的

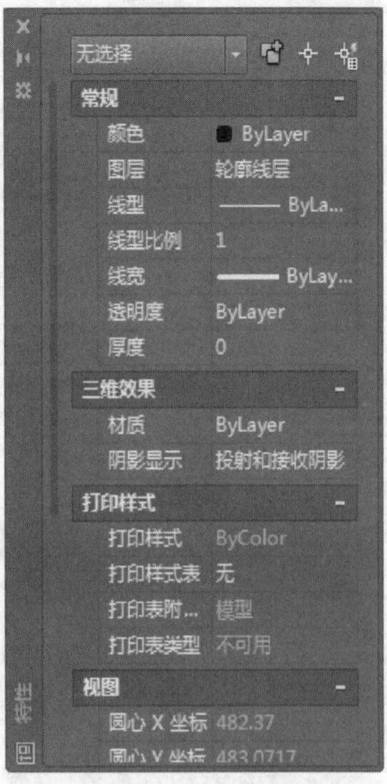

图 17-17 “特性”选项板

“主视图”“俯视图”“左视图”和“轴测图”四个视口，分别建立了带有“_ DIM”“_ HID”“_ VIS”的图层，并用于控制四个视口中的标注、不可见的隐藏线（虚线）和可见的粗实线，并且自动为“_ HID”图层设置了虚线的线型。此外，对于采用剖视图绘制的左视图还单独建立了一个名称为“左视图_ HAT”的图层用于放置剖面线。这些图层的颜色、线型和线宽及打开/关闭、冻结/解冻等一般采用与 0 层相同的设置，用户可以对其进行调整，使得到的图样更加符合国家标准《工程制图》的要求。例如，可将“VPORTS”图层关闭以不显示各视口的边框；将所有名为“_ VIS”图层的线宽设置为粗线 1.0；关闭“轴测图_ HID”图层，使轴测图上的隐藏线不显示。单击图形状态栏的“显示线宽”图标，最后得到立体的三视图、剖视图及轴测图，如图 17-19 所示。

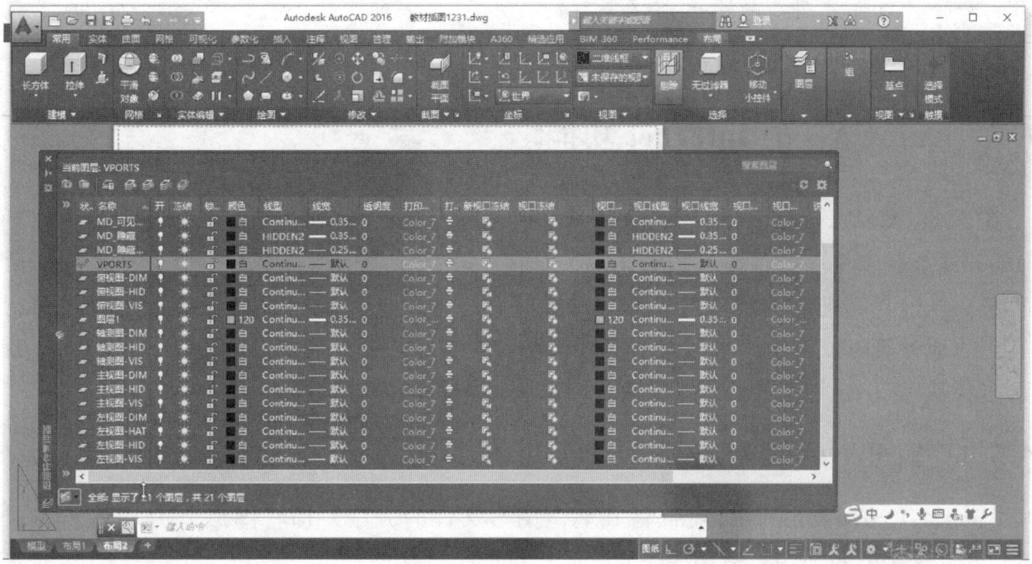

图 17-18　“图层特性管理器”面板

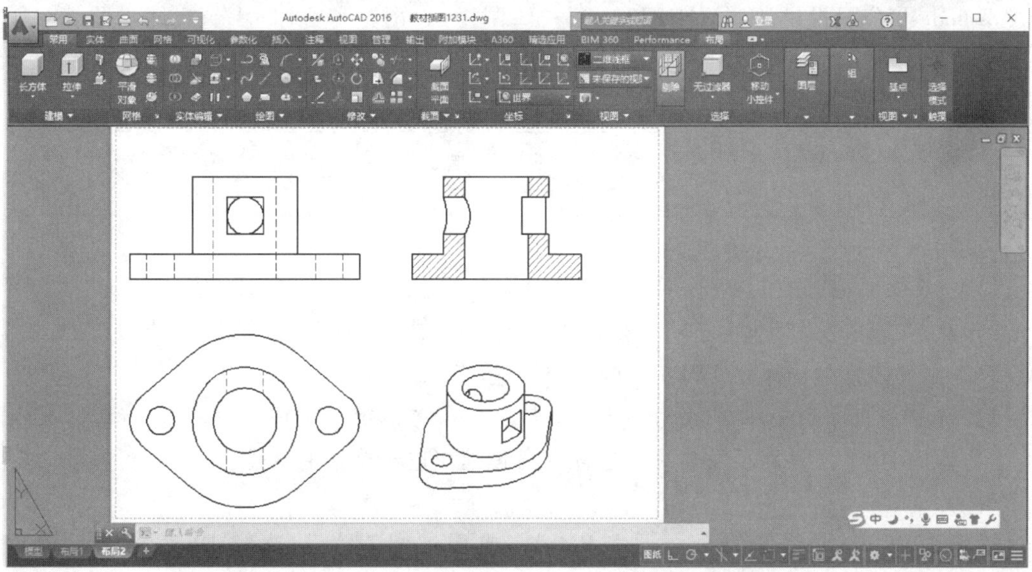

图 17-19　在布局中建立的立体的三视图、剖视图及轴测图

<操作说明>

1）“SOLDRAW”命令只能在布局中执行，如果当前处于模型空间，发出命令后，AutoCAD将自动转换到布局中。

2）对于模型空间、布局中的模型空间、布局中的图纸空间概念要有明确认识。一些命令（如视口的特性调整）只能在布局的图纸空间执行，而需要修改剖面线时需要进入布局的模型空间。

3）最终输出的图样是布局图纸空间中视口的内容。

4）在进行上述操作之后，如果进入模型空间，就会发现模型空间的模型已经非常凌乱，甚至难以辨认，而在布局中的一些操作又不是很方便，此时可以使用“EXPORTLAYOUT”命令，打开“将布局输出到模型空间图形”对话框，将当前布局中的所有可见对象输出到模型空间，生成新的“.dwg”格式文件。

17.5 AutoCAD的Internet功能

在AutoCAD中，文件的输入和输出命令都具有内置的Internet支持功能，用户可以直接从Internet下载和保存文件。在进入Internet中某站点后，选择需要的图形文件，确认后即可下载到本地计算机中，同时在AutoCAD绘图区中打开，并可对该图形进行各种编辑，再保存到本地计算机或有访问权限的任何Internet站点。此外，利用AutoCAD的i-drop功能，还可直接从Web站点将图形文件拖入到当前图形中，作为块插入。

17.5.1 输出Web图形

AutoCAD 2016提供了以Web格式输出图形文件的方法，即将图形以DWF格式输出。DWF文件是一种安全的、适用于Internet上发布的文件格式，它只包含了一张图形的智能图像，而不是图形文件自身，我们可以认为DWF文件是电子版本的打印文件。用户可以通过Autodesk公司提供的“WHIP！4.0”插件打开、浏览和打印DWF文件。此外，DWF格式支持实时显示缩放、实时显示移动，同时还支持对图层、命名视图、嵌套超链接等方面的控制。

注意：在AutoCAD中创建的DWF文件只能在Web浏览器中浏览，不能在AutoCAD中浏览。

创建DWF格式文件步骤过程如下：

1）选择菜单【文件（F)】→【打印(P)】命令，系统弹出“打印”对话框。

2）在“打印”对话框中进行其他输出设置后，在“打印机/绘图仪”选项组的“名称(M)”下拉列表框中选择“DWF6 ePlot. pc3”选项。

3）选中“打印到文件（F)”复选框，然后单击“确定”按钮。

4）输入DWF文件路径及名称，这样即可创建出电子格式的文件。

说明：

输出DWF格式文件的命令是“Plot”，或用“另存为”选择DWF格式，皆可将AutoCAD图形转存为DWF格式。

17.5.2　创建 Web 页

可以使用 AutoCAD 提供的网上发布向导来创建 Web 页。利用此向导，即使用户不熟悉网页的制作，也能够很容易地创建出一个规范的 Web 页，该 Web 页将包含 AutoCAD 图形的 DWF、PNG 或 JPG 格式的图像。Web 页创建完成后，就可以将其发布到 Internet 上，供世界各地的相关人员浏览。

创建 Web 页步骤过程如下：

1）选择菜单【文件（F）】→【网上发布(W)】命令（或者在命令行中输入命令 PUTLISHTOWEB，然后按<Enter>键），此时系统弹出“网上发布-开始”对话框，选中该对话框中的“创建 Web 页（C）”单选项。

2）单击“下一步（N）”按钮，系统弹出“网上发布-选择图形类型”对话框，在左面的下拉列表中选取“DWF”图像类型（另外的类型还有 DWFx、JPGE 和 PNG）。

3）单击“下一步（N）”按钮，系统弹出“网上发布-选择样板”对话框，在 Web 页样板列表中选取“图形列表”选项。此时，在预览框中将显示出相应的样板示例。

4）单击“下一步（N）”按钮，系统弹出“网上发布-应用主题”对话框，在下拉列表中选择主题，如“经典”主题选项，在预览框中将显示出相应的外观样式。

5）单击“下一步（N）”按钮，系统弹出“网上发布-启用 i-drop”对话框。选中“启用 i-drop（E）”复选框创建 i-drop 有效的 Web 页。

> **注意：** 如果选中“启用 i-drop（E）”复选框，系统会在 Web 页上随所生成的图像一起发送 DWG 文件的备份。利用此功能，访问 Web 页的用户可以将图形文件拖放到 AutoCAD 绘图环境中。

6）单击“下一步（N）”按钮，系统弹出“网上发布-选择图形”对话框，选取在 Web 页要显示成图像的图形文件，也可从中提取一个布局，单击“添加（A）”按钮，添加到“图像列表（I）”框中。

7）单击“下一步（N）”按钮，系统弹出“网上发布-生成图像”对话框，可以确定是重新生成已修改图形的图像还是重新生成所有图像。

8）单击“下一步（N）”按钮，系统弹出“网上发布-预览并发布”对话框。单击“预览（P）”按钮，系统打开 Web 浏览器显示刚创建的 Web 页面，单击立即发布（N）按钮可立即发布新创建的 Web 页。

9）单击“完成”按钮。

17.5.3　建立超级链接

AutoCAD 可以在图形中添加超级链接，以跳转到特定文件或网站。超级链接是使 AutoCAD 图形和其他各种文件迅速连接在一起的一种简单而有效的方法。

在 AutoCAD 中可以创建两种类型的超级链接文件，即“绝对超级链接”和“相对超级链接”。绝对超级链接存储文件位置的完整路径，而相对超级链接存储文件位置的相对路径，该路径是由系统变量 HYPERLINKBASE 指定的默认 URL 或目录的路径。

使用 AutoCAD 的超级链接功能，可以将 AutoCAD 图形对象与其他文档、数据表格等对象建立链接关系。

下面说明其建立过程：

1）打开一副 CAD 图。

2）选择下列菜单【插入（I）】→【块(B)】命令，系统弹出“插入”对话框，单击“浏览（B)”按钮，将打开的图形（块）文件插入。

3）创建超级链接。

① 选择下拉列表【插入（I)】→【超链接(H)】命令（或在命令行中输入命令 HYPERLINK，然后按<Enter>键）。

② 在“选择对象”的提示下，选择要建立超链接的图形，即刚插入的图形块，按<Enter>键，系统弹出“插入超链接”对话框。

③ 在该对话框的“显示文字（T)”文本框中输入“建筑平面示意图说明”。

④ 单击右侧“浏览”选项组中的“文件（F)”按钮，从打开的文件搜索界面中选取文件“建筑平面示意图说明 . DOC”。

⑤ 单击“确定”按钮，完成超级链接的创建。

“插入超链接”对话框中的“链接至”选项组用于确定要链接到的位置，该选项组中包含下面几个选项：

“现有文件或 Web 页”按钮：用于给现有（当前）文件或 Web 页创建链接，此项为默认选项。在该界面中，可以在“显示文字（T)”的文本框中输入链接显示的文字；在“键入文件或 Web 页名称（E)”的文本框中直接输入要链接的文件名，或者 Web 页名称（带路径)，或者通过单击“文件（F)”按钮检索要链接的文件名或者单击“Web 页（W)”按钮检索要链接的 Web 页名称，或者单击“最近使用的文件”按钮，并从“或者从列表中选择”列表框中选择最近使用的文件名，单击“浏览的页面”按钮并在列表框中选择浏览过的页面名称，单击“插入的链接”按钮并在列表框中选择网站名称。此外，通过“目标(G)”按钮可以确定要链接到图形中的确切位置。

“此图形的视图”按钮：显示当前图形中命名视图的树状视图，可以在当前图形中确定要链接的命名视图并确定链接目标。

“电子邮件地址”按钮：可以确定要链接到的电子邮件地址（包括邮件地址和邮件主题等内容)。

思考与练习题

1. 打印输出时，显示“无法使用此绘图仪”如何处理？
2. 绘图仪和打印机分别是硬拷贝输出还是软拷贝输出？区分原则是什么？
3. 使用绘图仪打印输出 CAD 图纸，怎样打印出 1∶1 的图纸？
4. 模型空间、图纸空间和布局三者之间的区别与联系是什么？
5. 如何进行布局的页面设置？布局的页面设置和管理布局是一样的吗？
6. 如何利用 CAD 布局中的视口设置比例？
7. 如何使用 AutoCAD 进行电子传递文件？
8. 创建 Web 页，可选择哪几种图像格式？

9. 简述在 AutoCAD 中如何使用 Internet 浏览和管理图形文件。

10. 简述在 AutoCAD 中输入和输出其他格式文件的方法。

11. 根据网上发布向导练习使用 AutoCAD 创建 Web 页，并输出图 17-20 所示的“挂衣钩”的 Web 图形。

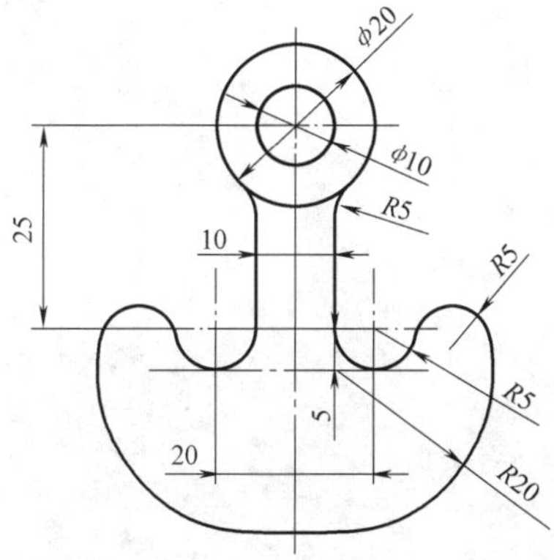

图 17-20　挂衣钩